高等院校自动化系列规划教材

工业企业供电

（第2版）

苑薇薇　古正准　顾鹏冲　主编
邱新芸　曾慧琴　孙金根　刘云静　段洪军　参编
黄志钢　主审

北京邮电大学出版社
www.buptpress.com

内容简介

本书是本科院校“工业企业供电”课程的教材，是高等院校自动化新编系列教材之一。全书共9章，全面介绍了工业企业供电系统的知识。主要内容包括：供配电系统构成、供配电系统中常用电气设备、工业企业用电负荷统计与计算、供配电系统短路电流计算、供配电系统继电保护和微机保护、继电保护和微机保护装置的参数整定、10 kV变电所设计、工业企业配电线路设计、变电所综合自动化、工业企业配电系统防雷保护与接地、用电安全常识以及供配电系统操作规程等。

本教材紧密追踪现代工业企业供电技术，更新了传统教材的内容，全面介绍了工业企业供电的新技术、新设备和新知识，注重分析、计算与设计相结合。本书既可作为自动化及相关专业本科生的教材，也可作为相关工程技术人员的参考用书。

图书在版编目(CIP)数据

工业企业供电 / 苑微微，古正准，顾鹏冲主编. --2版. -- 北京 ：北京邮电大学出版社，2017.8
ISBN 978-7-5635-5156-9

Ⅰ. ①工… Ⅱ. ①苑… ②古… ③顾… Ⅲ. ①工业用电—供电—高等学校—教材 Ⅳ. ①TM727.3

中国版本图书馆CIP数据核字(2017)第173611号

书　　名：工业企业供电(第2版)
著作责任者：苑薇薇　古正准　顾鹏冲　主编
责 任 编 辑：刘　佳
出 版 发 行：北京邮电大学出版社
社　　址：北京市海淀区西土城路10号(邮编:100876)
发 行 部：电话:010-62282185　传真:010-62283578
E-mail：publish@bupt.edu.cn
经　　销：各地新华书店
印　　刷：保定市中画美凯印刷有限公司
开　　本：787 mm×1 092 mm　1/16
印　　张：17.75
字　　数：440千字
印　　数：1—3 000册
版　　次：2010年2月第1版　2017年8月第2版　2017年8月第1次印刷

ISBN 978-7-5635-5156-9　　定　价：38.00元

· 如有印装质量问题，请与北京邮电大学出版社发行部联系 ·

前　言

随着科学技术突飞猛进的发展，电力工业日新月异，工业企业供电技术不断涌现新面貌。传统的供电设备已经被新技术的供电设备所取代，老的油浸式变压器、油断路器已经被干式变压器、真空断路器和六氟化硫断路器所取代，电力电缆线路被广泛应用，箱式变电站以其结构简洁、占地少、安装可以深入负荷中心等特点在工业企业供电中得到广泛的应用。计算机技术、通信技术和网络技术在电力系统中的应用产生了智能电网，传统的继电保护正被微机保护、综合保护所取代。供电技术的日新月异催促着工业企业供电技术教材的全面更新，剔除老旧内容，编入新技术、新设备、新知识已是必然，本书正是适应这种形势而改编的，以期将最新的供电技术和供电知识传授给学生。

全书共 9 章，第 1 章介绍电力系统、电网电压等级、供电质量、中性点运行方式等电网基础知识；第 2 章介绍电力负荷统计与计算；第 3 章介绍短路电流计算；第 4 章介绍工业企业供电常用的一次和二次设备；第 5 章介绍 10 kV 变电所设计，包括高低压电气设备选择，功率因数提高，变电所操作电源、自动装置、继电保护和电能计量；第 6 章介绍工业企业供电系统中的电力线路敷设、导线截面选择，以及低压配电线路设计；第 7 章介绍变电所综合自动化技术；第 8 章介绍电力系统防雷与接地；第 9 章介绍安全用电和操作规程。

本书由沈阳理工大学苑薇薇、国家电网冀北电力有限公司秦皇岛供电公司古正准和唐山钢铁集团威尔自动化有限公司顾鹏冲共同主编。东北大学秦皇岛分校邱新芸编写第 1～3 章；沈阳理工大学苑薇薇编写第 4～5 章；青岛理工大学曾慧琴编写第 6 章；沈阳理工大学孙金根编写第 7 章；东北大学秦皇岛分校刘云静编写第 8 章；东北大学秦皇岛分校段洪军编写第 9 章。全书由沈阳理工大学黄志钢主审。

本教材的特色是知识新颖，理论结合实际，实用性强。

在本书的编写过程中，参考了许多相关文献，在此向所有作者致以诚挚的谢意！

编　者

目　录

第1章 绪　　论

电能在国民经济各部门和社会生活中被广泛地应用,因为电能可以方便而经济地远距离输送与分配,又可以方便地和其他各种能量进行转换,在使用时也易于操作和控制,而且它和新兴的科学技术有着密切、不可分割的联系。电能是由发电厂生产的,而发电厂多数建立在一次能源所在地,可能距离城市及工业企业很远,因此存在电能的输送问题;由于各种电能用户对工作电压的不同要求,还需要变换电能电压;电能输送到城市或工业企业之后,由于电能用户或生产车间在布局上经常是分散的,因而又存在电能的合理分配问题。

1.1 电力系统的构成

电力系统由发电厂、变电所、输电网、配电网和电力用户等组成,它们之间的关系如图1-1所示。系统中的输电网和配电网统称为电力网,是电力系统的重要组成部分。发电厂将一次能源转换成电能,经过电力网将电能输送和分配到电力用户的用电设备,从而完成电能从生产到使用的整个过程。

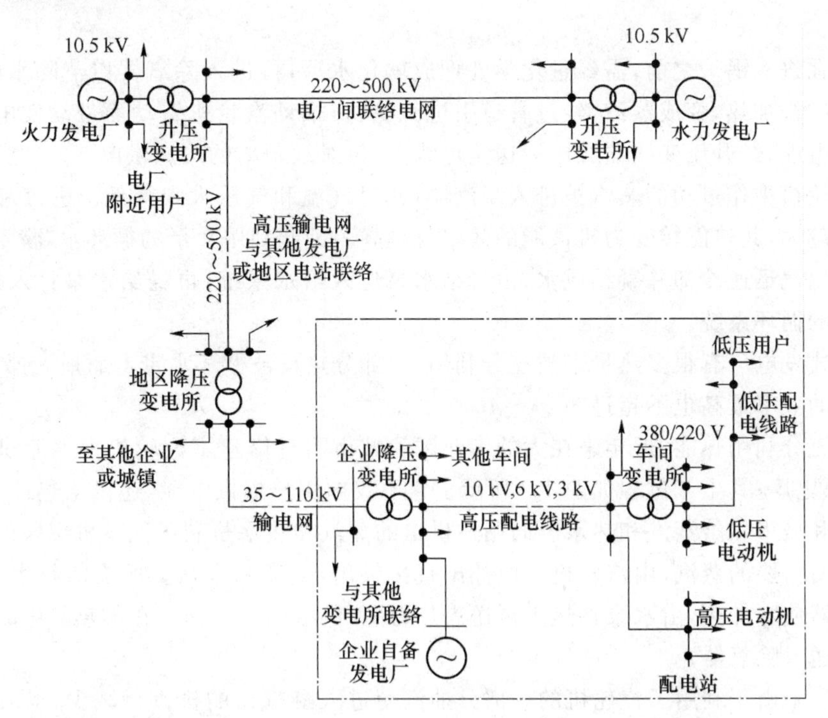

图1-1　电力系统示意图

电力系统还包括保证其安全、可靠运行的继电保护装置、安全自动装置、调度自动化系统和电力通信等相应的辅助系统(一般称为二次系统)。现将电力系统中电能的生产、变换、输送、分配和使用等几个环节的基本概念说明如下。

1. 发电厂

发电厂是生产电能的工厂,它能把各种形态的一次能源(如煤炭、石油、天然气、水能、原子核能、风能、太阳能、地热、潮汐能等)通过发电设备转换为电能。根据所利用能量的形式不同,发电厂有火力发电厂、水力发电厂、原子核能发电厂、风力发电厂和其他类型的发电厂,如太阳能发电厂、地热发电厂等。目前,我国电力结构仍以火电为主,火电装机容量占总装机容量的 74%以上。火电占总发电量的 80%以上,水电占发电量的 14%,核电站总发电量的 2%。下面简单介绍火力、水力和核能发电厂。

(1) 火力发电厂

在火力发电厂中,将燃料的化学能转变成电能。所用燃料有固体(主要为煤)、液体(多为重油)和气体(天然气、煤气或焦炭气)三种。火力发电厂根据原动机的不同又可分为汽轮机发电厂、蒸汽机发电厂、内燃机发电厂和燃气轮机发电厂。当前大容量的发电厂多为汽轮机发电厂,而汽轮机发电厂又可分为凝汽式和兼供热式(简称热电厂)。

凝汽式汽轮机发电厂的生产过程如图 1-2 所示。为了使固体燃料充分燃烧,将煤从煤场送入碎煤机压成碎块后,由运输皮带送入原煤仓,然后由磨煤机磨成煤粉,送入煤粉仓内。煤粉仓中的煤粉由给煤机运出,并由鼓风机供给的热空气经喷燃器吹入炉膛。煤粉在炉膛中以悬浮状态充分燃烧,产生高温。煤粉燃烧时所需要的空气,是由鼓风机从外部吹入,经烟道预热器、被烟气加热后,再进入炉膛。这样既可以减少烟气的热损失,又提高了炉膛的温度。

给水在进入锅炉之前,需经过化学处理成软化水后,再进入除氧器以清除水中的氧气。水在锅炉中被加热,变成蒸汽,经过管道引进汽轮机,推动汽轮机转动而带动发电机。发电机发出的电能,经升压变压器升压后送至母线上,再对远距离的用户供电。

在汽轮机中作过功的蒸汽被排入凝汽器,此时气温和气压大大降低。进汽和出汽的蒸汽压力差越大,其热能转变为机械能的效率就越高。为此利用大量的循环水,将不断进入凝汽器的排出汽迅速冷却并凝结成水,由凝结水泵送入给水系统,再经给水泵打入锅炉,这样构成水汽的循环系统。

凝汽式发电厂有很多热量未被充分利用,大部分热量被循环水带走而损失掉了,因此这种发电厂的效率最高也不超过 30%~40%。

为了充分利用热能,近年来在大的工业区和城市附近修建了汽轮机发电兼供热式发电厂,简称热电厂,其生产过程如图 1-3 所示。它不仅向用户提供电能,还供给热能,即向某些工业企业和城市供给蒸汽和热水。向用户供出的蒸汽和热水是利用汽轮机中段的抽汽。工业企业中所需要的蒸汽,由汽轮机中段抽出直接供出,生产和生活上所需的热水,是利用抽汽经加热器使水加热,由水泵将热水再送入热力网,供给用户。抽汽在加热器中凝结成的水再由水泵送入除氧器。

热电厂中由于利用了汽轮机的一部分抽汽使进入凝汽器的排汽量减少,也减少了被循环水所带走的热量,因此热、电联合生产效率可达 60%~70%或更高。这主要取决于供出蒸汽量的多少,即供出蒸汽量越多,进入凝汽器中的排汽量越少,其效率越高。热电厂一般建在热能用户附近,因为所供出的蒸汽和热水不能输送太远,这种热电厂生产出来的电能主要是用发电机供给附近的用户,同时为了供电给远方用户或与电力系统连接,在厂内也建立

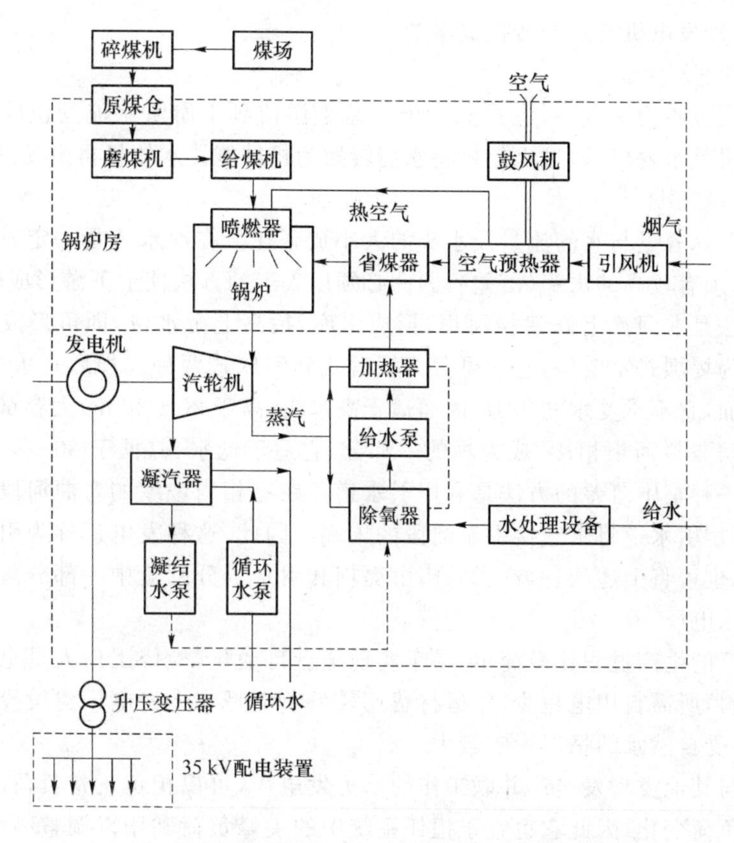

图 1-2　凝汽式汽轮机发电厂的生产过程示意图

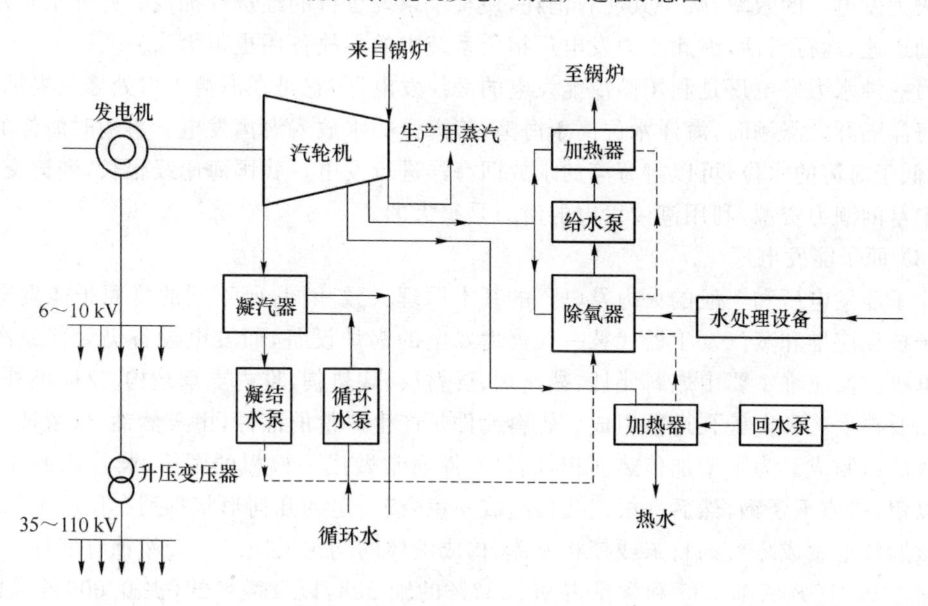

图 1-3　汽轮机兼供热式发电厂生产过程示意图

了升压变电所。

蒸汽机发电厂和内燃机发电厂多用于向农业、林业、小城镇和地质勘查等供电，容量一般都不大。燃气轮机发电厂是利用重油或煤粉在燃气轮机内直接燃烧的能量的一种新型热力发动机,它带动发电机将热能转换成电能。

(2) 水力发电厂

水力发电厂也称为水电站,它是利用河水从上游流到下游时水流的位能转换为电能。发电机的原动机是水轮机,通过水轮机将水能转换为机械能。水轮机再带动发电机,将机械能转换成电能。

水力发电厂总容量与水的流量及水头的大小成正比。在河水流量一定时,要获得较大的发电容量,必须有较高的水头(落差),因此必须用人工的方法使上下游形成较大的集中落差。常用的方法是在河流上修建拦河坝,形成水库,抬高上游水位,即可形成大的水位差。这种水电厂称为堤坝式水电厂,它又可分为坝后式和河床式两种。坝后式水电厂的厂房建筑在拦河坝后面,它不承受水的压力,因而适于高水头(高于 20～30 m)大容量水电厂;河床式水电厂的厂房与拦河坝相接,成为坝的一部分,它适于低水头(低于 30～35 m)的中小容量水电厂。另一种集中落差的方法是利用引水道。在有相当坡度的弯曲河段上游筑堤坝,挡住河水,然后用引水道将水直接引至河段的末端。因此,这种发电厂称为引水式发电厂。在某些情况下,也可将上述两种方式结合,由堤坝和引水道分别集中一部分落差,这种电厂又称为混合式水电厂。

水力发电厂的生产过程比较简单,易于实现全盘自动化,检修工作人员也较少,水力发电厂不消耗燃料,所需自用电也少,年运行费用较低。但是水力发电厂建设投资大,建设工期较长,运行中受自然水的情况影响较大。

在系统中与其他类型发电厂并联工作的水力发电厂,可以担负正常负荷。由于水轮机能很好地适应负荷变化,因此它也宜于担任系统中的尖峰负荷和用以调整频率。这样可以提高火力发电厂的效率,减少其燃料消耗,使整个系统运行的经济性提高。此外水轮发电机组启动迅速、运行灵活,因此水力发电厂担负系统中的事故备用也很恰当。

另一种水力发电厂是利用潮汐能发电的潮汐发电厂,它是在海湾入口处修筑堤坝,将海湾与海洋隔开。涨潮时,海洋水位高于海湾,将海洋的水放入海湾发电。落潮时海洋的水位下降,低于海湾的水位,可以将海湾的水放回海洋进行发电。我国海岸线很长,港湾交错,蕴藏着丰富的潮力资源,利用潮汐发电的潜力是很大的。

(3) 原子能发电厂

原子能发电厂和一般的火力发电厂的基本原理大致相同,所不同的是原子能发电厂利用原子核反应堆和蒸汽发生器代替一般火力发电的锅炉设备,而发电设备仍为普通汽轮机和发电机。反应堆主要由燃料元件、减速剂、反射层、载热剂、堆内支承结构、反应堆外壳、控制棒以及再生区和实验孔道等组成。燃料元件是产生热量的部件,由天然铀、低浓铀或高浓铀等核燃料制成。为了增加传热面积,燃料元件通常做成一根根的圆棒、圆管或薄片,外面再包以铝、锆或不锈钢,然后一根或几根组成一束,按一定的几何形状排列在反应堆的正中。有时核燃料也做成疏松的粉末或糊状液体、构成液体的均匀反应堆。天然铀有三种同位素,即含量占 0.712%的铀-235 和含量占 99.282%的铀-238,以及微量的(占 0.006%)铀-234。不论中子的速度如何,只要打中铀-235 的原子核,都可能引起分裂,使中子的数目增加。刚从原子核中分裂出来的中子速度很高,一旦碰到铀-238 时,情况就不一样了,在大多数场合下,中子均被铀-238 吸收,不能引起分裂。因此必须设法使中子速度变慢(靠减速剂的作用),逃过铀-238 的吸收,以便更多地和铀-235 作用,产生分裂。另外,将有很大一部分中子在还没有碰到原子核之前就会穿出铀块，跑到外面去，为此设置反射层使中子重新返回。再者，铀块里往往有一些杂质(如硼等)，吸收中子极厉害，它们吃掉中子以后，也会使中子减少，这些情况对链式分裂反应都是不利的。为了使链式分裂反应能够继续进行，一个中子引起核分裂以后，起码要有一个新的中子来维持这种核反应，不然，核分裂的数目就会越来越少，反应就会停止。相反，如果中子数目一下子增加过多，核分裂太快，产生的热量过多，又会引起像原子弹那样的爆炸。因此，必须有一种能够控制的设备(控制棒)，使反应堆的速度和产生的能量能够按需要自如地进行调节，让原子能在里面平稳产生，这种设备就是反应堆。反应堆的类型较多，当前多利用轻水堆建成发电厂，轻水堆又分为沸水堆式(BWR)和压水堆式(PWR)两种。

原子能发电厂运行高度自动化，它的控制系统根据电站负荷大小，不断地对反应堆进行调节。负荷增加时，控制棒自动提升，让反应堆核分裂加强；负荷减少时，控制棒自动跟着下降；当出现事故时，控制棒能迅速自动地插入反应堆，将核分裂关断。

当前世界各国的电力主要依靠燃烧煤、石油或天然气的火力发电厂，以及利用水力资源的水电站和利用核燃料的原子能发电厂供应。水力发电由于受到水力资源的限制，许多国家已开发得差不多了，而原子能发电站却在逐渐增多。从能源的利用和发展角度来看，逐渐减少矿物燃料发电比重，让水力发电厂发挥尖锋负荷调节作用，加速原子能电站的建设，且将其视为最有前途的发电能源。

2. 变电所

变电所是接受电能与分配电能并改变电能电压的枢纽，是发电厂到用户之间的重要环节之一，它主要由电力变压器与一些配电设备构成。如果只有配电设备而无电力变压器，仅用于接受电能与分配电能，则称其为配电站或开闭所。在一般情况下，配电站多结合在变电所之中。

变电所有升压和降压之分。升压变电所一般都是和大型发电厂结合在一起，也就是在大型发电厂电气部分中装有升压变压器，把发电厂电压升高，并与高压输电线路连接起来，将电能送向远方。降压变电所多半设在受电侧，它将高电压的电能适当降压后，对某地区或某用户进行供电。就供电的范围不同，变电所可分为区域变电所和地方变电所。在工业企业中又可分为总降压变电所和车间变电所。

(1) 区域变电所

区域变电所主要是从110 kV以上(如220 kV、330 kV、500 kV、750 kV)的线路受电，将电压降为35～110 kV供给大区域，如几个工业区、城市和农村用户等。区域变电所中多半装设三绕组降压变压器，将高电压降为35 kV和66～110 kV两种不同的电压，与相应电压等级的线路联系起来，供给不同距离的用户。它的供电范围较大，是系统与发电厂联系的枢纽，故有时称之为枢纽变电所，起着强力枢纽作用。

(2) 地方变电所

地方变电所多由35～110 kV线路从区域变电所受电，有的也由本地发电厂直接受电。它的作用是将35～110 kV电压降为6～10 kV，对某个市区或某个工业区进行供电，其供电范围较小(一般约为数千米)。

(3) 总降压变电所

总降压变电所是对工业企业输送电能的枢纽中心，它与地方变电所的情况基本相同，也是从区域变电所单独引出的35～110 kV线路直接受电，经过一台或几台电力变压器降为6

～10 kV对企业内部供电。一个大型联合钢铁企业,可能建几个甚至一二十个总降压变电所,分别对企业各供电区域(各厂或各车间)进行供电。小型企业设置一个或者几个小型企业共设一个总降压变电所。企业中究竟设置多少个总降压变电所,主要视企业的需要容量以及供电范围而定。

(4) 车间变电所

车间变电所负责从总降压变电所引出的6～10 kV厂区高压配电线路受电,并将电压降为低压380/220 V,对各用电设备直接供电。车间变电所并不一定对整个车间供电。在当前钢铁联合企业大型车间内,可能设置几个甚至十几个车间变电所,这也要视车间容量与其供电范围而定。

3. 电力网

电力网是传送并分配电能的网络,它的具体任务是将发电厂生产的电能输送并分配给用户。电力网按其特征、用途、电压的高低和供电范围可以分为许多类型,例如直流和交流电力网,城市、农村、工厂电力网,以及区域电力网和地方电力网等。

(1) 地方电力网

地方电力网的电压一般不超过110 kV,供电距离不超过50 km。可以认为区域变电所二次出线以后的线路为地方电力网,例如一般工业企业、城市和农村电力网等。

(2) 区域电力网

电压在110 kV以上,供电距离在几十千米甚至几百千米以上的电力网,称为区域电力网。通常可以认为从发电机出口到区域变电所为区域电力网。

近年来,伴随着中国电力发展步伐的不断加快,区域电力网得到迅速发展,电网系统运行电压等级不断提高,网络规模也不断扩大,全国已经形成跨省的大型区域电网,并基本形成了完整的长距离输电电网网架。目前我国已建设多条500 kV、750 kV超高压交流输电线路及100万伏直流输电线路,我国电网已走在世界前列。

4. 电能用户

包含工业企业在内的所有用电单位均称为电能用户。目前我国电能用户除了工业企业电能用户外还包括轻工业电能用户、重工业电能用户、农业电能用户、交通运输电能用户和市政生活电能用户等。工业企业是电力部门的最大电能用户,研究和掌握工业企业供电方面的知识和理论,在改善电能品质、提高供电可靠性的前提下,做好工业企业的计划用电、节约用电和安全用电是当前电气工作者的重要职责。

1.2 电力系统的额定电压

为使电气设备生产标准化,便于大量成批生产,使用中又易于互换,所以对发电、输电以及用电等所有设备的额定电压必须统一规定,且应分成若干标准等级;电力网的额定电压必须与电气设备的额定电压相对应,也应分成相应电压等级。

电力网额定电压等级是根据国民经济发展需要和电力工业发展水平,考虑技术经济上的合理性,结合电气设备的制造水平等因素,经全面分析论证,由国家统一制订和颁布的,我国公布的三相交流电力网的额定电压见表1-1。

表 1-1　我国三相交流电力网和用电设备的额定电压　　　　（单位:kV）

分类	电力网和用电设备的额定电压	发电机的额定电压	电力变压器的额定电压	
			一次绕组	二次绕组
1 kV 以下	0.22	0.23	0.22	0.23
	0.38	0.40	0.38	0.40
	0.66	0.69	0.66	0.69
1 kV 以上	3	3.15	3 及 3.15	3.15 及 3.3
	6	6.3	6 及 6.3	6.3 及 6.6
	10	10.5	10 及 10.5	10.5 及 11
		13.8,15.75,18,20,22,24,26	13.8,15.75,18,20,22,24,26	—
	35	—	35	38.5
	66	—	66	72.6
	110	—	110	121
	220	—	220	242
	330	—	330	363
	500	—	500	550
	750	—	750	825

注：表中交流电压均指线电压。

由表 1-1 可以看出，在同一电网电压等级下，发电机、变压器一次绕组与二次绕组和用电设备的额定电压都不一致，为了使各种互相连接的电气设备都能在有利的电压水平下运行，各类电气设备的额定电压之间应相互配合。

1. 用电设备的额定电压

电力网输送电能时，在变压器和电力线路等元件上将产生电压损失，由于线路上的电压损失，电网电压分布往往是始端高于末端，但成批生产的用电设备不可能按设备使用处线路的实际电压来制造，而只能按线路始端与末端的平均电压即电网的额定电压来制造，因此，用电设备的额定电压规定与同级电网的额定电压相同。

2. 发电机的额定电压

电力线路允许的电压偏差一般为±5%，为了使线路的平均电压维持在额定值，应使线路始端电压比额定电压高 5%，以补偿线路上的电压损失，由于发电机多接于线路始端，因此其额定电压规定比同级电力网额定电压高出 5%。

3. 变压器的额定电压

(1) 电力变压器一次绕组的额定电压

一次绕组的额定电压分两种情况：①当变压器一次侧直接与发电机相连时，其一次绕组额定电压与发电机额定电压相同，即高于同级电网额定电压 5%；②当变压器一次侧直接与电网相连时，相当于用电设备，其一次绕组额定电压应与电网额定电压相同。

(2) 电力变压器二次绕组的额定电压

二次绕组的额定电压也分两种情况。

① 当变压器二次侧供电线路较长，例如为较大的高压电网时，其二次绕组额定电压应

比相连电网额定电压高10%,其中有5%用于补偿变压器满负荷运行时绕组内部约5%的电压降,因为变压器二次绕组的额定电压是指变压器一次绕组加上额定电压时二次绕组开路的电压;此外,变压器满负荷时输出的二次电压还要高于电网额定电压5%,以补偿线路上的电压损耗。

② 当变压器二次侧供电线路不长,例如为低压电网或直接供电给高低压用电设备时,其二次绕组额定电压只需高于电网额定电压5%,仅考虑补偿变压器满负荷时绕组内部5%的电压降。

在工业企业供电系统中,通常把1 kV以上的电压称为高压,1 kV以下的称为低压。但就安全角度来看,通常把相线对地电压在250 V以上的电压称为高压,对地电压在250 V以下的称为低压。在车间内人们可能经常接触到电气设备,为了安全起见,均应以低压运行。因此,当前车间配电系统广泛采用380/220 V中性点接地系统。这是因为380/220 V中性点接地系统,当正常或一相线发生接地时,其正常相线对地电压为220 V。必须指出,即便是低压系统、低压设备,当维护运行不当,违反安全操作规程时,也会发生事故甚至造成人身伤亡,因此在运行维护中必须严格遵守安全操作规程。

1.3 供电质量的主要指标

工业企业供电质量的主要指标有电压、频率。

1.3.1 电压

由于供电系统存在阻抗、用电负荷的变化和用电负荷的性质等因素,加在用电设备端的实际电压在幅值、波形及对称性上都与用电设备的额定电压之间存在偏差。当偏差较大时对用电设备的危害很大。

对于日常照明用的白炽灯而言,当加于灯泡的电压低于额定电压的10%时,发光效率下降30%以上,不仅影响工人的身体健康,也会降低劳动生产效率;当加于灯泡的电压高于额定电压的10%时,灯泡寿命将缩减一半。当供电电压波形发生非正弦畸变时,电压中出现高次谐波,高次谐波的存在将导致供电系统能耗增大、电气设备绝缘老化加快,并且干扰自动化装置和通信设施的正常工作。供电系统的不对称运行,对用电设备及供配电系统都有危害,低压系统的不对称运行还会导致中性点偏移,从而危及人身和设备安全。

由于上述各类用户的工作情况均与电压的变化有着极为密切的关系,所以在运行中必须规定电压的允许变化范围,也就是电压的质量标准。国家标准GB/T 12325—2008《电能质量 供电电压偏差》中规定:35 kV及以上供电电压的正、负偏差的绝对值之和为额定电压的10%;20 kV及以下三相供电电压允许偏差为额定电压的±7%;220 V单相供电电压允许偏差为额定电压的+7%、-10%。

1.3.2 频率

频率是影响供电质量的另一个指标。我国规定电力系统标称频率(也称工频)为50 Hz,国际上标称频率有50 Hz和60 Hz两种。除此之外,工业企业的有些场合需要采用较高的频率,来减轻工具的重量、提高生产效率等。例如汽车制造装配车间采用频率为

175～180 Hz 的高频工具，有些机床采用 400 Hz 的电机以提高切削速度。

频率的变化对电力系统运行稳定性影响很大。当系统频率偏离其标称值产生频率偏差时，不仅影响用电设备的工作状态、产品的产量和质量，更重要的是会影响电力系统的稳定运行。因此对频率的要求要比对电压的要求严格得多，国家标准 GB/T 12325—2008《电能质量 电力系统频率偏差》中规定：正常频率偏差允许为±0.2 Hz，当系统容量较小时，频率偏差可放宽到±0.5 Hz。

1.4 中性点运行方式

电力系统中电源侧中性点运行方式有两种情况：一种为中性点非直接接地系统，通常称为小电流接地系统；另一种为中性点直接接地系统，通常称为大电流接地系统。前者又分为中性点不接地和中性点经消弧线圈接地两种系统。

1.4.1 中性点不接地的三相电力系统

三相电力网中性点不接地系统如图 1-4 所示，三相导体沿线路全长对地都分布有电容。为了讨论方便起见，认为均匀分布的电容以集中于线路中间的电容 C 来代表，各相导体间的电容较小，略去不计，且三相系统为对称的。在正常运行时，各相导线对地电压为相电压 $\dot{U}_A$，$\dot{U}_B$，$\dot{U}_C$，中性点的电位为零，电源各相的电流 $\dot{I}_A$，$\dot{I}_B$，$\dot{I}_C$ 分别等于各相负载电流 $\dot{I}_{FA}$，$\dot{I}_{FB}$，$\dot{I}_{FC}$及各相对地的电容电流 $\dot{I}_{C0}$的相量和。三相对地的电容电流的相量和等于零，所以地中没有电容电流流过。

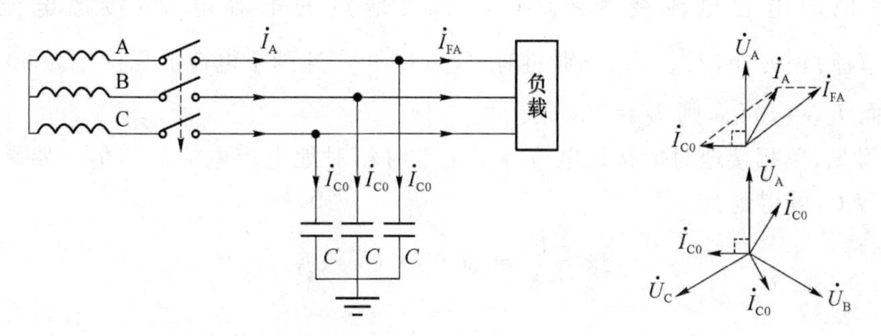

图 1-4 中性点不接地的三相电力系统正常工作状态

当线路中由于绝缘损坏而发生单相接地时，各相对地电容发生变化，对地电压也随之发生变化。例如，当 C 相完全接地时，如图 1-5 所示，C 相对地电容被短接，其对地电压变为零，其他未故障两相的对地电压值升高$\sqrt{3}$倍，即为线间电压。此时中性点的电位不再为零，其对地电压为相电压。各相对地电压的改变，可以认为是有与电压$\dot{U}_C$ 大小相等而方向相反的零序电压$\dot{U}_{A0}$，$\dot{U}_{B0}$，$\dot{U}_{C0}$相应地加在原各相电压 $\dot{U}_A$，$\dot{U}_B$，$\dot{U}_C$ 上。这时各相对地电压 $\dot{U}'_A$，$\dot{U}'_B$，$\dot{U}'_C$分别等于原相电压与零序电压的相量和，即

$$\dot{U}'_{A}=\dot{U}_{A}+\dot{U}_{A0},$$
$$\dot{U}'_{B}=\dot{U}_{B}+\dot{U}_{B0},$$
$$\dot{U}'_{C}=\dot{U}_{C}+\dot{U}_{C0},$$
$$\dot{I}_{CA}=\dot{I}_{CB}=\sqrt{3}\,\dot{I}_{C0}.$$

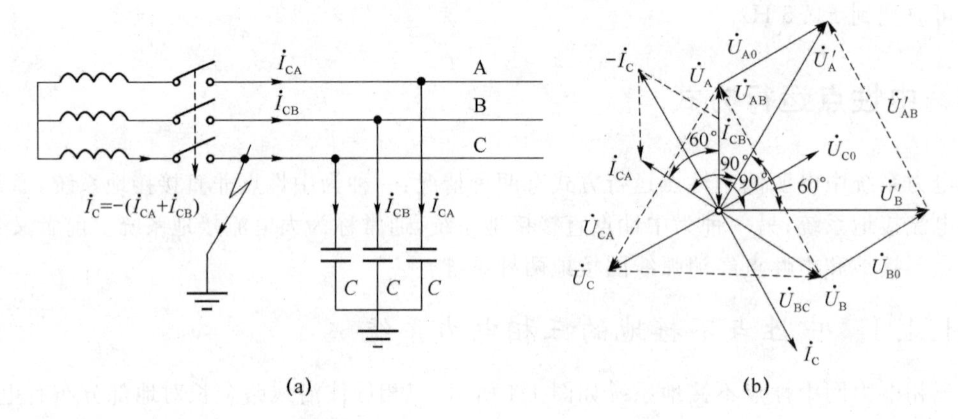

图 1-5 中性点不接地的三相电力系统单相接地时的工作状态

由图 1-5 的相量图可看出，$\dot{U}'_{A}=\dot{U}'_{B}=\sqrt{3}\dot{U}_{A}$，$\dot{U}'_{A}$与$\dot{U}'_{B}$的相差角为 60°，$\dot{U}'_{C}=0$。A、B 两相对地电压升高的结果，使其对地的电容上所加电压变为线间电压，对地的电容电流也相应地增加$\sqrt{3}$倍。在对称三相系统中，$\dot{I}_{CA}=\dot{I}_{CB}=\sqrt{3}\,\dot{I}_{C0}$。由于 C 相接地，对地电容被短路，所以 C 相对地的电容电流变为零，而 C 相接地点的电容电流（接地电流）$\dot{I}_{C}=-(\dot{I}_{CA}+\dot{I}_{CB})$。另外，$\dot{I}_{CA}$、$\dot{I}_{CB}$分别超前$\dot{U}'_{A}$与$\dot{U}'_{B}$90°，这两个电流的相位差为 60°，所以，$I_{C}=\sqrt{3}I_{CA}$，而 $I_{CA}=\sqrt{3}I_{C0}$，则 $I_{C}=3I_{C0}$。

由此可见，单相接地时的接地电流等于正常时相对地电容电流的 3 倍。如果已知各相对地的电容 C，可得到：

$$I_{C0}=\frac{U_{x}}{X_{0}}=\omega CU_{x}\times10^{-8}(\mathrm{A}),\tag{1-1}$$

所以

$$I_{C}=3U_{x}\omega C\times10^{-8}(\mathrm{A}),\tag{1-2}$$

式中，U_{x} 为线路的相电压(kV)；C 为相对地的电容(μF)。

可见，接地电流 I_{C} 与电压、频率和相对地的电容有关，而相对地的电容与电网的结构(电缆或架空线)以及线路长度等有关。在实际计算中接地电流 I_{C} 可近似地按下式计算：

对架空线路
$$I_{C}=\frac{U\cdot l}{350}(\mathrm{A}),\tag{1-3}$$

对电缆线路
$$I_{C}=\frac{U\cdot l}{10}(\mathrm{A}),\tag{1-4}$$

式中，U 为线间电压(kV)；l 为具有电联系的、电压为 $\dot{U}$ 的线路长度(km)。

当发生不完全接地(经过一些电阻接地)时，故障相对地的电压大于零而小于相电压，未故障相对地的电压则大于相电压，小于线间电压，且此时接地电流也比完全接地时小一些。

从图1-5的相量图中还可以看出，在中性点不接地的系统发生单相接地时，线路中线间的电压的大小和相位差仍维持不变，即

$$\left.\begin{aligned}\dot{U}'_{AB}&=\dot{U}'_{A}-\dot{U}'_{B}=\dot{U}_{AB}\\\dot{U}'_{BC}&=\dot{U}'_{B}-\dot{U}'_{C}=\dot{U}_{BC}\\\dot{U}'_{CA}&=\dot{U}'_{C}-\dot{U}'_{A}=-\dot{U}'_{A}=\dot{U}_{BA}\end{aligned}\right\}. \tag{1-5}$$

可见，当发生单相接地时，对负载的工作不会有任何影响。同时，这种系统中各相对地的绝缘是根据线间电压决定的，虽然未接地相电压升高$\sqrt{3}$倍，对线路和设备的绝缘并无危险。因此，中性点不接地系统在发生单相接地时仍可继续工作，但不允许长期工作，因为长期运行时，有可能引起未故障相绝缘薄弱的地方损坏而接地，造成两相接地短路，流过大电流，损坏设备。为此，在这种系统中，当发生单相接地时，允许继续工作时间至多不超过两个小时。在这个时间内运行维护人员应尽快地找出故障点，切离电源，力争在最短的时间内消除故障。

在单相接地处，有可能出现持续电弧和间歇电弧。持续电弧的燃烧极易引起相间短路，而间歇电弧则引起线路过电压，其值可能达到$(2.5\sim3)U_x$，这时线路中绝缘薄弱的地方容易发生击穿而造成短路。

电压为6～10 kV的电网中，间歇电弧引起的过电压危害性还不大，其接地电流I_C不得大于30 A，否则单相接地产生的持续电弧较大，不易熄灭，容易造成相间短路。对20 kV以上的线路，间歇电弧引起的过电压，危险较大，此时接地电流I_C不得超过10 A，因为I_C大于10 A时单相接地容易出现间歇电弧。所以在电压110 kV以下接地电流$I_C\leqslant10$ A，或在电压6～10 kV接地电流$I_C\leqslant30$ A的高压线路，以及1 000 V以下的三相二线制线路一般常采用中性点不接地方式。

1.4.2　中性点经消弧线圈接地的三相电力系统

当电压为110 kV以下，接地电流I_C大于上述所指出的数值时，为了防止单相接地时产生电弧，尤其是间歇电弧，应采取减小接地电流的措施。为此通常在中性点与地之间接入消弧线圈，如图1-6所示。消弧线圈是一个具有铁芯的电感线圈，铁芯和线圈装在充有变压器油的外壳内，线圈的电阻很小，电感很大。消弧线圈的电抗值靠改变其线圈的匝数或铁芯气隙的大小来调节。

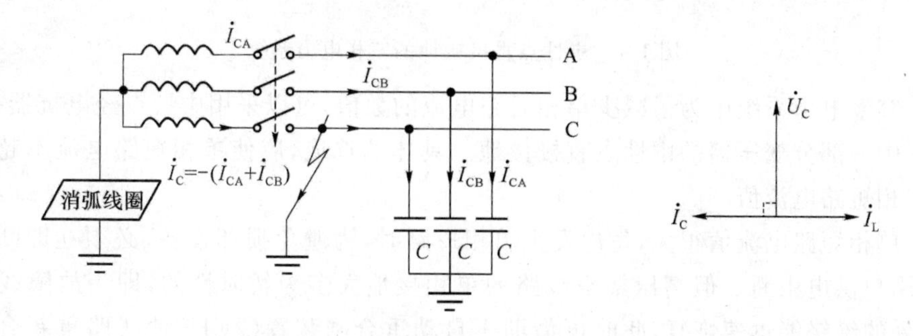

图1-6　中性点经消弧线圈接地的三相电力系统

在正常工作时，因为中性点的电位为零，所以消弧线圈中没有电流通过。当发生金属性

单相接地时,如 C 相接地,此时消弧线圈处于原相电压之下,并有电感电流 $\dot{I}_L$ 通过,但接地故障点处的电流为接地电流 $\dot{I}_C$ 和消弧线圈电流 $\dot{I}_L$ 的相量合成。由于电流 $\dot{I}_L$ 滞后电压 $\dot{U}_C 90°$,而电流 $\dot{I}_C$ 超前电压 $\dot{U}_C 90°$,故电流 $\dot{I}_L$ 与 $\dot{I}_C$ 的相角差为 180°。如果适当地选择消弧线圈,可使接地处的电流变得很小或者等于零,这样就不致产生电弧以及由它所引起的一些危害。

依据消弧线圈电感电流对接地电流补偿程度,可有三种补偿方法:完全补偿($\dot{I}_L = \dot{I}_C$)、欠补偿($\dot{I}_L < \dot{I}_C$)以及过补偿($\dot{I}_L > \dot{I}_C$)。完全补偿时,虽使接地处的电流为零,但因为 $X_L = X_C$ 正是电流谐振的关系,正常运行时,一旦中性点对地之间出现电压时,会在谐振电路内产生很大的电流,使消弧线圈有很大的压降,结果使中性点对地电压升高,有可能造成设备损坏,故一般不采用完全补偿方式。欠补偿时,使接地处有电容性电流 $\dot{I}_C - \dot{I}_L$,一旦电网小部分线路被断开,使接地电流减少,有可能使 $\dot{I}_C = \dot{I}_L$ 变成完全补偿,因此欠补偿方式一般也少用。过补偿时,$\dot{I}_L > \dot{I}_C$,不会有上述缺点,所以通常多采用过补偿方式。

中性点经消弧线圈接地的系统,与中性点不接地系统一样,在单相接地时,接地相对地电压为零,其他未故障相对地电压升高到$\sqrt{3}$倍,同时消弧线圈可使接地故障处的电流减小,易于迅速熄灭电弧,因而中性点经消弧线圈接地系统和中性点不接地的三相系统,统称为非直接接地系统或小电流接地系统。

1.4.3　中性点直接接地的三相电力系统

中性点直接接地系统如图 1-7 所示,当发生单相接地时,故障相由接地点通过大地形成单相短路,单相短路电流值很大,故又称其为大电流接地系统。

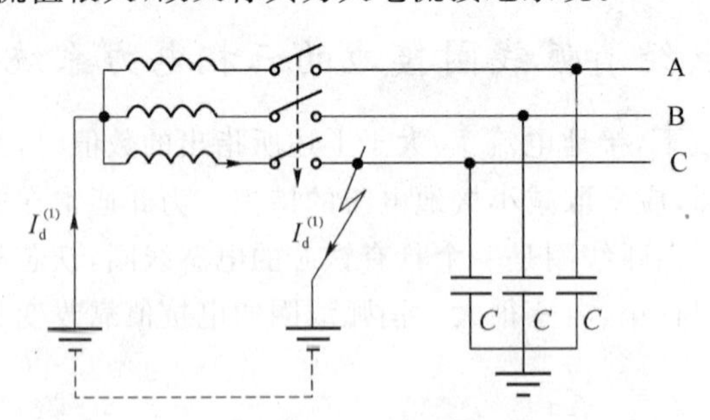

图 1-7　中性点直接接地的三相电力系统

在大容量电力系统中为了减少单相短路电流的数值,可以采用中性点经电抗器接地,或者将系统中一部分变压器的中性点直接接地。具体的选取,应使单相短路电流不超过最大可能的三相短路电流值。

由于单相短路电流值很大,每次发生单相短路时,为避免损坏设备,必须立即断开故障线路,使用户供电中断。但高压架空线路的单相接地大多为暂时性的,即当故障线路断开后,接地处的绝缘能迅速恢复,此时可借助于自动重合闸装置(ZCH)使线路重新合闸继续供电。若故障为永久性的,靠断路器再次断开,使供电中断。对极重要的用户,为了保证不间断供电,应另外装设备用电源。

中性点直接接地系统的主要特点是在单相接地时中性点电位不变,未故障相对地电压也不增高。此时电网中绝缘水平只取决于相电压(中性点不接地或经消弧线圈接地系统则取决于相间电压),使电网造价低。线路电压越高,经济效益也越大。因此,我国 110 kV 以上的电力系统,多采用中性点直接接地的方式。

1.5 企业供配电设计的主要内容

企业供配电设计包括企业变配电所设计、配电线路设计、防雷、接地和电气照明设计等。

1.5.1 变配电所设计的主要内容

总降压变电所或车间变电所,设计内容都基本相同。而高压配电所设计,则除了没有主变压器选择外,其余的设计内容也与变电所设计基本相同。

变配电所的设计内容包括:变配电所负荷计算,负荷功率因数的确定及拟采取的补偿措施,变配电所位置、变压器台数、容量和运行方式的选择,变配电所主接线方案和高低压配电网接线方案的确定,变配电所的短路计算和高低压开关设备的选择,变配电所二次回路和继电保护方案的设计与参数整定,变配电所的电气照明、防雷与接地系统等的设计,变配电所的数据采集、自动化控制、调度和通信方式的设计,谐波分析及其治理措施。

1.5.2 配电线路设计的主要内容

配电线路设计分为厂区配电线路设计和车间配电线路设计。

总的配电线路设计包括:配电线路接线方式和路径规划设计,配电线路结构形式设计,配电线路计算负荷和短路电流确定,导线截面和型号选择及校验,配电线路敷设方式设计,配电线路保护电器选择和整定。

思考题和习题

1-1 什么是电力系统?

1-2 电力系统的运行有哪些特点和要求?

1-3 试述工业企业供电系统的构成,总降压变电所和车间变电所有什么区别和作用?

1-4 简述工业企业供电系统电能质量的主要指标及其对用户的影响。

1-5 三相电力系统中性点运行方式主要有哪几种?试述各种中性点运行方式的特点。

1-6 电力系统如图 1-8 所示,根据图中已知数据,试求线路 WL1、WL2 及变压器 T1 一、二次侧额定电压。

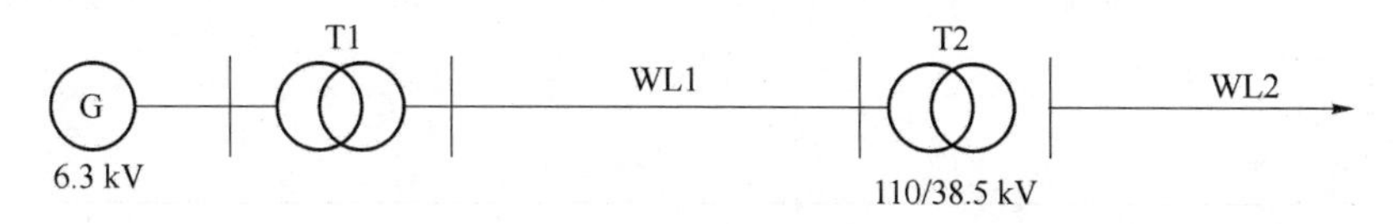

图 1-8 习题 1-6 的电力系统示意图

1-7　电力系统如图 1-9 所示,根据图中已知数据,试求各变压器一、二次侧额定电压。

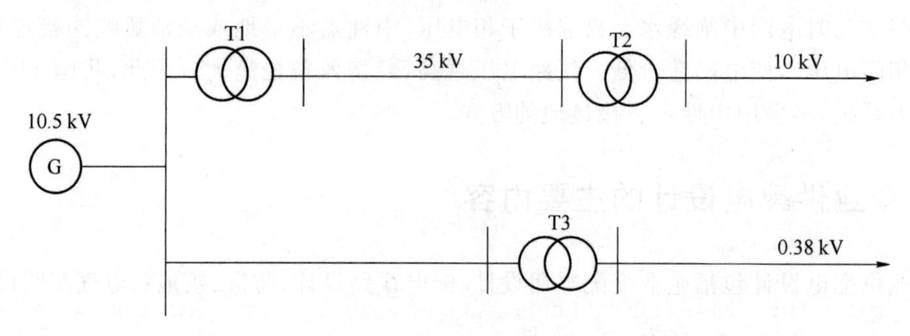

图 1-9　习题 1-7 的电力系统示意图

第2章 电力负荷及其计算

2.1 电力负荷及负荷曲线

工厂企业中的电力负荷是指电气设备或线路中通过的功率或电流。不论是一台用电设备,还是一组用电设备,其用电负荷均不可能保持固定不变,而是在一昼夜内或一年内随时间而变化。如果把一组用电设备每半小时的有功功率平均值(可以利用有功功率自动记录仪所记录的半小时连续值求平均)记录下来绘成曲线,横坐标表示时间,纵坐标表示有功负荷值(kW),这种曲线叫作负荷曲线。根据表示时间的不同有日负荷曲线和年负荷曲线之分;根据表示负荷的不同又有有功负荷曲线和无功负荷曲线(纵坐标表示无功功率,kvar)之分。

2.1.1 日负荷曲线

日负荷曲线如图 2-1 所示,表示电力负荷在一昼夜(24 h)内变化的情况,其中 P 为有功日负荷,Q 为无功日负荷。

日负荷曲线可用测量的方法来绘制,根据变电所的功率表每隔一定时间(一般半小时)的读数,在直角坐标系中逐点描绘而成,也可用记录式仪表的有关数据画出。曲线相邻两负荷值之间的时间间隔取得越短,越能反映负荷的实际变化情况。有功日负荷曲线可根据有功功率表的读数绘制,如图 2-2 所示。无功日负荷曲线则根据无功功率表的读数绘制。为了计算简单,往往用阶梯形曲线来代替逐点描绘的曲线,图 2-2 中曲线所包围的面积代表一天 24 h 内所消耗的总电能。

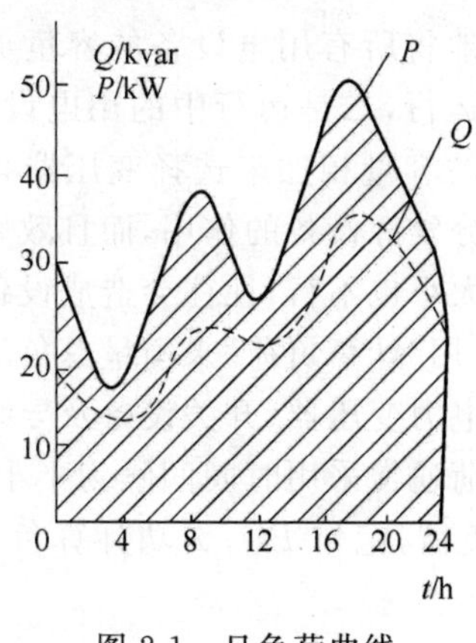

图 2-1 日负荷曲线

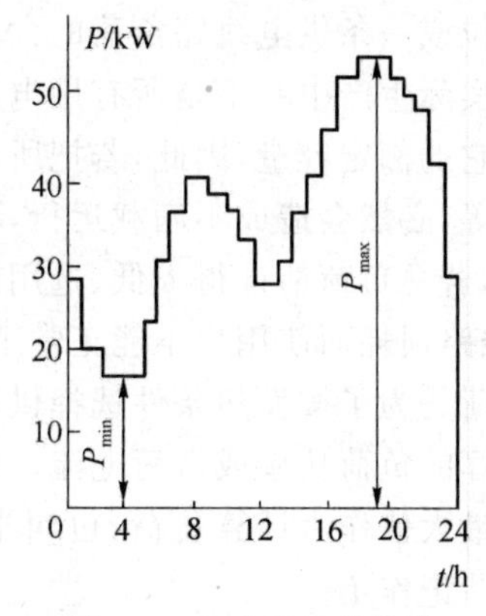

图 2-2 有功日负荷曲线

2.1.2 年负荷曲线

年负荷曲线分两种,一种是年最大负荷曲线,就是在一年 12 个月取每个月(30 天)中日负荷的最大值绘制出的曲线,如图 2-3 所示,从图中可以看出,该工厂夏季最大负荷比较小,而年终最大负荷比年初大;另一种是年持续负荷曲线,它不分日月界限,而是以有功功率的大小为纵坐标,以相应有功功率所持续的实际使用时间(小时)为横坐标绘制的,如图 2-4 所示,由图可知,某厂持续负荷线表示一年内各种不同大小负荷所持续的时间,年持续负荷曲线下面以 0～8 760 h 所包围的面积,就等于该工厂在一年时间内所消耗的有功电能。如果将此面积用一个与其面积相等的矩形(P_{max}—C—T_{max}—O)表示,则矩形的高代表最大负荷 P_{max},矩形的底 T_{max} 就是最大负荷年利用小时。它的意义是:若某厂以年最大负荷 P_{max} 持续运行,在 T_{max} 内所消耗的电能,恰好等于全年按实际负荷曲线运行所消耗的电能。所以 T_{max} 的大小,说明了用户消耗电能的程度,也反映了用户用电的性质。根据电力用户长期运行和实际积累的经验表明,对于各类型工厂,其最大负荷年利用小时大致在某一固定的数字上。

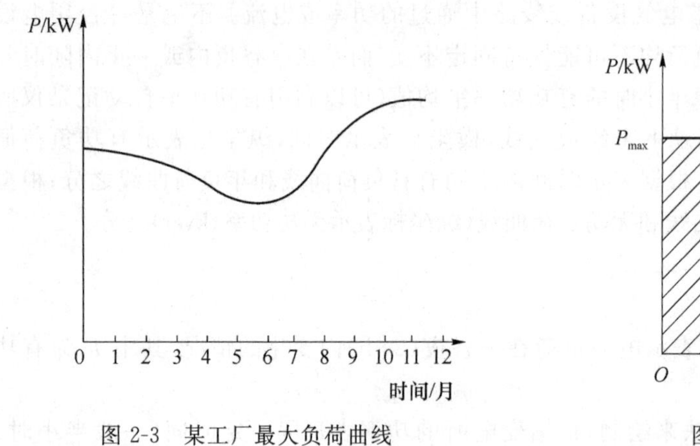

图 2-3　某工厂最大负荷曲线

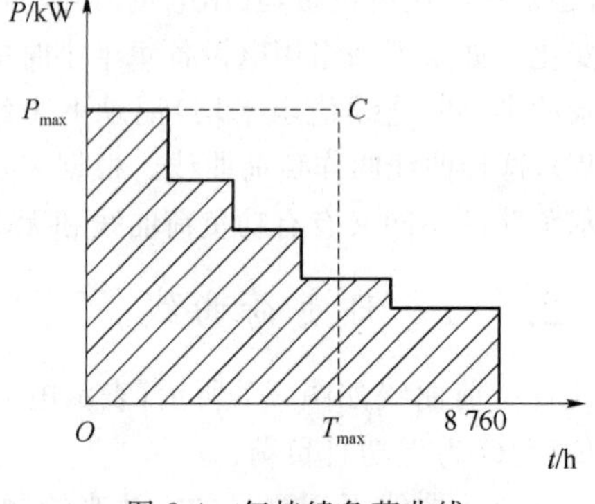

图 2-4　年持续负荷曲线

2.2　计算负荷及其确定方法

2.2.1　计算负荷

一个单位或一条供电线路负荷的大小不能简单地将所有用电设备的容量加起来,其原因之一是在实际生产中并不是所有用电设备都同时运行,二是运行中的用电设备不一定每台都达到了它的额定容量,因此,若把所有用电设备的容量相加来选择变压器容量或导线、电缆的截面等,必然会造成不满载运行,不但不能充分发挥设备的作用,而且效率不高,造成浪费。但是,若总负荷估计得太低、选用的设备容量太小也不行,往往会造成设备过热、绝缘损坏、增加线路损耗而使用户不能正常工作。因此常用"计算负荷"来衡量总负荷。

计算负荷是为了按发热条件选择供电系统中的电力变压器、开关设备及导线、电缆截面等而需要计算的负荷功率或负荷电流。有功计算负荷通常采用时间间隔为半小时(30 min)的平均负荷最大值作为计算负荷,也叫半小时最大负荷,记作 P_{30};无功计算负荷记作 Q_{30};电流计算负荷记作 I_{30}。

取"半小时的平均负荷最大值"作为"计算负荷"是因为一般 16 mm^2 以上的导线,其发热时间常数 θ 在 10 min 以上,因此时间很短暂的尖峰负荷不是造成导线达到最高温度的主要矛盾,因为导线的温度还来不及升到其相应的温度之前这个尖峰负荷就已经消失了。根据理论分析和实验研究表明,导线达到稳定温升的时间约为 $3\theta=3\times10=30$ min。因此,只有持续时间在 30 min 以上的负荷值,才有可能构成导线的最大温升。这就是规定选取"半小时平均负荷的最大值"作为计算负荷的理论根据。

把负荷曲线的平均值称为“平均负荷”，记作 P_P（平均有功负荷）、Q_P（平均无功负荷）及 I_P（平均负荷电流）。长期观察分析各类型企业的负荷曲线可以发现：对于同一类型的用电设备组，其负荷曲线具有形状大致相似的规律，对于同一类型的企业或车间，其负荷曲线也具有大致相似的形状。根据计算负荷选取电气设备和导线电缆，容量不致过大，且能保证在长期运行中不致过热。

2.2.2　计算负荷的确定方法

计算负荷的确定方法较多，目前，我国供电设计部门常采用的方法有需用系数法、二项式系数法和利用系数法等。其中以需用系数法应用最广泛，这种方法计算简便，计算结果基本上符合实际。需用系数法一般适用于没有突出的大容量用电设备的车间干线和分干线上的负荷计算，以及车间变电所低压母线上的负荷计算，因为当有突出的大容量用电设备时，若仍用需用系数法，计算出来的车间干线和分干线上的负荷就偏小，因为此方法未考虑突出的大容量设备的影响。二项式系数法主要适用于机械加工企业的电力负荷计算。利用系数法是以平均负荷作为计算的依据，利用概率论分析出最大负荷与平均负荷的关系，这种方法虽有一定的理论依据，但计算步骤较烦琐，而精确性并不比前两种方法强多少，因此本节重点介绍前两种方法。

1. 需用系数法

需用系数法是将用电设备的功率的总和 $P_{N\Sigma}$（或设备容量）乘以需用系数和同时系数，直接求出计算负荷的一种简便计算方法。

(1) 需用系数的含义

假设某车间的一组用电设备为 n 台电动机，其额定容量的总和为 $P_{N\Sigma}$。这 n 台电动机的平均加权效率为 η，则此用电设备组的满载接用容量 P_{jy} 为

$$P_{jy}=\frac{P_{N\Sigma}}{\eta}(\mathrm{kW}). \tag{2-1}$$

一般地，由于这些电动机不可能同时都运行，如果定义 k_0 为同时运行系数，即

$$k_0=\frac{\text{在最大负荷期间投入运行的电动机的额定容量的总和}}{\text{全部电动机的总设备容量}},$$

则在最大负荷期间，电网所供给的最大有功负荷为

$$P'_{30}=\frac{k_0 P_{N\Sigma}}{\eta}(\mathrm{kW}), \tag{2-2}$$

此外，由于投入运行的电动机不可能都满载运行，如果定义 k_f 为电动机的平均加权负荷系数，即

$$k_f=\frac{\text{投入运行的电动机的实际最大负荷}}{\text{投入运行的电动机的额定容量的总和}},$$

则在最大负荷期间，电网所供给的实际最大有功负荷为

$$P''_{30}=\frac{k_f k_0 P_{N\Sigma}}{\eta}(\mathrm{kW}). \tag{2-3}$$

考虑到用电设备组在运行时，在线路内也会引起一些功率损耗，这个网路功率损耗也得由电网供给，于是得到：

$$P_{30}=\frac{k_f k_0}{\eta_c \eta}P_{N\Sigma}=K_x P_{N\Sigma}(\mathrm{kW}), \tag{2-4}$$

式中 η_c 为线路供电效率，一般为 0.95～0.98。

因此得到用电设备组的需用系数 K_x 为

$$K_x=\frac{P_{30}}{P_{N\Sigma}}=\frac{k_f k_0}{\eta_c \eta}. \tag{2-5}$$

通过上面的分析过程,不难看出用电设备组需用系数 K_x 的基本含义,它标志着用电设备组在投入电网运行时,计算电网实际取用功率所必须考虑的一个综合系数。这个系数与用电设备组的平均加权负荷系数 k_f、同时运行系数 k_0、电动机平均加权效率 η 以及线路供电效率 η_c 等参数有关,需用系数 K_x 恒小于 1。

我国工业企业的技术管理科室和设计研究部门通过长期的调查研究,并参考国外资料,已统计出一些用电设备组的典型需用系数 K_x 和利用系数的数据,供计算企业的负荷时参考。表 2-1 为常见用电设备组的需用系数 K_x 和功率因数 $\cos\varphi$;表 2-2 为工业企业各种车间的需用系数 K_x 和功率因数 $\cos\varphi$;表 2-3 为一部分工厂的全厂需用系数及功率因数。本书未列举的可查阅电力设计有关手册。

表 2-1　工业企业常见用电设备的 K_x 和 $\cos\varphi$

序号	用电设备组名称	K_x	$\cos\varphi$	$\tan\varphi$
1	通风机:生产用	0.75～0.85	0.80～0.85	0.75～0.62
	卫生设施用	0.65～0.70	0.8	0.75
2	水泵、空压机、电动发电机组	0.75～0.85	0.8	0.75
3	透平压缩机和透平鼓风机	0.85	0.85	0.62
4	起重机:修理、金工、装配车间用	0.05～0.15	0.5	1.73
	铸铁、平炉车间用	0.15～0.30	0.5	1.73
	脱锭、轧制车间用	0.25～0.35	0.5	1.73
5	破碎机、筛选机、碾砂机	0.75～0.80	0.8	0.75
6	磨碎机	0.80～0.85	0.80～0.85	0.75～0.65
7	搅拌机	0.75	0.75	0.88
8	连续运输机械:联锁的	0.65	0.75	0.88
	非联锁的	0.60	0.75	0.88
9	各型金属加工机床:冷加工车间	0.14～0.20	0.6	1.33
	热加工车间	0.20～0.25	0.55～0.6	1.52～1.33
10	压床、锻锤、剪床及其他锻工机械	0.25	0.6	1.33
11	回转窑:主传动	0.80	0.82	0.70
	辅传动	0.60	0.7	1.02
12	水银整流机:电解负荷	0.90～0.95	0.82～0.90	0.70～0.48
	电机车负荷	0.40～0.50	0.92～0.94	0.43～0.36
	起重机负荷	0.30～0.50	0.87～0.90	0.57～0.48
13	电焊机	0.35	0.50～0.60	1.73～1.33
14	电阻炉:自动装料	0.70～0.80	0.98	0.2
	非自动装料	0.60～0.70	0.98	0.2
15	感应电炉(不带功率因数补偿装置):			
	低频炉	0.8	0.35	2.68
	高频炉	0.7	0.10	9.95
16	电热设备	0.5	0.65	1.17
17	空气锤	0.25	0.5	1.73
18	电弧炼钢炉变压器	0.80～0.90	0.85～0.88	0.62～0.51
19	各型电焊变压器	0.40～0.50	0.35～0.40	2.60～2.30
20	整流变压器:不可控整流用	0.70～0.75	0.50～0.80	1.70～0.75
	可控整流用	0.35～0.55	0.30～0.60	3.2～1.33
21	电葫芦	0.65	0.65	1.17
22	砂轮机	0.50	0.70	1.02
23	试验台:带试验变压器的	0.15～0.30	0.25	3.87
	带电动发电机组的	0.15～0.40	0.70	1.02

表 2-2　工业企业各种车间的 K_x 和 $\cos\varphi$

车间名称	K_x	$\cos\varphi$	车间名称	K_x	$\cos\varphi$
炼铁车间	0.30		电镀车间	0.40～0.62	0.85
转炉车间	0.35～0.55		电解车间	0.75	0.80
平炉车间	0.20～0.25		充电站	0.6～0.7	0.80
电炉车间	0.72～0.80		煤气站	0.5～0.7	0.65
初轧车间	0.50～0.60		氧气站	0.75～0.85	0.80
大型车间	0.50		冷冻站	0.70	0.75
中型车间	0.40～0.65		水泵站	0.50～0.65	0.80
小型车间	0.45～0.50		压缩空气站	0.70～0.85	0.75
无缝车间	0.42～0.52		乙炔站	0.70	0.90
薄板车间	0.41		试验站	0.40～0.45	0.80
中板车间	0.40～0.50		中心试验室	0.40～0.60	0.6～0.8
线材车间	0.55～0.65		锅炉房	0.65～0.75	0.80
铸钢车间(不包括电炉)	0.30～0.40	0.65	发电机车间	0.29	0.60
铸铁车间	0.35～0.40	0.70	变压器车间	0.35	0.65
铸管车间	0.50	0.78	电容器车间	0.41	0.98
锻压车间(不包括水泵)	0.20～0.30	0.55～0.65	开关设备车间	0.30	0.70
热处理车间	0.40～0.60	0.65～0.70	绝缘材料车间	0.41～0.50	0.80
铆焊车间	0.25～0.30	0.45～0.50	漆包线车间	0.80	0.90
落锤车间	0.20	0.60	电磁线车间	0.68	0.80
机修车间	0.20～0.30	0.55～0.65	绕线车间	0.55	0.87
电修车间	0.34		压延车间	0.45	0.78
金工车间	0.20～0.30	0.55～0.65	烘干室	0.70～0.8	0.7～0.8
木工车间	0.28～0.35	0.65	污水处理站	0.75～0.80	0.7～0.8
工具车间	0.30	0.65	仓库	0.25～0.40	0.85
废钢铁处理车间	0.45	0.68	辅助性车间	0.30～0.35	0.65～0.70

表 2-3　各种工厂的全厂 K_x 和 $\cos\varphi$

工厂类别	K_x		最大负荷时的 $\cos\varphi$	
	变动范围	建议采用	变动范围	建议采用
汽轮机制造厂	0.38～0.49	0.38	—	0.88
重型机械制造厂	0.25～0.47	0.35	—	0.79
机床制造厂	0.13～0.3	0.2	—	—
重型机床制造厂	0.32	0.32	—	0.71
工具制造厂	0.34～0.35	0.34	—	—
仪器仪表制造厂	0.31～0.42	0.37	0.8～0.82	0.81
滚珠轴承制造厂	0.24～0.34	0.28	—	—
电机制造厂	0.25～0.38	0.33	—	—
石油机械制造厂	0.45～0.5	0.45	—	0.78
电线电缆制造厂	0.35～0.36	0.35	0.65～0.8	0.73
电气开关制造厂	0.3～0.6	0.36	—	0.75
阀门制造厂	0.38	0.38	—	—
铸管厂	—	0.5	—	0.78
橡胶厂	0.5	0.5	0.72	0.72
通用机器厂	0.34～0.43	0.4	—	—

上面分析中涉及的平均加权负荷系数 k_f 和平均加权效率 η 都是利用工程计算中常用的一种求平均值的方法计算出来的,其物理意义是把均摊到每单位容量(kW)的负荷系数和效率来表征其平均值,故这种平均值又称为均权值。以求平均加权效率 η 为例,将计算公式列出如下:

$$\eta=\frac{P_{N1}\eta_1+P_{N2}\eta_2+P_{N3}\eta_3+\cdots+P_{Nn}\eta_n}{\sum_{i=1}^{n}P_{Ni}}. \tag{2-6}$$

(2) 利用需用系数法进行电力负荷计算

为了掌握企业供电系统中具有代表性的各点的电力负荷计算方法,现以图 2-5 供电系统为例研究具体计算思路,图中分别用 A、B、C、D、E、F、G 表示有代表性的各点。

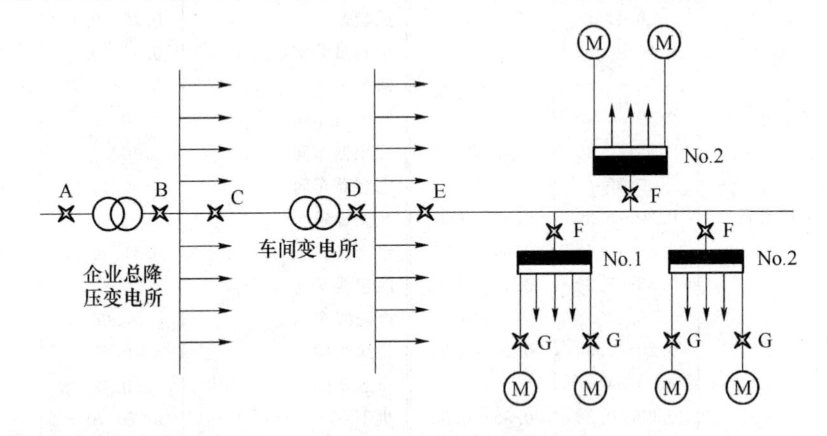

图 2-5 供电系统电力负荷计算图

① 对单台用电设备供电的支线(见图 2-5 中的 G 点)计算负荷确定

对单台用电设备供电的支线,考虑到此台设备总会有满负载的时候,即 $k_f=1$;由于只是一台设备,故 $k_0=1$;另外考虑往用电设备引去的支线路,其长度均很短,所以线路效率 η_c 约等于 1。因此,其计算负荷为

$$\left.\begin{aligned}P_{30}&=\frac{k_f k_0}{\eta_c\eta}P_N=\frac{P_N}{\eta}(\text{kW})\\Q_{30}&=P_{30}\tan\varphi(\text{kvar})\end{aligned}\right\}, \tag{2-7}$$

式中,P_N 为单台用电设备的额定容量;η 为设备在额定负载下的效率;$\tan\varphi$ 为设备铭牌上给定的功率因数角的正切值。

计算出支线上的计算负荷 P_{30} 和 Q_{30},进而求得 I_{30},用以选择该支线的导线(或电缆)的截面,以及该支路的开关设备。

② 用电设备组计算负荷确定

求用电设备组的计算负荷也就是计算通过图 2-5 中 F 点的计算负荷,根据式(2-4)可以写出用电设备组的计算负荷如下:

$$\left.\begin{aligned}P_{30}&=K_x P_{N\Sigma}(\text{kW})\\Q_{30}&=P_{30}\tan\varphi(\text{kvar})\\S_{30}&=\sqrt{P_{30}^2+Q_{30}^2}(\text{kV}\cdot\text{A})\\I_{30}&=\frac{S_{30}}{\sqrt{3}U_N}(\text{A})\end{aligned}\right\}, \tag{2-8}$$

式中，K_x 为该用电设备组的需用系数，如该组用电设备的性质相同（例如均为机床，或均为水泵等），则 K_x 可由表 2-1 查得，直接代入式（2-4）进行计算，如该组用电设备的性质不同，则 K_x 由表 2-1 分别查出后，再求其均权值；$P_{N\Sigma}$ 为该用电设备组各用电设备的设备容量之和（kW）。

用电设备的设备容量含义：每台用电设备在其铭牌上都给出"额定功率"，但是由于各用电设备的工作条件很不一样，例如有的电动机是按持续运行工作制规定的"额定功率"，有的电动机是按反复短时工作制规定的"额定功率"，因此，在求一组设备的负荷时，不能简单地将铭牌上规定的额定功率直接相加，而必须换算成同一工作制的功率后才能相加，称换算到同一工作制下的功率为设备容量。

各种工作制用电设备的设备容量确定方法如下。

(a) 对持续运行的电动机，其设备容量 P_N 就等于铭牌上规定的额定功率。

(b) 对反复短时工作制的电动机（如吊车用电动机），其设备容量 P_N 是指换算到暂载率 $\varepsilon_{25}=25\%$ 工作条件下的功率，也叫"计算用额定功率"，即

$$P_N=P_\varepsilon\sqrt{\frac{\varepsilon_\varepsilon}{\varepsilon_{25}}}=P_\varepsilon\sqrt{\frac{\varepsilon_\varepsilon}{\frac{25}{100}}}=P_\varepsilon\sqrt{4\varepsilon_\varepsilon}=2P_\varepsilon\sqrt{\varepsilon_\varepsilon}\,(\text{kW}),$$

式中，P_ε 为电动机铭牌上给出的工作在暂载率为 ε_ε 条件下所对应的额定功率（kW）。

(c) 电焊机及电焊装置的设备容量 P_N 是指换算到暂载率为 100% 时的额定功率，即

$$P_N=S_N\sqrt{\varepsilon_\varepsilon}\cos\varphi\,(\text{kW}),$$

式中，S_N 为电焊机在暂载率为 ε_ε 时的铭牌容量（kV · A）；$\cos\varphi$ 为在 S_N 容量下的功率因数。

(d) 电炉变压器的设备容量 P_N 是指额定功率因数时的额定功率，即

$$P_N=S_N\cos\varphi\,(\text{kW}),$$

式中，S_N 为电炉变压器的额定视在功率（kV · A）。

(e) 照明设备的设备容量 P_N 均等于其设备上标定的额定功率。

其他符号的意义同前。计算用电设备组的计算负荷用以选择引到设备组的分干线的导线或电缆截面以及该分干线路的开关设备。

③ 低压干线计算负荷确定

低压干线一般对几个性质不同的用电设备组供电，例如图 2-5 中的 E 点，计算负荷时，应先分别算出各 F 点的计算负荷，然后再按有功功率和无功功率分别相加即可，计算公式如下：

$$\left.\begin{aligned}
P_{30(E)}&=P_{30(1)}+P_{30(2)}+\cdots+P_{30(n)}=\sum_{i=1}^{n}P_{30(i)}\,(\text{kW})\\
Q_{30(E)}&=Q_{30(1)}+Q_{30(2)}+\cdots+Q_{30(n)}=\sum_{i=1}^{n}Q_{30(i)}\,(\text{kvar})\\
S_{30(E)}&=\sqrt{P_{30(E)}^2+Q_{30(E)}^2}\,(\text{kV}\cdot\text{A})\\
I_{30(E)}&=\frac{S_{30(E)}}{\sqrt{3}U_N}\,(\text{A})
\end{aligned}\right\}. \tag{2-9}$$

用所得的这个计算负荷选择低压干线的导线（或电缆）的截面以及该干线的开关设备。

④ 车间低压母线计算负荷确定

例如,对图2-5中D点低压母线上的负荷进行计算。考虑到车间低压母线所连接的各路输出干线的最大负荷$P_{30(E)}$不可能同时出现,即其最大负荷出现的时间可能是参差不齐的,故计算车间低压母线(由D点送到母线上)的计算负荷时,尚应考虑一个参差系数,即有功功率参差系数K_P和无功功率参差系数K_Q,其定义分别为

$$\left.\begin{aligned} K_P &= \frac{\text{投入运行的各干线有功负荷的合成最大值}}{\text{投入运行的各干线的最大有功负荷的总和}} = \frac{P_{30(\text{合成})}}{\sum P_{30(E)}} \\ K_Q &= \frac{\text{投入运行的各干线无功负荷的合成最大值}}{\text{投入运行的各干线的最大无功负荷的总和}} = \frac{Q_{30(\text{合成})}}{\sum Q_{30(E)}} \end{aligned}\right\},$$

参差系数一般在0.7~1.0范围内(见表2-4)。通常在确定车间变电站低压母线的计算负荷时,配出干线数量越多,最大负荷的参差性越大,参差系数可往低取;反之,当配出干线数量较少时,系数可往高取。

计算车间低压母线上的计算负荷用公式为

$$\left.\begin{aligned} P_{30(D)} &= K_P \sum_{i=1}^{n} P_{30(E)\cdot i}\,(\text{kW}) \\ Q_{30(D)} &= K_Q \sum_{i=1}^{n} Q_{30(E)\cdot i}\,(\text{kvar}) \end{aligned}\right\}. \tag{2-10}$$

表2-4 最大负荷的参差系数K_P的值

应用范围	K_P
一、确定车间变电所低压母线最大负荷时,所采用的有功负荷参差系数:	
1. 冷加工车间	0.7~0.8
2. 热加工车间	0.7~0.9
3. 动力站(包括冶金工业各种车间的电磁站)	0.8~1.0
二、确定企业配电所母线或总降压变电所低压母线最大负荷时,所采用的有功负荷参差系数:	
1. 计算负荷小于5 000 kW	0.9~1.0
2. 计算负荷为5 000~10 000 kW	0.85
3. 计算负荷超过10 000 kW	0.8

注:当由全企业各车间、厂房的负荷直接计算全企业的最大负荷时,应同时乘以表中的两种参差系数;K_Q值与无功负荷的变化情况有关,资料不足时,可取与K_P相近值。

计算出车间低压母线上的计算负荷后,所得的视在功率值S_{30}可作为选取车间变电所变压器容量的依据及估算变压器的功率损耗。

变压器的有功损耗及无功损耗可以进行精确计算,但在负荷计算时尚未选择变压器,故可根据计算负荷S_{30}估算。

$$\left.\begin{aligned} \Delta P_B &= 0.015 S_{30}\,(\text{kW}) \\ \Delta Q_B &= 0.06 S_{30}\,(\text{kvar}) \end{aligned}\right\} \tag{2-11}$$

⑤ 企业总降压变电站6~10 kV配电线路(见图2-5中的C点)计算负荷确定

计算采用下面公式:

$$\left.\begin{aligned} P_{30(C)} &= P_{30(D)} + \Delta P_B + \Delta P_l\,(\text{kW}) \\ Q_{30(C)} &= Q_{30(D)} + \Delta Q_B + \Delta Q_l\,(\text{kvar}) \end{aligned}\right\}, \tag{2-12}$$

式中，ΔP_l 及 ΔQ_l 为 6～10 kV 配电线路的有功功率损耗及无功功率损耗。

这个计算负荷（C 点）用作选择 6～10 kV 配电线路导线（或电缆）截面及出口开关设备。

⑥ 企业总降压变电站 6～10 kV 母线上的计算负荷的确定

例如图 2-5 中的 B 点 6～10 kV 母线上的负荷计算。考虑到各路 6～10 kV 配电线路的最大负荷不可能同时出现，故计算时也必须考虑参差系数，即有功功率参差系数 K_P 和无功功率参差系数 K_Q，K_P 和 K_Q 可查阅表 2-4 中之二。B 点的计算负荷为

$$\left.\begin{aligned} P_{30(\mathrm{B})} &= K_P \sum_{i=1}^{n} P_{30(\mathrm{C})\cdot \mathrm{i}}(\mathrm{kW}) \\ Q_{30(\mathrm{B})} &= K_Q \sum_{i=1}^{n} Q_{30(\mathrm{C})\cdot i}\ (\mathrm{kvar}) \end{aligned}\right\}. \tag{2-13}$$

此处计算负荷可作为选择 6～10 kV 母线截面及往母线上送电的总开关设备的依据，其视在功率值 $S_{30(\mathrm{B})}$ 可作为选择企业总降压变电站变压器容量的依据。

⑦ 企业总降压变电站高压进线计算负荷的确定

例如，图 2-5 中的 A 点计算负荷的公式为

$$\left.\begin{aligned} P_{30(\mathrm{A})} &= P_{30(\mathrm{B})} + \Delta P_{\mathrm{B}}(\mathrm{kW}) \\ Q_{30(\mathrm{A})} &= Q_{30(\mathrm{B})} + \Delta Q_{\mathrm{B}}(\mathrm{kvar}) \end{aligned}\right\}. \tag{2-14}$$

计算的负荷既可用于选择企业总降压变电站变压器的容量，又可用于选择高压进线导线截面及进线开关设备。

2. 二项式系数法

（1）二项式系数法计算公式的含义

从图 2-2 所示的企业日负荷曲线看出，其最大有功负荷 P_{30} 可以表示成

$$P_{30} = P_{\mathrm{pj}} + \Delta P(\mathrm{kW}), \tag{2-15}$$

式中，ΔP 为日负荷曲线的尖峰部分；P_{pj} 为企业日负荷曲线的平均负荷，其值为

$$P_{\mathrm{pj}} = K_{\mathrm{L}} P_{\mathrm{N}\Sigma}(\mathrm{kW}), \tag{2-16}$$

式中，K_{L} 为利用系数，这里用 b 代替，则 $P_{\mathrm{pj}} = bP_{\mathrm{N}\Sigma}$。

一般在企业生产期间，当所有的电动机都投入运行时，其中有 x 台最大容量的电动机可能密集在某一段生产时间内处于高负荷（满载或频繁起动）运行状态，则会产生“尖峰负荷”。如果已知 x 台大容量电动机容量的总和为 P_x，则尖峰负荷可计算为

$$\Delta P = cP_x(\mathrm{kW}), \tag{2-17}$$

式中，c 为 x 台大容量电动机的综合影响系数，它与大容量电动机的台数和所传动的机械设备的性质有关。于是计算负荷可表示为

$$P_{30} = cP_x + bP_{\mathrm{N}\Sigma}(\mathrm{kW}), \tag{2-18}$$

计算负荷由两项组成，故称为二项式系数法。

第一项是考虑有 x 台大容量电动机对计算负荷的影响所得出的值；第二项是基本负荷值。二项式系数法的系数 c、b 值见表 2-5 内的计算公式。表内计算公式中所考虑的大容量电动机的台数 x 是根据大量统计而得到的经验数字，最高取 5 台。

用二项式系数法来进行负荷计算，一般来说，适用于机械加工车间、机修装配车间以及热处理车间等。这类车间的电动机数量多且电动机的容量大小相差很大，考虑大电机对计算负荷值的可能影响是有其合理性的，弥补了需用系数法在这方面的不足。

表 2-5 二项式系数

用电设备组名称	计算公式 $cP_x+bP_{N\Sigma}$	$\cos\varphi$	$\tan\varphi$
小批生产金属冷加工机床	$0.4P_5+0.14P_{N\Sigma}$	0.5	1.73
大批生产金属冷加工机床	$0.5P_5+0.14P_{N\Sigma}$	0.5	1.73
大批生产金属热加工机床	$0.5P_5+0.26P_{N\Sigma}$	0.65	1.17
通风机、泵、压缩机及电动发电机组	$0.25P_5+0.65P_{N\Sigma}$	0.8	0.75
连续运输机械(联锁)	$0.2P_5+0.6P_{N\Sigma}$	0.75	0.88
连续运输机械(不联锁)	$0.4P_5+0.4P_{N\Sigma}$	0.75	0.88
锅炉房、机修、装配、机械车间的吊车($\varepsilon=25\%$)	$0.2P_3+0.06P_{N\Sigma}$	0.5	1.73
铸工车间的吊车($\varepsilon=25\%$)	$0.3P_3+0.09P_{N\Sigma}$	0.5	1.73
平炉车间的吊车($\varepsilon=25\%$)	$0.3P_5+0.11P_{N\Sigma}$	0.5	1.73
轧钢车间及脱锭脱模的吊车($\varepsilon=25\%$)	$0.3P_3+0.18P_{N\Sigma}$	0.5	1.73
自动装料的电阻炉(连续)	$0.3P_2+0.7P_{N\Sigma}$	0.95	0.33
非自动装料的电阻炉(不连续)	$0.5P_1+0.5P_{N\Sigma}$	0.95	0.33

注:P_5 为 5 台大型机械设备容量总和;P_3 为 3 台大型机械设备容量总和;P_2 为 2 台大型机械设备容量总和;P_1 为 1 台大型机械设备容量。

(2) 利用二项式系数法进行电力负荷计算

① 性质相同的用电设备组计算负荷确定

例如,图 2-5 中的 F 点的计算负荷可根据式(2-19)计算:

$$\left.\begin{aligned} P_{30}&=cP_x+bP_{N\Sigma}\,(\text{kW})\\ Q_{30}&=P_{30}\tan\varphi\,(\text{kvar})\\ S_{30}&=\sqrt{P_{30}^2+Q_{30}^2}\,(\text{kV}\cdot\text{A})\\ I_{30}&=\frac{S_{30}}{\sqrt{3}U_N}\,(\text{A})\end{aligned}\right\}, \tag{2-19}$$

式中,系数 c、b 及 $\tan\varphi$ 均可由表 2-5 查得。关于 P_x 的计算方法说明如下:设图 2-5 中第一组用电设备组为一般轻负荷机床用电动机,即机修动力设施中的单独传动、小批生产金属冷加工机床,共计有 7.5 kW 电动机 1 台、5 kW 电动机 2 台、3.5 kW 电动机 7 台。从表 2-5 可查得,对于机修动力设施中的单独传动、小批生产金属冷加工机床,大容量电动机台数 x 应按 5 台考虑,因而应从最大的电动机开始挑选,挑满 5 台为止,把这 5 台最大电动机的额定容量相加,即得 P_x。

$$P_x=1\times7.5+2\times5+2\times3.5=24.5\text{ kW} \tag{2-20}$$

② 低压干线计算负荷确定

例如图 2-5 中 E 点的负荷计算如下。

- No. 1 用电设备组的计算负荷为

$$P_{30(1)}=c_1P_{x_1}+b_1P_{N\Sigma_1};Q_{30(1)}=c_1P_{x_1}\tan\varphi_1+b_1P_{N\Sigma_1}\tan\varphi_1.$$

- No. 2 用电设备组的计算负荷为

$$P_{30(2)}=c_2P_{x_2}+b_2P_{N\Sigma_2};Q_{30(2)}=c_2P_{x_2}\tan\varphi_2+b_2P_{N\Sigma_2}\tan\varphi_2.$$

- No. 3 用电设备组的计算负荷为

$$P_{30(3)}=c_3P_{x_3}+b_3P_{N\Sigma_3};Q_{30(3)}=c_3P_{x_3}\tan\varphi_3+b_3P_{N\Sigma_3}\tan\varphi_3.$$

如果该低压干线对 n 组用电设备组供电，令 $P_{30(E)}$、$Q_{30(E)}$ 表示该干线的总有功计算负荷(kW)和总无功计算负荷(kvar)，则计算通用公式为

$$\left.\begin{aligned}P_{30(E)}&=(cP_x)_{max}+\sum_{i=1}^{n}b_iP_{N\Sigma_i}(kW)\\Q_{30(E)}&=(cP_x)_{max}\tan\varphi_{(cP_x)_{max}}+\sum_{i=1}^{n}b_iP_{N\Sigma_i}\tan\varphi_i(kvar)\end{aligned}\right\},\tag{2-21}$$

式中，$(cP_x)_{max}$ 为在 n 组用电设备组中，第一项 cP_x 值为最大者。也就是说只取其中最大的一组 cP_x 作为计算依据，其余各组的第一项均不计。这是考虑到在 n 组用电设备中，各组大容量电动机引起的“尖峰负荷”不可能同时出现，因此只计算最大者即可。

3. 尖峰电流及其计算

尖峰电流是指单台或多台用电设备持续 1～2 s 的短时最大负荷电流。一般取起动电流的周期分量；但在校验瞬动元件时，还应考虑起动电流的非周期分量。

计算尖峰电流的目的是用它来计算电压波动、选择熔断器和自动开关、整定继电保护装置、校验电动机自起动条件等。

(1) 单台电动机支线

$$I_{jf}=KI_N,\tag{2-22}$$

式中，I_{jf} 为尖峰电流(A)；K 为起动电流倍数，它等于起动电流与额定电流之比，一般鼠笼式电动机为 3～7，绕线电动机为 2～2.5，直流电动机为 1.5～2，电弧炉为 3(确切值可在产品样本中查到)；I_N 为电动机的额定电流(A)。

(2) 接有多台电动机的配电线路

一般只考虑起动电流最大的一台电动机起动。它的起动电流与其余电动机正常运行电流之和作为该配电线路的尖峰电流，即

$$I_{jf}=(KI_N)_{max}+I'_{30},\tag{2-23}$$

式中，$(KI_N)_{max}$ 为起动电流为最大的一台电动机的起动电流(A)；I'_{30} 为配电线路除起动电动机之外的计算电流(A)。

对于有可能两台及两台以上电动机同时起动的场所，尖峰电流应根据实际情况分析确定。

(3) 电动机同时自起动

如果一组电动机需同时起动时，尖峰电流应为所有参与自起动电动机的起动电流之和，即

$$I_{jf}=\sum_{i=1}^{n}K_iI_{Ni},\tag{2-24}$$

式中，n 为参与自起动的电动机台数；K_i、I_{Ni} 为分别对应于第 i 台电动机的起动电流倍数和额定电流。

2.3 供电系统中的功率损耗和电能损耗

当电流流过供配电线路和变压器时，引起的功率和电能损耗也要由电力系统供给。因

此,在确定全厂计算负荷时,应计入这部分损耗。在传输电能过程中,供电系统线路和变压器中损耗的电量占总供电量的百分数,称线损率。为计算线损率,应掌握供电总量,同时要分别计算线路、变压器中损失的电量。

2.3.1 供电系统功率损耗

线路和变压器均具有电阻和电抗,因而功率损耗分为有功损耗和无功损耗两部分。

1. 供电线路的功率损耗

三相供电线路的三相有功功率损耗和三相无功功率损耗按式(2-25)计算:

$$\left.\begin{aligned}\Delta P_l&=3I_{30}^2R\times10^{-3}(\text{kW})\\ \Delta Q_l&=3I_{30}^2X\times10^{-3}(\text{kvar})\end{aligned}\right\}\tag{2-25}$$

式中,R 为线路每相的电阻;X 为线路每相的电抗。

一般进行负荷计算时,都是计算 P_{30}、Q_{30} 及 S_{30},因此式(2-25)中的 I_{30} 如用 P_{30}、Q_{30} 及 S_{30} 表示时,三相有功功率损耗和三相无功功率损耗为

$$\left.\begin{aligned}\Delta P_l&=\frac{S_{30}^2}{U_{3N}^2}R\times10^{-3}=\frac{P_{30}^2+Q_{30}^2}{U_{3N}^2}R\times10^{-3}(\text{kW})\\ \Delta Q_l&=\frac{S_{30}^2}{U_{3N}^2}X\times10^{-3}=\frac{P_{30}^2+Q_{30}^2}{U_{3N}^2}X\times10^{-3}(\text{kvar})\end{aligned}\right\}\tag{2-26}$$

式中,P_{30}、Q_{30} 及 S_{30} 为线路的计算负荷;U_{3N} 为三相供电系统的额定线电压(kV)。

2. 电力变压器的功率损耗

变压器的功率损耗分为磁的损耗和电的损耗两方面。

“磁的损耗”是由于主磁通 Φ_m 在变压器铁芯中产生的有功损耗和无功损耗。因为变压器的主磁通只与外加电压有关,而与负荷电流无关,因此当变压器的外加电压不变时,“磁的损耗”为一常数,与变压器的负荷率 β 无关,也就是说在变压器空载或满载时,其数值保持不变。通常用空载试验来确定这种“磁的损耗”,并把它称为变压器的“空载损耗”,记为 ΔP_k 与 ΔQ_k。空载损耗一般又称为“铁损”。

“电的损耗”是指负荷电流在变压器绕组中产生的有功功率损耗和无功功率损耗。如果变压器在额定电流下的有功功率损耗及无功功率损耗为 ΔP_N 及 ΔQ_N,那么变压器在负荷率为 β 时的“电的损耗”为

$$\left.\begin{aligned}\Delta P_\beta&=\beta^2\Delta P_N(\text{kW})\\ \Delta Q_\beta&=\beta^2\Delta Q_N(\text{kvar})\end{aligned}\right\},\tag{2-27}$$

式中,β 为变压器的负荷率,其定义为

$$\beta=\frac{I_{30}}{I_N}=\frac{S_{30}}{S_N}=\frac{\text{变压器实际运行容量}}{\text{变压器额定容量}},$$

因此,变压器总的功率损耗为

$$\left.\begin{aligned}\Delta P_B&=\Delta P_k+\beta^2\Delta P_N(\text{kW})\\ \Delta Q_B&=\Delta Q_k+\beta^2\Delta Q_N(\text{kvar})\end{aligned}\right\},\tag{2-28}$$

式中,ΔQ_k 是变压器的空载无功损耗,其数值为

$$\Delta Q_k=3I_k^2X_M\times10^{-3}(\text{kvar}),\tag{2-29}$$

式中，I_k 为变压器的激磁电流(A)；X_M 为变压器的激磁电抗(Ω)。

因为 $\sqrt{3}I_k X_M = E_\varepsilon$($E_\varepsilon$ 为变压器的感应电势)，代入式(2-29)消去 X_M 后便得：

$$\begin{aligned}\Delta Q_k &= 3I_k^2 X_M \times 10^{-3} \\ &= 3I_k^2\left(\frac{E_\varepsilon}{\sqrt{3}I_k}\right)\times 10^{-3} \\ &= \frac{I_k}{I_N}\times 100\times\frac{\sqrt{3}I_N E_\varepsilon}{100}\times 10^{-3} \\ &= \frac{I_k\%}{100}S_N(\text{kW}).\end{aligned} \tag{2-30}$$

由式(2-30)可知，变压器空载无功损耗可根据变压器铭牌上的空载电流百分值 $I_k\%$ 和变压器的额定容量 S_N(kV·A)求得。

ΔP_N 为变压器铭牌上的短路损耗。变压器的短路试验是这样做的：把变压器二次侧短路，在一次侧加电压，使得变压器绕组中流过的电流恰好达到其额定电流 I_N。因为此时加在变压器端子上的电压很低，故"磁的损耗"可略去不计，所测得的短路损耗可以认为全是"电的损耗"。

ΔQ_N 为变压器在额定负荷下，绕组中产生的无功损耗。已知变压器一次和二次绕组的电抗分别为 X_1 和 X_2，如二次绕组电抗归算到一次侧后为 X_2'，则从变压器一次侧来看，其合成电抗为 $X_1+X_2'=X_d$，因此

$$\begin{aligned}\Delta Q_N &= 3I_N^2 X_d \times 10^{-3} \\ &= (\sqrt{3}I_N X_d)\times\sqrt{3}I_N\times 10^{-3} \\ &= \frac{\sqrt{3}I_N X_d}{E_\varepsilon}\times 100\times\frac{\sqrt{3}I_N E_\varepsilon}{100}\times 10^{-3} \\ &= \frac{u_d\%}{100}S_N(\text{kvar}),\end{aligned} \tag{2-31}$$

式中，$u_d\%$为变压器短路电压的百分值。

2.3.2　供电系统电能损耗

企业一年内所耗用的有功电能叫作"企业年电能需要量"，其中一部分用于生产，还有一部分在供电系统的元件(主要是线路及变压器)中损耗掉了。应该掌握损耗掉部分的分析计算方法以及如何降低这部分损耗，从而节约电能。

图2-6中负荷曲线下面的面积(图中阴影线表示的面积)就是"企业年电能需要量" W_P，即

$$W_P = \int_0^{8\,760} P\mathrm{d}t, \tag{2-32}$$

式中，P 为企业随时间变化的有功功率；8 760为企业一年内的工作小时数(365×24=8 760)。

从图2-6可看出，若负荷曲线下面的面积用一个等值的矩形面积 $OABM$ 来代替，则有

$$W_P = \int_0^{8\,760} P\mathrm{d}t = P_{30}T_{\max}, \tag{2-33}$$

式中，P_{30} 为企业总的计算负荷的有功功率(矩形的高)；$T_{\max}$ 为企业"有功年最大负荷利用小时"(矩形的宽)。

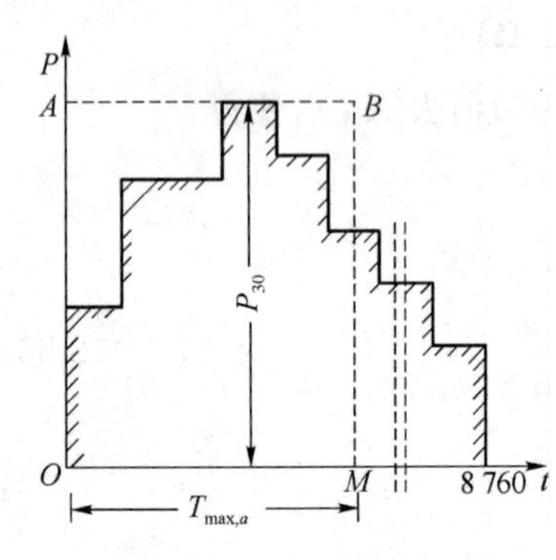

图 2-6 某工厂年负荷曲线

$T_{\max}$的物理意义在于:如果企业的总有功计算负荷维持 P_{30}不变,则它在 $T_{\max}$小时内所耗用的电能量与实际变化负荷 P 在 8 760 小时所耗用的电能量相等,而且都等于企业年电能需要量,从图 2-6 可知,负荷曲线愈平稳,$T_{\max}$的值越大,反之则越小。经过长期观察,对于同一类型的企业,其 $T_{\max}$也有大致相近的数值。各类工厂的 $T_{\max}$值可参考表 2-6。

因此,在估算企业的年电能需要量时,可以根据式(2-33)直接计算,式中 P_{30}是已知的,$T_{\max}$值可参考表 2-6 中同类工厂的数值,或者到正在生产的同类工厂去调查和测算,把该厂实际一年内所耗用的总电能量 W_P(有功电度表一年内的累计千瓦小时数)除以该厂年负荷曲线的 30 min 最大负荷 P_{30}即得。

表 2-6 各种工厂的有功最大负荷利用小时数

工厂类别	$T_{\max,a}$/h	工厂类别	$T_{\max,a}$/h
化工厂	6 000~7 000	仪器制造厂	3 000~4 000
石油提炼工厂	7 000	车辆修理厂	4 000~4 500
重型机械制造厂	4 000~5 000	电机、电器制造厂	4 500~5 000
机床厂	4 000~4 500	纺织厂	5 000~6 000
工具厂	4 500	纺织机械厂	4 500
滚珠轴承厂	5 000	铁合金厂	7 000~8 000
超重运输设备厂	4 000~5 000	钢铁联合企业	6 000~7 000
汽车拖拉机厂	5 000	光学仪器厂	4 500
农业机械制造厂	5 300	动力机械厂	4 500~5 000
建筑工程机械厂	4 500	氮肥厂	7 000~8 000

注:本表所给数值为参考值,其他工厂可查有关手册。

1. 供电线路的电能损耗

由式(2-26)已知三相供电线路的有功功率损耗的计算法,稍加变换得:

$$\Delta P_{30}=\frac{S_{30}^2}{U_{\mathrm{N}}^2}R\times10^{-3}=\left(\frac{R}{U_{\mathrm{N}}^2\cos^2\varphi}\right)P_{30}^2\times10^{-3}\,(\mathrm{kW}),\tag{2-34}$$

式中,$\cos\varphi$ 为该线路的功率因数。

式(2-34)是按 30 分钟最大负荷 P_{30}计算出的有功功率损耗。如果企业一年之内每半小时的负荷均保持为 P_{30},那么供电线路一年内的有功电能损耗为

$$\Delta W_{P_{30}}=\left(\frac{R\times10^{-3}}{U_{\mathrm{N}}^2\cos^2\varphi}\right)P_{30}^2\times8\,760(\mathrm{kW\cdot h}).\tag{2-35}$$

但是事实上,企业每半小时的 P 都是在变动着的,一般均比 P_{30}低,因此,供电线路一年内实际损耗的有功电能应为

$$\Delta W_P=\int_0^{8\,760}\Delta P\mathrm{d}t=\left(\frac{R\times10^{-3}}{U_{\mathrm{N}}^2\cos^2\varphi}\right)\int_0^{8\,760}P^2\mathrm{d}t(\mathrm{kW\cdot h}).\tag{2-36}$$

式中 $\int_0^{8\,760}P^2\mathrm{d}t$ 的物理意义:在图 2-7(a)中,把这个负荷曲线中每半小时的负荷 P 加以

平方，绘出新曲线如图 2-7(b)所示。这个新曲线下面含有的面积就表征供电线路一年内的有功电能损耗。显然，与求 T_{max} 相似，这个面积也可用一个面积相等的矩形 $OABM$ 来代替，矩形的高为 P_{30}^2，宽为 τ，则得：

$$\Delta W_P = \left(\frac{R \times 10^{-3}}{U_N^2 \cos^2 \varphi}\right)\int_0^{8\,760} P^2 \mathrm{d}t = \left(\frac{R \times 10^{-3}}{U_N^2 \cos^2 \varphi}\right) P_{30}^2 \tau = \Delta P_{30} \tau (\mathrm{kW \cdot h}), \tag{2-37}$$

式中，τ 称为"最大负荷损耗小时"，它的物理意义是：假如供电线路的负荷维持在 P_{30}，则在 τ 小时内的电能损耗恰好等于实际变化负荷在 8 760 h 内的电能损耗。从式(2-37)不难得出：

$$\tau = \int_0^{8\,760} \left(\frac{P}{P_{30}}\right)^2 \mathrm{d}t. \tag{2-38}$$

它与负荷曲线的形状有关。显而易见，它与 T_{max} 也是密切相关的，同时，它也与负荷的 $\cos\varphi$ 有关。图 2-8 给出最大负荷损耗小时 τ 与 T_{max} 及 $\cos\varphi$ 的关系曲线。利用该曲线即可根据 T_{max} 和 $\cos\varphi$ 查出相应的 τ 值，查出 τ 值后代入式(2-37)就能算出供电线路电能损耗。

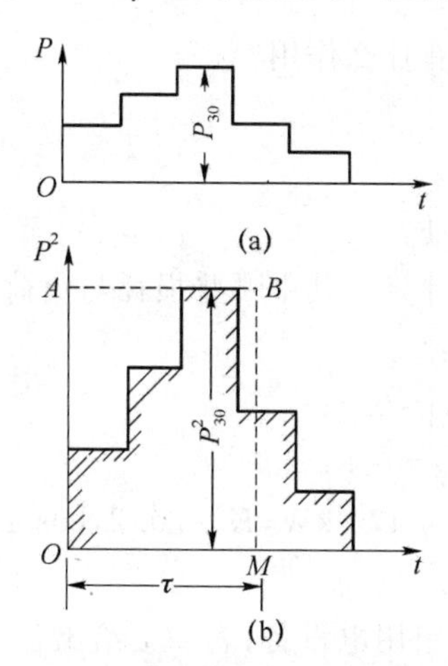

图 2-7　说明 τ 的物理意义图

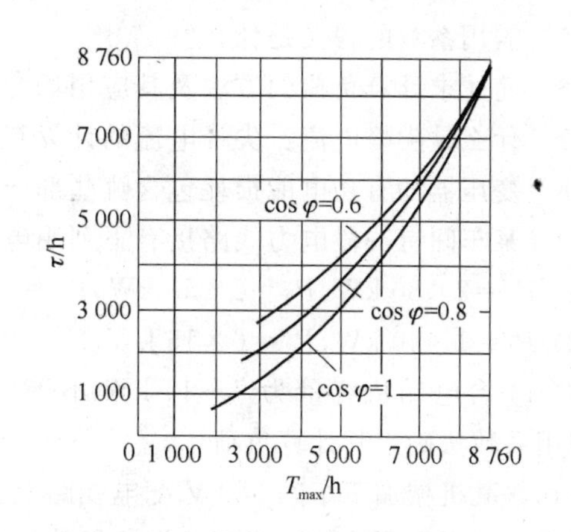

图 2-8　$\tau = f(T_{max}, \cos\varphi)$ 曲线

2. 变压器中的电能损耗

变压器的有功电能损耗包含如下两部分。

(1) 空载有功功率损耗引起的有功电能损耗

空载有功功率损耗 ΔP_k 只与外加电压有关。当外加电压恒定时，不论空载还是满载，ΔP_k 总是不变的，因此，一年内变压器的这部分电能损耗为

$$\Delta W_{B1} = \Delta P_k T_j (\mathrm{kW \cdot h}), \tag{2-39}$$

式中，T_j 为变压器在一年内接入电力网的时间，一般均取 8 760 h。如果能准确掌握由于大修而使变压器脱离电力网的时间(h)，则计算 T_j 时应将脱离时间减去。

(2) 短路有功损耗 ΔP_N 引起的有功电能损耗

变压器的短路有功损耗是与其负载率 β 的平方成正比的。已知 ΔP_N 是变压器的额定短路有功损耗，设 ΔP_{30} 和 ΔP 分别表示当最大负荷 S_{30} 和任意实际负荷 S 时的短路有功损耗，且令 $\Delta P_{30} = \beta^2 \Delta P_N$，则这部分电能损耗为

$$\Delta W_{B2} = \int_0^{8\,760} \Delta P \mathrm{d}t = \Delta P_{30} \tau = \beta^2 \Delta P_N \tau (\mathrm{kW \cdot h}), \tag{2-40}$$

于是变压器中年电能总损耗为

$$\Delta W_B=\Delta W_{B1}+\Delta W_{B2}=\Delta P_k T_j+\beta^2\Delta P_N\tau(\text{kW}\cdot\text{h}). \qquad (2\text{-}41)$$

将计算出的线路电能损耗与变压器电能损耗相加即为供电系统的电能总损耗。由于这部分损耗属于非生产性电能损耗,必须尽量加以降低以节约电能。从式(2-41)看出,欲降低电能损耗 ΔW_B,必须使变压器的负载率运行在铁损等于铜损的经济条件下,并提高企业的功率因数以减小最大负荷损耗小时 τ。

思考题和习题

2-1 什么是计算负荷?为什么要确定计算负荷?

2-2 目前常用求计算负荷的时限是多长时间?理由是什么?

2-3 以不同时限确定的计算负荷如何换算?

2-4 什么是负荷曲线?负荷曲线在求计算负荷中有什么作用?

2-5 需用系数的含义是什么?

2-6 简述求计算负荷的方法及其应用场合。

2-7 什么是尖峰电流?尖峰电流的计算有什么用处?

2-8 变压器的有功电能损耗包含哪些部分?如何计算?其中哪些损耗与负荷无关?

2-9 某车间有一段电力线路接有下列用电设备组:

(1) $P_1=2\times80$ kW,$P_2=2\times50$ kW,$K_x=0.4$,$\cos\varphi=0.8$;

(2) $P_1=1\times40$ kW,$P_2=6\times15$ kW,$K_x=0.6$,$\cos\varphi=0.8$;

(3) 14 台电动机容量为 7～14 kW 不等,总容量为 170 kW,$K_x=0.2$,$\cos\varphi=0.65$。试用需用系数法确定其计算负荷。

2-10 某机械加工车间 380 V 配电线路上,接有三组用电设备,表 2-7 给出各设备组的负荷情况。试用需要系数法确定各设备组的计算负荷 P_{30}、Q_{30} 以及配电线路上的计算负荷 P_{30}、Q_{30}、S_{30} 和 I_{30}。

表 2-7 各设备组的负荷情况

序号	设备组名称	设备组额定容量/kW	K_x	$\cos\varphi$	$\tan\varphi$
1	金属切削机床	95	0.3	0.6	1.33
2	通风机	7	0.5	0.85	0.62
3	吊车设备	3($\varepsilon_\varepsilon=40\%$)	0.35	0.65	1.169

注:吊车类设备的设备容量要求归算到 $\varepsilon_{25}=25\%$;取 $K_P=K_Q=0.98$。

2-11 某 35/10 kV 总降压变电所,其低压侧有功计算负荷 $P_{30}=1\,700$ kW,$\cos\varphi_1=0.82$,$\tan\varphi_1=0.698$。试计算:总降压变电所低压侧视在计算负荷 S_{30};估算变压器的功率损耗;总降压变电所高压侧各计算负荷 P_{30}、Q_{30}、S_{30}、I_{30}。

第3章 短路电流及其计算

3.1 短路的一般概念

供电系统短路是指供电线路中各种类型的相与相之间连接或相与地之间连接以及相对中线出现直接连接或经小阻抗连接的情况。产生这些情况时称供电系统发生了短路故障。

3.1.1 系统短路的形式

供电系统中短路的类型与电源的中性点是否接地有关，在中性点不接地系统中可能发生的短路有三相短路及两相短路，分别用符号 $d^{(3)}$ 和 $d^{(2)}$ 表示，如图 3-1 所示。而在中性点接地系统中可能发生的短路除三相短路及两相短路外，尚有单相短路及两相接地短路，分别用符号 $d^{(1)}$ 和 $d^{(1,1)}$ 表示，如图 3-2 所示。其中三相短路称为对称短路，其余均为不对称短路，所有短路情况中，以单相短路的短路电流最大，但是在中性点直接接地系统中，若使其中性点经过电抗器接地，或只将系统中某一部分中性点接地，则可人为地减小单相短路的短路电流值。因此，在现代工业企业供电系统中，单相短路电流的最大可能值一般不超过三相短路电流的最大可能值，故在进行短路电流计算时，均按三相短路来进行，并且三相短路分析计算是其他短路计算的基础，只有在校验继电保护灵敏度时，才需要进行两相短路电流的计算。

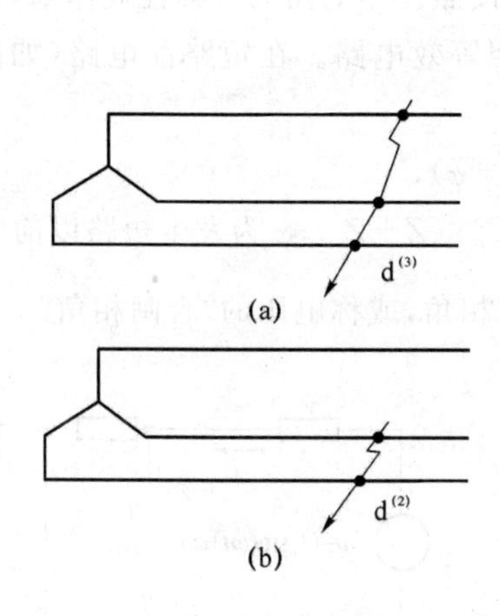

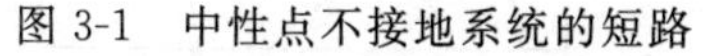

图 3-1 中性点不接地系统的短路

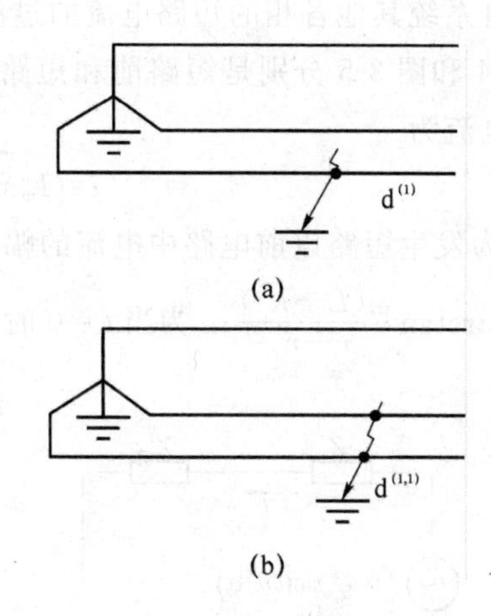

图 3-2 中性点接地系统的部分短路

3.1.2 无穷大容量电力系统三相短路的物理过程

1. 无穷大容量电力系统的概念

所谓无穷大容量电力系统即“无限大容量电源供电系统”，是指一个容量极大的电力系统。当这个供电系统的某一部分电路内的电流发生变化时(包括发生严重短路时)，可以认为这个系统的电源端母线上的电压维持不变。工业企业往往通过本企业的总降压变电所从电力系统取得电能,而工业企业所安装的用电设备的容量远比电力系统的容量小得多,所以,可以认为向工业企业供电的电力系统的母线电压不随用户负荷的变化而波动,即 $U_m=$ 常数。换句话说,可以认为系统等值发电机的内阻抗为零(即 $X_c=0$)。

实际上,电力系统的容量和阻抗总有一定的数值,当供电系统的容量比电力系统的容量小很多(约为 1/50),电力系统的阻抗不大于短路回路阻抗的 5%~10%,即可将此系统当成无穷大容量电力系统处理。

2. 无穷大容量电力系统中三相短路的过渡过程分析

图 3-3 是一个无穷大容量电力系统发生三相短路的电路图。图中,$U_m=$ 常数,u_A、u_B、u_C 分别为工频三相交流电源的三个相电压,其中 A 相电压为 $u_A=U_m\sin(\omega t+\alpha)$。

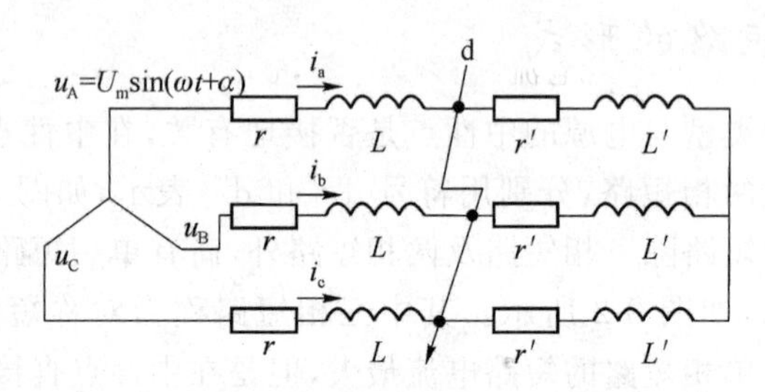

图 3-3 无穷大系统中三相短路

现在由于某种原因,在该供电系统的 d 点发生了三相突然短路。已知在短路发生之前电路各相的总阻抗 $Z=(r+r')+j\omega(L+L')$,其中短路点后面电路各相的阻抗 $Z'=r'+j\omega L'$。由于三相短路是对称短路,可先对某一相电路(如 A 相)短路电流的过渡过程进行分析,该供电系统其他各相的短路电流的过渡过程可按照三相电路的对称性规律来确定。

图 3-4 和图 3-5 分别是短路前和短路时的单相等效电路。在短路前电路(如图 3-4 所示)中的电流为

$$i=I_m\sin(\omega t+\alpha-\varphi), \tag{3-1}$$

式中,I_m 为发生短路以前电路中电流的幅值,$I_m=U_m/(Z+Z')$;φ 为发生短路以前电路的阻抗角,$\varphi=\arctan\dfrac{\omega(L+L')}{r+r'}$;$\alpha$ 为当 $t=0$ 时电压的初相角,或称电压的"合闸相角"。

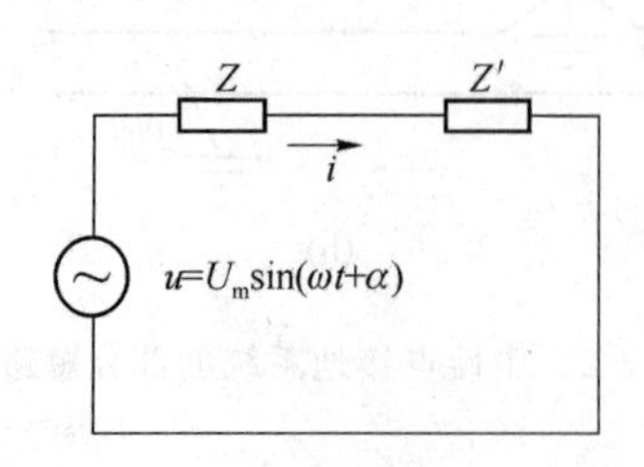

图 3-4 短路前的单相等效电路

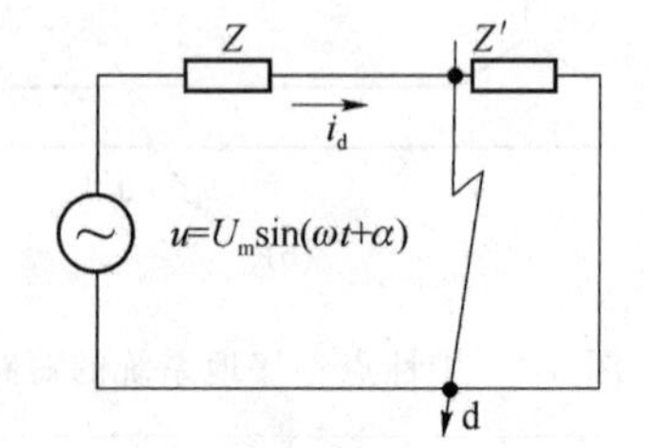

图 3-5 短路时的单相等效电路

当电路发生突然短路时(如图 3-5 所示),短路电流可根据下列微分方程求解:

$$ri_d+L\frac{di_d}{dt}=U_m\sin(\omega t+\alpha), \tag{3-2}$$

式中，r 为短路回路的电阻；L 为短路回路的电感。

由式(3-2)解得短路电流 i_d 为

$$\begin{aligned} i_d &= \frac{U_m}{Z}\sin(\omega t + \alpha - \varphi_d) + Ae^{-\frac{r}{L}t} \\ &= I_{zqm}\sin(\omega t + \alpha - \varphi_d) + Ae^{-\frac{r}{L}t} \\ &= i_{zq} + i_f, \end{aligned} \tag{3-3}$$

式中，I_{zqm} 为短路电流周期分量的幅值，$I_{zqm} = \frac{U_m}{Z}$；Z 为短路回路的阻抗，$Z = \sqrt{r^2 + (\omega L)^2}$；$\varphi_d$ 为短路后电路的阻抗角，$\varphi_d = \arctan\frac{\omega L}{r}$；$A$ 为积分常数，即短路电流非周期分量的初始值。

式(3-3)中，右边第一项为短路电流的周期分量，也称为短路电流的稳态分量，它的幅值是不变的；第二项为短路电流的非周期分量，又称为短路电流的暂态分量，它的数值随着时间的增加而衰减，其衰减速度和短路回路的 r/L 的值有关，这一项的系数 A 就是非周期分量的初始值。

积分常数 A 应该根据电路性质，由起始条件确定。根据式(3-1)及式(3-3)知短路前瞬间电流的瞬时值为

$$i_{0-} = I_m\sin(\alpha - \varphi), \tag{3-4}$$

短路后瞬间电流的瞬时值为

$$i_{0+} = I_{zqm}\sin(\alpha - \varphi_d) + A, \tag{3-5}$$

因为短路前后瞬间电路中的电流是连续而且相等的，即 $i_{0-} = i_{0+}$，所以有

$$I_m\sin(\alpha - \varphi) = I_{zqm}\sin(\alpha - \varphi_d) + A, \tag{3-6}$$

于是求得

$$A = I_m\sin(\alpha - \varphi) - I_{zqm}\sin(\alpha - \varphi_d),$$

令 $T_d = L/r$，称为短路电流非周期分量衰减的时间常数。将 T_d 和 A 值代入式(3-3)后得短路电流为

$$\begin{aligned} i_d &= i_{zq} + i_f \\ &= I_{zqm}\sin(\omega t + \alpha - \varphi_d) + [I_m\sin(\alpha - \varphi) - I_{zqm}\sin(\alpha - \varphi_d)]e^{-\frac{t}{T_d}}. \end{aligned} \tag{3-7}$$

式(3-7)描述无穷大容量电力系统中短路电流的变动过程。可以得出结论：短路电流包括两个部分，第一部分是短路电流的周期性分量，在无穷大容量电力系统中，因为电源电压的幅值是常数，所以短路电流周期分量的幅值也是不变的常数；第二部分是短路电流的非周期分量，这个量是一个随时间而衰减的指数函数，经过几个周期以后，它就衰减得很小直至消失。在考虑短路过渡过程的电流时应该把这两部分电流都考虑进去。过渡过程的短路电流是一个变化的非周期函数，当非周期分量衰减至 0 时，过渡过程结束，电路中的电流进入稳态，稳态电流就是短路电流的周期分量。

短路全电流波形如图 3-6 所示。

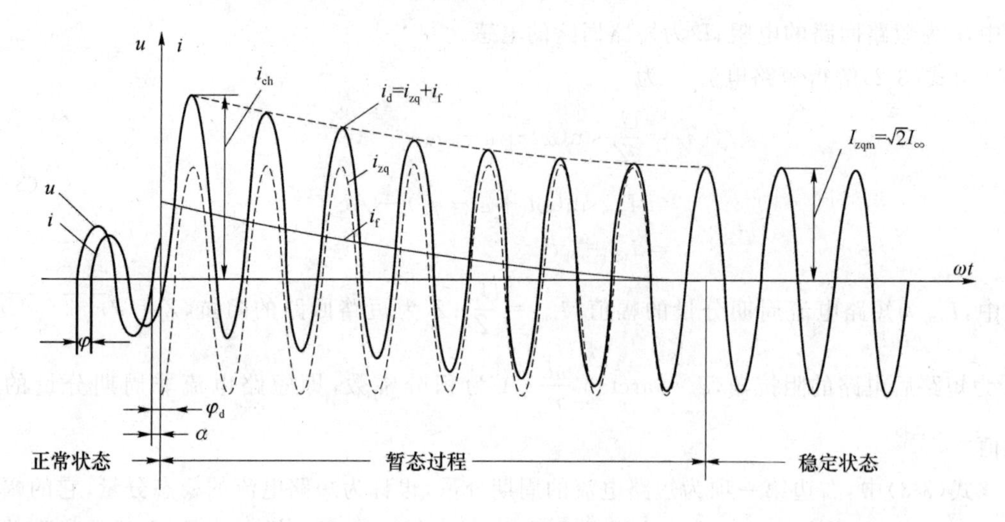

图 3-6　短路全电流波形

3. 产生最大短路电流的条件

由式(3-7)可知,发生短路以前电路中电流的幅值 I_m、电源电压的初相角 α 和短路后电路的阻抗角 φ_d 等多种因素影响短路电流的大小及变化规律。在实际运行的供电系统中,这些因素合在一起,可能使短路电流最大,而出现最严重的短路事故。因此,有必要分析产生最大短路电流的条件。

通常当发生三相短路时,负载阻抗总是被短接掉,或者是短路点以后的线路阻抗连同负载阻抗均被短接,因此,整个短路回路中只剩下短路点以前的线路阻抗。在图 3-5 中,短路点以前的阻抗是用 Z 表示的,而输电线路一般总是感抗 X 远远大于电阻 R,尤其是在 10 kV 以上的高压线路更为明显,所以可以把 Z 用 X 来替代,即可以近似地认为线路是纯感性的,故阻抗角 $\varphi_d=90°$。代入式(3-7),则有

$$\begin{aligned} i_d &= I_{zqm}\sin(\omega t+\alpha-90°)+[I_m\sin(\alpha-\varphi)-I_{zqm}\sin(\alpha-90°)]e^{-\frac{t}{T_d}} \\ &= -I_{zqm}\cos(\omega t+\alpha)+[I_m\sin(\alpha-\varphi)+I_{zqm}\cos\alpha]e^{-\frac{t}{T_d}}. \end{aligned} \tag{3-8}$$

如果短路点发生在企业总降压变电站的后面,则阻抗 Z 中应包括变电站变压器的电阻及电抗。由于变压器的电阻也远较电抗小,故式(3-8)对所有工业企业供电网络都普遍适用。该式仍然表明短路电流中含有一个周期分量和一个按指数规律衰减的分量。

观察式(3-8),如果当发生短路的瞬间($t=0$),恰好有一相(如 A 相)电压瞬时值过零(即 $u_a=0$),也就是电压的"合闸相角"等于零(即 $\alpha=0$),则式(3-8)可以表达为

$$\begin{aligned} i_d &= -I_{zqm}\cos\omega t+[I_m\sin(-\varphi)+I_{zqm}]e^{-\frac{t}{T_d}} \\ &= -I_{zqm}\cos\omega t+[-I_m\sin\varphi+I_{zqm}]e^{-\frac{t}{T_d}}. \end{aligned} \tag{3-9}$$

如果短路前,电路处于空载状态,即 $I_m=0$,此时式(3-9)进而可表达为

$$\begin{aligned} i_d &= -I_{zqm}\cos\omega t+[I_m\sin(-\varphi)+I_{zqm}]e^{-\frac{t}{T_d}} \\ &= -I_{zqm}\cos\omega t+I_{zqm}e^{-\frac{t}{T_d}}. \end{aligned} \tag{3-10}$$

从式(3-10)不难看出,当 $t=0$ 时,短路电流周期分量具有负的最大值($-I_{zqm}$),而非周期分量的初始值为正的最大值,其大小恰好等于 I_{zqm}。因此短路起始瞬间($t=0$),合成短路

电流为零,但是当短路发生后经过半个周期(即 $\omega t=\pi$),短路电流出现最大值,称之为"短路冲击电流"。

综上所述,产生最大短路电流的条件主要有:

① 短路电路近似为纯感性电路,即短路后电路的阻抗角 $\varphi_d=90°$;

② 在发生短路瞬间($t=0$),电压瞬时值恰好过零,即 $\alpha=0$;

③ 短路发生前,电路为空载,即 $I_m=0$。

图 3-7 表示满足上述条件的短路全电流的波形。

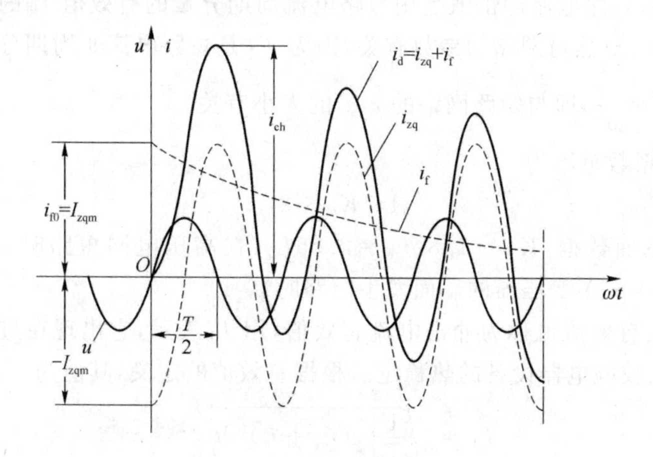

图 3-7　最严重情况时短路全电流的波形

另外,短路发生的地点会影响短路稳态电流(短路电流周期分量)大小。短路点距电源越近,则短路电流周期分量的幅值越大,短路电流的稳态值也就越大,所以短路点发生在高压系统(离电源近)时,短路情况越严重。

应该指出的是上面只讨论了 A 相的情况,由于三相系统各相电压的相位互差 120°,故三相的短路电流值及变化情况是不相同的。在研究三相短路时,各相短路电流的变化规律可根据三相电路的对称性来确定。假设三相电路在发生短路前是空载的,则发生短路后各个相短路电流的一般公式为

$$\left.\begin{aligned} i_{dA}&=I_{zqm}\sin(\omega t-90°)+I_{zqm}e^{-\frac{t}{T_d}}\\ i_{dB}&=I_{zqm}\sin(\omega t-120°)-\frac{1}{2}I_{zqm}e^{-\frac{t}{T_d}}\\ i_{dC}&=I_{zqm}\sin(\omega t+30°)-\frac{1}{2}I_{zqm}e^{-\frac{t}{T_d}}\end{aligned}\right\}. \tag{3-11}$$

在实际运行的供电系统中,如果将备用的供电线路投入系统,在合闸操作瞬间就可能出现最大短路电流。例如,某回供电线路原来没有负载,但线路上已存在着三相短路的隐患,未经绝缘检查就将该线路投入供电系统,而合闸瞬间又恰好赶上有一相电压过零,在现场把这种事故叫作"无载线路合闸严重短路"。虽然发生这种情况的三相短路不多见,但为了研究最大短路的数值及其效应,分析这种最严重短路情况是十分必要的。

4. 短路冲击电流瞬时值及有效值

从上面的分析及图 3-7 可知,某相(A 相)短路电流当短路发生后经过半个周期(即 $\omega t=\pi$),短路电流出现最大值,即"短路冲击电流",用 $i_{ch}^{(3)}$ 表示。将 $\omega t=\pi$ 及 $t=\frac{T}{2}=\frac{1}{2f}=0.1$ s 代入

式(3-10)中,则短路冲击电流的瞬时值为

$$\begin{aligned} i_{ch} &= I_{zqm} + I_{zqm} e^{-\frac{0.01}{T_d}} \\ &= I_{zqm}(1 + e^{-\frac{0.01}{T_d}}) \\ &= \sqrt{2} I_{zq} K_{ch}, \end{aligned} \tag{3-12}$$

式中,I_{zq}为短路电流周期分量的有效值;K_{ch}为短路电流冲击系数,$K_{ch}=1+e^{-\frac{0.01}{T_d}}$。

式(3-12)表明,短路电流冲击值是用短路电流周期分量的有效值 I_{zq}的倍数表示的。短路电流冲击系数 K_{ch}显然与网路的参数有关,因为 T_d 是短路电流非周期分量衰减的时间常数,其值为 $T_d=\frac{L}{r}=\frac{x}{\omega r}$,即与短路网络的 r、x 的大小有关。

一般地,冲击系数范围为

$$1 \leqslant K_{ch} \leqslant 2,$$

近似计算时可用下面数据:$K_{ch}=1.8$,$i_{ch}=2.55I_{zq}$(在高压电网短路时);$K_{ch}=1.3$,$i_{ch}=1.84I_{zq}$(在1 000 kV·A变压器的后面发生短路时)。

短路电流最大有效值也称为冲击电流有效值,用 I_{ch}表示,它出现在过渡过程的第一个周期。此值常用来校验电器设备的热稳定。根据有效值的定义,其值为

$$\begin{aligned} I_{ch} &= \sqrt{\frac{1}{T}\int_0^T (i_{zq} + i_f)^2 dt} \\ &= \sqrt{I_{zq}{}^2 + (I_{zqm} e^{-\frac{0.01}{T_d}})^2} \\ &= I_{zq}\sqrt{1 + 2(K_{ch} - 1)^2}. \end{aligned} \tag{3-13}$$

在高压供电系统中,$I_{ch}=1.51I_{zq}$;在低压供电系统中,$I_{ch}=1.09I_{zq}$。

3.2 无穷大容量电力系统三相短路电流的计算

要计算短路电流,首先需要求出短路回路总阻抗。短路计算点要选择得使需进行短路校验的电气装置有最大可能的短路电流通过。低压短路回路中的阻抗通常采用欧姆值(有名值)计算,而在高压短路回路中通常采用标幺值(小数或百分数)计算,因此,短路电流计算有欧姆法和标幺值法。

3.2.1 欧姆法短路电流的计算

如果短路计算中的阻抗都采用有名单位"欧姆",计算短路电流的方法称为欧姆法,又叫作有名单位制法。

在无穷大容量系统中发生三相短路时,其三相短路电流周期分量有效值可按式(3-14)计算:

$$I_d^{(3)} = \frac{U_{pj.N}}{\sqrt{3}\,|Z_\Sigma|} = \frac{U_{pj.N}}{\sqrt{3}\sqrt{R_\Sigma{}^2 + X_\Sigma{}^2}}, \tag{3-14}$$

式中,$U_{pj.N}$为短路计算点的平均额定电压,它取值比同级电网额定电压高5%,按我国的电压标准,$U_{pj.N}$有0.23 kV、0.4 kV、0.69 kV、3.15 kV、6.3 kV、10.5 kV等;Z_Σ、R_Σ、X_Σ分别

为短路电路总的阻抗、电阻和电抗值。

在高压电路中，电抗远比电阻大，所以一般可只考虑电抗，不计电阻。只有当短路电路的 $R_{\Sigma}>X_{\Sigma}/3$ 时才需考虑电阻。因此，三相短路电流的周期分量有效值为

$$I_{d}^{(3)}=\frac{U_{pj.N}}{\sqrt{3}X_{\Sigma}}, \tag{3-15}$$

而三相短路容量为

$$S_{d}^{(3)}=\sqrt{3}U_{pj.N}I_{d}^{(3)}. \tag{3-16}$$

由式(3-14)、式(3-15)可知，求得供电系统中各主要元件的阻抗(电阻和电抗)，就可以得到短路电流。下面分别讲述供电系统中各主要元件阻抗的计算。

1. 电力系统的阻抗

电力系统的阻抗值，可由当地电业部门提供；但一般电力系统的电阻很小，可忽略不计。而电力系统的电抗值，可由系统变电站高压馈电线出口断路器的断流容量 S_{oc} 来估算，这个断流容量就看成是电力系统的极限短路容量 S_{d}。因此电力系统的电抗 X_{xt} 为

$$X_{xt}=\frac{U_{pj.N}^{2}}{S_{oc}}. \tag{3-17}$$

2. 电力变压器的阻抗

电力变压器的电阻 R_{B} 可由变压器的短路功率损耗 ΔP_{d} 近似计算，因为

$$\Delta P_{d}\approx 3I_{N}^{2}R_{B}=3\left(\frac{S_{N}}{\sqrt{3}U_{pj.N}}\right)^{2}R_{B}=\left(\frac{S_{N}}{U_{pj.N}}\right)^{2}R_{B}, \tag{3-18}$$

所以

$$R_{B}\approx\Delta P_{d}\left(\frac{U_{pj.N}}{S_{N}}\right)^{2}. \tag{3-19}$$

电力变压器的电抗 X_{B} 可由变压器的短路电压(即阻抗电压)$u_{d}\%$近似计算，因为

$$\Delta u_{d}\%\approx\frac{\sqrt{3}I_{N}X_{B}}{U_{pj.N}}\times 100=\frac{S_{N}X_{B}}{U_{pj.N}^{2}}\times 100, \tag{3-20}$$

所以

$$X_{B}=\frac{u_{d}\%}{100}\frac{U_{pj.N}^{2}}{S_{N}}. \tag{3-21}$$

3. 电力线路的阻抗

电力线路的电阻 R_{l} 可由给定截面积的导线或电缆单位长度电阻 R_{0} 求得：

$$R_{l}=R_{0}l, \tag{3-22}$$

式中，R_{0} 为导线或电缆单位长度的电阻，由 $R_{0}=\frac{1}{\gamma S}$求得，其中 γ 为电导率，对于铝导体，$\gamma=0.032\ \mathrm{km/(\Omega\cdot mm^{2})}$，对于铜导体，$\gamma=0.053\ \mathrm{km/(\Omega\cdot mm^{2})}$；$l$ 为线路长度。

电力线路的电抗 X_{l} 可由给定截面和线间距的导线或给定截面积和电压的电缆单位长度电抗 X_{0} 求得：

$$X_{l}=X_{0}l. \tag{3-23}$$

关于供电系统中的母线、线圈型电流互感器的一次线圈、自动开关的过电流脱扣线圈及开关的触头等的阻抗，在一般短路计算中均可略去不计。

求出各元件的阻抗后,就将短路电路化简(一般只需采用阻抗串并联法化简),求出电路总阻抗,然后按式(3-14)或式(3-15)计算短路电流。

必须注意,在计算短路电路的阻抗时,假如电路内有多台变压器,则电路内各元件的阻抗都应该统一换算到短路计算点的平均额定电压去。阻抗等效换算的条件:元件的功率损耗不变,因此由 $\Delta P=U^2/R$ 和 $\Delta Q=U^2/X$ 可知,元件的阻抗值是与电压平方成正比的。所以阻抗换算的公式为

$$R'=R\left(\frac{U'_{\text{pj.N}}}{U_{\text{pj.N}}}\right)^2,\quad X'=X\left(\frac{U'_{\text{pj.N}}}{U_{\text{pj.N}}}\right)^2, \tag{3-24}$$

式中,R、X、$U_{\text{pj.N}}$ 为换算前元件的电阻、电抗和元件所在处的平均额定电压;R'、X'、$U'_{\text{pj.N}}$ 为换算后元件的电阻、电抗和短路计算点的平均额定电压。

在短路计算中,电力线路的阻抗有时需要换算,例如,计算低压侧的短路电流时,高压线路的阻抗就需要换算到低压侧。而电力系统和电力变压器的阻抗,由于它们的计算公式中均含有 $U_{\text{pj.N}}$,因此计算时直接代入以短路计算点的平均额定电压,就相当于阻抗已经换算到短路计算点一侧了。

3.2.2 标幺值法短路电流的计算

短路电流计算中涉及的4个物理量:容量、阻抗、电流及电压等不采用有名单位,而是用该物理量的实际值 A(有名值)与某一任意选定的基准值 A_{jz}(有名值)的比值,即标幺值,表示成

$$A_*=\frac{A}{A_{\text{jz}}}. \tag{3-25}$$

采用标幺值进行短路电流计算的方法称标幺值法。

1. 标幺值的定义

在短路电流计算中常用的4个物理量,容量 S(或 P)、电流 I、电压 U 及阻抗 Z(或电阻 R、电抗 X),在三相交流系统中的关系为

$$S=\sqrt{3}UI, \tag{3-26}$$

$$U=\sqrt{3}IX(\text{或 } U=\sqrt{3}IZ). \tag{3-27}$$

实际上,其中只有两个量是独立的,当任意选取两个量作为基值,则其他两个基值也就确定了。如在短路电流计算中通常选基准容量 S_{jz} 和基准电压 U_{jz},则其他两个基值可由下面两个关系式求得:

$$I_{\text{jz}}=\frac{S_{\text{jz}}}{\sqrt{3}U_{\text{jz}}}, \tag{3-28}$$

$$X_{\text{jz}}=\frac{U_{\text{jz}}}{\sqrt{3}I_{\text{jz}}}=\frac{U_{\text{jz}}^2}{S_{\text{jz}}}. \tag{3-29}$$

标幺值分额定标幺值和基准标幺值。

(1) 额定标幺值

以额定值为基值的各量的标幺值叫作额定标幺值,其表示如下:

$$S_{*\text{N}}=\frac{S}{S_{\text{N}}},\quad U_{*\text{N}}=\frac{U}{U_{\text{N}}},\quad I_{*\text{N}}=\frac{I}{I_{\text{N}}},\quad X_{*\text{N}}=\frac{X}{X_{\text{N}}}, \tag{3-30}$$

将 $X_{N}=\frac{U_{N}}{\sqrt{3}I_{N}}=\frac{U_{N}^{2}}{S_{N}}$代入 X_{*N}表达式中可以求得：

$$X_{*N}=\frac{X}{X_{N}}=\frac{\sqrt{3}I_{N}X}{U_{N}}=\frac{S_{N}}{U_{N}^{2}}X. \tag{3-31}$$

电阻标幺值 R_{*N}也可用同样方法求得，且阻抗标幺值 $Z_{*N}=R_{*N}+\mathrm{j}R_{*N}$。

注意：如果不加特别说明，资料中给定的某些电气设备的标幺值均指额定标幺值。

(2) 基准标幺值

以基准值为基值的各量的标幺值叫作基准标幺值，其表示如下：

$$S_{*jz}=\frac{S}{S_{jz}},\quad U_{*jz}=\frac{U}{U_{jz}},\quad I_{*jz}=\frac{I}{I_{jz}},\quad X_{*jz}=\frac{X}{X_{jz}}. \tag{3-32}$$

(3) 基准标幺值和额定标幺值之间的换算关系

在短路电流计算中，要求把额定标幺值归算到统一的基准标幺值上时才能进行计算。基准标幺值和额定标幺值之间的换算关系为

$$U_{*jz}=U_{*N}\frac{U_{N}}{U_{jz}}, \tag{3-33}$$

$$X_{*jz}=X_{*N}\frac{X_{N}}{X_{jz}}=X_{*N}\frac{I_{jz}U_{N}}{U_{jz}I_{N}}=X_{*N}\frac{S_{jz}U_{N}^{2}}{U_{jz}^{2}S_{N}}. \tag{3-34}$$

对于容量基值，为了简化计算工作，通常采用 10 的倍数，例如 100 MV · A 或 1 000 MV · A 等，有时也取电源的各发电机的总额定容量作为基值容量，即 $S_{jz}=S_{N\Sigma}$。

在需要计算某一电压级的线路内的短路电流时，常取该级电网的电压作为基准电压。实际上由于线路中有电压降，所以同一电压等级的线路中各处的电压是不一样的，为简化计算，在工程计算中习惯上采用平均额定电压($U_{pj.N}$)代表该级电压，从而认为在同一电压等级的电网中各元件的额定电压具有同一数值，因而在 $U_{jz}=U_{N}\approx U_{pj.N}$的情况下，上述式(3-33)及式(3-34)可以简化为

$$U_{*jz}=U_{*N}, \tag{3-35}$$

$$X_{*jz}=X_{*N}\frac{I_{jz}}{I_{N}}=X_{*N}\frac{S_{jz}}{S_{N}}. \tag{3-36}$$

2. 供电系统中各元件标幺值的计算

供电系统中的元件包括电源、输电线路、变压器、电抗器和用户电力线路，为了求出电源至短路点的短路电抗标幺值，需要逐一地求出这些元件的电抗标幺值。

(1) 输电线路的电阻和电抗基准标幺值的计算

已知输电线路的长度为 l，单位长度的电阻值为 R_{0}、电抗值为 X_{0}，线路所在区段的平均电压为 U_{pj}，则输电线路电阻和电抗相对于基准容量 S_{jz}和基准电压 $U_{jz}=U_{pj.N}$的标幺值为

$$R_{*jz}=R_{0}l\frac{S_{jz}}{U_{jz}^{2}}=R_{0}l\frac{S_{jz}}{U_{pj.N}^{2}}, \tag{3-37}$$

$$X_{*jz}=X_{0}l\frac{S_{jz}}{U_{jz}^{2}}=X_{0}l\frac{S_{jz}}{U_{pj.N}^{2}}. \tag{3-38}$$

线路的 R_{0} 和 X_{0} 可采用表 3-1 所列的平均值，如果供电系统经过好几级变压，式(3-37)和式(3-38)仍能适用。

表 3-1　电力线路单位长度的电抗平均值

线路名称	$X_0/\Omega\cdot km^{-1}$
35～220 kV 架空线路	0.4
3～10 kV 架空线路	0.38
0.38/0.22 kV 架空线路	0.36
35 kV 电缆线路	0.12
3～10 kV 电缆线路	0.08
1 kV 以下电缆线路	0.06

(2) 变压器电抗基准标幺值的计算

变压器制造厂在变压器技术数据中已给出短路电压百分数 $u_d\%$，忽略变压器的电阻，则 $u_d\%$就是在额定情况下变压器电抗的百分数，变压器有名电抗值为

$$X_B=\frac{u_d\%}{100}\frac{U_N^2}{S_N}. \tag{3-39}$$

换算成基准电抗标幺值为

$$X_{*jzB}=\frac{X_B}{X_{jz}}=\frac{u_d\%}{100}\left(\frac{U_{NB}}{U_{jz}}\right)^2\frac{S_{jz}}{S_{NB}}\approx\frac{u_d\%}{100}\frac{S_{jz}}{S_{NB}}, \tag{3-40}$$

在工程中为了便于计算，式中 $U_{jz}=U_{pj}\approx U_{NB}$。

(3) 电抗器电抗基准标幺值的计算

电抗器是用来限制短路电流用的电感线圈，一般用混凝土浇灌固定，其铭牌上给出额定电抗百分数 $X_L\%$、额定电压 U_{NL} 和额定电流 I_{NL}，它们之间有关系：

$$X_L\%=\frac{\sqrt{3}I_{NL}X_L}{U_{NL}}\times 100, \tag{3-41}$$

因而得到电抗器电抗相对于基准容量 S_{jz} 和基准电压 $U_{jz}=U_{pj.N}$ 的标幺值为

$$X_{*jzL}=\frac{X_L}{X_{jz}}=\frac{X_L\%}{100}\frac{I_{jz}}{I_{NL}}\frac{U_{NL}}{U_{jz}}. \tag{3-42}$$

3. 短路电路总阻抗基准标幺值($Z_{*\Sigma}=R_{*\Sigma}+jX_{*\Sigma}$)的计算

上面讨论了供电线路中各种元件的基准电抗标幺值 X_* 和基准电阻标幺值 R_* 计算方法的基本概念，现在用这些基本概念来计算短路电路的总阻抗基准标幺值 $Z_{*\Sigma}$。在计算时，如果短路电路内的总电阻基准标幺值 $R_{*\Sigma}$ 远远小于总电抗基准标幺值 $X_{*\Sigma}$，且存在 $R_{*\Sigma}<\frac{1}{3}X_{*\Sigma}$ 的关系，则可将电阻忽略不计；反之亦然。在这种情况下，忽略 $R_{*\Sigma}$ 而用 $X_{*\Sigma}$ 替代 $Z_{*\Sigma}$，根据电路理论可知引起的误差低于5%，这是允许的。

(1) 计算电路图

在计算短路电流时，首先应将复杂的三相供电网路用单相电路图来表示，如图3-8(a)所示，此线路图又称计算电路图。在计算电路图中，对线路中各元件的额定参数均应加以注明。例如，发电机和变压器的额定容量和电压；发电机的超瞬变电抗和变压器的短路电压百分数；电抗器的额定电流、额定电压和电抗百分数；架空线或电缆的长度和每千米的电抗欧姆数。如果需要计算线路的电阻，则应标明导线或电缆的截面和导体材料。电路中每一电压级均用平均额定电压表示，但电抗器则属例外，应标明其额定电压值。

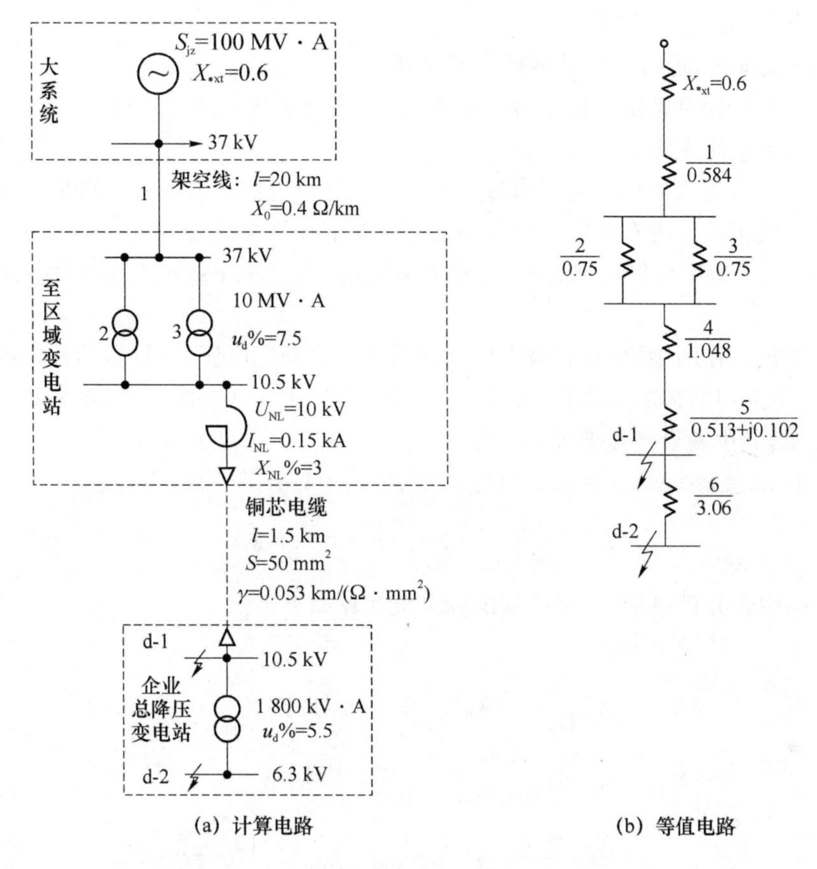

图 3-8　供电网路的短路计算电路和等值电路图

(2) 短路计算点和系统运行方式的确定

在计算电路图中，短路计算点选择在何处以及选择几处，应根据选择电气设备和设计、整定继电保护装置的需要而定。原则上，凡是在供电系统中连接(安装)电气设备的高低压母线，以及用电设备的接线端钮处均应选作短路计算点。

系统运行方式分为最大运行方式和最小运行方式两种。前者用以计算可能出现的最大短路电流，作为选择电气设备的依据；后者用以计算可能出现的最小短路电流，作为校验继电保护装置动作性能的依据。当设计一个工业企业的供电系统时，电力系统的运行方式均由地区电业部门提供，而工业企业内部供电系统的运行方式则由设计者确定。

所谓最大运行方式实际是将供电系统中的双回路电力线路和并联的变压器均按并列运行处理，从而得到由短路点至系统电源的合成总阻抗最小，此时对于系统电源也应考虑按最大容量同时供电处理。

所谓最小运行方式则应按实际可能的单列系统供电(即由短路点至系统电源的合成总阻抗最大)处理。

(3) 绘制计算短路电流的等值电路

当系统运行方式和短路计算点确定之后，可以绘制对应的计算短路电流用的等值电路，如图 3-8(b)所示。在等值电路中，只需绘出短路电流所通过的一些元件的阻抗即可，无关的元件不必绘出。为了使计算不出差错，对每个列出的元件均需进行顺序编号，如图中每个元件旁所标分数的分子项数字。

(4) 选取基准值,进行阻抗基准标幺值计算

基准容量可以任意选定。技术习惯上选用 100 MV·A 或 1 000 MV·A 等,而基准电压常采用该级的平均额定电压($U_{pj.N}$)。

每个元件的阻抗基准标幺值算出后分别填写在等值电路中各元件旁所标分数的分母项上,这样处理,便于设计者在最后运算各种运行情况下计算合成总阻抗基准标幺值。

现在以图 3-8 所示计算电路为例,计算图中短路点 d-1 和 d-2 至大系统的总阻抗基准标幺值。

各元件参数已在图中给出,各级电压均已给出平均额定电压,电抗器的额定电压 $U_{NL}=10$ kV。系统中采用的铜芯电缆:其截面 $S=50\ mm^2$;$X_0=0.075\ \Omega/km$。系统的等值电路如图 3-8(b)所示,其中两台变压器并列运行。

取基准值 $S_{jz}=100$ MV·A,$U_{jz}=U_{pj.N}$,则有

$$I_{jz}=\frac{S_{jz}}{\sqrt{3}U_{pj.N}}=\frac{100}{\sqrt{3}\times 10.5}=5.5\ kA.$$

短路电路中各元件电抗、电阻的基准标幺值计算如下:

$$X_{*xt}=0.6,$$

$$X_{*1}=X_1\frac{S_{jz}}{U_{pj.N}^2}=X_0 l\frac{S_{jz}}{U_{pj.N}^2}=0.4\times 20\times\frac{100}{37^2}=0.584,$$

$$X_{*2}=X_{*3}=\frac{u_d\%}{100}\frac{S_{jz}}{S_{NB}}=\frac{7.5}{100}\times\frac{100}{10}=0.75,$$

$$X_{*4}=\frac{X_{NL}\%}{100}\frac{I_{jz}}{I_{NL}}\frac{U_{NL}}{U_{jz}}=\frac{3}{100}\times\frac{5.5}{0.15}\times\frac{10}{10.5}=1.048,$$

$$X_{*5}=X_0 l\frac{S_{jz}}{U_{pj.N}^2}=0.075\times 1.5\times\frac{100}{10.5^2}=0.102,$$

$$R_0=\frac{1}{\gamma S}=\frac{1}{0.053\times 50}=0.377\ \Omega/km,$$

$$R_{*5}=R_0 l\frac{S_{jz}}{U_{pj.N}^2}=0.377\times 1.5\times\frac{100}{10.5^2}=0.513,$$

$$X_{*6}=\frac{u_d\%}{100}\frac{S_{jz}}{S_{NB}}=\frac{5.5}{100}\times\frac{100}{1.8}=3.06.$$

短路点 d-1 至大系统的总阻抗基准标幺值为

$$X_{*\Sigma 1}=X_{*xt}+X_{*1}+\frac{X_{*2}}{2}+X_{*4}+X_{*5}=2.709,$$

$$R_{*\Sigma 1}=R_{*5}=0.513.$$

因为$\frac{R_{*\Sigma 1}}{X_{*\Sigma 1}}=\frac{0.513}{2.709}=0.189<\frac{1}{3}$,故电阻基准标幺值可以忽略不计,总阻抗基准标幺值可以用总电抗基准标幺值替代,即 $Z_{*\Sigma 1}=X_{*\Sigma 1}=2.709$。

短路点 d-2 至大系统的总阻抗基准标幺值为(忽略电阻基准标幺值)

$$Z_{*\Sigma 2}=X_{*\Sigma 2}=X_{*\Sigma 1}+X_{*6}=2.709+3.06=5.769.$$

以上分别求出了 d-1 点及 d-2 点至大系统的总阻抗(或电抗)基准标幺值。通过上面的计算可知:计算 $Z_{*\Sigma}$ 实质上就是计算系统在某种运行方式下(最大或最小运行方式下),由

短路计算点至系统电源之间各元件阻抗基准标幺值的总和，所以计算时应将实际电路尽可能加以简化，即运用网络的串联、并联、星-三角或三角-星变换方法而得到简化电路。

此外，需指出：由于计算短路电流时多采用标幺值法，所以为简化计算表达式，今后在计算时，各元件的电抗和电阻的标幺值写法，在无特殊情况下，可以将下标"＊"省略，例如 R_{*1}、X_{*1} 和 Z_{*1} 等可以写成 R_1、X_1 和 Z_1 等。

3.2.3　无穷大容量电力系统三相短路电流的计算

无穷大容量电力系统发生三相短路时，短路电流的周期分量的幅值和有效值保持不变，短路电流的有关物理量都与短路电流的周期分量有关。

1. 三相短路电流周期分量的计算

周期分量的大小决定于母线上电压和短路回路的总阻抗。当由无限大容量系统供电的电路发生短路时，如图 3-9 所示，因电源电压的幅值是假定不变的，故短路电流周期分量的幅值或周期分量的有效值也是不变的。如果电路中的综合电抗以欧姆数表示时，则三相短路电流周期分量的有效值可用式(3-43)求出：

$$I_{zq}^{(3)}=\frac{U_{pj.N}}{\sqrt{3}\sqrt{R_{\Sigma}^{2}+X_{\Sigma}^{2}}}. \tag{3-43}$$

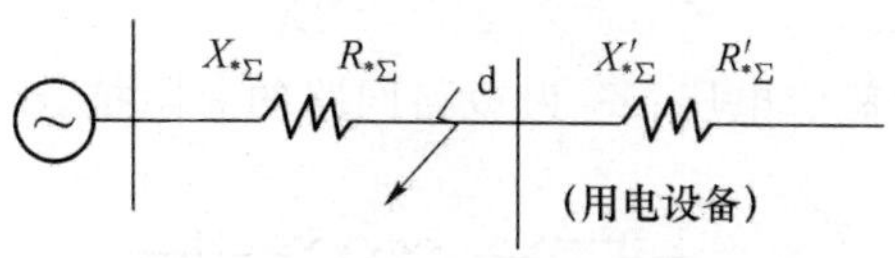

图 3-9　无穷大容量电力系统短路示意图

在高压系统中因为电抗占的成分大，故电阻可以忽略不计，这时式(3-43)可以改写成式(3-44)：

$$I_{zq}^{(3)}=\frac{U_{pj.N}}{\sqrt{3}X_{\Sigma}}. \tag{3-44}$$

如果综合电抗以标幺值表示，则在选定的基准条件下，短路电路的相对综合电抗 $X_{*\Sigma}=\frac{\sqrt{3}I_{jz}X_{\Sigma}}{U_{jz}}$，代入式(3-44)并经化简及移项后得：

$$\frac{I_{zq}^{(3)}}{I_{jz}}=\frac{U_{pj.N}/U_{jz}}{X_{*\Sigma}},$$

又因为 $I_{*zq}^{(3)}=\frac{I_{zq}^{(3)}}{I_{jz}}$，同时令 $U_{jz}=U_{pj.N}$，则得：

$$I_{*zq}^{(3)}=\frac{1}{X_{*\Sigma}}. \tag{3-45}$$

此处，为便于学习及看其他参考书籍，给出用各种下标表示的三相短路电流周期分量有效值。

$$I_{d}^{(3)}=I_{k}^{(3)}=I_{zq}^{(3)}=I_{\infty}^{(3)}$$

2. 三相短路全电流最大有效值及短路冲击电流的计算

由无穷大容量供电系统短路的过渡过程的讨论得到：

$$i_{ch}^{(3)}=\sqrt{2}I_{zq}^{(3)}K_{ch}=\begin{cases}2.55I_{zq}^{(3)}(\text{高压系统})\\1.84I_{zq}^{(3)}(\text{低压系统})\end{cases},\tag{3-46}$$

$$I_{ch}^{(3)}=I_{zq}^{(3)}\sqrt{1+2(K_{ch}-1)^2}=\begin{cases}1.52I_{zq}^{(3)}(\text{高压系统})\\1.09I_{zq}^{(3)}(\text{低压系统})\end{cases}.\tag{3-47}$$

3.3 无穷大容量电力系统两相和单相短路电流的计算

在电力系统中，除了三相短路之外，还有不对称短路，例如单相短路、两相短路、两相短路接地等。而且根据运行经验，发生不对称短路的概率比对称短路多得多，据统计约占全部短路故障的90%以上。另外，在工厂供电系统中，有时为了校验保护装置的灵敏度，需要计算两相和单相短路电流。因此需要掌握不对称短路的分析方法。

3.3.1 两相短路电流的计算

在远离发电机的无穷大容量供电系统中发生两相短路时，如图3-10所示，其短路电流由式(3-48)计算得到：

$$I_d^{(2)}=\frac{U_{pj.N}}{2|Z_\Sigma|}\approx\frac{U_{pj.N}}{2X_\Sigma},\tag{3-48}$$

式中，$U_{pj.N}$为短路点的平均额定电压；Z_Σ为短路回路的总阻抗。

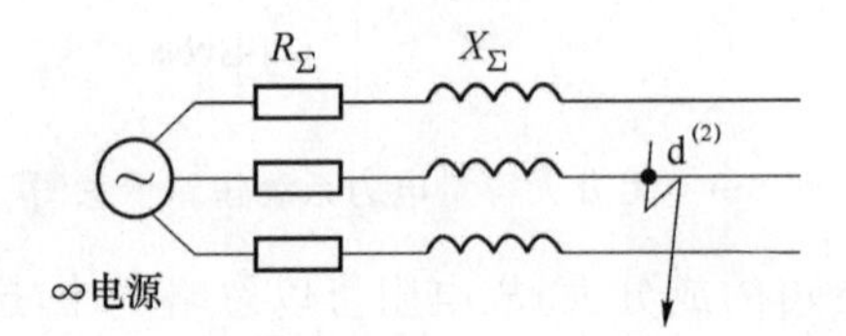

图3-10 无穷大容量系统发生两相短路

因为三相短路电流为

$$I_d^{(3)}=\frac{U_{pj.N}}{\sqrt{3}|Z_\Sigma|}\approx\frac{U_{pj.N}}{\sqrt{3}X_\Sigma},\tag{3-49}$$

由式(3-48)和式(3-49)可得两相短路电流和三相短路电流的关系：

$$I_d^{(2)}=\frac{\sqrt{3}}{2}I_d^{(3)}=0.866I_d^{(3)},\tag{3-50}$$

并且同样适用于短路冲击电流：

$$i_{ch}^{(2)}=\frac{\sqrt{3}}{2}i_{ch}^{(3)},\tag{3-51}$$

$$I_{ch}^{(2)}=\frac{\sqrt{3}}{2}I_{ch}^{(3)}.\tag{3-52}$$

由此可见，无穷大容量供电系统中发生短路时，两相短路电流较三相短路电流小。

3.3.2 单相短路电流的计算

在工程设计中，当无穷大容量供电系统中某相接地发生单相短路时，单相短路电流可由式(3-53)计算：

$$I_{d}^{(1)}=\frac{U_{pj.N}}{\sqrt{3}\,|Z_{P\text{-}0}|}=\frac{U_{jz}}{\sqrt{3}\,|Z_{P\text{-}0}|},\tag{3-53}$$

式中，$U_{pj.N}$为短路点的平均额定电压；U_{jz}为短路点所在电压等级的基准电压；$Z_{P\text{-}0}$为单相短路回路的总阻抗。

同时有

$$|Z_{P\text{-}0}|=\sqrt{(R_B+R_{P\text{-}0})^2+(X_B+X_{P\text{-}0})^2},\tag{3-54}$$

式中，R_B、X_B 为变压器单相等效电阻和等效电抗。

为计算方便，分别给出变压器单相阻抗表，见表 3-2；车间内架空敷设的“相—零”回路单位长度阻抗值，见表 3-3；铝线穿管敷设并利用电线管作零线时“相—零”回路单位长度阻抗值，见表 3-4。

表 3-2　变压器单相阻抗表

变压器容量/kV·A	50	63	80	100	125	160	200	250	315	400	500	630	800	1 000
阻抗/Ω	0.128	0.1	0.080 6	0.064	0.051	0.041	0.032	0.024 3	0.020 3	0.015 6	0.012 8	0.01	0.009 1	0.007 3
电抗/Ω	0.105 6	0.084 0	0.068 0	0.055 0	0.044 8	0.037 0	0.028 5	0.022 0	0.018 6	0.014 8	0.012 0	0.009 6	0.008 6	0.006 9
电阻/Ω	0.073 6	0.055 7	0.042 5	0.033 0	0.024 6	0.018 1	0.014 4	0.010 5	0.008 1	0.006 0	0.004 4	0.003 4	0.002 9	0.002 2

表 3-3　车间内架空敷设的“相—零”回路单位长度阻抗值

相线截面/mm²	当零线为下列导体时得单位阻抗值/Ω·km⁻¹							
	钢轨＋1×16(铝)	钢轨	1×70(铝)	1×50(铝)	1×35(铝)	1×25(铝)	1×16(铝)	40×4(铝)
30×4	1.245	1.47	0.990	1.072	1.318	1.6	2.340	2.54
40×4	1.114	1.169	0.930	1.045	1.238	1.490	2.20	2.218
50×5	1.048	1.112	0.875	0.987	1.180	1.456	2.058	2.07
50×6	0.990	1.055	0.858	0.968	1.152	1.431	2.028	1.905
60×6	0.978	1.042	0.844	0.952	1.138	1.420	2.005	1.885
80×6	0.870	0.962	0.815	0.940	1.110	1.390	1.980	1.61
100×6	0.854	0.950	0.792	0.900	1.090	1.368	1.995	1.59
100×8	0.846	0.945	0.785	0.890	1.078	1.352	1.945	1.58
100×10	0.810	0.916	0.772	0.850	1.070	1.342	1.933	1.48
150	1.230	1.251	0.964	1.078	1.275			2.42
120	1.285	1.325		1.170	1.325			2.7
95	1.392	1.430		1.184	1.392	1.680		2.86
70	1.540	1.578			1.505	1.795		3.18
50	1.760	1.820				1.970	2.580	3.62
35	1.970	2.220					2.860	3.86
25	2.390	2.541					3.210	4.7
16	3.30	3.220					3.826	5.68

注：表内所列相线全部为铝母线或铝芯线；相线温度按 70 ℃计算，零线温度按 40 ℃计算。

表 3-4　铝线穿管敷设并利用电线管作零线时"相—零"回路单位长度阻抗值

导线截面/mm^2	电线管直径/mm	电阻/$\Omega \cdot km^{-1}$	电抗/$\Omega \cdot km^{-1}$	阻抗/$\Omega \cdot km^{-1}$
1.5	15	24.24	4.3	24.6
2.5	20	15.24	4.28	15.8
4	20	10.49	4.27	11.3
6	25	7.17	3.47	7.97
10	25	5.05	2.84	5.97
16	32	3.24	1.99	3.8
25	32	2.55	1.85	3.15
35	40	1.643	1.19	2.03
50	50	1.068	1.002	1.47
70	50	0.888	1.00	1.34
95	70	0.69	0.77	1.03
120	80	0.54	0.75	0.92
150	80	0.48	0.74	0.88

注:相线温度按 70 ℃计算,零线温度按 40 ℃计算。

由于无穷大容量系统中三相短路电流一般比两相短路电流大,所以在校验短路效应时只考虑三相短路电流。但是校验保护相间短路的继电保护装置在短路故障下能否灵敏动作时,就需要计算被保护线路末端的两相短路电流。

例 3-1　某供电系统图如图 3-11 所示(其中 max 表示最大运行方式,min 表示最小运行方式),系统在 d_1 及 d_2 点发生三相短路,试求三相短路电流,再求 d_2 点发生短路时电缆线路 l_2 上流过的短路电流。

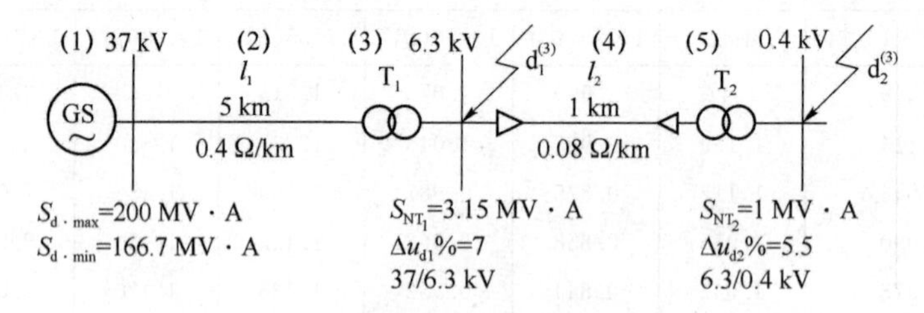

图 3-11　供电系统短路计算电路图

解　(1) 在计算电路图上将计算短路电流时所需要的各元件的额定参数表示出来,并将各元件依次编号。

(2) 先选定基准容量 S_{jz}(MV·A)和基准电压 U_{jz}(kV),根据 $I_{jz}=\dfrac{S_{jz}}{\sqrt{3}U_{jz}}$求出基准电流值。$S_{jz}$可以选 100 MV·A 或选系统中某个元件的额定容量。如果有好几个不同电压等级的短路点就要选同样多个基准电压,自然也有同样多个基准电流值。基准电压应选短路点所在区段的平均电压值。

这里选 $S_{jz}=100$ MV·A,分别取 $U_{jz1}=6.3$ kV 和 $U_{jz2}=0.4$ kV,则

$$I_{jz1}=\frac{100}{\sqrt{3}\times 6.3}=9.16\ \text{kA},$$

$$I_{jz2}=\frac{100}{\sqrt{3}\times 0.4}=144.34\ \text{kA}.$$

(3) 计算系统各元件阻抗的标幺值，绘制等效电路图。

最大运行方式及最小运行方式下，系统电抗标幺值分别为

$$X_{*1\max}=\frac{S_{jz}}{S_{d\max}}=\frac{100}{200}=0.5,\quad X_{*1\min}=\frac{S_{jz}}{S_{d\min}}=\frac{100}{166.7}=0.6,$$

架空线电抗标幺值为

$$X_{*2}=X_0 l_1\frac{S_{jz}}{U^2_{pj.N_1}}=0.4\times 5\times\frac{100}{37^2}=0.146,$$

变压器 T_1 电抗标幺值为

$$X_{*3}=\frac{\Delta u_{d1}\%}{100}\frac{S_{jz}}{S_{NT_1}}=\frac{7}{100}\times\frac{100}{3.15}=2.222,$$

电缆线路电抗标幺值为

$$X_{*4}=X_0 l_2\frac{S_{jz}}{U^2_{pj.N_2}}=0.08\times 1\times\frac{100}{6.3^2}=0.2,$$

变压器 T_2 电抗标幺值为

$$X_{*5}=\frac{\Delta u_{d2}\%}{100}\frac{S_{jz}}{S_{NT_2}}=\frac{5.5}{100}\times\frac{100}{1}=5.5.$$

绘制等效电路图如图 3-12 所示。

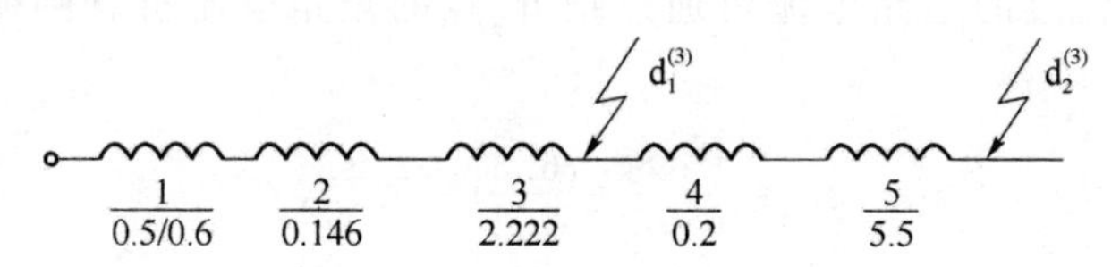

图 3-12　短路等效电路图

(4) 求 d_1 点的短路电流。

① 最大运行方式。

电源点至 d_1 点的总阻抗标幺值为

$$X_{*\Sigma 1\max}=X_{*1\max}+X_{*2}+X_{*3}=0.5+0.146+2.222=2.868,$$

短路电流的周期分量为

$$I^{(3)}_{zq\,1\max}=\frac{1}{X_{*\Sigma 1\max}}I_{jz1}=\frac{1}{2.868}\times 9.16=3.197\ \text{kA},$$

冲击电流为

$$i^{(3)}_{ch\,1\max}=2.55I^{(3)}_{zq\,1\max}=2.55\times 3.197=8.152\ \text{kA},$$

冲击电流有效值为

$$I^{(3)}_{ch\,1\max}=1.52I^{(3)}_{zq\,1\max}=1.52\times 3.197=4.859\ \text{kA}.$$

② 最小运行方式。

电源点至 d_1 点的总阻抗标幺值为

$$X_{*\Sigma 1\min}=X_{*1\min}+X_{*2}+X_{*3}=0.6+0.146+2.222=2.968,$$

短路电流的周期分量为

$$I^{(3)}_{zq\,1\min}=\frac{1}{X_{*\Sigma 1\min}}I_{jz1}=\frac{1}{2.968}\times 9.16=3.086\ \text{kA}.$$

(5) 求 d_2 点的短路电流。

① 最大运行方式

电源点至 d_2 点的总阻抗标幺值为

$$X_{*\Sigma 2max}=X_{*\Sigma 1max}+X_{*4}+X_{*5}=2.868+0.2+5.5=8.568,$$

短路电流的周期分量为

$$I_{zq\,2max}^{(3)}=\frac{1}{X_{*\Sigma 2max}}I_{jz2}=\frac{1}{8.568}\times 144.34=16.89\text{ kA},$$

冲击电流为

$$i_{ch\,2max}^{(3)}=1.84I_{zq\,2max}^{(3)}=1.84\times 16.89=31.05\text{ kA},$$

冲击电流有效值为

$$I_{ch\,2max}^{(3)}=1.09I_{zq\,2max}^{(3)}=1.09\times 16.89=18.41\text{ kA}.$$

② 最小运行方式

电源点至 d_2 点的总阻抗标幺值为

$$X_{*\Sigma 1min}=X_{*\Sigma 1min}+X_{*4}+X_{*5}=2.968+0.2+5.5=8.668,$$

短路电流的周期分量为

$$I_{zq\,2min}^{(3)}=\frac{1}{X_{*\Sigma 2min}}I_{jz2}=\frac{1}{8.668}\times 144.34=16.65\text{ kA}.$$

(6) 求 d_2 点发生短路时电缆线路 l_2 上流过的短路电流。

电缆线路 l_2 上流过的短路电流可通过把 d_2 点的短路电流折算到变压器一次侧来计算。平均变比为

$$K_{pj}=\frac{U_{pj.N_1}}{U_{pj.N_2}}=\frac{6.3}{0.4}=15.75,$$

所以有

$$I_{d.l_2}^{(3)}=\frac{I_{zq2}^{(3)}}{K_{pj}}=\frac{16.89}{15.75}=1.07\text{ kA}.$$

3.4 系统短路的稳定度校验

由前面的短路计算可以看出,电力系统中发生短路时,短路电流是相当大的。如此大的短路电流通过电器设备和载流导体,一方面要产生很大的电动力,即电动力效应;另一方面要产生很高的温升,即热效应。这两种效应对电器和导体的安全运行,影响极大。系统中的电器设备和载流导体应能承受住这两种效应的作用,并依此两种效应校验设备的动、热稳定性。

3.4.1 短路电流的电动力效应

供电系统正常运行时,电路中电流不大,因此相邻载流导体间的相互作用力也不大。但在短路时,由于短路电流很大,因此相邻载流导体间会产生很大的电动力,特别是短路冲击电流产生的电动力,可能使电器和载流导体遭受严重的破坏。为此要使电路元件具有足够的动稳定度,就必须能承受短路时最大电动力的作用。

1. 两平行载流导体之间的电动力

如图 3-13 所示,两根平行敷设的载流导体长度为 l,中心距离为 a,导体的截面尺寸很

小，通过的电流分别为 i_1 和 i_2，导体 1 中的电流 i_1 在导体 2 处产生磁感应强度，因两导体平行，故导体 2 与磁感应强度相垂直，当导体 2 中有电流 i_2 通过时，便受到电动力 F_2 的作用，其方向由左手定则确定，其大小为

$$F_2 = 2K_S i_1 i_2 \frac{l}{a} \times 10^{-7}, \tag{3-55}$$

式中，i_1、i_2 为载流体中通过的电流(A)；l 为平行敷设的载流体长度(m)；a 为两载流体轴线间的距离(m)；K_S 为与载流体的形状和相对位置有关的形状系数，K_S 值可根据$\frac{a-b}{b+h}$和$m=\frac{b}{h}$由图 3-14 所示曲线查得。对圆形、管形导体，$K_S=1$。

同理可得

$$F_1 = 2K_S i_2 i_1 \frac{l}{a} \times 10^{-7}. \tag{3-56}$$

导体 1 和导体 2 所受的电动力相等但方向相反，并且当电流 i_1、i_2 同向时两力相吸，如图 3-13(a)所示，电流 i_1、i_2 反向时两力相斥，如图 3-13(b)所示。

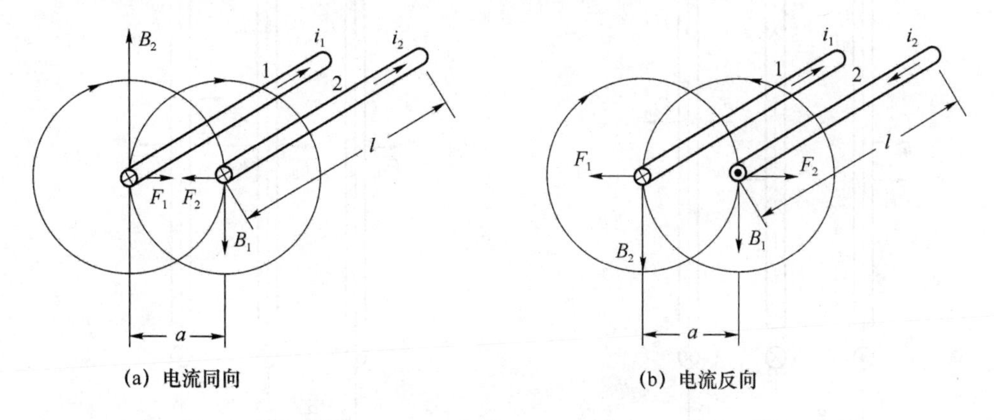

图 3-13　两平行载流导体间的电动力

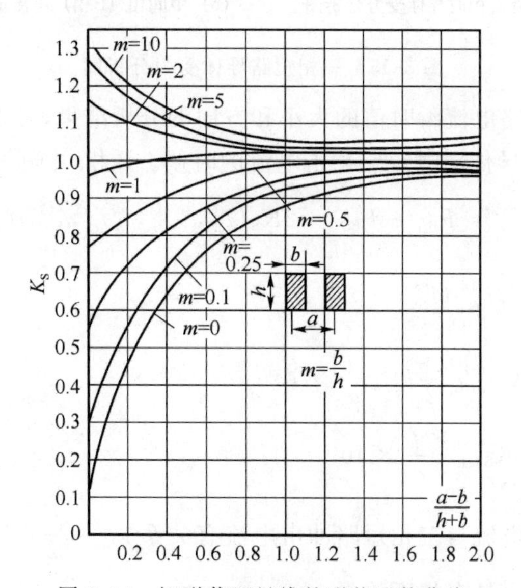

图 3-14　矩形截面母线的形状系数曲线

2. 三相短路电流的电动力

如果三相载流导体敷设在同一平面上,当三相短路电流流过各相导体时,因短路电流周期分量的瞬时值不会同时方向相同,至少有一相电流方向与其余两相电流方向相反,如图 3-15 所示的两种情况:①边相电流与其余两相方向相反;②中间相电流与其余两相方向相反。根据两平行导体间同向电流力相吸,反向电流力相斥的原理,可标出各载流体的受力情况。

在图 3-15(a)中,C 相受到两个电动力作用,但两力方向相反而相抵消。A 相和 B 相也都受到两个电动力作用,因两力方向相同而增大。因为 $F_{BA}=F_{AB}$,$F_{BC}>F_{AC}$(因 AC 相间距离为 $2a$,而 BC 相间距离为 a),所以 B 相受力最大。

在图 3-15(b)中,每相都受到两个电动力作用,但两力方向相反而相抵消,不会出现受力最大的情况。

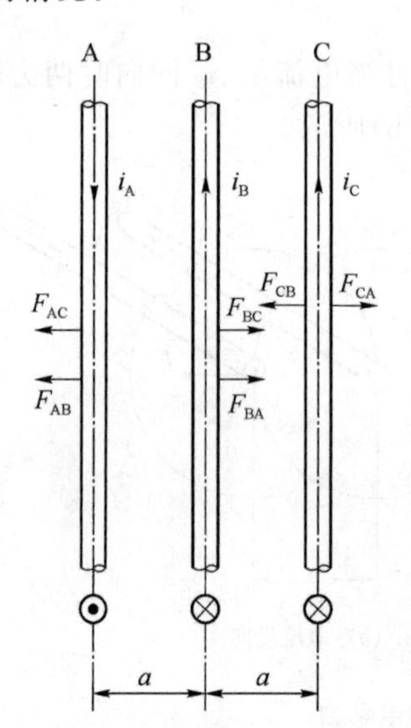

(a) 边相(A相)电流反相时导体受力分析图

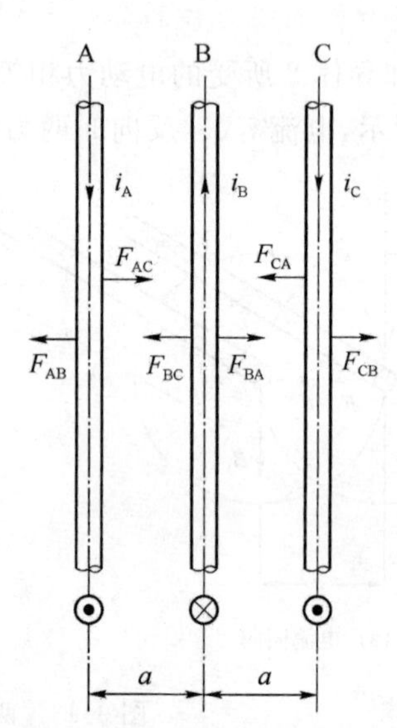

(b) 中间相(B相)电流反相时导体受力分析图

图 3-15 三相短路导体受力分析图

根据上述对三相短路电流瞬时值的大小和方向的分析结果,可以确定,最大的电动力发生在 B 相(中间相)载流导体通过短路冲击电流的时候。B 相(中间相)载流导体的总受力为

$$\begin{aligned}F_{max}=F^{(3)}&=F_{BA}+F_{BC}=2K_S(i_{ch.B}^{(3)}i_{ch.A}^{(3)}+i_{ch.B}^{(3)}i_{ch.C}^{(3)})\frac{l}{a}\times10^7\\&=2K_S i_{ch.B}^{(3)}(i_{ch.A}^{(3)}+i_{ch.C}^{(3)})\frac{l}{a}\times10^7\\&\approx2K_S i_{ch.B}^{(3)}\frac{\sqrt{3}}{2}i_{ch.B}^{(3)}\frac{l}{a}\times10^7\\&=\sqrt{3}K_S i_{ch}^{(3)^2}\frac{l}{a}\times10^7.\end{aligned}\tag{3-57}$$

由于两相短路冲击电流与三相短路冲击电流有关系 $i_{ch}^{(2)}=\frac{\sqrt{3}}{2}i_{ch}^{(3)}$,因此,两相短路与三相短路产生的最大电动力也具有如下关系:

$$F^{(2)}=\frac{\sqrt{3}}{2}F^{(3)}. \tag{3-58}$$

3.4.2　短路电流的热效应

当系统线路发生短路故障时，通过导体的短路电流要比正常工作电流大很多倍。虽然有继电保护装置能在很短时间内切除故障，短路电流通过导体的时间不长，通常不会超过2～3 s。但由于短路电流骤增很大，发出的热量来不及向周围介质散失，因此散失的热量可以不计，基本上看成是一个绝热过程。即导体通过短路电流时所产生的热量，全部用于使导体温度可能被加热到很高的程度，导致电气设备的破坏。如果导体在短路时的最高温度不超过设计规程规定的允许温度，则认为导体对短路电流是热稳定的，否则就不满足热稳定的要求。所以短路时热计算的目的就是为了求得导体在短路时的最高温度，再与该类导体在短路时的最高允许温度相比较。

图 3-16 表示短路前后导体的温度变化情况，导体在短路前正常运行时的温度为 θ_L，在 t_1 时发生短路，导体温度迅速升高，而在 t_2 时电路的保护装置动作，切除短路故障，这时导体的温度已达到 θ_K。短路被切除后线路断电，导体不再产生热量，而只按指数规律向周围介质散热，直到导体温度等于周围介质温度 θ_0 为止。

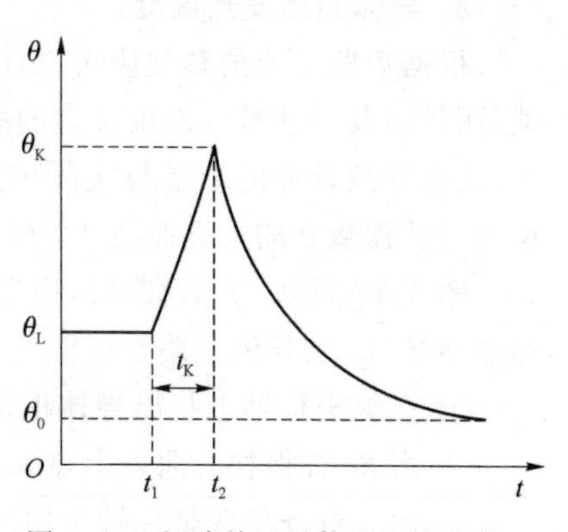

图 3-16　短路前后导体的温度变化

短路时导体（或电气设备）的最高温度小于或等于导体（或电气设备）的最高允许温度，才能保证导体（或电气设备）不被损坏，这就是导体（或电气设备）的热稳定。

短路电流在持续时间内对导体造成的热效应大小为

$$\begin{aligned}Q_d &= \int_0^{t_d} i_d^2\,dt \approx \int_0^{t_d} i_{zq}^2\,dt + \int_0^{t_d} i_f^2\,dt \\ &= Q_{zq} + Q_f,\end{aligned} \tag{3-59}$$

式中，i_d 为短路全电流，等于周期分量与非周期分量之和，即 $i_d=i_{zq}+i_f$；Q_{zq} 为周期分量电流的热效应（$kA^2\cdot s$）；Q_f 为非周期分量电流的热效应（$kA^2\cdot s$）。即短路电流的热效应等于周期分量热效应与非周期分量热效应之和。下面介绍热效应的具体计算方法。

1. 周期分量热效应

周期分量热效应的近似计算公式为

$$Q_{zq}=\frac{I''^2+10I_{zqt_d/2}^2+I_{zqt_d}^2}{12}t_d, \tag{3-60}$$

式中，I''为次暂态短路电流（kA）；$I_{zq\,t_d/2}$ 为$\frac{t_d}{2}$时刻周期分量有效值（kA）；I_{zqt_d} 为 t_d 时刻周期分量有效值（kA）；t_d 为短路持续时间（s）。为方便记忆，可称式(3-60)为“1-10-1”公式。

2. 非周期分量热效应

非周期分量热效应的计算公式为

$$Q_f=TI''^2, \tag{3-61}$$

式中，T 为非周期分量的等效时间(s)，可由表3-5查得。

如果短路持续时间 $t_d>1$ s时，导体的发热量主要由周期分量热效应决定，这时非周期分量热效应可以忽略不计，即 $Q_d \approx Q_{zq}$。

根据短路电流的热效应 Q_d，可计算出导体在短路后所达到的最高温度。

表3-5　非周期分量的等效时间

短路点	T/s	
	$t<0.1$ s	$t>0.1$ s
发电机出口及母线	0.15	0.2
发电机升高电压母线及出线，发电机电压出线电抗器后	0.08	0.1
变电所各级电压母线及出线	0.05	

3. 导体短路发热温度

根据短路电流的热效应可以计算导体在短路后所达到的最高温度，但计算不仅相当烦琐，而且涉及一些难以准确确定的系数，包括导体的电导率(它在短路过程中不是一个常数)等，往往导致计算的结果与实际出入很大。因此在工程计算中，一般是利用导体发热系数 K 与导体温度 θ 的关系曲线 $\theta=f(K)$ 来确定短路发热温度 θ_K。

图3-17是 $\theta=f(K)$ 曲线，横坐标表示导体发热系数 $K(A^2 \cdot s/mm^4)$，纵坐标表示导体温度 θ(℃)。求导体短路发热温度 θ_K 的步骤如下(参见图3-18)。

① 在纵坐标轴上找出导体正常工作温度 θ_L。

② 由 θ_L 查得相应曲线上点a。

③ 由a点查得横坐标轴上的导体正常发热系数 K_L。

④ 用下式计算短路发热系数 K_K：

$$K_K=K_L+\frac{Q_d}{A^2}, \tag{3-62}$$

式中，A 为导体的截面积。

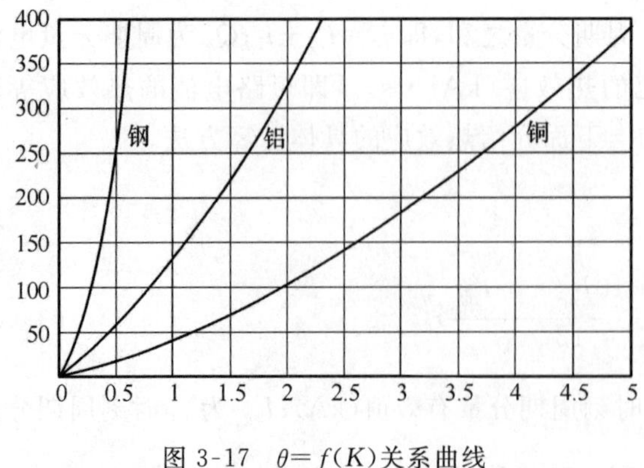

图3-17　$\theta=f(K)$关系曲线

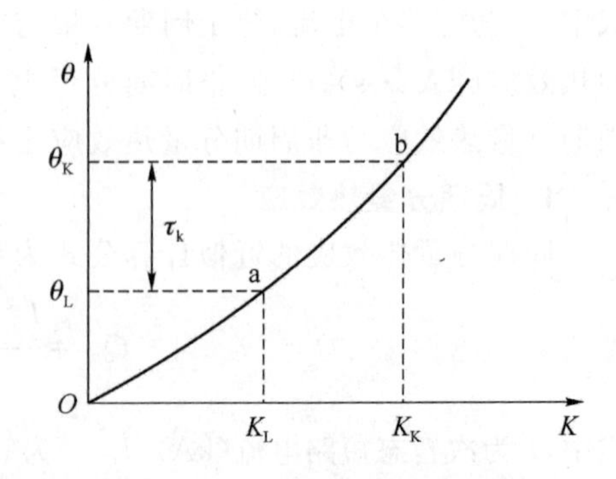

图3-18　由 θ_L 查得 θ_K 的步骤示意图

⑤ 在横坐标轴上找出 K_K。

⑥ 由 K_K 查得相应曲线上的b点。

⑦ 由b点查得纵坐标轴上的 θ_K 值。

如果所得值不超过最高允许温度,则表明载流导体能满足短路电流热稳定性要求。

3.4.3　按最大短路电流的力稳定和热稳定校验

各种电气设备的功能尽管不同,但都在供电系统中工作,所以在选择时必然有相同的基本要求。在正常工作时,必须保证工作安全可靠、运行维护方便、投资经济合理。在短路情况下,能满足力稳定和热稳定的要求。

1. 按短路情况进行热稳定校验

电器的导电部分由各种金属导电材料做成,各种材料的导体在短路时的最高允许温度为 $\theta_{K.max}$。对电器进行热稳定性校验就是校验该设备的载流导体在短路电流作用下不应超过最高允许温度。

电器和载流部分的热稳定性校验必须满足的条件是

$$\theta_K \leqslant \theta_{K.max}. \tag{3-63}$$

对于一般电器设备,在出厂前都要经过试验,规定了设备在 t 时间内允许通过热稳定电流 I_t 数值。在选择这类电器并进行热稳定校验时,可以应用下面公式判断是否符合技术要求:

$$I_t^2 t \geqslant I_\infty^{(3)^2} t_{jx} \tag{3-64}$$

或

$$I_t \geqslant I_\infty^{(3)} \sqrt{\frac{t_{jx}}{t}}, \tag{3-65}$$

式中,I_t 为制造厂规定在 t 秒内的热稳定电流(kA),是指在指定时间 t 秒内不使电器任何部分加热到超过所规定的最高允许温度的电流;t 为与 I_t 相对应的时间,通常为 1 s、4 s、5 s 或 10 s;$I_\infty^{(3)}$ 为三相短路稳态电流(kA);t_{jx} 为短路电流作用的假想时间(s)。

短路电流作用的假想时间 t_{jx} 计算方法如下:由于短路全电流可看成由周期分量和非周期分量组成,见式(3-7),短路全电流的有效值也可近似表示为 $I_{dt}^2 = I_{zqt}^2 + i_{ft}^2$,则短路电流在短路期间产生的热量还可表示为

$$\int_0^{t_d} R I_{dt}^2 \mathrm{d}t = \int_0^{t_d} R I_{zqt}^2 \mathrm{d}t + \int_0^{t_d} R i_{ft}^2 \mathrm{d}t = R I_\infty^2 t_{jx}. \tag{3-66}$$

由此,将短路发热假想时间也分为对应的周期分量和非周期分量的两部分,即

$$t_{jx} = t_{jx.z} + t_{jx.f}, \tag{3-67}$$

式中,$t_{jx.z}$ 为短路电流周期分量的短路发热假想时间;$t_{jx.f}$ 为短路电流非周期分量的短路发热假想时间。

(1) $t_{jx.z}$ 的计算

$$t_{jx.z} = t_d = t_{op} + t_{oc}, \tag{3-68}$$

式中,短路持续时间 t_d 等于距离短路点最近的主保护装置的动作时间 t_{op} 和断路器分闸时间 t_{oc} 之和,断路器分闸时间 t_{oc} 对于一般高压断路器(如少油断路器)可取 0.2 s;对于高速断路器(如真空断路器、六氟化硫断路器)可取 0.1～0.15 s。

(2) $t_{jx.f}$ 的计算

$t_{jx.f}$ 的数值见表 3-5,或通过式(3-69)计算:

$$t_{jx.f} = 0.05\left(\frac{I''}{I_\infty}\right)^2. \tag{3-69}$$

对于无限大容量供电系统，$I''=I_{\infty}$，则 $t_{jx.f}=0.05$ s。另外，当短路持续时间 $t_d>1$ s 时，可认为 $t_{jx}=t_{jx.z}=t_d$，即忽略 $t_{jx.f}$。

2. 按短路情况进行力稳定校验

当巨大的短路电流通过电器的导电部分时，会产生很大的电动力，电气设备可能受到严重破坏。所以各种电器制造厂所生产的电器，都用一个最大允许电流的幅值 i_{max} 或有效值 I_{max} 来表示其电动力稳定的程度，它说明电器通过上述电流时不致因电动力而损坏。选择电器校验其力稳定时，由满足式(3-70)得到保证：

$$i_{max}\geqslant i_{ch}^{(3)}\quad 或\quad I_{max}\geqslant I_{ch}^{(3)}, \tag{3-70}$$

式中，I_{max}、i_{max} 为制造厂规定的电气设备极限通过电流的有效值和峰值；$I_{ch}^{(3)}$、$i_{ch}^{(3)}$ 为按三相短路情况计算所得的短路冲击电流的有效值和瞬时值。

思考题和习题

3-1　什么是短路？造成短路故障的原因是什么？试述短路的类型及其危害。

3-2　什么是无穷大容量系统？它有什么特征？

3-3　试解释短路电流的周期分量、非周期分量、全电流、冲击电流、短路容量、标幺值、平均电压、短路电流的力稳定校验、短路电流的热稳定校验和假想时间等术语的物理含义。

3-4　试说明采用欧姆法和标幺值法计算短路电流各有什么特点？这两种方法各适用于什么场合？

3-5　为什么要用短路冲击电流计算短路电流的电动力效应？

3-6　为什么要用稳态短路电流和假想时间计算短路电流的热效应？

3-7　试计算下列元件的电抗标幺值：

(1) 某一输电线路长 100 km，$X_0=0.4\ \Omega$/km，基准条件为 $S_{jz}=100$ MV·A，$U_{jz}=115$ kV；

(2) 某一台电抗器，其电抗 $X_{dN}\%=4\ \Omega$（$I_{dN}=0.3$ kA，$U_{dN}=6$ kV），基准条件为 $S_{jz}=100$ MV·A，$U_{jz}=3.15$ kV。

3-8　图 3-19 表示某一供电系统，各元件参数已在图中表明。试计算系统在最大及最小运行方式下 d_1 及 d_2 点发生三相短路时的三相短路电流、冲击电流、冲击电流有效值和短路容量，再求在最小运行方式下 d_2 点发生两相短路时的两相短路电流。

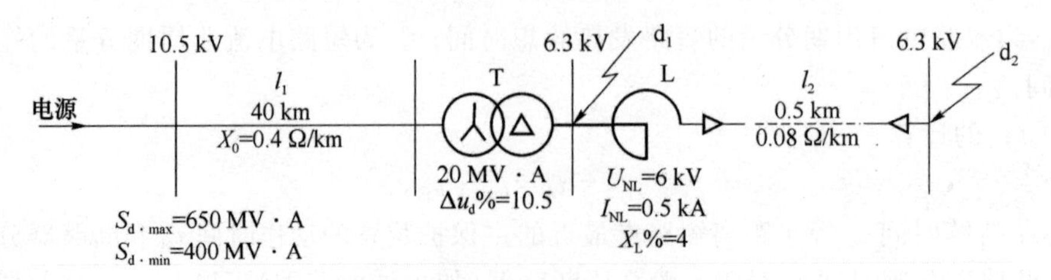

图 3-19　供电系统电路图

第4章　配电系统中的主要电气设备

配电系统中的主要电气设备是指连接在配电系统中的一次设备和二次设备。它们在配电系统中完成各种功能，例如，完成电能的传输、电能的分配、电压等级的变换以及对配电系统中的设备进行控制和保护、对电量进行测量以及改善配电系统的电能质量等。由于合适的电气设备能够保证系统正常运行，并且在出现故障时能够及时动作，保护系统免遭损坏，因此，需要学习各种电气设备的性能。

4.1　一次设备

在配电系统中担负着电能的传输和分配的主电路称为配电系统的一次电路，也称一次回路。连接在一次电路中的电气设备，称为一次设备。

按一次设备在配电系统中完成的功能，可将一次设备分为以下几种。

① 变换设备。按配电系统的工作要求完成改变电压或电流的功能，例如，电力变压器、电压互感器和电流互感器等。

② 控制设备。按配电系统的工作要求完成控制一次电路的通和断，例如，各种高压和低压开关。

③ 保护设备。保护设备用来对配电系统进行过电流和过电压等保护，例如，熔断器和避雷器等。有的电气设备既有控制功能也有保护功能，例如，断路器等。

④ 补偿设备。补偿设备用来补偿配电系统的无功功率，以提高配电系统的功率因数，例如，并联电容器、调相机等。

⑤ 成套设备。按一次电路接线方案，将有关一次设备及二次设备组合为一体的成套电气装置，例如，高压开关柜、低压开关柜等。

4.1.1　电力变压器

电力变压器，文字符号用T表示，其功能是将电力系统中一种电压等级的交流电变换为同频率的另一种电压等级的交流电，以利于电能的合理输送、分配和使用。

1. 电力变压器的分类

电力变压器按功能分，有升压变压器和降压变压器。工厂变电所一般采用降压变压器。一般将直接供电给用电设备的终端变电所中的降压变压器称为配电变压器。

电力变压器按电压调节方式可分为无载调压变压器和有载调压变压器。

电力变压器按绕组导体材质可分为铜绕组变压器和铝绕组变压器，其中低损耗的铜绕组变压器应用广泛。

电力变压器按绕组形式可分为双绕组变压器、三绕组变压器和自耦变压器。工厂变电所一般采用双绕组变压器。

电力变压器按绕组绝缘和冷却方式可分为油浸式、干式和充气（SF_6）式等，其中油浸式变压器又有油浸自冷式、油浸风冷式、油浸水冷式和强迫油循环冷却式等。工厂变电所大多采用油浸自冷式变压器，但干式变压器和充气（SF_6）式变压器适用于安全防火要求较高的场所。

电力变压器按用途可分为普通电力变压器、全封闭变压器和防雷变压器等。工厂变电所大多采用普通变压器,有防火防爆要求或有腐蚀性物质的场所则采用全封闭变压器,有防雷要求的场所则采用防雷变压器。

2. 电力变压器容量等级

电力变压器容量按R10容量系列确定,R10容量系列是指容量等级是按 $R10=\sqrt[10]{10}\approx1.26$ 倍数递增的。按这种容量等级确定的容量较密集,便于合理选用,其额定容量等级见表4-1。

3. 电力变压器的结构和型号

电力变压器的结构包括铁心和一、二次绕组以及一些辅助部分。图4-1为三相油浸式电力变压器的结构图。图4-2为环氧树脂浇注绝缘的三相干式电力变压器的结构图。

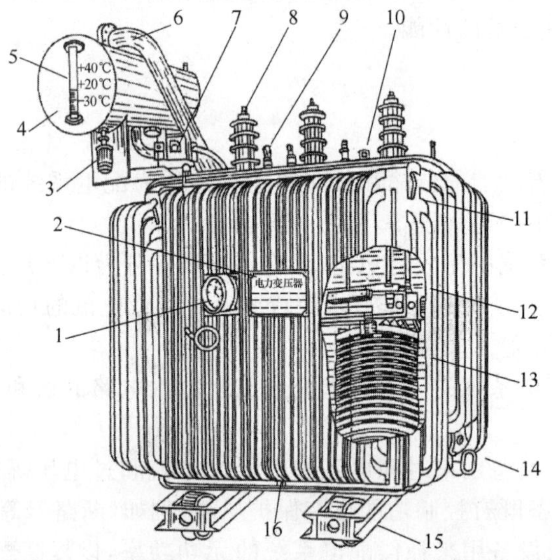

1—温度计;2—铭牌;3—吸湿器;4—油枕(储油柜);5—油位指示器(油标);6—防爆管;
7—瓦斯继电器;8—高压套管和接线端子;9—低压套管和接线端子;10—分接开关;
11—油箱及散热油管;12—铁心;13—绕组及绝缘;14—放油阀;15—小车;16—接地端子

图4-1　三相油浸式电力变压器

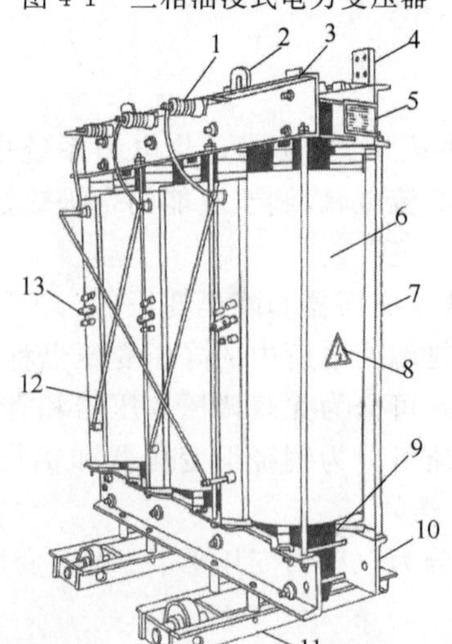

1—高压出线套管和接线端子;2—吊环;3—上夹件;4—低压出线接线端子;
5—铭牌;6—树脂浇注绝缘绕组;7—上下夹件拉杆;8—警示标牌;9—铁心;
10—下夹件;11—小车;12—三相高压绕组间连接导体;13—高压分接头连接片

图4-2　环氧树脂浇注绝缘的三相干式电力变压器

电力变压器全型号的表示及含义如下：

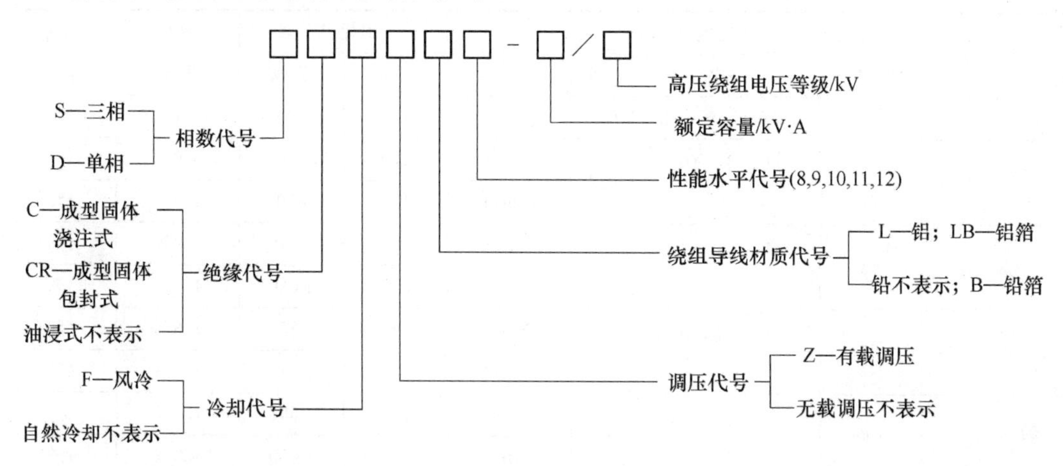

4. 电力变压器的联结组别

电力变压器的联结组别是指三相电力变压器的一、二次绕组按照一定的相量关系进行的联结。例如，三相电力变压器一、二次侧对应绕组都接成星形，并且在二次侧接有中线，这种联结方式为 Yyn 联结，连接组别为 Yyn0，对应相的电压相量关系满足 0 点钟（12 点钟）。

在 6～10 kV 配电系统中，变压器的联结组别常常采用 Yyn0 和 Dyn11 两种。以前常采用 Yyn0 联结的配电变压器。近几年来，由于变压器二次侧负载常常有可控整流、逆变等设备的使用，这些设备能够产生一定的高次谐波，为了防止高次谐波污染电网，推广应用 Dyn11 联结的配电变压器，其零序分量的高次谐波在三角形联结的原边相绕组中形成回路，而在线电流中将不含这些分量。

Dyn11 联结的配电变压器有以下优点。

① Dyn11 联结的配电变压器其 $3n$ 次（n 为正整数）谐波电流在三角形接线的一次绕组内形成环流，不会传入公共的电网中去，比一次绕组接成星形的 Yyn0 联结的变压器更有利于抑制高次谐波电流。

② Dyn11 联结的配电变压器，其零序阻抗较 Yyn0 联结的配电变压器小，因此更有利于低压单相接地短路故障的保护和切除。

为此，GB 50052—1995《供配电系统设计规范》规定：低压 TN 及 TT 系统（TN 及 TT 系统见第 8 章）宜于选用 Dyn11 联结的变压器。然而，由于 Yyn0 联结变压器一次绕组的绝缘强度要求比 Dyn11 联结变压器稍低，从而制造成本低于 Dyn11 联结变压器，因此在低压 TN 及 TT 系统中，当由单相不平衡负荷引起的中性线电流不超过低压绕组额定电流的 25％且其任一相的电流在满载时不致超过额定电流时，可选用 Yyn0 联结变压器。

表 4-1 和表 4-2 列出了 S9、SC9 系列 Yyn0 及 Dyn11 两种联结方式电力变压器的技术数据，供参考。

表4-1　10 kV级S9系列油浸式铜线电力变压器的主要技术数据

型　号	额定容量/kV·A	额定电压/kV		组别号	损耗/W		空载电流	阻抗电压
		一次	二次		空载	负载		
S9-30/10(6)	30	11,10.5,10,6,6.3	0.4	Yyn0	130	600	2.1%	4%
S9-50/10(6)	50	11,10.5,10,6,6.3	0.4	Yyn0	170	870	2.0%	4%
				Dyn11	175	870	4.5%	4%
S9-63/10(6)	63	11,10.5,10,6,6.3	0.4	Yyn0	200	1 040	1.9%	4%
				Dyn11	210	1 030	4.5%	4%
S9-80/10(6)	80	11,10.5,10,6,6.3	0.4	Yyn0	240	1 250	1.8%	4%
				Dyn11	250	1 240	4.5%	4%
S9-100/10(6)	100	11,10.5,10,6,6.3	0.4	Yyn0	290	1 500	1.6%	4%
				Dyn11	300	1 470	4.0%	4%
S9-125/10(6)	125	11,10.5,10,6,6.3	0.4	Yyn0	340	1 800	1.5%	4%
				Dyn11	360	1 720	4.0%	4%
S9-160/10(6)	160	11,10.5,10,6,6.3	0.4	Yyn0	400	2 200	1.4%	4%
				Dyn11	430	2 100	3.5%	4%
S9-200/10(6)	200	11,10.5,10,6,6.3	0.4	Yyn0	480	2 600	1.3%	4%
				Dyn11	500	2 500	3.5%	4%
S9-250/10(6)	250	11,10.5,10,6,6.3	0.4	Yyn0	560	3 050	1.2%	4%
				Dyn11	600	2 900	3.0%	4%
S9-315/10(6)	315	11,10.5,10,6,6.3	0.4	Yyn0	670	3 650	1.1%	4%
				Dyn11	720	3 450	3.0%	4%
S9-400/10(6)	400	11,10.5,10,6,6.3	0.4	Yyn0	800	4 300	1.0%	4%
				Dyn11	870	4 200	3.0%	4%
S9-500/10(6)	500	11,10.5,10,6,6.3	0.4	Yyn0	960	5 100	1.0%	4%
				Dyn11	1 030	4 950	3.0%	4%
		11,10.5,10	6.3	Yd11	1 030	4 950	1.5%	4.5%
S9-630/10(6)	630	11,10.5,10,6,6.3	0.4	Yyn0	1 200	6 200	0.9%	4.5%
				Dyn11	1 300	5 800	3.0%	5%
		11,10.5,10	6.3	Yd11	1 200	6 200	1.5%	4.5%
S9-800/10(6)	800	11,10.5,10,6,6.3	0.4	Yyn0	1 400	7 500	0.8%	4.5%
				Dyn11	1 400	7 500	2.5%	5%
		11,10.5,10	6.3	Yd11	1 400	7 500	1.4%	5.5%
S9-1000/10(6)	1 000	11,10.5,10,6,6.3	0.4	Yyn0	1 700	10 300	0.7%	4.5%
				Dyn11	1 700	9 200	1.7%	5%
		11,10.5,10	6.3	Yd11	1 700	9 200	1.4%	5.5%

续表

型号	额定容量/kV·A	额定电压/kV		组别号	损耗/W		空载电流	阻抗电压
		一次	二次		空载	负载		
S9-1250/10(6)	1 250	11,10.5,10,6,6.3	0.4	Yyn0	1 950	12 000	0.6%	4.5%
				Dyn11	2 000	11 000	2.5%	5%
		11,10.5,10	6.3	Yd11	1 950	12 000	1.3%	5.5%
S9-1600/10(6)	1 600	11,10.5,10,6,6.3	0.4	Yyn0	2 400	14 500	0.6%	4.5%
				Dyn11	2 400	14 000	2.5%	6%
		11,10.5,10	6.3	Yd11	2 400	14 500	1.3%	5.5%
S9-2000/10(6)	2 000	11,10.5,10,6,6.3	0.4	Yyn0	3 000	18 000	0.8%	5.5%
				Dyn11	3 000	18 000	0.8%	6%
		11,10.5,10	6.3	Yd11	3 000	18 000	1.2%	6%
S9-2500/10(6)	2 500	11,10.5,10,6,6.3	0.4	Yyn0	3 500	25 000	0.8%	6%
				Dyn11	3 500	25 000	0.8%	6%
		11,10.5,10	6.3	Yd11	3 500	19 000	1.2%	5.5%
S9-3150/10(6)	3 150	11,10.5,10	6.3	Yd11	4 100	23 000	1.0%	5.5%
S9-4000/10(6)	4 000				5 000	26 000	1.0%	5.5%
S9-5000/10(6)	5 000				6 000	30 000	0.9%	5.5%
S9-6300/10(6)	6 300				7 000	35 000	0.9%	5.5%

表 4-2 10 kV 级 SC9 系列树脂浇注干式铜线电力变压器的主要技术数据

型号	额定容量/kV·A	额定电压/kV		组别号	损耗/W		空载电流	阻抗电压
		一次	二次		空载	负载		
SC9-200/10	200	10	0.4	Yyn0	480	2 670	1.2%	4%
SC9-250/10	250				550	2 910	1.2%	4%
SC9-315/10	315				650	3 200	1.2%	4%
SC9-400/10	400				750	3 690	1.0%	4%
SC9-500/10	500				900	4 500	1.0%	4%
SC9-630/10	630				1 100	5 420	0.9%	6%
SC9-800/10	800				1 200	6 430	0.9%	6%
SC9-1000/10	1 000				1 400	7 510	0.8%	6%
SC9-1250/10	1 250				1 650	8 960	0.8%	6%
SC9-1600/10	1 600				1 980	10 850	0.7%	6%
SC9-2000/10	2 000				2 380	13 360	0.6%	6%
SC9-2500/10	2 500				2 850	15 880	0.6%	6%

4.1.2 高压断路器

高压断路器是高压电气开关的一种，文字符号用 QF 表示，它既能在系统正常工作时通断负荷电流，又能在系统发生短路故障时与保护装置配合切除短路故障，因此被广泛应用于供配电系统中。

1. 高压断路器分类

高压断路器按灭弧介质可分为少油断路器、六氟化硫(SF_6)断路器、真空断路器、压缩空气断路器和磁吹断路器等。

高压断路器按放置场所可分为户内式和户外式两种。

高压断路器全型号的表示和含义如下：

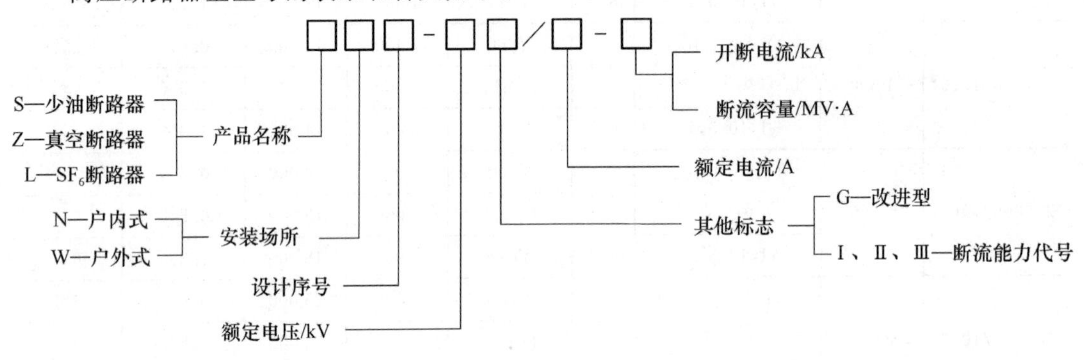

2. 高压断路器简介

下面简单介绍各种类型的断路器。

(1) SN10-10 型高压少油断路器

SN10-10 型少油断路器按其断流容量(用 S_{oc} 符号表示)分为Ⅰ、Ⅱ、Ⅲ型，各型断路器所对应的断流容量见表 4-3。

表 4-3　各型断路器的断流容量

断路器型号	SN10-10 型		
	Ⅰ型	Ⅱ型	Ⅲ型
断流容量 S_{oc}/MV·A	300	500	750

SN10-10 型高压少油断路器外形结构如图 4-3 所示。

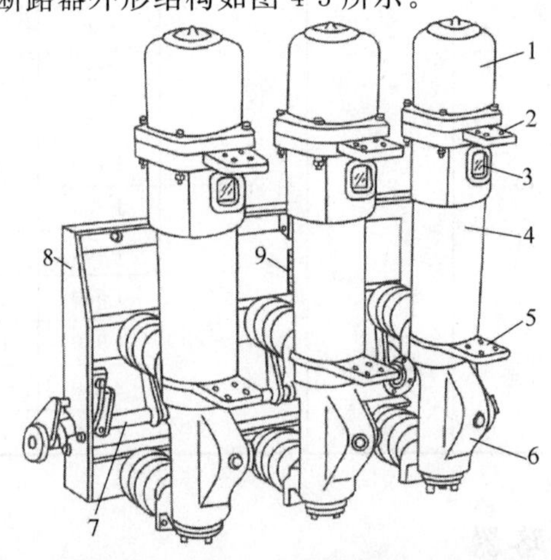

1—铝帽；2—上接线端；3—油标；4—绝缘筒；5—下接线端；6—基座；7—主轴；8—框架；9—短路弹簧

图 4-3　SN10-10 型高压少油断路器外形结构

SN10-10 型高压少油断路器由框架、传动机构和油箱 3 个主要部分组成。油箱是核心，油箱下部是基座，基座内有动触头（导电杆）的转轴和拐臂等传动机构，基座上部固定着中间滚动触头。油箱的中部是灭弧室，外面套的是高强度绝缘筒。油箱上部是铝帽，铝帽的上部是油气分离室，下部装有插座式静触头。

高压少油断路器是用油作灭弧和绝缘介质的，而油在电弧高温作用下分解出碳，使油中的含碳量增高，降低了油的绝缘和灭弧性能。因此，在运行中需要经常监视油色，适时分析油样，必要时要更换新油。

SN10-10 各型少油断路器可配用 CD 型电磁操动机构或 CT 型弹簧储能操动机构进行操作。

(2) 六氟化硫断路器

六氟化硫（SF_6）断路器是利用 SF_6 气体作灭弧和绝缘介质的一种断路器。

SF_6 是一种无色、无味、无毒且不易燃的惰性气体，在 150 ℃以下时，化学性能相当稳定。但它在电弧高温作用下会分解，分解出的氟（F）有较强的腐蚀性和毒性，且能与触头的金属蒸气化合为一种具有绝缘性能的白色粉末状的氟化物，因此这种断路器的触头一般都设计成具有自净化功能。然而由于上述分解和化合作用所产生的活性物质，大部分能在电弧熄灭后几微秒的极短时间内自动还原。SF_6 不含碳元素（C），这对于灭弧和绝缘介质来说是极为优越的特性，SF_6 又不含氧元素（O），因此它也不存在使触头氧化的问题。因此 SF_6 断路器较之空气断路器，其触头的磨损较少，使用寿命增长。SF_6 除了具有上述优良的物理、化学性能外，还具有优良的电绝缘性能。在 300 kPa 压力下，其绝缘强度与一般绝缘油的绝缘强度大体相当，特别优越的是，SF_6 在电流过零时，电弧暂时熄灭后具有迅速恢复绝缘强度的能力，从而使电弧难以复燃而很快熄灭。

SF_6 断路器的结构，按其灭弧方式可分为双压式和单压式两类。双压式具有两个气压系统，压力低的用作绝缘，压力高的用作灭弧。单压式只有一个气压系统，灭弧时，SF_6 的气流靠压气活塞产生。单压式结构简单，我国现在生产的 LN1、LN2 型 SF_6 断路器均为单压式。LN2-10 型六氟化硫断路器的外形结构如图 4-4 所示。

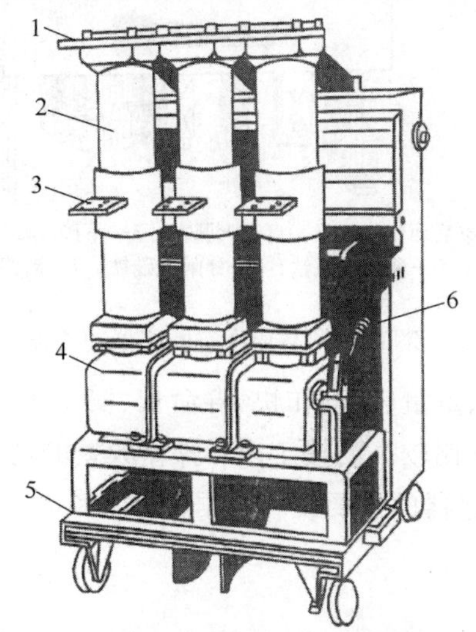

1—上接线端；2—绝缘筒(内为汽缸及触头、灭弧系统)；3—下接线端；
4—操动机构箱；5—小车；6—断路弹簧

图 4-4　LN2-10 型六氟化硫断路器的外形结构图

SF_6 断路器与少油断路器比较,具有以下优点:断流能力强,灭弧速度快,电绝缘性能好,检修周期长,适于频繁操作,而且没有燃烧爆炸危险。缺点:要求制造加工精度很高,对其密封性能要求更严,因此价格比较昂贵。

基于上述优点,SF_6 断路器主要用于需频繁操作及有易燃易爆危险的场所,特别是广泛用作封闭式组合电器。

SF_6 断路器配用 CD10 等电磁操动机构或 CT7 等弹簧操动机构。

(3) 高压真空断路器

高压真空断路器是利用"真空"灭弧的一种断路器,其触头装在真空灭弧室内。由于真空中不存在气体游离现象,所以这种断路器的触头在断开时不易产生电弧。但是在感性负荷电路中,灭弧速度过快,瞬间切断电流将使 $\frac{\mathrm{d}i}{\mathrm{d}t}$ 极大,由 $u_L = L\frac{\mathrm{d}i}{\mathrm{d}t}$ 可知,触头两端会出现极高的过电压,这对电力系统是十分不利的。因此,"真空"不宜是绝对的真空,保留一定的真空度,在触头断开时因高电场和热电的发射能产生一点电弧(称为"真空电弧"),并能在电流第一次过零时熄灭,一方面限制了电弧,另一方面不至于产生过电压。

ZN3-10 型高压真空断路器的外形结构如图 4-5 所示。

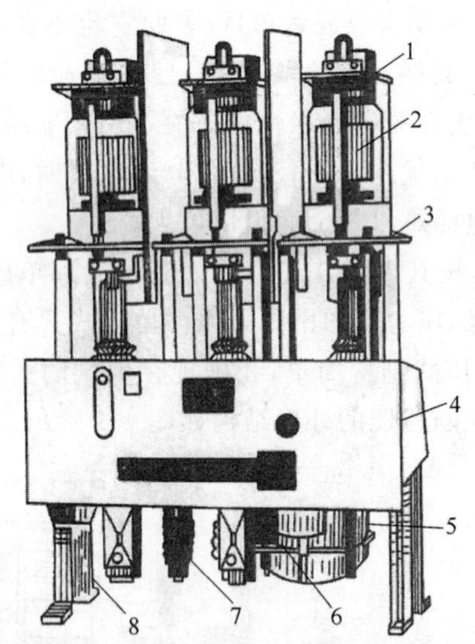

1—上接线端(后面出线); 2—真空灭弧室; 3—下接线端(后面出线);
4—操动机构箱; 5—合闸电磁铁; 6—分闸电磁铁; 7—断路弹簧; 8—底座

图 4-5 ZN3-10 型高压真空断路器的外形结构图

真空断路器具有体积小、重量轻、动作快、寿命长、安全可靠和便于维护检修等优点,但价格较贵,主要用于防火要求比较高的楼宇内和操作频繁的场所。

表 4-4 列出部分高压断路器的主要技术数据,供参考。

表 4-4　常用高压断路器的主要技术数据

类别	型号	额定电压/kV	额定电流/kA	开断电流/kA	开断容量/MV·A	动稳定电流峰值/kA	热稳定电流/kA	固有分闸时间/s	合闸时间/s	配用的操动机构型号
少油户外	SW2-35/1000	35	1 000	16.5	1 000	45	16.5(4 s)	≤0.06	≤0.4	CT2-XG
	SW2-35/1500		1 500	24.8	1 500	63.4	24.8(4 s)			
少油户内	SN10-35 Ⅰ	35	1 000	16		45	16(4 s)	≤0.06	≤0.2	CT10
	SN10-35 Ⅱ		1 250	20		50	20(4 s)		≤0.25	CT10Ⅳ
	SN10-10 Ⅰ	10	630	16	300	40	16(4 s)	≤0.06	≤0.15	CT7、8
			1 000	16	300	40	16(4 s)		≤0.2	CD10 Ⅰ
	SN10-10 Ⅱ		1 000	31.5	500	80	31.5(2 s)	≤0.06	≤0.2	CD10 Ⅰ、Ⅱ
	SN10-10 Ⅲ	10	1 250	40	750	125	40(2 s)	≤0.07	≤0.2	CD10 Ⅲ
			2 000	40	750	125	40(4 s)			
			3 000	40	750	125	40(4 s)			
真空户内	ZN23-35	35	1 600	25		63	25(4 s)	≤0.06	≤0.075	CT12
	ZN3-10 Ⅰ	10	630	8		20	8(4 s)	≤0.07	≤0.15	CD10 等
	ZN3-10 Ⅱ		1 000	20		50	20(2 s)	≤0.05	≤0.1	
	ZN4-10/1000		1 000	17.3		44	17.3(4 s)	≤0.05	≤0.2	CD10 等
	ZN4-10/1250		1 250	20		50	20(4 s)			
	ZN5-10/630		630	20		50	20(2 s)	≤0.05	≤0.1	专用 CD 型
	ZN5-10/1000		1 000	20		50	20(2 s)			
	ZN5-10/1250		1 250	25		63	25(2 s)			
	ZN12-10/1250 ZN12-10/2000		1 250 2 000	25		63	25(4 s)	≤0.06	≤0.1	CT8 等
	ZN12-10/1250 ZN12-10/2000 ZN12-10/2500 ZN12-10/3150		1 250 2 000 2 500 3 150	31.5 31.5 40 40		80 100	31.5(4 s) 40(4 s)			
	ZN24-10/1250		1 250	20		50	20(4 s)	≤0.06	≤0.1	CT8 等
	ZN24-10/1250 ZN24-10/2000		1 250 2 000	31.5		80	31.5(4 s)			
六氟化硫户内	LN2-35 Ⅰ	35	1 250	16		40	16(4 s)	≤0.06	≤0.15	CT12 Ⅱ
	LN2-35 Ⅱ		1 250	25		63	25(4 s)			
	LN2-35 Ⅲ		1 600	25		63	25(4 s)			
	LN2-10	10	1 250	25		63	25(4 s)	≤0.06	≤0.15	CT12 Ⅰ、 CT8 Ⅰ

3. 操动机构

操动机构与断路器配合使用，操作操动机构完成断路器的分、合闸。它使操作人员与断路器高压带电部分保持一定的安全距离,又可以满足分、合闸对大作用力及动作快速性的要求,由操动机构操作断路器的分、合闸能保证动作的准确、可靠和安全。操动机构还可以与控制开关以及继电保护装置配合,完成远距离控制及自动操作。

操动机构的类型主要包括以下几种。

① 手动操动机构。利用人力直接操作,结构简单,不需特殊的操作能源或储能装置,一般只适用于小型断路器。

② 电磁操动机构。由电磁铁将电能转变成机械能推动断路器分、合闸。可采用直流操作电源,常用于少油断路器和真空断路器。

③ 弹簧操动机构。一般由电动机传动使弹簧发生弹性变形储能,用储能后的弹簧操动断路器进行分、合闸,常与少油断路器配合使用。

④ 气动操动机构。由空气压力产生的机械能来推动断路器分、合闸。其结构简单、工作可靠、出力大,操作时无剧烈冲击,但需有压缩空气的供给设备,常与 SF_6 断路器配合使用。

⑤ 液压操动机构。出力大、传动快、动作准确、冲击力小,但工艺要求高,适用于超高压少油断路器和 SF_6 断路器。

操动机构的型号按下列顺序由代码组成:

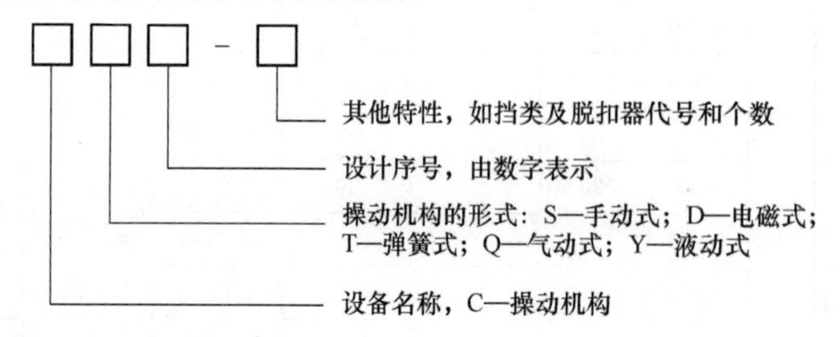

(1) CD型电磁操动机构

① 结构

CD10型电磁操动机构的结构原理图如图4-6所示,CD型操动机构由以下三部分组成(以CD10型为例)。

(a) 电磁系统。包括合闸线圈、合闸电磁铁心、分闸线圈、分闸电磁铁心及辅助开关、接线板等。

(b) 机械系统。包括合闸、分闸机构的连杆、销轴、拐臂和位置指示器等。

(c) 缓冲法兰。用于定位支持电磁系统和机械系统,法兰内部有橡皮垫,在合闸铁心下落时,起缓冲作用。

② 原理

CD10型操动机构的分、合闸操作一般由控制开关和继电器触点来控制,其原理是采用直流电源,使其线圈通电,并通过电磁铁心将电能转换成机械能来实现的。

分、合闸过程主要通过6个连杆及带有弹簧的搭钩来完成的,如图4-6(b)所示。其中连杆23、24、34通常称为合闸四连杆,连杆32～34称为分闸三连杆。所有连杆互相间用销轴铰链,连杆34固定在销轴22上,绕22转动,连杆32固定在销轴19上,绕19转动,在销轴18上套有滚子。

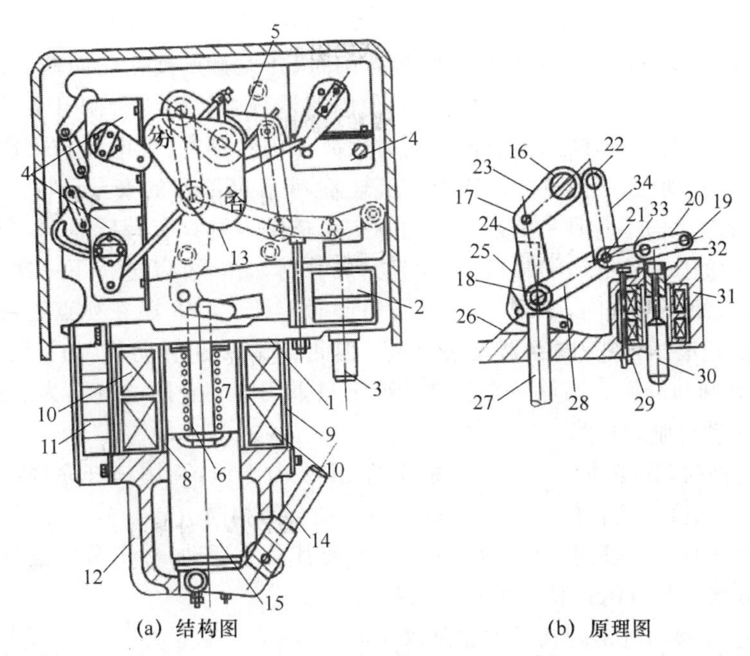

(a) 结构图　　(b) 原理图

1—铸铁支架；2—分闸线圈；3—分闸铁心；4—辅助开关；5—主转轴；6—顶杆；7—复位弹簧；8—内圆筒；9—外铁筒；10—合闸线圈；11—接线板；12—缓冲法兰；13—分、合闸指示牌；14—手动操作手柄；15—合闸铁心；16～22—销轴；23、24、28、32～34—连杆；25搭钩；26—弹簧；27—顶杆；29—支持件；30—脱扣铁心；31—分闸线圈

图 4-6　CD10 型电磁操动机构结构原理图

(a) 合闸。如图 4-6(b)所示，在接通合闸线圈的电源时，合闸线圈通电，铁心被吸向上推动顶杆 27，将滚子销轴 18 向上顶，通过连杆 28 迫使销轴 21 向右移动，连杆 32、33 的销轴 20 向下移动。但连杆 33 受到支撑件 29 的阻挡不能动，使销轴 20、22 也不动，并成为瞬时固定点。此时连杆 28 只能以 21 为固定点旋转，滚子把搭钩 25 压向左方，通过连杆 23 驱使连杆 33 和销轴 17 绕 16 顺时针旋转，断路器合闸，与此同时，分闸弹簧被拉伸储能。当滚子和销轴 18 上升到比搭钩 25 高 1～2 cm 时，滚子对搭钩的压力消失，搭钩借助弹簧的作用力返回。当合闸线圈断电，合闸铁心下降后，搭钩顶住下降的滚子，整个系统维持在合闸状态，并为分闸做好了准备。

(b) 分闸。当分闸线圈通电时，铁心被吸向上，冲击连杆 32 向上转动，销轴 20 随之向上运动过死点后，销轴 21 也向上运动。在断路器分闸弹簧作用下，滚子从搭钩上落下，连杆 23 转动，断路器分闸，滚子沿搭钩落入缺口。当分闸线圈断电，分闸铁心下落，复位弹簧使连杆 32～34 返回原位，为下次合闸做好准备。

(c) 自动重合闸。自动分闸后，接在电气控制电路里的继电器接通合闸线圈的电源，进行自动重合闸操作。自动重合闸的无电流间隔时间由电流继电器控制，分、合闸动作与上面相同。

(d) 自由脱扣。如果断路器合闸于故障电网，合闸后，合闸铁心被吸住或正在下降过程中，则继电保护动作，跳闸线圈带电，滚子仍可通过顶杆掉下来，完成分闸操作。从而保证在合闸铁心长期被吸住时，能使断路器自动跳闸，断路器分闸过程与合闸铁心返回位置无关。在合闸过程中，自由脱扣机构动作，滚子也能从顶杆上落下来，进行分闸。所以 CD 型电磁操动机构不论在合闸状态还是合闸过程中的不同位置，都能使断路器无阻碍分闸，这就是

“自由脱扣”。

(e) 机械防跳。当控制开关或自动装置合闸时,开关触点被粘住而断路器又合闸于永久性的故障线路或设备上,则继电保护动作,使断路器分闸。因为合闸开关处于闭合状态,又使断路器合闸线圈通电,断路器合闸。同时因故障仍然存在,继电保护再次动作,使断路器分闸。如此反复动作,必然发生多次“跳合”现象,危害断路器的安全运行。

CD10 型操动机构本身具有防跳合能力。它使搭钩内侧具有特殊轮廓,当分闸时,在分闸弹簧作用下,滚子落入搭钩的缺口处,才算完成分闸动作,可以进行下一次合闸操作。如果在滚子未进入缺口前合闸,顶杆向上运动,但此时连杆 32、33 还在死点上,滚子偏向顶杆右侧,顶杆不能把滚子顶起,断路器无法合闸。因此实现了“机械防跳”的目的。

(f) 手动合闸与分闸。断路器在正常情况下只采用电动合闸、分闸,为了进行调整和试验,需要进行手动合闸、分闸。

- 手动合闸时,在操动手柄上套上根钢管,用手向下压,利用杠杆原理,合闸铁心向上移动,达到合闸的目的。其合闸过程与电动合闸相同。
- 手动分闸时,手顶脱扣器的分闸铁心 30,使其向上运动,冲击分闸连轩运动,实现断路器分闸。其分闸过程与电动分闸相同。

CD10 型电磁操动机构的技术数据见表 4-5。

表 4-5 CD10 型电磁操动机构技术数据

型 号	配用断路器	线圈动作电流/A				最低操作电压
		合闸线圈		分闸线圈		
		110 V	220 V	110 V	220 V	
CD10-Ⅰ	SN10-10Ⅰ	196	98	5	2.5	80%U_N
CD10-Ⅱ	SN10-10Ⅱ	240	120	5	2.5	85%U_N
CD10-Ⅲ	SN10-10Ⅲ	294	147	5	2.5	85%U_N

(2) 弹簧操动机构

图 4-7 为一台弹簧操动机构示意图。弹簧操动机构是利用储能的弹簧(称合闸弹簧),在释放位能时所产生的力使开关合闸的机构。

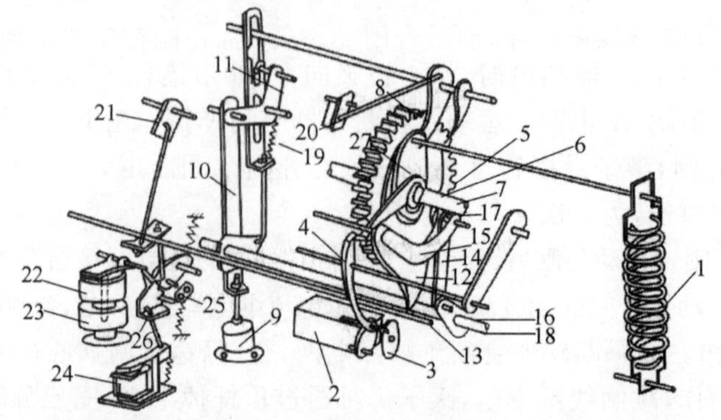

1—合闸弹簧; 2—交直流电动机; 3—偏心轮; 4—棘爪; 5—棘轮; 6—空套; 7—储能轴; 8—定位杆; 9—合闸电磁铁; 10—导板; 11—杠杆; 12—扇形板; 13—半轴; 14、15—连杆; 16—拐臂; 17—滚轮; 18—输出轴; 19—弹簧; 20—合闸按钮; 21—手动分闸按钮; 22—电磁脱扣器; 23—过流脱扣器; 24—失压脱扣器; 25—拐臂; 26—联动杆; 27—拐臂

图 4-7 弹簧操动机构示意图

① 合闸弹簧 1 的储能过程。利用小功率交直流两用电动机 2 经过机械减速装置，以偏心轮 3，推动棘爪 4 使棘轮 5 做顺时针方向转动。应注意棘轮与带动弹簧伸长的储能轴 7 是空套的，因此在开始时，电动机只带动棘轮做空转，电机有一起动过程，只有当棘轮上的销钉与固定在储能轴上的驱动板 27 靠住后，储能轴才能做顺时针转动，将合闸弹簧 1 拉长储能。当合闸弹簧拉伸并超过中心线后，即有一分力驱使储能轴继续沿顺时针方向运动，只有当凸轮上的滚轮被定位杆 8 顶住后，合闸弹簧将维持在储能状态。这时挂弹簧的挂臂推动行程开关（图 4-7 中未画）切断电机的电源，完成了合闸弹簧的储能过程。

② 合闸。当发出合闸命令时，合闸电磁铁 9 通电，其铁心向下运动，拉动导板 10 向下运动，通过杠杆 11 带动定位杆做顺时针方向转动，滚轮失去依托，在合闸弹簧拉力作用下，凸轮也沿顺时针方同转动，在扇形板 12 被半轴 13 锁扣的条件下，连杆 14、15 和拐臂 16 暂时组成四连杆机构，其接点 17 的滚轮被推着沿凸轮廓线运动，带动操动机构的输出轴 18 转动，使断路器合闸。同时，在弹簧 19 的作用下，合闸连锁板复位，使定位杆不能再做顺时针方向转动，达到了断路器在合闸状态下，不再进行合闸操作的机械连锁。

当手按合闸按钮 20 时，也能进行合闸操作。

当合闸弹簧再次进行储能时，由于四连杆机构接点的滚轮将沿着凸轮廓线的等圆面滚动，所以对已处于合闸状态的断路器无影响，直到凸轮上的滚轮再次被定位杆顶住为止，电动机断电，储能完毕。

③ 分闸。操动机构的分闸命令可以来自手动分闸按钮 21、电磁脱扣器 22、过流和失压脱扣器 23、24 的动作，它们驱使扇形板和半轴的扣结解脱，使四连杆 14～16 机构变成五连杆 12、14～16 机构，其中对电磁、过流和失压脱扣器的脱扣过程，还需解脱一中间锁扣，如图 4-7 所示。电磁铁铁心动作使锁钩沿顺时针方向运动而解扣，而拐臂 26 在弹簧作用下顺时针方向转动，带动拉杆向下运动，使半轴和扇形板的扣结解脱。开关即分闸。图 4-7 中拐臂 25 用作分闸连锁的目的。

④ 自由脱扣。如果在合闸过程中，接到分闸命令，半轴和扇形板也同样沿顺时针方向转动，原扣结处不再受约束，变四杆机构为五杆机构，实现自由脱扣操作。

弹簧操动机构的储能电机所需功率较小，例如 CT8 型操动机构中所用电动机的功率不大于 450 W，可实现交流供电操作，而且合闸功率恒定，并能在电机电源中断后再进行一次分闸操作。CT8 型电磁操动机构的主要技术数据见表 4-6。

表 4-6　CT8 弹簧操动机构主要技术数据

名称	项目	技术数据					
合闸电磁铁	额定工作电压/V	约 110	约 220	约 380	约 48	约 110	约 220
	额定工作电流/A	小于 9.5	小于 5	小于 3	5.93	6.11	1.29
	额定电功率/V·A	小于 1 045	小于 1 100	小于 1 140	284	672	283.8
	20℃时线圈电阻值/Ω	约 3.65	约 14.7	约 44.6	约 8.1	约 18	约 170.5
	正常工作电压范围	85%～110%额定工作电压					

续表

<table>
<tr><th>名 称</th><th>项 目</th><th colspan="6">技 术 数 据</th></tr>
<tr><td rowspan="5">分闸电磁铁</td><td>额定工作电压/V</td><td>约 110</td><td>约 220</td><td>约 380</td><td>约 48</td><td>约 110</td><td>约 220</td></tr>
<tr><td>额定工作电流/A</td><td>小于 2.5</td><td>小于 1.2</td><td>小于 0.8</td><td>1.94</td><td>1.37</td><td>0.51</td></tr>
<tr><td>额定电功率/V·A</td><td>小于 275</td><td>小于 264</td><td>小于 304</td><td>93</td><td>152</td><td>112</td></tr>
<tr><td>20℃时线圈电阻值/Ω</td><td>约 16.7</td><td>约 69</td><td>约 233</td><td>约 24.8</td><td>约 79.8</td><td>约 430</td></tr>
<tr><td>正常工作电压范围</td><td colspan="6">65%～120%额定电压,小于 30%额定电压时不得分闸</td></tr>
<tr><td rowspan="3">欠压脱扣电磁铁</td><td>额定工作电压/V</td><td colspan="2">约 110(或约 100)</td><td colspan="2">约 20</td><td colspan="2">约 380</td></tr>
<tr><td>额定电功率/V·A</td><td colspan="2">小于 40</td><td colspan="2">小于 40</td><td colspan="2">小于 40</td></tr>
<tr><td>20℃时线圈电阻值/Ω</td><td colspan="2">约 32</td><td colspan="2">约 142</td><td colspan="2">约 541</td></tr>
</table>

总之,电磁操动机构能手动和远距离(通过其跳、合闸线圈)分、合闸,需要直流操作电源,而且合闸功率大。弹簧储能操动机构也能手动和远距离分、合闸,操作电源交、直流均可,因此弹簧操动机构的应用越来越广。

4.1.3 高压隔离开关

高压隔离开关,文字符号用 QS 表示,高压隔离开关断开时有明显的断点(如图 4-8、图 4-9 所示),其功能是隔离电源电压,以保证检修设备和线路人员的人身安全。

隔离开关没有专门的灭弧装置,因此不允许带负荷操作。但它可用来通断小电流回路,如励磁电流不超过 2 A 的空载变压器、电容电流不超过 5 A 的空载线路以及电压互感器和避雷器电路等。

高压隔离开关按安装地点,分户内式和户外式两大类。GN8-10 型户内式高压隔离开关的外形如图 4-8 所示。GW2-35G 型户外式高压隔离开关的外形如图 4-9 所示。

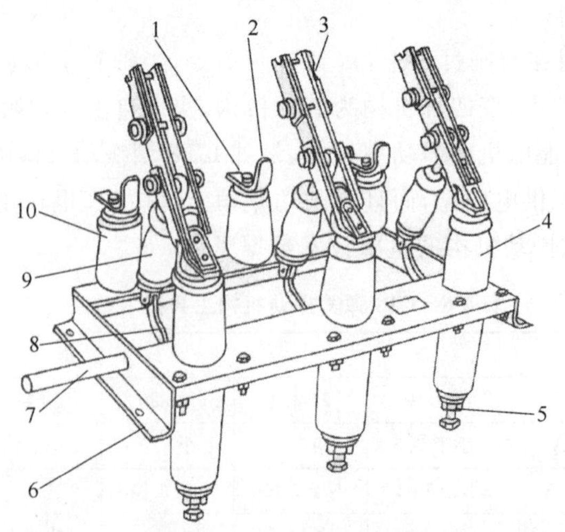

1—上接线端;2—静触头;3—闸刀;4—套管瓷瓶;5—下接线端;
6—框架;7—转轴;8—拐臂;9—升降瓷瓶;10—支柱瓷瓶

图 4-8 GN8-10 型户内隔离开关

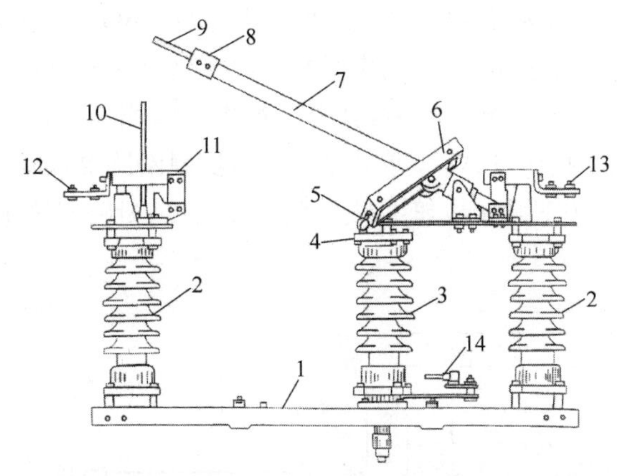

1—角钢架；2—支柱瓷瓶；3—旋转瓷瓶；4—曲轴；5—轴套；6—传动框架；7—管型闸刀；
8—工作动触头；9、10—灭弧角；11—插座；12、13—接线端；14—曲柄传动机构

图 4-9　GW2-35 型户外隔离开关

高压隔离开关全型号的表示和含义如下：

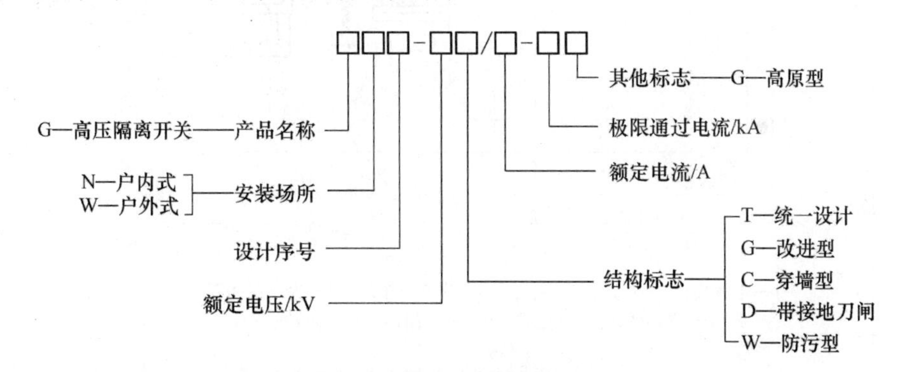

表 4-7 列出部分高压隔离开关的主要技术数据，供参考。

表 4-7　部分高压隔离开关的技术数据

型　号	额定电压/kA	额定电流/A	极限通过电流/kA		5 s 热稳定电流/kA	操动机构型号
			峰值	有效值		
GN_8^6-6T/200	6	200	25.5	14.7	10	CS6-1T (CS6-1)
GN_8^6-6T/400		400	40	30	14	
GN_8^6-6T/600		600	52	30	20	
GN_8^6-10T/200	10	200	25.5	14.7	10	CS6-1T (CS6-1)
GN_8^6-10T/400		400	40	30	14	
GN_8^6-10T/600		600	52	30	20	
GN_8^6-10T/1000		1 000	75	43	30	

4.1.4　低压断路器

低压断路器又称自动空气开关，文字符号用 QF 表示，它既能带负荷通断电路，又能在短路、过负荷和低电压时自动跳闸，切除故障电路。

低压断路器原理结构和接线如图 4-10 所示。当线路上出现短路故障时,其过电流脱扣器动作,使开关跳闸;当出现过负荷时,其串联在一次线路上的电阻发热,使两个热膨胀系数不一致的双金属片上翘,使开关跳闸;当线路电压严重下降或电压消失时,其失压脱扣器动作,使开关跳闸;利用脱扣按钮 6 或 7,可实现远距离控制断路器跳闸。即当按下脱扣按钮 6,分励脱扣器通电,或当按下脱扣按钮 7,失压脱扣器失压,断路器跳闸。

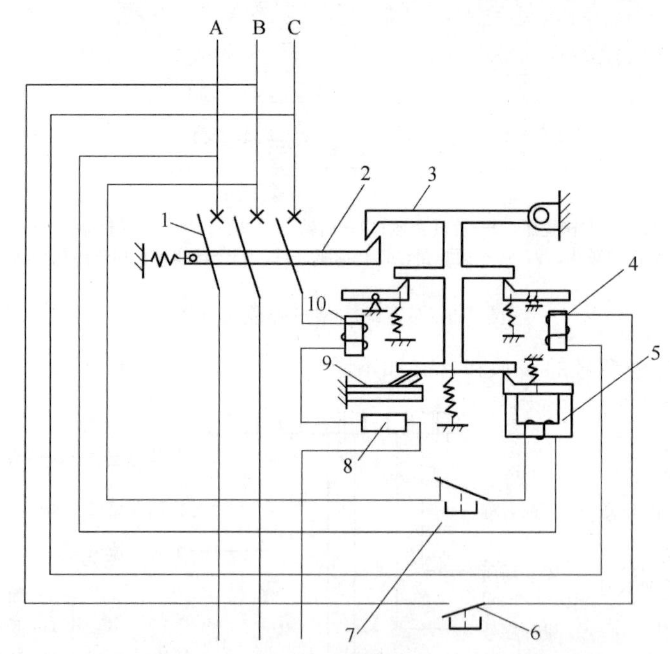

1—主触头; 2—跳钩; 3—锁扣; 4—分励脱扣器; 5—失压脱扣器;
6、7—脱扣按钮; 8—电阻; 9—热脱扣器; 10—过流脱扣器

图 4-10　低压断路器的原理结构和接线

1. 低压断路器分类

低压断路器按灭弧介质可分为空气断路器和真空断路器等;按用途可分为配电用断路器、电动机用断路器、照明用断路器和漏电保护断路器等。

配电用低压断路器按保护性能可分为非选择型和选择型两类。

① 非选择型断路器一般为瞬时动作,只作短路保护用;也有的为长延时动作,只作过负荷保护用。

② 选择型断路器有两段保护、三段保护和智能化保护等。两段保护为瞬时(或短延时)与长延时特性两段。三段保护为瞬时、短延时与长延时特性三段。其中瞬时和短延时特性适于短路保护,而长延时特性适于过负荷保护。低压断路器的 3 种保护特性曲线如图 4-11 所示。智能化保护的脱扣器为微机控制,保护功能更多,选择性更好,这种断路器通称智能型断路器。

配电用断路器按结构形式可分为塑料外壳式和万能式两大类。

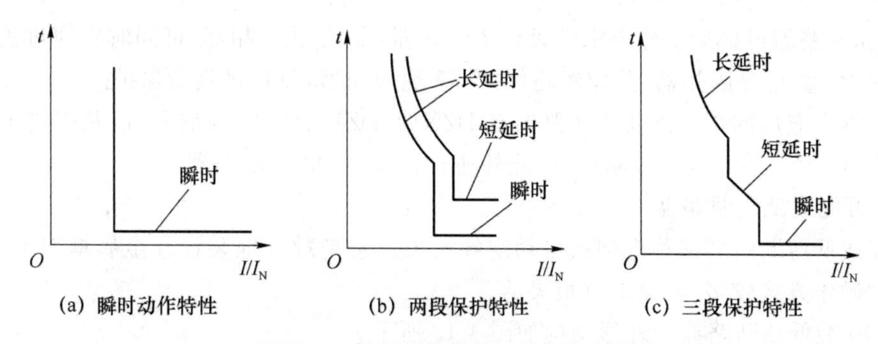

图 4-11　低压断路器的保护特性曲线

国产低压断路器全型号的表示和含义如下：

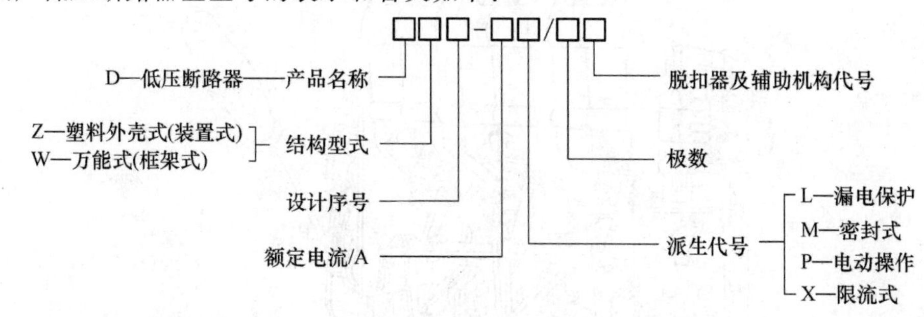

2. 低压断路器简介

（1）塑料外壳式低压断路器

塑料外壳式低压断路器，又称装置式自动空气开关，其全部机构和导电部分都装设在一个塑料外壳内，仅在壳盖中央露出操作手柄，供手动操作之用。它通常安装在低压配电装置中。

图 4-12 是 DZ20 型塑料外壳式低压断路器的剖面结构图。它一般多用作配电支线负荷端的开关，或作为不频繁起动电动机的控制和保护开关。

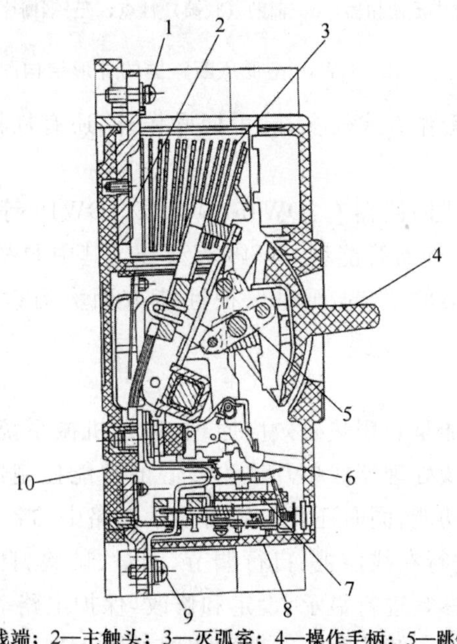

1—引入线接线端；2—主触头；3—灭弧室；4—操作手柄；5—跳钩；6—锁扣；
7—过电流脱扣器；8—塑料壳盖；9—引出线接线端；10—塑料底座

图 4-12　DZ20 型塑料外壳式低压断路器

DZ型断路器可根据工作要求装设以下脱扣器:① 复式脱扣器,可同时实现过负荷保护和短路保护;② 电磁脱扣器,只作短路保护;③ 热脱扣器,只作过负荷保护。

目前推广应用的塑料外壳式断路器有DZX10、DZ15、DZ20等型号,以及引进国外技术生产的H、C45N、3VE等型号断路器,此外还有智能型DZ40断路器。

(2) 万能式低压断路器

万能式低压断路器又称框架式自动空气开关。它是敞开地装设在金属框架上,且其保护方案和操作方式较多,装设地点很灵活。

DW10型低压断路器的外形结构如图4-13所示。

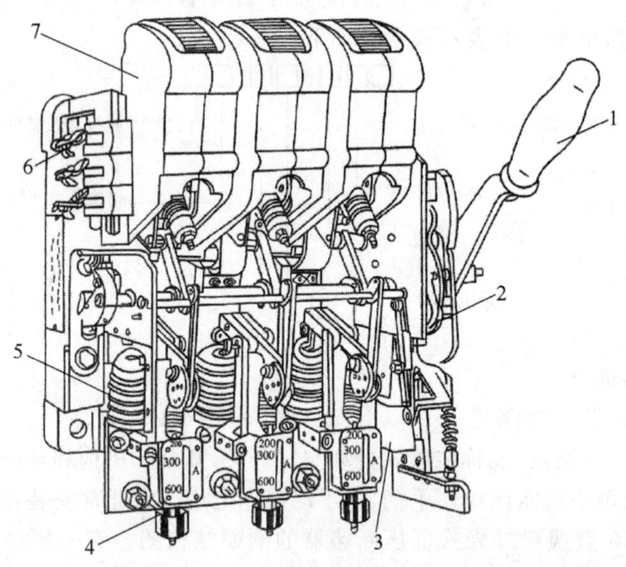

1—操作手柄;2—自由脱扣机构;3—失压脱扣器;4—过电流脱扣器电流调节螺母;
5—过电流脱扣器;6—辅助(联锁)触点;7—钢栅片灭弧罩

图4-13 DW10型低压断路器的外形结构图

DW型断路器的合闸操作方式较多,除手柄操作外,还有杠杆操作、电磁操作和电动机操作等方式。

目前推广应用的万能式断路器有:DW15、DW15X、DW16等型号以及引进国外技术生产的ME、AH等型号,此外还有智能型DW48等型号。其中DW16型保留了DW10型结构简单、使用维修方便和价廉的优点,而在保护性能方面大有改善,是取代DW10型的新产品。

(3) 智能化断路器

传统的断路器保护功能是利用热磁效应原理,通过机械系统的动作来实现的。智能化断路器的特征是采用了以微处理器或单片机为核心的智能控制器(智能脱扣器),它不仅具备普通断路器的各种保护功能,同时还具备定时显示电路中的各种电气参数(电流、电压、功率、功率因数等),对电路进行在线监视、自行调节、测量、试验、自诊断、可通信等功能,还能够对各种保护功能的动作参数进行显示、设定和修改,保护电路动作时的故障参数能够存储在非易失存储器中以便查询。智能化断路器原理图如图4-14所示。

下面简单介绍CM1系列智能化断路器。

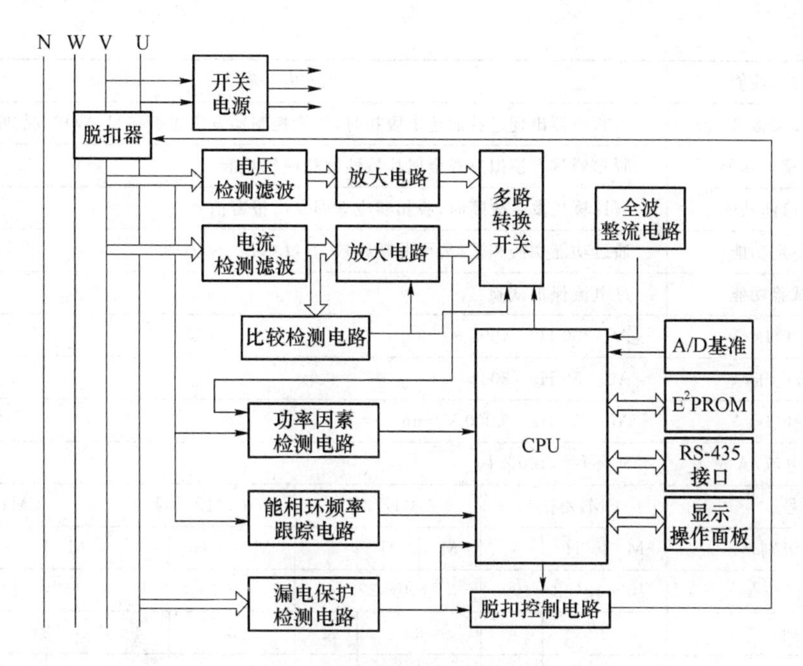

图 4-14　智能化断路器原理框图

CM1E 系列和 CM1Z 系列智能化断路器是国内生产厂家使用 CAD/CAM/CAE 技术研制、开发的具有国际先进水平的塑料外壳断路器。它们均具有较精确的三段式保护和报警功能，各种控制参数可调。CM1Z 系列还具有参数显示功能，其额定工作电压为 400 V，额定工作电流为 800 A。

CM1E 系列采用单片机控制，以单片机为核心的控制板装在壳体内的下部，它对通过互感器采集的信息进行数据分析和处理，从而指挥和控制断路器的运行状态，各种控制参数可调。

CM1Z 系列采用外置的多功能智能型控制器方式，智能控制器核心部分采用了微处理器技术并具有通信功能，它通过穿心式互感器采集信息，并进行数据分析和处理，从而控制断路器的运行参数，智能控制器采用了先进的 SMT 贴片制造技术，其质量和可靠性较高，并且具有较强的抗干扰功能，其技术性能及主要技术参数见表 4-8。

表 4-8　CM1Z 系列智能化塑料外壳式断路器性能及主要技术参数

序 号	技术性能	内　容
1	三段保护	①过载保护，长延时反时限保护，整定电流可调 I_{r1}，延时时间 t_1 可调 ②短路短延时保护，短延时反时限保护，整定电流 I_{r2} 可调，延时时间 t_2 可调 ③短路瞬时保护，短路整定电流 I_{r3} 可调
2	不平衡脱扣断开	电动机保护用断路器，当三相电流不平衡度达到 30%(允差±5%)时，断路器应自动断开。延时时间可调节(5～800 s)
3	显示功能	① 电流显示功能 I_U，I_V，I_W，I_N ② 电压显示功能 U_{UV}，U_{VW}，U_{WU} ③ 功率显示功能 $\cos\varphi$ ④ 整定值显示功能 ⑤ 故障显示功能，剩余电流，过压，欠压，缺相，长延时，短延时，瞬动

续 表

<table>
<tr><th>序号</th><th>技术性能</th><th colspan="12">内 容</th></tr>
<tr><td>4</td><td>过载报警</td><td colspan="12">当断路器出现过载而还未脱扣时,智能控制器发出报警信号,即相应故障指示灯闪烁</td></tr>
<tr><td>5</td><td>热模拟功能</td><td colspan="12">脱扣器具有模拟热双金属片特性的热模拟功能</td></tr>
<tr><td>6</td><td>自诊断功能</td><td colspan="12">当计算机发生故障时,脱扣器应立即发出报警信号</td></tr>
<tr><td>7</td><td>整定功能</td><td colspan="12">通过功能切换和选择,可调整参数 I_{r1}, I_{r2}, I_{r3}, t_1, t_2</td></tr>
<tr><td>8</td><td>试验功能</td><td colspan="12">过电流保护试验</td></tr>
<tr><td colspan="2">额定工作电压/V</td><td colspan="12">AC 50 Hz 400</td></tr>
<tr><td colspan="2">额定绝缘电压/V</td><td colspan="12">AC 50 Hz 800</td></tr>
<tr><td colspan="2">工频耐受电压/V</td><td colspan="12">AC 50 Hz 3 000 V/min</td></tr>
<tr><td colspan="2">中性极电流/A</td><td colspan="12">50% I_N 100% I_N</td></tr>
<tr><td colspan="2">型号</td><td colspan="3">CM1Z-100</td><td colspan="3">CM1Z-225</td><td colspan="3">CM1Z-400</td><td colspan="3">CM1Z-1800</td></tr>
<tr><td colspan="2">分断级别</td><td>M</td><td>H</td><td></td><td>M</td><td>H</td><td></td><td>M</td><td>H</td><td></td><td>M</td><td>H</td><td></td></tr>
<tr><td colspan="2">额定电流/A</td><td colspan="3">10～32,32～100</td><td colspan="3">100～225</td><td colspan="3">200～400</td><td colspan="3">400～800</td></tr>
<tr><td colspan="2">极数</td><td colspan="2">3</td><td>4</td><td colspan="2">3</td><td>4</td><td colspan="2">3</td><td>4</td><td colspan="2">3</td><td>4</td></tr>
<tr><td colspan="2">额定极限短路分断能力/kA
AC 400 V</td><td>50</td><td>85</td><td></td><td>50</td><td>85</td><td></td><td>65</td><td>100</td><td></td><td>75</td><td>100</td><td></td></tr>
<tr><td colspan="2">额定运行短路分断能力/kA
AC 400 V</td><td>35</td><td>50</td><td></td><td>35</td><td>50</td><td></td><td>42</td><td>65</td><td></td><td>50</td><td>65</td><td></td></tr>
<tr><td colspan="2">额定短时耐受电流/kA
AC 400 V</td><td colspan="3"></td><td colspan="3"></td><td colspan="3">5</td><td colspan="3">10</td></tr>
<tr><td colspan="2">飞弧距离/mm</td><td colspan="6">≯50</td><td colspan="6">≯100</td></tr>
<tr><td rowspan="2">操作性能
AC 400 V</td><td>电气寿命/次</td><td colspan="3">6 500</td><td colspan="3">2 000</td><td colspan="3">1 000</td><td colspan="3">500</td></tr>
<tr><td>机械寿命/次</td><td colspan="3">8 500</td><td colspan="3">7 000</td><td colspan="3">4 000</td><td colspan="3">2 500</td></tr>
</table>

表 4-9 列出部分低压断路器的主要技术数据,供参考。

表 4-9 部分低压断路器的主要技术数据

<table>
<tr><th rowspan="2">型号</th><th rowspan="2">脱扣器额定电流/A</th><th rowspan="2">长延时动作整定电流/A</th><th rowspan="2">短延时动作整定电流/A</th><th rowspan="2">瞬动动作整定电流/A</th><th rowspan="2">单相接地短路动作电流/A</th><th colspan="2">分断能力</th></tr>
<tr><th>电流/kA</th><th>cos φ</th></tr>
<tr><td rowspan="3">DW15-200</td><td>100</td><td>60.354～100</td><td>300～1 000</td><td>300～1 000
800～2 000</td><td rowspan="3">—</td><td rowspan="3">20</td><td rowspan="3">0.35</td></tr>
<tr><td>150</td><td>98～150</td><td>—</td><td>—</td></tr>
<tr><td>200</td><td>128～200</td><td>600～2 000</td><td>600～2 000
1 600～4 000</td></tr>
<tr><td rowspan="3">DW15-400</td><td>200</td><td>128～200</td><td>600～2 000</td><td>600～2 000
1 600～4 000</td><td rowspan="3">—</td><td rowspan="3">25</td><td rowspan="3">0.35</td></tr>
<tr><td>300</td><td>192～300</td><td>—</td><td>—</td></tr>
<tr><td>400</td><td>256～400</td><td>1 200～4 000</td><td>3 200～8 000</td></tr>
</table>

续表

型号	脱扣器额定电流/A	长延时动作整定电流/A	短延时动作整定电流/A	瞬动动作整定电流/A	单相接地短路动作电流/A	分断能力	
						电流/kA	cos φ
DW15-600(630)	300	192～300	900～3 000	900～3 000 1 400～6 000	—	30	0.35
	400	256～400	1 200～4 000	1 200～4 000 3 200～8 000			
	600	384～600	1 800～6 000	—			
DW15-1000	600	420～600	1 800～6 000	6 000～12 000	—	40(短延时 30)	0.35
	800	560～800	2 400～8 000	8 000～16 000			
	1 000	700～1 000	3 000～10 000	10 000～20 000			
DW15-1500	1 500	1 050～1 500	4 500～15 000	15 000～30 000	—		
DW15-2500	1 500	1 050～1 500	4 500～9 000	10 500～21 000	—	60(短延时 40)	0.2(短延时 0.25)
	2 000	1 400～2 000	6 000～12 000	14 000～28 000			
	2 500	1 750～2 500	7 500～15 000	17 500～35 000			
DW15-4000	2 500	1 750～2 500	7 500～15 000	17 500～35 000	—	80(短延时 60)	0.2
	3 000	2 100～3 000	9 000～18 000	21 000～42 000			
	4 000	2 800～4 000	12 000～24 000	28 000～56 000			
DW16-630	100	64～100	—	300～600	50	30(380V) 20(660V)	0.25(380V) 0.3(660V)
	160	102～160		480～960	80		
	200	128～200		600～1 200	100		
	250	160～250		750～1 500	125		
	315	202～315		945～1 890	158		
	400	256～400		1 200～2 400	200		
	630	403～630		1 890～3 780	315		
DW16-2000	800	512～800	—	2 400～4 800	400	50	—
	1 000	640～1 000		3 000～6 000	500		
	1 600	1 024～1 600		4 800～9 600	800		
	2 000	1 280～2 000		6 000～12 000	1 000		
DW16-4 000	2 500	1 400～2 500	—	7 500～15 000	1 250	80	—
	3 200	2 048～3 200		9 600～19 200	1 600		
	4 000	2 560～4 000		12 000～24 000	2 000		
DW17-630(ME630)	630	200～400 350～630	3 000～5 000 5 000～8 000	1 000～2 000 1 500～3 000 2 000～4 000 4 000～8 000	—	50	0.25

续表

型号	脱扣器额定电流/A	长延时动作整定电流/A	短延时动作整定电流/A	瞬动动作整定电流/A	单相接地短路动作电流/A	分断能力	
						电流/kA	cos φ
DW17-800 (ME800)	800	200～400 350～630 500～800	3 000～5 000 5 000～8 000	1 500～3 000 2 000～4 000 4 000～8 000	—	50	0.25
DW17-1000 (ME1000)	1 000	350～630 500～1 000	3 000～5 000 5 000～8 000	1 500～3 000 2 000～4 000 4 000～8 000	—	50	0.25
(DW17-1250 (ME1250)	1 250	500～1 000 750～1 250	3 000～5 000 5 000～8 000	2 000～4 000 4 000～8 000	—	50	0.25
DW17-1600 (ME1600)	1 600	500～1 000 900～1 600	3 000～5 000 5 000～8 000	4 000～8 000	—	50	0.25
DW17-2000 (ME2000)	2 000	500～1 000 1 000～2 000	5 000～8 000 7 000～12 000	4 000～8 000 6 000～12 000	—	80	0.2
DW17-2500 (ME2500)	2 500	1 500～2 500	7 000～12 000 8 000～12 000	6 000～12 000	—	80	0.2
DW17-3200 (ME3200)	3 200	—	—	8 000～16 000	—	80	0.2
DW17-4000 (ME4000)	4 000	—	—	10 000～20 000	—	80	0.2

注：表中低压断路器的额定电压：DW15，直流 220 V，交流 380 V、660 V、1 140 V；DW16，交流 400 V、660 V；DW17(ME)，380～660 V。

4.1.5　低压开关

在低压配电系统中常使用的开关有低压刀开关、熔断器式刀开关及低压负荷开关。

1. 低压刀开关

低压刀开关，文字符号用 QK 表示。根据操作方式分为单投式和双投式；按其投切极数分为单极式、双极式和三极式；按其是否有灭弧装置分为不带灭弧罩和带灭弧罩的两种，不带灭弧罩的刀开关一般只能在无负荷下操作，主要作隔离开关使用，而带有灭弧罩的刀开关(如图 4-15 所示)，能通断一定的负荷电流，可作负荷开关使用。

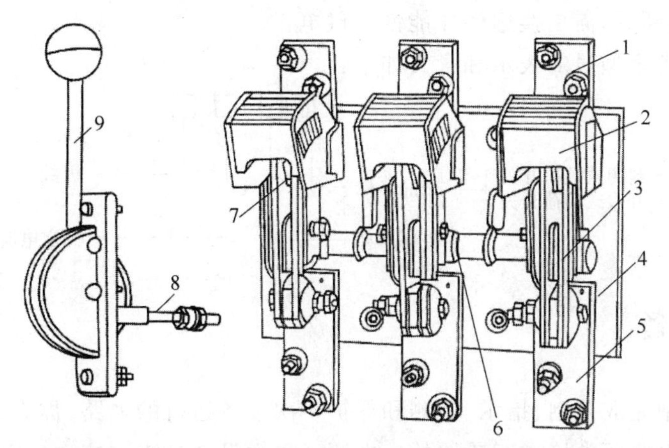

1—上接线端子；2—钢栅片灭弧罩；3—闸刀；4—底座；5—下接线端子；
6—主轴；7—静触头；8—连杆；9—操作手柄

图 4-15　HD13 型低压刀开关

各种分类方式体现在产品型号中，低压刀开关全型号的表示和含义如下：

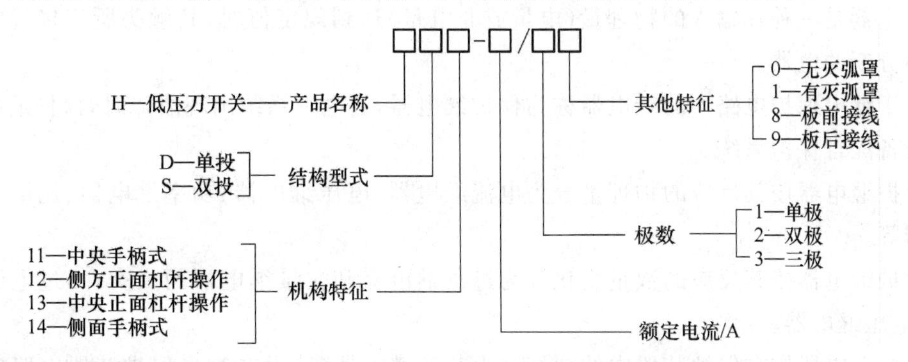

2. 熔断器式刀开关

熔断器式刀开关（文字符号为 QKF 或 FU-QK）又称刀熔开关，是一种由低压刀开关与低压熔断器组合的开关电器。它具有刀开关和熔断器的双重功能。采用这种组合型开关电器可以简化配电装置结构，因此越来越广泛地在低压配电屏上安装使用。

低压刀熔开关全型号的表示和含义如下：

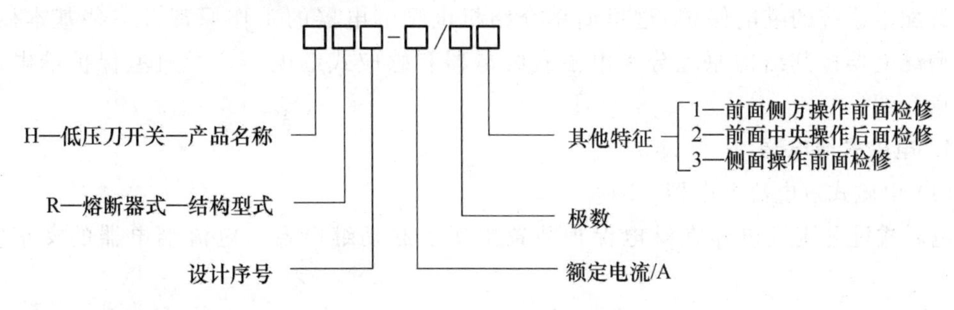

3. 低压负荷开关

低压负荷开关（文字符号为 QL）是由带灭弧装置的刀开关与熔断器串联组合而成，外装封闭式铁壳或开启式胶盖的开关电器。

低压负荷开关具有带灭弧罩刀开关和熔断器的双重功能，既可带负荷操作，又能实现短路保护,但短路熔断后,需更换熔体才能恢复供电。

低压负荷开关全型号的表示和含义如下:

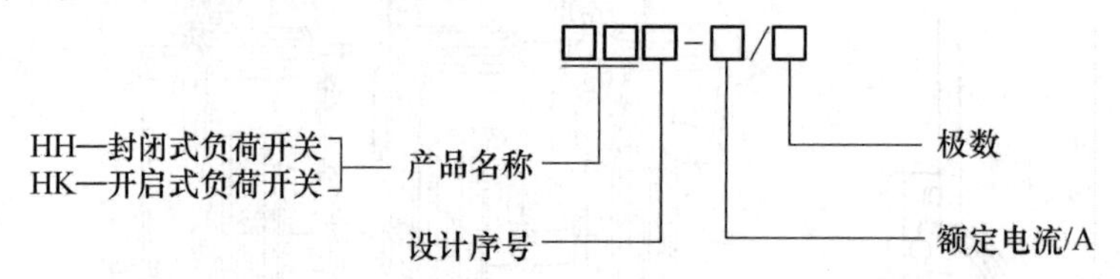

4.2 二次设备

在配电系统中完成控制、指示、监测和保护一次设备运行的电路,称为二次电路,或称为二次回路。二次电路通常接在互感器的二次侧。二次设备是指连接在二次电路中的电气设备,通常有保护继电器、互感器、控制电器、测量仪表等。

4.2.1 常用的保护继电器

继电器是一种在输入的物理量(电量或非电量)达到规定值时,其触头所连接的电路被接通或分断的电器。

接于继电保护电路中的继电器称为保护继电器,当电力系统出现故障时,保护继电器与一次设备配合保护系统。

保护继电器按其反应的物理量分为电流继电器、电压继电器、功率继电器、瓦斯(气体)继电器等。

保护继电器按其反应的数量变化分为过量继电器和欠量继电器两大类,如过电流继电器、欠电压继电器。

保护继电器按在保护装置中的功能分为起动继电器(装设在继电保护装置电路中的第一级,用来反映被保护元件的特性变化,当其特性量达到动作值时即动作)、时间继电器、信号继电器和中间(出口)继电器等。

保护继电器按其构成元件分为机电型、晶体管型和微机型。

由于机电型继电器简单可靠、便于维修,因此仍普遍应用在工厂供电系统中。为便于理解配电系统的继电保护,这里简单介绍机电型继电器的工作原理及一些基本概念,机电型继电器按其结构原理分为电磁式继电器和感应式继电器。微机型保护继电器在第7章介绍。

1. 电磁式继电器

(1) 电磁式过电流继电器

电磁式过电流继电器在继电保护装置中属于起动继电器。电流继电器的文字符号为KA。

供电系统中常用的DL-10系列电磁式过电流继电器的基本结构如图4-16所示,其内部接线和图形符号如图4-17所示。

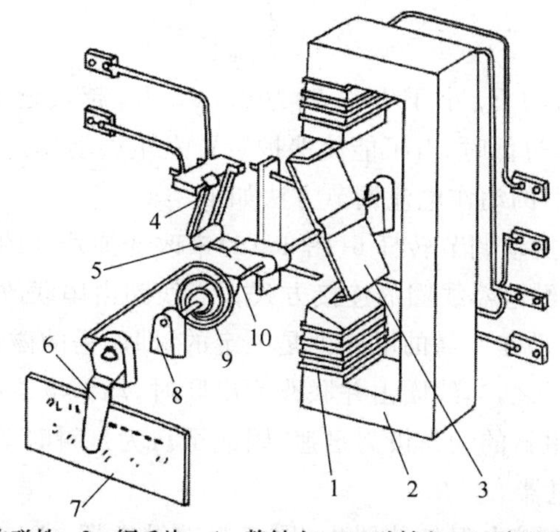

1—线圈；2—电磁铁；3—钢舌片；4—静触点；5—动触点；6—起动电流调节转杆；
7—标度盘(铭牌)；8—轴承；9—反作用弹簧；10—轴

图 4-16　DL-10 系列电磁式过电流继电器的内部结构

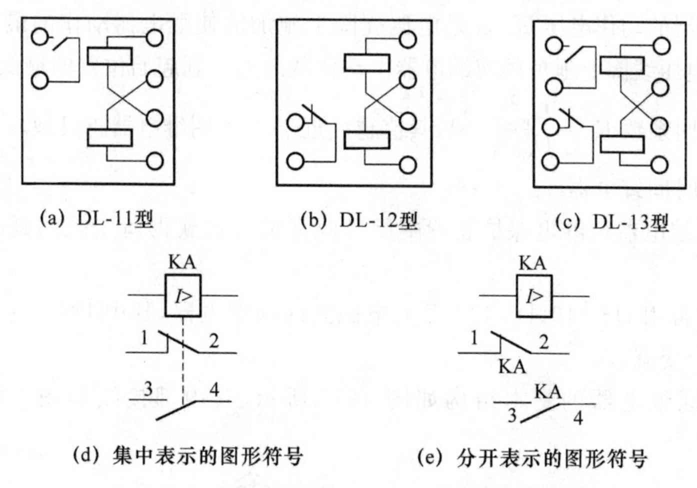

(a) DL-11型　(b) DL-12型　(c) DL-13型

(d) 集中表示的图形符号　(e) 分开表示的图形符号

KA1-2—动断(常闭)触点；KA3-4—动合(常开)触点

图 4-17　DL-10 系列电磁式过电流继电器的内部接线和图形符号

电磁式过电流继电器工作原理：由图 4-16 可知，当继电器线圈 1 通过电流时，电磁铁 2 中产生磁通，力图使 Z 形钢舌片 3 向凸出磁极偏转。与此同时，轴 10 上的反作用弹簧 9 又力图阻止钢舌片偏转。当继电器线圈中的电流增大到使钢舌片所受的电磁转矩大于弹簧的反作用力矩时，钢舌片便被吸近磁极，使动合触点闭合，动断触点断开，继电器动作。

可见，这种继电器的动作取决于流入继电器的电流，所以被称为过电流继电器。使继电器动作的最小电流，称为继电器的起动电流（又称动作电流），用 $I_{op.KA}$ 表示。

过电流继电器动作后，当流入继电器线圈中的电流减小到某一值时，钢舌片因为所受的电磁转矩小于弹簧的反作用力矩，在弹簧作用下返回到原始位置。

使继电器由动作状态返回到原始位置的最大电流，称为继电器的返回电流，用 $I_{re.KA}$ 表示。

继电器的返回电流与动作电流之比，称为继电器的返回系数，用 K_{re} 表示，即

$$K_{re}=\frac{I_{re.KA}}{I_{op.KA}}. \tag{4-1}$$

显然,过电流继电器的 K_{re} 小于1,一般为0.85。K_{re} 越接近于1,表明继电器越灵敏。如果过电流继电器的 K_{re} 过低时,有可能使保护装置发生误动作。

电磁式过电流继电器的动作电流调节方法如下。

① 平滑调节。通过拨动调节转杆6(图4-16)来改变弹簧9的反作用力矩。

② 级进调节。改变继电器线圈的连接方式。当线圈由串联改为并联时,相当于线圈匝数减少一半,由于继电器动作所需的电磁力是一定的,即所需的磁动势(IN)是一定的,因此动作电流将增大一倍。反之,当线圈由并联改为串联时,动作电流将减小一半。

由于电磁式电流继电器的动作极为迅速,因此可认为是瞬时动作的继电器。

(2) 电磁式电压继电器

电磁式电压继电器在继电保护装置中,属于起动继电器,文字符号为KV,其结构和原理与上述电磁式电流继电器极为相似,只是电压继电器的线圈为电压线圈,大多做成低电压(欠电压)继电器。

低电压继电器的动作电压 $U_{op.KV}$ 是电压线圈上施加的使继电器动作的最高电压;而其返回电压 $U_{re.KV}$ 是电压线圈上施加的使继电器由动作状态返回到起始位置的最低电压。显然,低电压继电器的返回系数 $K_{re}=\frac{U_{re.KV}}{U_{op.KV}}>1$,其值越接近于1,说明继电器越灵敏,一般为1.25。

(3) 电磁式时间继电器

电磁式时间继电器在继电保护装置中用来使保护装置获得所要求的延时(时限),文字符号为KT。

供电系统中常用DS-110、DS-120系列电磁式时间继电器,其中DS-110系列用于直流,DS-120系列用于交流。

DS系列时间继电器的基本结构如图4-18所示,其内部接线和图形符号如图4-19所示。

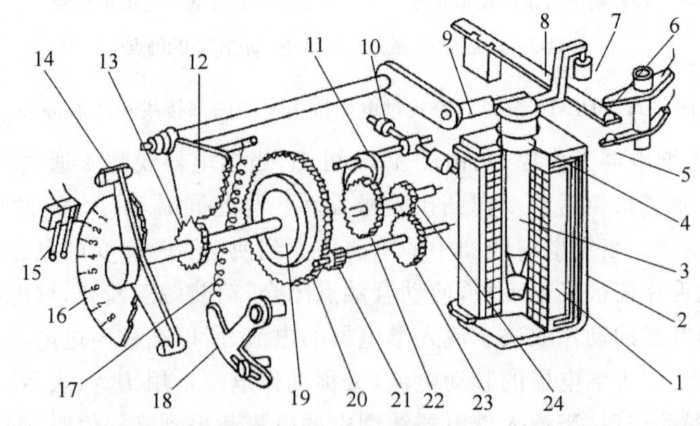

1—线圈;2—电磁铁;3—可动铁心;4—返回弹簧;5、6—瞬时静触点;7—绝缘件;
8—瞬时动触点;9—压杆;10—平衡锤;11—摆动卡板;12—扇形齿轮;13—传动齿轮;
14—主动触点;15—主静触点;16—动作时限标度盘;17—拉引弹簧;18—弹簧拉力调节机构;
19—摩擦离合器;20—主齿轮;21—小齿轮;22—掣轮;23、24—钟表机构传动齿轮

图4-18 DS-110、DS-120系列时间继电器的内部结构

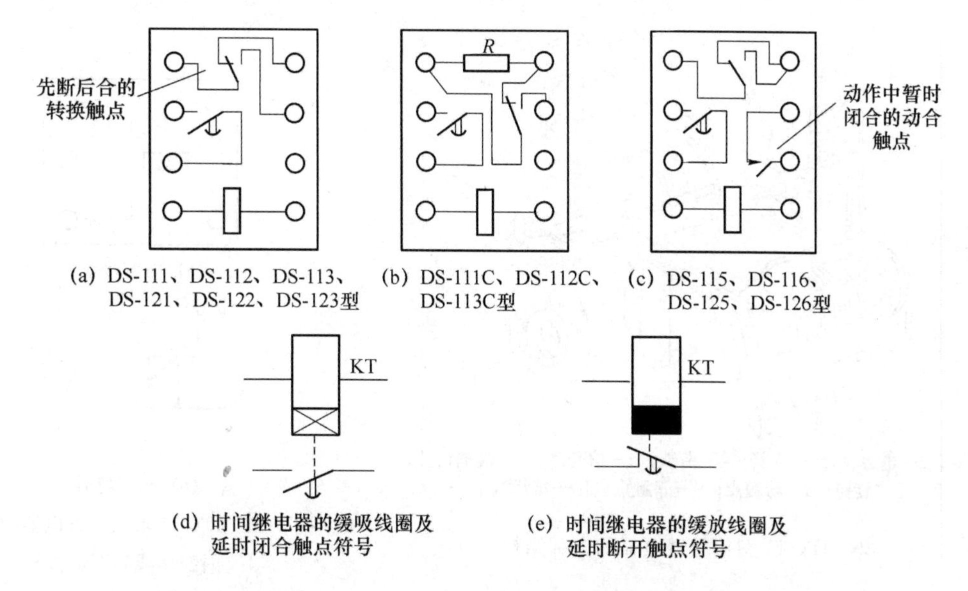

图 4-19 DS-110、DS-120 系列时间继电器的内部接线和图形符号

时间继电器的工作原理：当继电器线圈接上工作电压时，铁心被吸入，使被卡住的一套钟表机构被释放，同时切换瞬时触点。在拉引弹簧作用下，经过整定的时间，使主触点闭合。继电器的延时可借改变主静触点的位置（即它与主动触点的相对位置）来调整，调整的时间范围在标度盘上标出。当继电器线圈断电时，继电器在弹簧作用下返回起始位置。

为了缩小继电器尺寸和节约材料，时间继电器的线圈通常不按长时间接上额定电压来设计，因此凡需长时间通电工作的时间继电器（如 DS-111C 等），应在继电器动作后，利用其动断的瞬时触点的断开，使线圈串入限流电阻，如图 4-19(b)所示，以限制线圈的电流，避免线圈过热烧毁，同时又使继电器保持动作状态。

(4) 电磁式信号继电器

电磁式信号继电器在继电保护装置中用来发出保护装置动作的指示信号，文字符号为 KS。

供电系统中常用的 DX-11 型电磁式信号继电器，有电流型和电压型两种。电流型信号继电器的线圈为电流线圈，阻抗很小，串联在二次回路内，不影响其他二次元件的动作。电压型信号继电器的线圈为电压线圈，阻抗大，必须在二次回路上并联使用。

DX-11 型信号继电器的内部结构如图 4-20 所示。它在正常状态时，其信号牌是被衔铁支持住的。当继电器线圈通电时，衔铁被吸向铁心而使信号牌掉下，显示动作信号，同时带动转轴旋转 90°，使固定在转轴上的动触点与静触点接通，从而接通信号回路，发出声响或灯光信号。要使信号停止，可旋动外壳上的复位旋钮，断开信号回路，同时使信号牌复位。

DX-11 型信号继电器的内部接线和图形符号如图 4-21 所示。

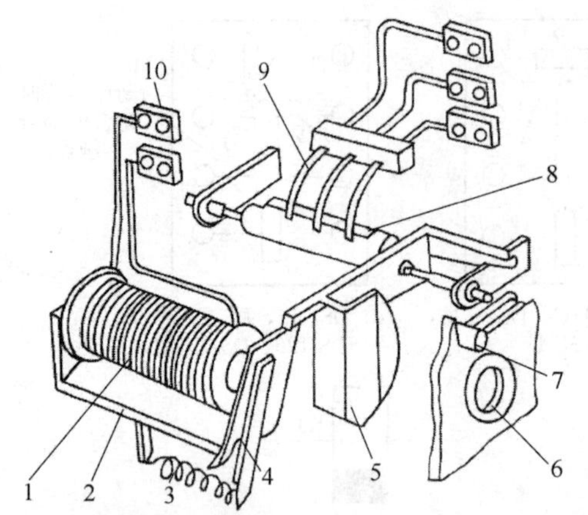

1—线圈；2—电磁铁；3—弹簧；4—衔铁；5—信号牌；6—玻璃窗孔；
7—复位旋钮；8—动触点；9—静触点；10—接线端子

图 4-20　DX-11 型信号继电器的内部结构

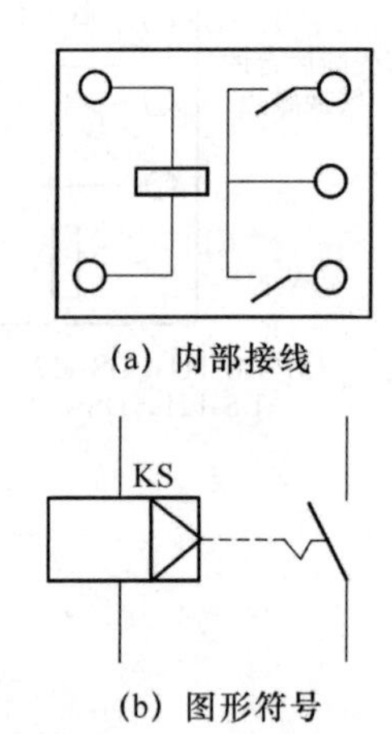

(a) 内部接线

(b) 图形符号

图 4-21　DX-11 型信号继电器的内部接线和图形符号

(5) 电磁式中间继电器

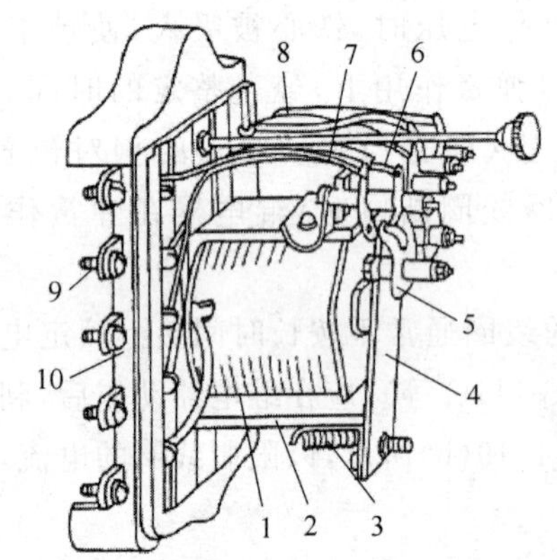

1—线圈；2—电磁铁；3—弹簧；4—衔铁；5—动触点；
6、7—静触点；8—连接线；9—接线端子；10—底座

图 4-22　DZ-10 系列中间继电器的内部结构

电磁式中间继电器在继电保护装置中用作辅助继电器，以弥补主继电器触点数量或触点容量的不足。中间继电器通常装在保护装置的出口回路中，用以接通断路器的跳闸线圈，所以它也称为出口继电器，文字符号采用 KM。

供电系统中常用的 DZ-10 系列中间继电器的基本结构如图 4-22 所示。当其线圈通电时，衔铁被快速吸向电磁铁，从而使触点切换。当线圈断电时，继电器就快速释放衔铁，触点全部返回起始位置。这种快吸快放的电磁式中间继电器的内部接线和图形符号如图 4-23 所示。

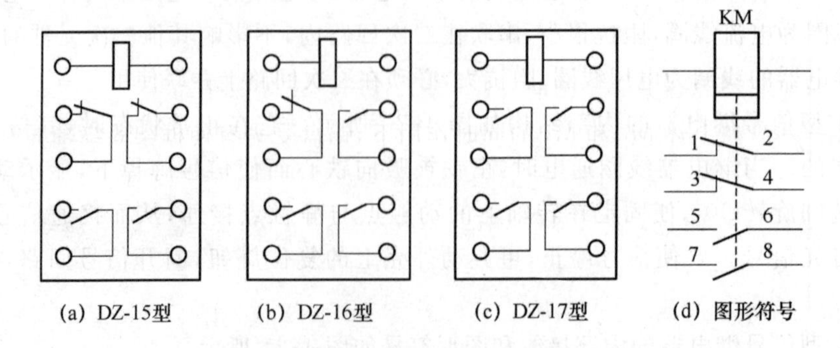

(a) DZ-15型　(b) DZ-16型　(c) DZ-17型　(d) 图形符号

图 4-23　DZ-10 系列中间继电器的内部接线和图形符号

2. 感应式电流继电器

供电系统中常用的GL-10、GL-20系列感应式电流继电器的内部结构如图4-24所示。这种继电器由两组元件构成：一组为感应元件，另一组为电磁元件。感应元件主要包括线圈1、带短路环3的电磁铁2及装在可偏转的框架6上的转动铝盘4。电磁元件主要包括线圈1、电磁铁2和衔铁15。线圈1和电磁铁2是两组元件共用的。

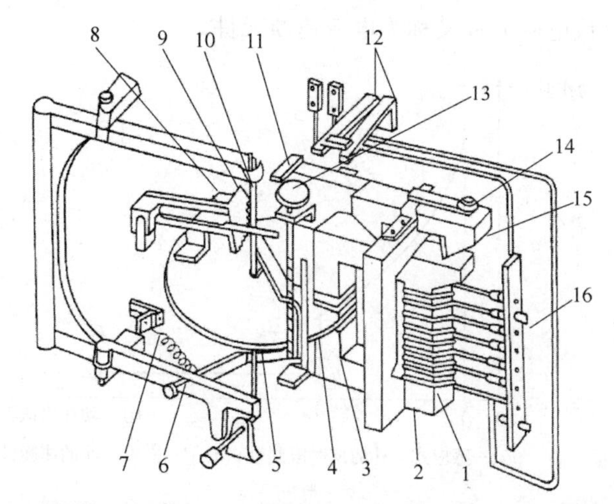

1—线圈；2—电磁铁；3—短路环；4—铝盘；5—钢片；6—铝框架；7—调节弹簧；
8—制动永久磁铁；9—扇形齿轮；10—蜗杆；11—扁杆；12—继电器触点；
13—时限调节螺杆；14—速断电流调节螺钉；15—衔铁；16—动作电流调节插销

图4-24　GL-10、GL-20系列感应式电流继电器的内部结构

感应式电流继电器的工作原理可用图4-24来说明。

当线圈1有电流I_{KA}通过时，电磁铁2在短路环3的作用下，产生相位为一前一后的两个磁通Φ_1和Φ_2，穿过铝盘4。这时作用于铝盘上的转矩为$M_1 \propto \Phi_1 \Phi_2 \sin\psi$，$\psi$为$\Phi_1$与$\Phi_2$间的相位差，由于$\Phi_1 \propto I_{KA}$，$\Phi_2 \propto I_{KA}$，而$\psi$为常数，因此

$$M_1 \propto I_{KA}^2. \tag{4-2}$$

铝盘在转矩M_1作用下转动后，铝盘切割永久磁铁8的磁通，在铝盘上感应出涡流，涡流又与永久磁铁磁通作用，产生一个与M_1反向的制动力矩M_2，它与铝盘转速n成正比，即

$$M_2 \propto n. \tag{4-3}$$

当铝盘转速n增大到某一定值时，$M_1 = M_2$，这时铝盘匀速转动。

继电器的铝盘在上述M_1和M_2的同时作用下，铝盘受力有使框架6绕轴顺时针方向偏转的趋势，但受到弹簧7的阻力。当继电器线圈电流增大到继电器的动作电流值$I_{op.KA}$时，铝盘受到的力也增大到可克服弹簧的阻力的程度，这时铝盘带动框架前偏(参见图4-24)，使蜗杆10与扇形齿轮9啮合，这就叫作继电器动作。由于铝盘继续转动，使扇形齿轮沿着蜗杆上升，最后使触点12切换，同时使信号牌(图4-24上未绘出)掉下，从外壳上的观察窗孔可看到红色或白色的指示，表示继电器已经动作。

继电器线圈中的电流越大，铝盘转动越快，扇形齿轮沿蜗杆上升的速度也越快，因此动作时间越短，这也就是感应式电流继电器的“反时限特性”，如图4-25所示的曲线abc，这一

动作特性是其感应元件产生的。

当继电器线圈电流进一步增大到整定的速断电流 $I_{qb.KA}$时,电磁铁2(参见图4-24)瞬时将衔铁15吸下,使触点12瞬时切换,触头的闭合时间约为0.05～0.1 s,可认为是瞬动的,同时也使信号牌掉下。

很明显,电磁元件的作用又使感应式电流继电器兼有"电流速断特性",如图4-25所示的曲线 $bb'd$。因此该电磁元件又称为电流速断元件。

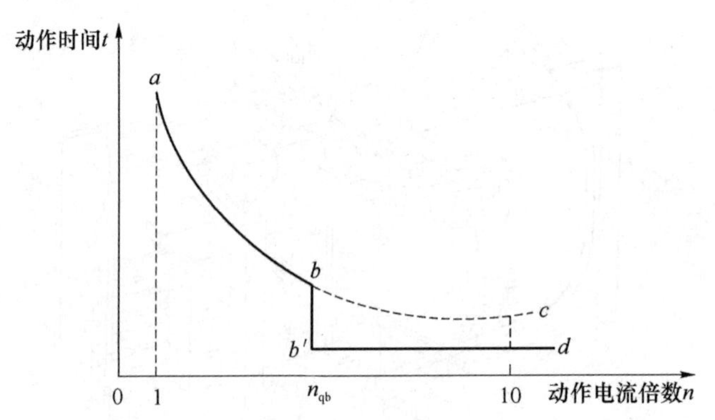

注:abc—感应式元件的反时限制性;bb′d—电磁元件的速断性

图4-25　感应式电流继电器的动作特性曲线

图4-25的动作特性曲线上对应于开始速断时间的动作电流倍数,称为速断电流倍数,即

$$n_{qb}=\frac{I_{qb.KA}}{I_{op.KA}},\tag{4-4}$$

式中,速断电流 $I_{qb.KA}$是指继电器线圈中使电流速断元件动作的最小电流。GL-10、GL-20系列电流继电器的速断电流倍数 $n_{qb}=2\sim8$。

感应式电流继电器的这种有一定限度的反时限动作特性,称为"有限反时限特性"。

感应式电流继电器的动作电流(亦称整定电流)$I_{op.KA}$,可利用插销16(见图4-24)以改变线圈匝数来进行级进调节,也可利用调节弹簧7的拉力来进行平滑的细调。

继电器的速断电流倍数 n_{qb},可利用螺钉14改变衔铁15与电磁铁2之间的气隙来调节,气隙越大,n_{qb}越大。

继电器感应元件的动作时间(亦称动作时限)是利用螺杆13(图4-24)来改变扇形齿轮顶杆行程的起点,以使动作特性曲线上下移动。不过要注意,继电器动作时限调节螺杆的标度尺,是以"10倍动作电流的动作时间"来刻度的,也就是标度尺上所标示的动作时间是继电器线圈通过的电流为其整定的动作电流10倍时的动作时间。因此继电器实际的动作时间,与实际通过继电器线圈的电流大小有关,需从相应的动作特性曲线上去查得。

表4-10列出GL系列电流继电器的主要技术数据及其动作特性曲线。动作特性曲线上标明的0.5 s、0.7 s、1.0 s等均为10倍动作电流的动作时间。

表 4-10　GL 系列电流继电器的主要技术数据及其动作特性曲线

	型　号	额定电流/A	额　定　值		速断电流倍数	返回系数
			动作电流/A	10 倍动作电流的动作时间/s		
主要技术数据	GL-11/10,GL-21/10	10	4,5,6,7,8,9,10	0.5,1,2,3,4	2～8	0.85
	GL-11/5,GL-21/5	5	2,2.5,3,3.5,4,4.5,5			
	GL-15/10,GL-25/10	10	4,5,6,7,8,9,10	0.5,1,2,3,4		0,8
	GL-15/5,GL-25/5	5	2,2.5,3,3.5,4,4.5,5			
动作特性曲线	动作时间/s（0～16）；动作电流倍数n（0～14）；曲线：4.0、3.5、3.0、2.5、2.0、1.4、1.0、0.7、0.5					

注：速断电流倍数＝电磁元件动作电流（速断电流）/感应元件动作电流（整定电流）。

GL 型电流继电器的内部接线和图形符号如图 4-26 所示。

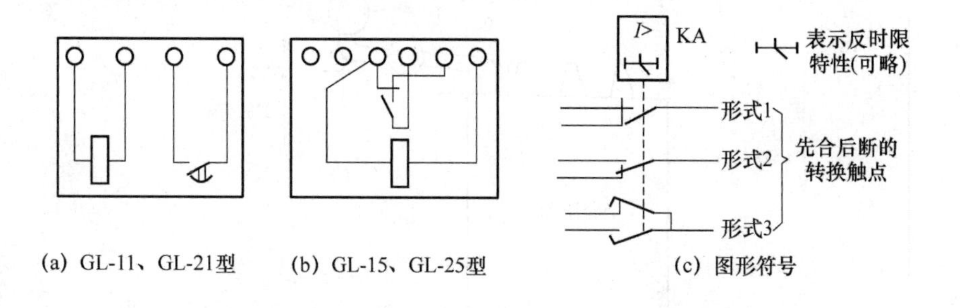

图 4-26　GL 型感应式电流继电器的内部接线和图形符号

GL-15、GL-25 型电流继电器中的触点具有先合后断功能，此“先合后断转换触点”的结构及其动作说明如图 4-27 所示。

这种继电器采用先合后断转换触点是为了满足后面将要介绍的“去分流跳闸”的保护要求（见 5.3 节）。

由上述可知，感应式电流继电器相比于电磁式继电器，它将电流继电器、时间继电器、信号继电器和中间继电器的功能集于一身。即一台感应式电流继电器可作带时限的过电流保护兼电流速断保护,且有信号继电器的功能,从而可简化继电保护装置,同时感应式电流继电器组成的保护装置采用交流操作,可降低投资,因此它在中小工厂变配电所中应用得非常普遍。

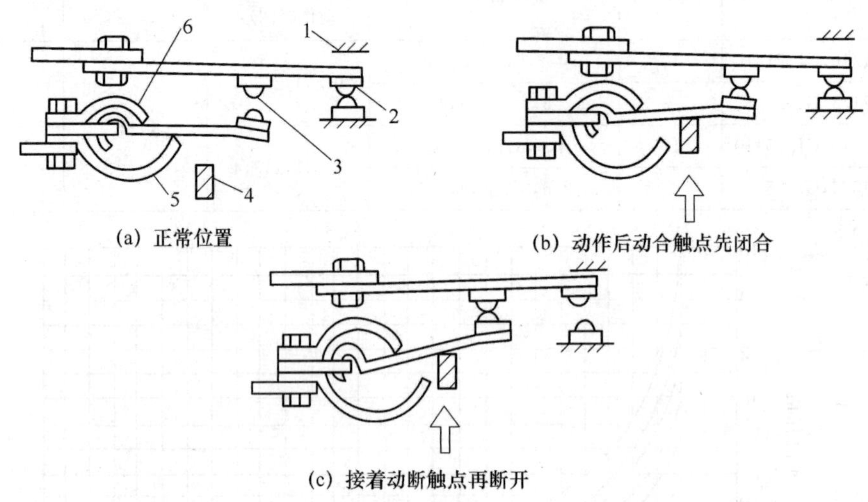

1—上止挡; 2—常闭触点; 3—常开触点; 4—衔铁; 5—下止挡; 6—簧片

图 4-27 GL-15、GL-25 型电流继电器“先合后断转换触点”的动作说明

3. 瓦斯继电器

瓦斯继电器又称气体继电器,在电力系统中用于保护电力变压器。它装在油浸式变压器的油箱与油枕(储油柜)之间的联通管中部,如图 4-28 所示。为了使油箱内产生的气体能够顺畅地通过瓦斯继电器排往油枕,变压器安装应取 1%～1.5%的倾斜度,而在制造变压器时,联通管对油箱顶盖也有 2%～4%的倾斜度。

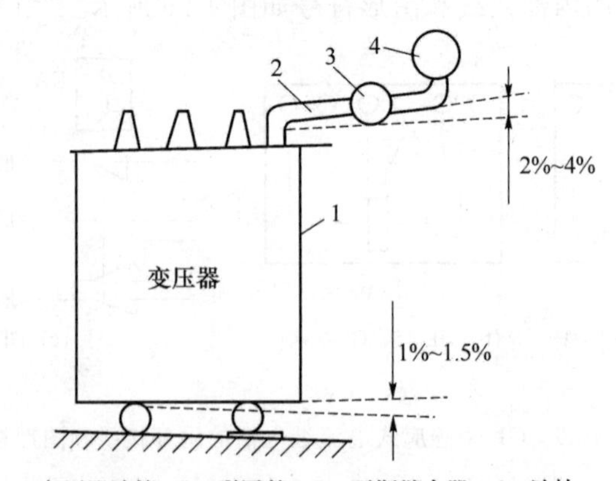

1—变压器油箱; 2—联通管; 3—瓦斯继电器; 4—油枕

图 4-28 瓦斯继电器在变压器上的安装

瓦斯继电器主要有浮筒式和开口杯式两种形式,现广泛应用的是开口杯式。FJ_3-80 型开口杯式瓦斯继电器的结构示意图如图 4-29 所示。开口杯式瓦斯继电器与浮筒式瓦斯继电器相比,其抗震性能好,误动作的可能性小,可靠性高。

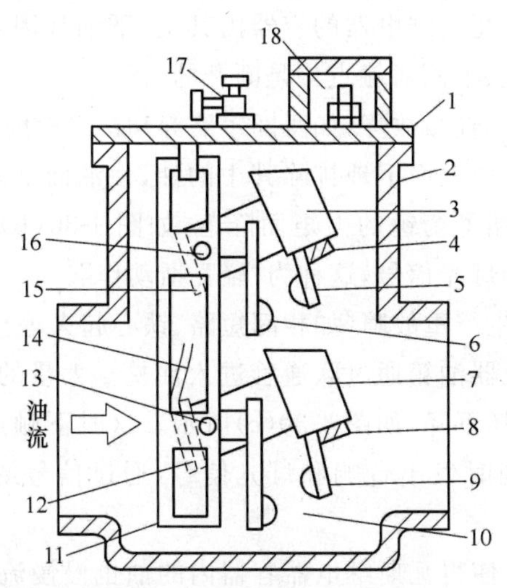

1—盖；2—容器；3—上油杯；4—永久磁铁；5—上动触点；6—上静触点；
7—下油杯；8—永久磁铁；9—下动触点；10—下静触点；11—支架；12—下油杯平衡锤；
13—下油杯转轴；14—挡板；15—上油杯平衡锤；16—上油杯转轴；17—放气阀；18—接线盒

图 4-29　FJ_3-80 型开口杯式瓦斯继电器的结构示意图

瓦斯继电器的工作原理可用图 4-30 来说明。

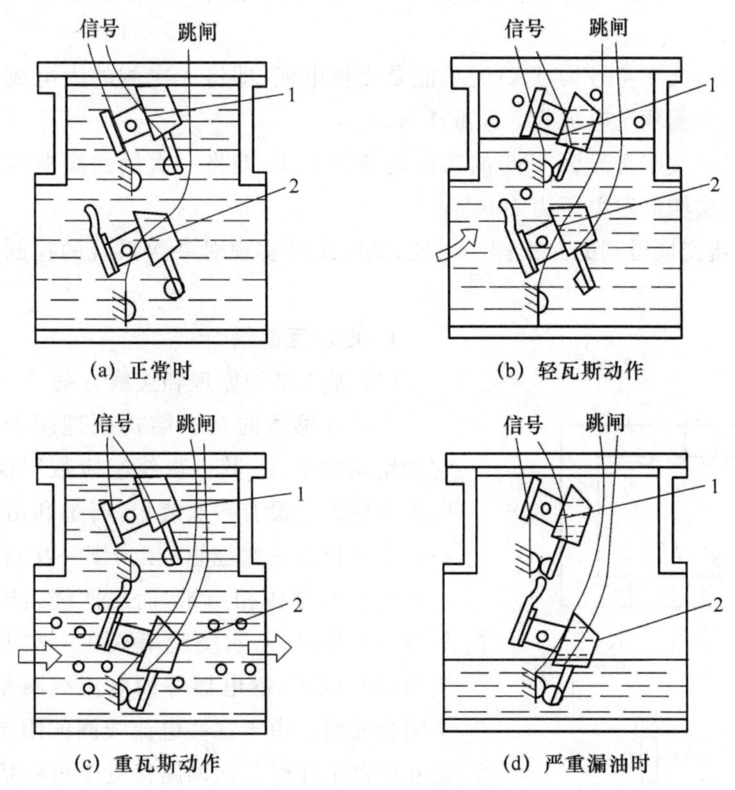

(a) 正常时　(b) 轻瓦斯动作

(c) 重瓦斯动作　(d) 严重漏油时

1—上开口油杯；2—下开口油杯

图 4-30　瓦斯继电器动作说明

在变压器正常运行时,瓦斯继电器的容器内其上、下油杯因各自平衡锤的作用而升起,如图 4-30(a)所示。此时上、下两对触点均是断开的。

当变压器油箱内部发生轻微故障(如匝间短路等)时,由故障产生的少量气体慢慢上升,进入瓦斯继电器的容器,并由上而下地排除其中的油,使油面下降,上油杯因其中盛有残余的油而使其力矩大于另一端平衡锤的力矩而降落,如图 4-30(b)所示。这时上触点闭合而接通信号回路,发出音响和灯光信号,这称为“轻瓦斯动作”。

当变压器油箱内部发生严重故障(如相间短路、铁心起火等)时,由于故障产生的气体很多,带动油流迅猛地由变压器油箱通过联通管进入油枕。大量的油气混合体在经过瓦斯继电器时,冲击挡板,使下油杯下降,如图 4-30(c)所示。这时下触点接通跳闸回路(通过中间继电器),使断路器跳闸,同时发出音响和灯光信号(通过信号继电器),这称为“重瓦斯动作”。

如果变压器油箱漏油,使得瓦斯继电器容器内的油也慢慢流尽,如图 4-30(d)所示。先是继电器的上油杯下降,发出报警信号,接着继电器的下油杯下降,使断路器跳闸,同时发出跳闸信号。

4.2.2　互感器

互感器是电流互感器与电压互感器的统称,从基本结构和工作原理来说,互感器就是一种特殊变压器。

电流互感器(文字符号为 TA)的功能是变换电流,即将一次侧的大电流变换为二次侧的小电流,其二次侧额定电流为 5 A 或 1 A。

电压互感器(文字符号为 TV)的功能是变换电压,即将一次侧的高电压变换为二次侧的低电压,其二次侧额定电压为 100 V。

通过互感器变换得到的二次侧小电流、低电压可实现对一次系统的控制、指示、监测及保护一次设备。

1. 电流互感器

(1) 基本结构原理和接线方案

电流互感器的基本结构原理图如图 4-31 所示。它的结构特点是:其一次绕组匝数很少,有的型号的电流互感器还没有一次绕组,而是利用穿过其铁心的一次电路作为一次绕组(相当于一次绕组匝数为 1),且一次绕组导体相当粗,而二次绕组匝数很多,导体较细。工作时,一次绕组串联在一次电路中,而二次绕组则与仪表、继电器等的电流线圈相串联,形成一个闭合回路。由于这些电流线圈的阻抗很小,因此电流互感器工作时二次回路接近于短路状态。

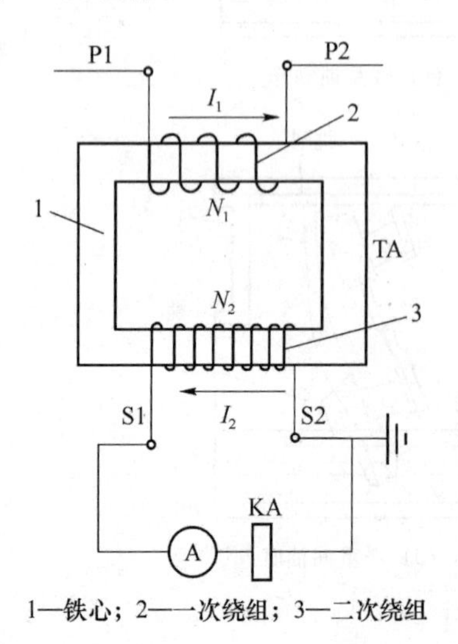

1—铁心; 2—一次绕组; 3—二次绕组

图 4-31　电流互感器的基本结构和接线

电流互感器一次侧电流 I_1 与其二次侧电流 I_2 之间有下述关系:

$$I_1 \approx \frac{N_2}{N_1} I_2 \approx K_i I_2 , \tag{4-5}$$

式中，N_1、N_2 为电流互感器一、二次绕组的匝数；K_i 为电流互感器的变流比，$K_i = I_{1N}/I_{2N}$，如 $K_i = 75\ \text{A}/5\ \text{A}$ 等。

电流互感器在三相电路中有如图 4-32 所示 4 种常见的接线方案。

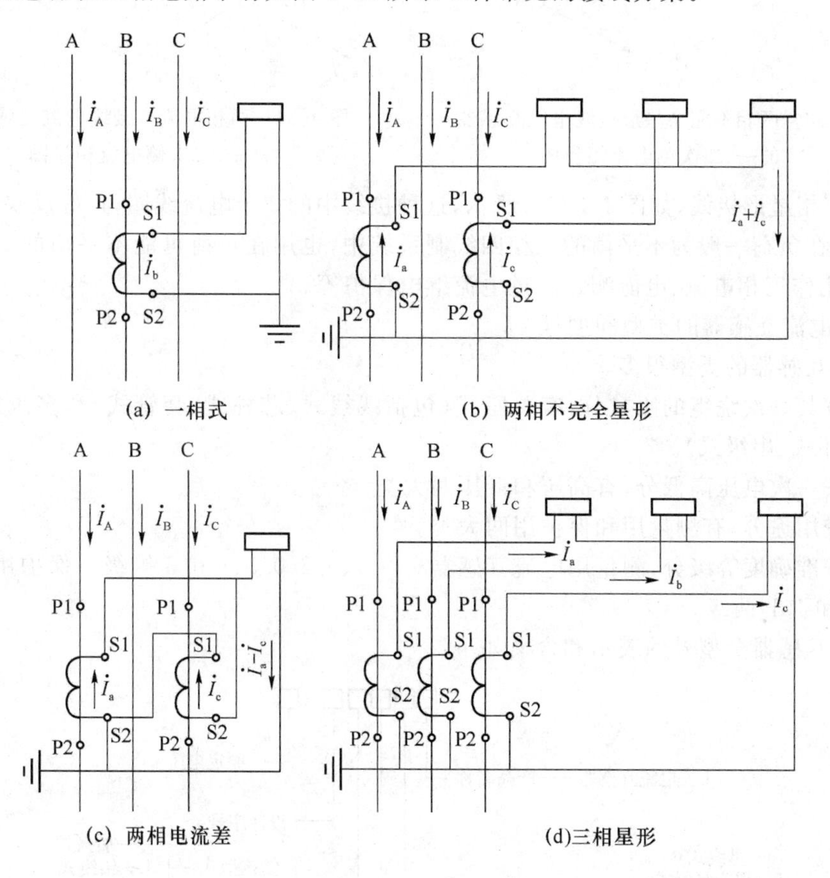

图 4-32　电流互感器的接线方案

① 一相式接线，如图 4-32(a)所示，电流线圈通过的电流反映一次电路相应相的电流。这种接线通常用于负荷平衡的三相电路，如在低压动力线路中，供测量电流或接过负荷保护装置之用。

② 两相不完全星形接线，如图 4-32(b)所示，在继电保护装置中，这种接线称为两相两继电器接线。此种接线方式广泛用于中性点不接地的三相三线制高压电路中(如 6～10 kV)的三相电流、电能的测量及过电流继电保护。由图 4-33 的相量图可知，两相不完全星形接线的公共线上的电流 $\dot{I}_a + \dot{I}_c = -\dot{I}_b$，反映的是未接电流互感器的那一相(B 相)的电流。

③ 两相电流差接线，如图 4-32(c)所示，由图 4-34 的相量图可知，二次侧公共线上的电流为 $\dot{I}_a - \dot{I}_c$，其量值为相电流的$\sqrt{3}$倍。这种接线适于中性点不接地的三相三线制电路中(如 6～10 kV)的过电流继电保护，也称为两相一继电器式接线。

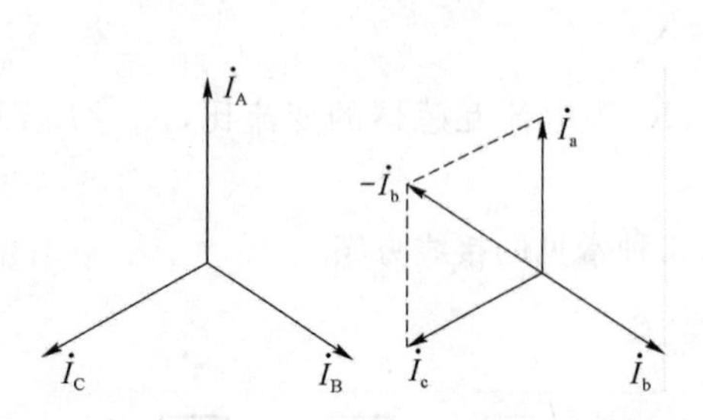

图 4-33 两相不完全星形接线电流互感器的一、二次侧电流相量图

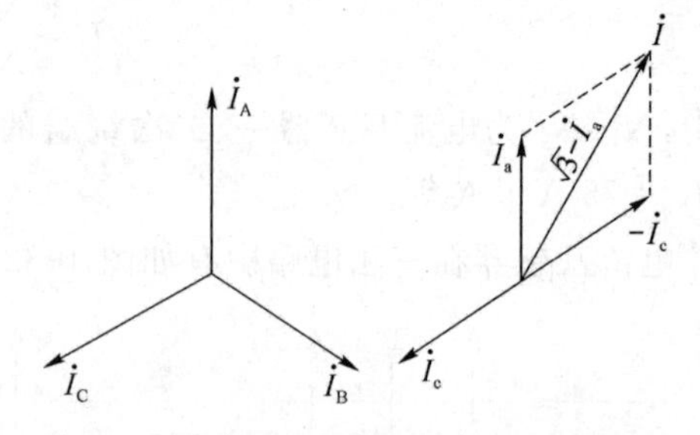

图 4-34 两相电流差接线电流互感器的一、二次侧电流相量图

④ 三相星形接线,如图 4-32(d)所示,这种接线中的 3 个电流线圈,正好反映各相电流,广泛应用在负荷一般为不平衡的三相四线制系统中,也用在负荷可能不平衡的三相三线制系统中,用作三相电流、电能测量及过电流继电保护等。

(2) 电流互感器的类型和型号

电流互感器的类型很多。

① 按其一次绕组的匝数分,有单匝式(包括线线式、芯柱式、套管式)和多匝式(包括线圈式、线环式、串级式)。

② 按一次电压高低分,有高压和低压两大类。

③ 按用途分,有测量用和保护用两大类。

④ 按准确度等级分,测量用电流互感器有 0.1、0.2、0.5、1 和 3 等级。保护用电流互感器有 5P 和 10P 两级。

电流互感器全型号的表示和含义如下:

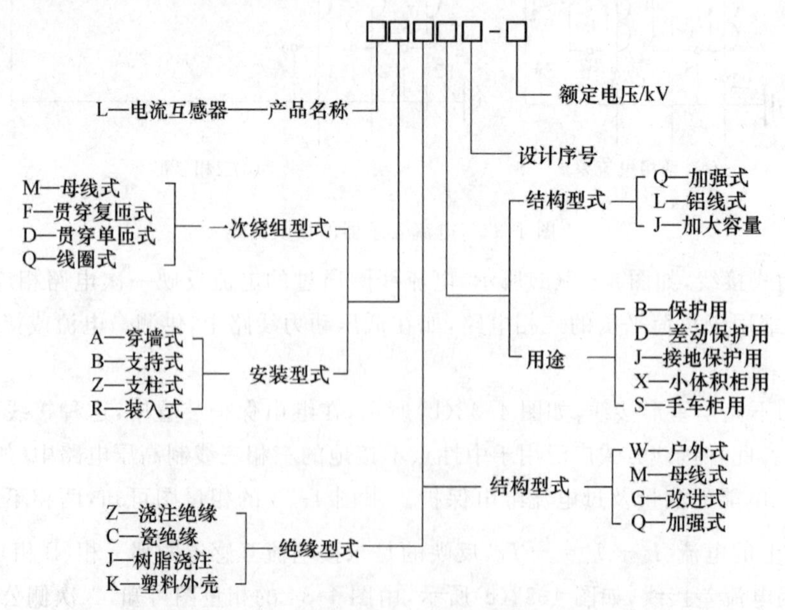

高压电流互感器多制成不同准确度级的两个铁心和两个绕组,分别接测量仪表和继电器,以满足测量和保护的不同要求。电气测量对电流互感器的准确度要求较高,且要求在短路时仪表受的冲击小,因此测量用电流互感器的铁心在一次电路短路时应易于饱和,以限制二次电流的增长倍数。而继电保护用电流互感器的铁心则要求在一次电路短路时不应饱

和，使二次电流能与一次短路电流成比例地增长，以适应保护灵敏度的要求。

户内高压 LQJ-10 型电流互感器的外形如图 4-35 所示。它有两个铁心和两个二次绕组，分别为 0.5 级和 3 级，其中 0.5 级用于测量，3 级用于保护。

户内低压 LMZJ1-0.5 型（500～800 A/5 A）的外形如图 4-36 所示。它不含一次绕组，穿过其铁心的母线就是其一次绕组（相当于 1 匝）。它用于 500 V 及以下的配电装置中测量电流、电能。

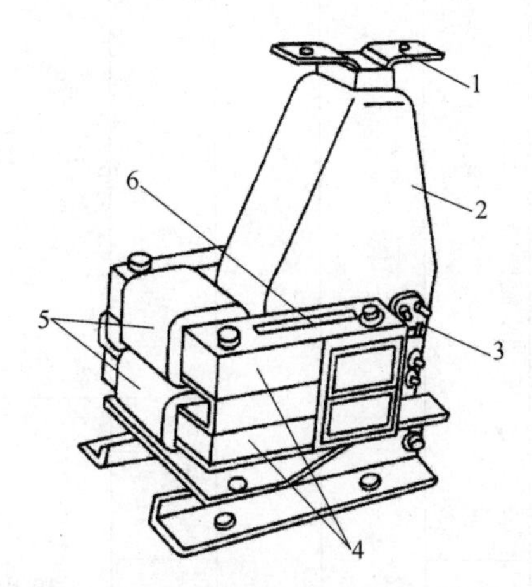

1——次接线端子；2——次绕组；3—二次接线端子；4—铁心；
5—二次绕组；6—警示牌（上面写"二次侧不得开路"等字样）

图 4-35　LQJ-10 型电流互感器

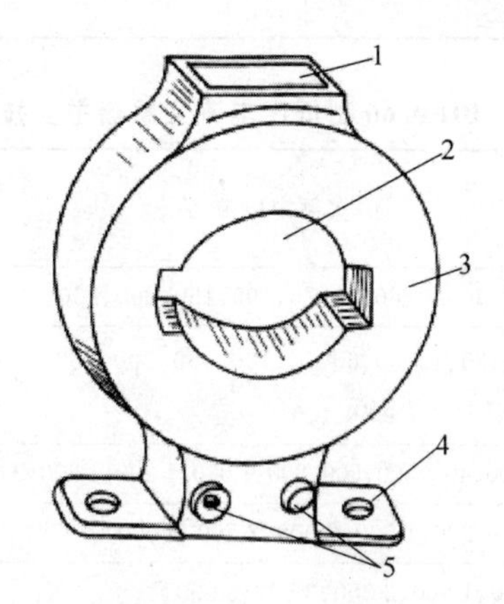

1—铭牌；2——次母线穿孔；3—铁心(外绕二次绕组)；
4—安装板；5—二次接线端子

图 4-36　LMZJ1-0.5 型电流互感器

上述两种电流互感器都是采用环氧树脂或不饱和树脂浇注绝缘，与老式的油浸式和干式电流互感器相比，具有尺寸小、性能好、安全可靠等优点，因此在现在的高低压成套配电装置中大都采用这类新型电流互感器。

LZZBJ12-10A 系列高压电流互感器及 BH-0.66 型低压电流互感器主要技术数据见表 4-11、表 4-12。

表 4-11　LZZBJ12-10A 系列高压电流互感器主要技术数据

额定电流比/A	级次组合	准确度等级及额定输出/V.A				保护级		1 秒额定热稳定电流/kA	额定动稳定电流/kA
		0.2	0.5	1.0	3	额定输出/V.A	准确度等级及准确限值系数		
10/5	0.2/5P 0.2/10P 0.5/5P 0.5/10P	10	20	—	—	30	5P10,10P10	2	5
15/5								3	7.5
20/5								4	10
30/5								6	15
40/5								8	20
50/5								10	25
75/5								21	52.5
100/5								31.5	80
150,200/5								45	112.5
300/5						25	10 P15	50	120
400/5						30			
500,600/5								80	160
800/5		15	30			40			
1 000,1 200/5									
1 500/5			40					100	180
2 000,3 000/5									

表 4-12　BH-0.66 型低压电流互感器主要技术数据

型号	一次额定电流/A	二次额定电流/A	准确度等级
BH-30Ⅰ	5、10、15、20、25、30、40、50、60、75、100、150、200、250、300	5	1、0.5
BH-40Ⅰ,BH-40Ⅱ	5、10、15、20、25、30、40、50、60、75、100、150、200、250、300、400、500、600、800、1 000、1 200、1 500		
BH-60Ⅰ,BH-60Ⅱ	150、200、250、300、400、500、600、800、1 000、1 200、1 500、2 000、2 500		0.5、0.2
BH-80Ⅰ,80Ⅱ	600、800、1 000、1 200、1 500、2 000、2 500、3 000		0.2
BH-100Ⅰ,100Ⅱ	800、1 000、1 200、1 500、2 000、2 500、3 000		
BH-120Ⅱ	1 500、2 000、2 500、3 000、4 000		

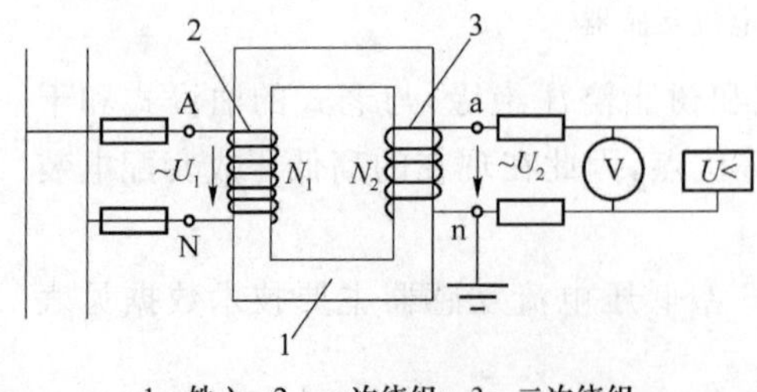

1—铁心；2—一次绕组；3—二次绕组

图 4-37　电压互感器的基本结构和接线

2. 电压互感器

(1) 基本结构原理和接线方案

电压互感器的基本结构原理图如图 4-37 所示。它的结构特点是:其一次绕组匝数很多,而二次绕组较少,相当于降压变压器。工作时,一次绕组并联在一次电路中,而二次绕组并联仪表、继电器的电压线圈。由于这些电压线圈的阻抗很大，所以电压互感器工作时二次绕组接近于空载状态。

电压互感器一次侧电压 U_1 与其二次侧电压 U_2 的关系为

$$U_1 \approx \frac{N_1}{N_2} U_2 \approx K_u U_2, \tag{4-6}$$

式中，K_u 为电压互感器的变压比，即 $K_u = U_{1N}/U_{2N}$，例如 10 kV/100 V 等。

电压互感器在三相电路中的 4 种常见的接线方案如图 4-38 所示。

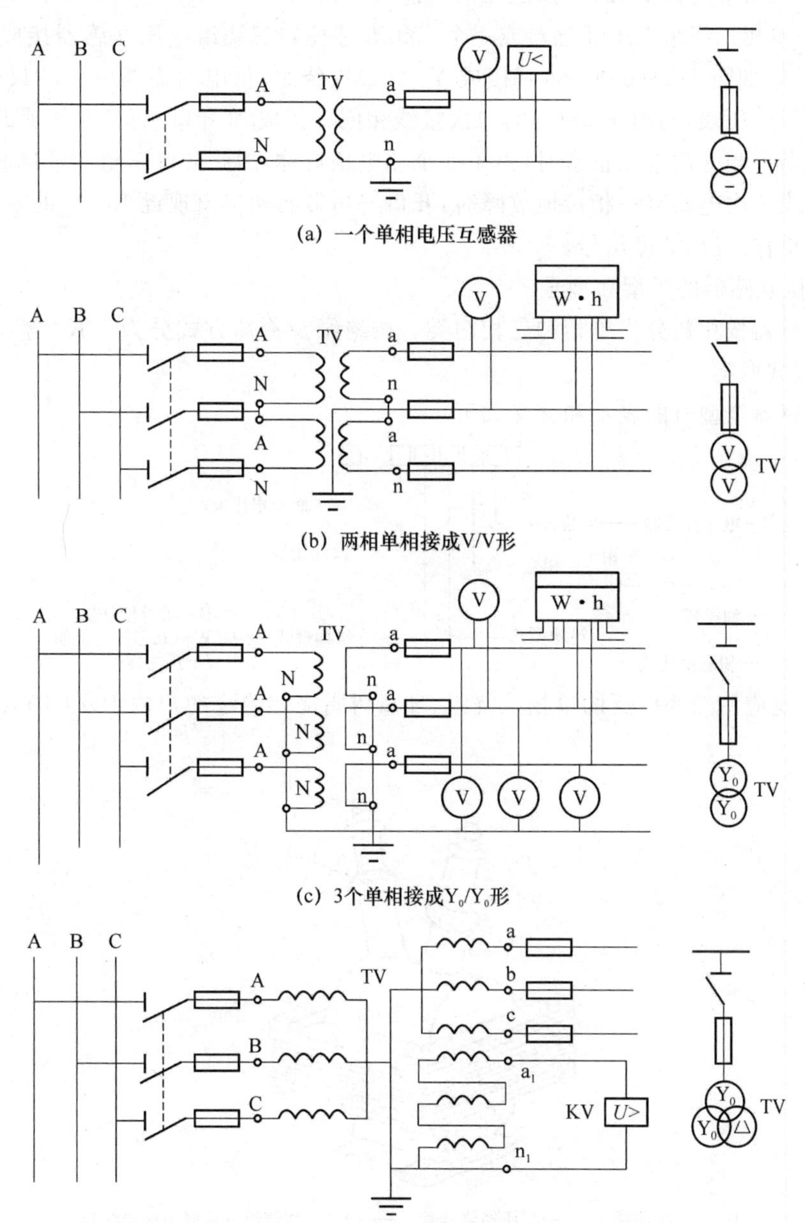

图 4-38　电压互感器的接线方案

① 一个单相电压互感器的接线，如图 4-38(a)所示，可供仪表、继电器接于线电压。

② 两个单相电压互感器接成V/V形，如图4-38(b)所示，可供仪表、继电器接于三相三线制电路的各个线电压，它广泛应用在工厂变配电所的6～10 kV高压配电装置中。

③ 三个单相电压互感器接成Y_0/Y形，如图4-38(c)所示，供电给要求线电压的仪表、继电器和要求接于相电压的绝缘监视电压表，由于小接地电流系统在一次侧发生单相接地时，另两相电压要升高到线电压，所以绝缘监视电压表的量程不能按相电压选择，而应按线电压选择，否则在发生单相接地时，电压表可能被烧毁。

④ 三个单相三绕组电压互感器或一个三相五芯柱式三绕组电压互感器接成Y_0/Y_0-△(开口三角)形，如图4-38(d)所示，其接成Y_0的二次绕组，供电给需线电压的仪表、继电器及绝缘监视用电压表，与图4-38(c)的二次接线相同。接成△(开口三角)形的辅助二次绕组接电压继电器。当一次电压正常时，由于3个相电压对称，因此开口三角形开口两端的电压接近于零。当一次电路有一相接地故障时，开口三角形两端将出现近100 V的零序电压，使电压继电器动作，发出故障信号。

(2) 电压互感器的类型和型号

电压互感器按相数分为单相和三相两类。按绝缘及冷却方式分为干式(含环氧树脂浇注式)和油浸式两类。

电压互感器全型号的表示和含义如下：

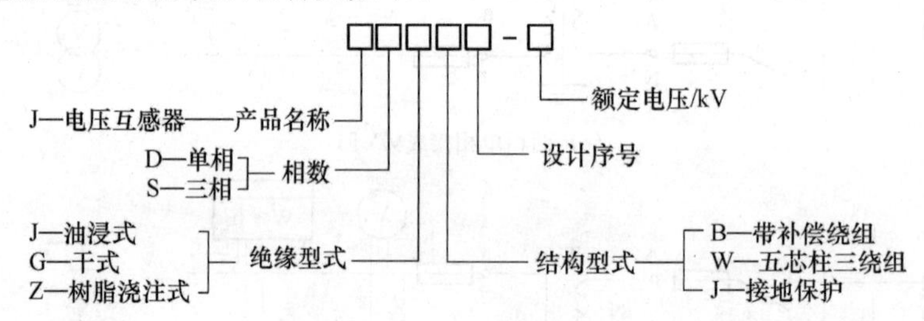

图4-39是应用较为广泛的单相三绕组、环氧树脂浇注绝缘的户内JDZJ-10型电压互感器外形。

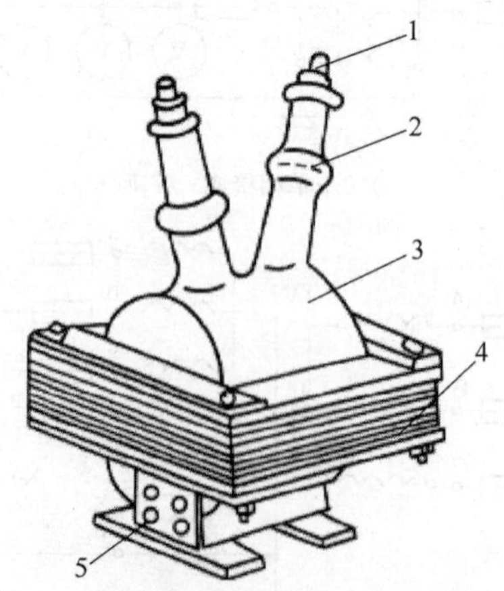

1—一次接线端子；2—高压绝缘套管；3—一、二次绕组（环氧树脂浇注）；
4—铁心（壳式）；5—二次接线端子

图4-39　JDZJ-10型电压互感器

如果将此三个单相的JDZJ-10型电压互感器接成图4-38(d)所示的Y_0/Y_0-△形接线方式，可供小接地电流系统中作电压、电能测量及绝缘监视用。

JDZ(X)12-10 系列电压互感器主要技术数据见表 4-13。

表 4-13　JDZ(X)12-10 系列电压互感器主要技术数据

型号	额定电压比/kV	准确级组合	准确度等级及额定输出/V. A				极限输出/V. A
			0.2	0.5	1.0	3	
JDZ12-10	10/0.1	0.2、0.5	30	80	—	—	400
JDZ(X)12-10	$\frac{10}{\sqrt{3}}/\frac{0.1}{\sqrt{3}}/\frac{0.1}{\sqrt{3}}$	0.5/6P	30	80	—	100	400

4.2.3　接触器

接触器是一种用于频繁地接通或断开交直流主电路、大容量控制电路等大电流电路的自动切换电器。在功能上接触器除能自动切换外，还具有手动开关所缺乏的远距离操作功能和失压(或欠压)保护功能，但没有低压断路器所具有的过载和短路保护功能。

接触器按驱动触头系统的动力不同分为电磁接触器、气动接触器、液压接触器等。新型的真空接触器与晶闸管交流接触器正在逐步使用。在此仅介绍应用最为广泛的电磁式接触器及新型的智能化接触器。

1. 电磁式接触器

电磁式接触器由以下 4 部分组成。

① 电磁机构。由线圈、动铁心(衔铁)和静铁心组成，其作用是将电磁能转换成机械能，产生电磁吸力带动触点动作。

② 触点系统。包括主触点和辅助触点。主触点用于通断主电路，通常为三对动合触点；辅助触点用于控制电路，起电气联锁作用，故又称联锁触点，一般为动合、动断各两对。按主触头控制电流的性质不同可分为直流接触器和交流接触器。

③ 灭弧装置。容量在 10 A 以上的接触器都有灭弧装置，对于小容量的接触器，常采用双断口触点灭弧、电动力灭弧、相间弧板隔弧及陶土灭弧罩灭弧。对于大容量的接触器，采用纵缝灭弧罩及栅片灭弧。

④ 其他部件。包括反作用弹簧、缓冲弹簧、触点压力弹簧、传动机构及外壳等。

电磁式接触器有电磁式交流接触器和电磁式直流接触器两种类型。

电磁式交流接触器的工作原理如下：线圈通电后，在铁心中产生磁通及电磁吸力。此电磁吸力克服弹簧反力使得衔铁吸合，带动触点机构动作，动断触点打开，动合触点闭合、互锁或接通线路。线圈失电或线圈两端电压显著降低时，电磁吸力小于弹簧反力，使得衔铁释放，触点机构复位，断开线路或解除互锁。

电磁式直流接触器的结构和工作原理基本上与交流接触器相同。在结构上也是由电磁机构、触点系统和灭弧装置等部分组成。由于直流电弧比交流电弧难以熄灭，直流接触器常采用磁吹式灭弧装置灭弧。

交流接触器的外形与结构示意图如图 4-40 所示。

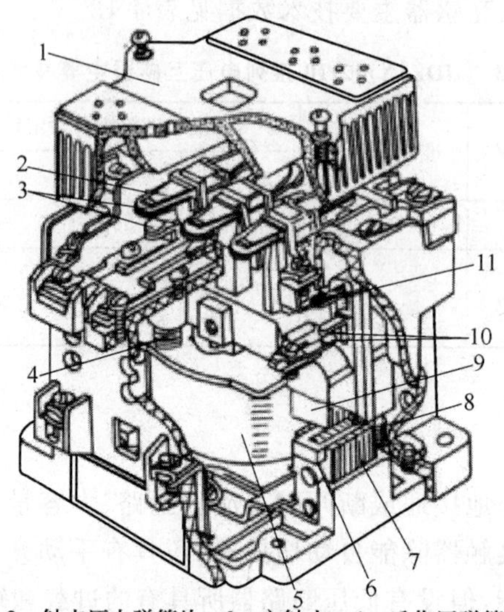

1—灭弧罩；2—触点压力弹簧片；3—主触点；4—反作用弹簧；5—线圈；
6—短路环；7—静铁心；8—弹簧；9—动铁心；10—辅助动合触点；11—辅助动断触点

图4-40　CJ10-20型交流接触器的外形与结构示意图

交流接触器的型号表示如下：

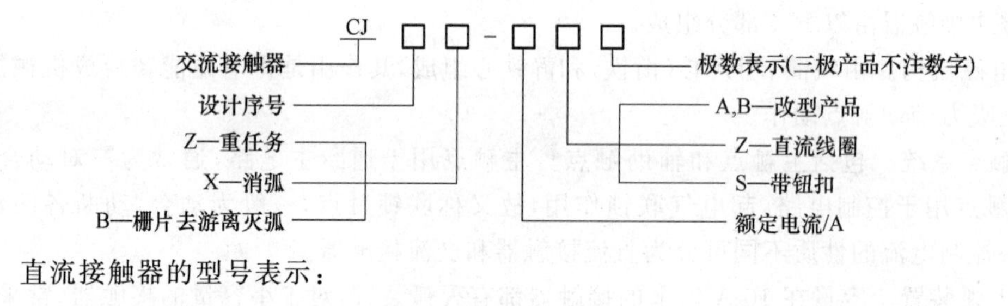

直流接触器的型号表示：

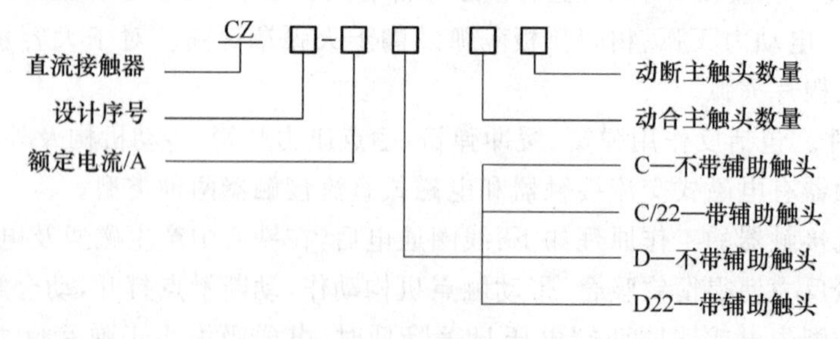

接触器的图形符号(交、直流接触器通用)如图4-41所示，文字符号为KM(注：如果在继电保护回路里同时出现中间继电器和接触器时，中间继电器符号用KM，而接触器符号则用其大类代号K，以免二者混淆)。

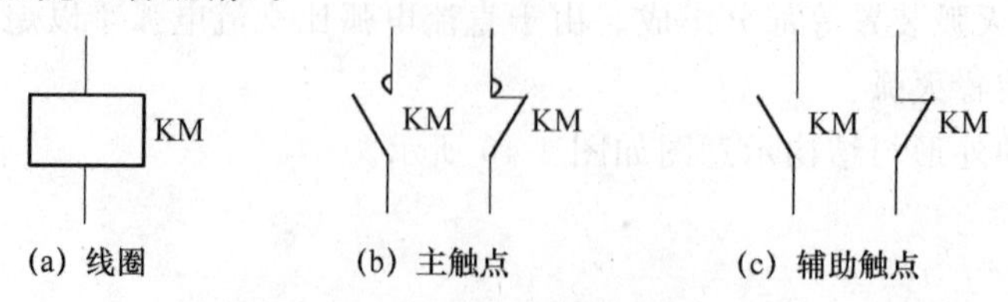

图4-41　接触器的图形符号

(1) 交流接触器的分类

交流接触器的种类很多,按照一般的分类方法有以下几种。

① 按主触点极数分,可分为单极、双极、三极、四极和五极接触器。单极接触器主要用于单相负荷,如照明负荷、焊机等;双极接触器用于绕线式异步电机的转子回路中,起动时用于短接起动绕组;三极接触器用于三相负荷,例如在电动机的控制及其他场合,使用最为广泛;四极接触器主要用于三相四线制的照明线路;五极交流接触器用来组成自耦补偿起动器或控制双笼型电动机,以变换绕组接法。

② 按灭弧介质分,可分为空气式接触器、真空式接触器等。依靠空气绝缘的接触器用于一般负载,而采用真空绝缘的接触器常用在煤矿、石油、化工企业及电压在660 V等一些特殊的场合。

③ 按有无触点分,可分为有触点接触器和无触点接触器。常见的接触器多为有触点接触器,而无触点接触器属于电子技术应用的产物,一般采用晶闸管作为回路的通断元件。由于可控硅导通时所需的触发电压很小,而且回路通断时无火花产生,因而可用于高操作频率的设备和易燃、易爆、无噪声的场合。

(2) 交流接触器的基本参数

① 额定电压。指主触点额定工作电压,应等于负载的额定电压。一台接触器常规定几个额定电压,同时列出相应的额定电流或控制功率。通常,最大工作电压即为额定电压。常用的额定电压值为220 V、380 V、660 V等。

② 额定电流。指接触器触点在额定工作条件下的电流值。380 V三相电动机控制电路中,额定工作电流可近似等于控制功率的两倍。常用额定电流等级为5 A、10 A、20 A、40 A、60 A、100 A、150 A、250 A、400 A、600 A。

③ 通断能力。可分为最大接通电流和最大分断电流。最大接通电流是指触点闭合时不会造成触点熔焊时的最大电流值;最大分断电流是指触点断开时能可靠灭弧的最大电流。一般通断能力是额定电流的5～10倍。当然,这一数值与开断电路的电压等级有关,电压越高,通断能力越小。

④ 动作值。可分为吸合电压和释放电压。吸合电压是指接触器吸合前,缓慢增加吸合线圈两端的电压,接触器可以吸合时的最小电压。释放电压是指接触器吸合后,缓慢降低吸合线圈的电压,接触器释放时的最大电压。一般规定,吸合电压不低于线圈额定电压的85%,释放电压不高于线圈额定电压的70%。

⑤ 吸引线圈额定电压。指接触器正常工作时,吸引线圈上所加的电压值。一般该电压数值以及线圈的匝数、线径等数据均标于线包上,而不是标于接触器外壳铭牌上,使用时应加以注意。

⑥ 操作频率。接触器在吸合瞬间,吸引线圈需消耗比额定电流大5～7倍的电流,如果操作频率过高,则会使线圈严重发热,直接影响接触器的正常使用。为此,规定了接触器的允许操作频率,一般为每小时允许操作次数的最大值。

⑦ 寿命。包括电气寿命和机械寿命。目前接触器的机械寿命已达一千万次以上,电气寿命约是机械寿命的5%～20%。

常用的典型接触器有如下两种。

• 交流接触器。我国生产的交流接触器常用的有CJ10、CJ12、CJX1、CJ20等系列及其派生系列产品,CJ10系列及其改型产品已逐步被CJ20、CJX系列产品取代。上述系列产品一般具有三对动合主触点,动合、动断辅助触点各两对。除上述典型接触器外,还有CKJ系列交流真空接触器、CJX_1系列和CJX_2系列小容量交流接触器以及法国TE公司技术生产的LC1-D系列、LC2-D系列交流接触器等产品。

- 直流接触器。常用的有CZ0系列,分单极和双极两大类,动合、动断辅助触点不超过两对。

2. 智能化接触器

智能化接触器的主要特征是装有智能化电磁系统,并具有与数据总线及与其他设备之间互相通信的功能,其本身还具有对运行工况自动识别、控制和执行的能力。

智能化接触器一般由基本系列的电磁接触器及附件构成。附件包括智能控制模块、辅助触头组、机械联锁机构、报警模块、测量显示模块、通信接口模块等,所有智能化功能都集成在一块以微处理器或单片机为核心的控制板上。从外形机构上看,与传统产品不同的是智能化接触器在出线端位置增加了一块带中央处理器及测量线圈的机电一体化的线路板。

(1) 智能化电磁系统

智能化接触器的核心是具有智能化控制的电磁系统,对接触器的电磁系统进行动态控制。由接触器的工作原理可见,其工作过程可分为吸合过程、保持过程、分断过程三部分,是一个变化规律十分复杂的动态过程。电磁系统的动作质量依赖于控制电源电压、阻尼机构和反力弹簧等,并不可避免地存在不同程度的动、静铁心的"撞击""弹跳"等现象,甚至造成"触头熔焊"和"线圈烧损"等,即传统的电磁接触器的动作具有被动的"不确定"性。智能化接触器是对接触器的整个动态工作过程进行实时控制,根据动作过程中检测到的电磁系统的参数,如线圈电流、电磁吸力、运动位移、速度和加速度、正常吸合门槛电压和释放电压参数,进行实时数据处理,并依此选取事先存储在控制芯片中的相应控制方案以实现"确定"的动作,从而同步吸合、保持和分断3个过程,保证触头开断过程的电弧能量最小,实现3个过程的最佳实时控制。检测元件是采用了高精度的电压互感器和电流互感器,但这种互感器与传统的互感器有所区别,如电流互感器是通过测量一次侧电流周围产生的磁通量并使之转化为二次侧的开路电压,依此确定一次侧的电流,再通过计算得出I^2及I^2t值,从而获取与控制电路对象相匹配的保护特性,并具有记忆、判断功能,能够自动调整、优化保护特性。经过对控制电路的电压和电流信号的检测、判别和变换过程,实现对接触器电磁线圈的智能化控制,并可实现过载、断相或三相不平衡、短路、接地故障等保护功能。

(2) 双向通信与控制接口

智能化接触器能够通过通信接口直接与自动控制系统的通信网络相连,通过数据总线可输出工作状态参数、负载数据和报警信息等,另外可接受上位控制计算机及可编程序控制器(PLC)的控制指令,其通信接口可以与当前工业上应用的大多数低压电器数据通信规约兼容。

目前智能化接触器的产品尚不多,已面世的产品在一定程度上代表了当今智能化接触器技术发展的动向和水平,是智能化接触器产品的发展方向。如日本富士电机公司的NewSC系列交流接触器,美国西屋公司的"A"系列智能化接触器、ABB公司的AF系列智能化接触器等。国内已有将单片机引入交流接触器的控制技术。

4.2.4　电力系统中常用的主令电器

主令电器用来闭合或断开控制电路，以发布命令或用作程序控制，它主要有控制按钮、行程开关、转换开关和主令控制器等。正因为主令电器在控制电路中是一种专门发布命令的电器，所以称为主令电器。主令电器不允许分合主电路。

1. 控制按钮

控制按钮是一种接通或分断小电流电路的主令电器，其结构简单、应用广泛。控制按钮触头允许通过的电流一般不超过5 A，主要用在低压控制电路中。手动发出控制信号，以控制接触器、继电器、电磁启动器等。

控制按钮由按钮帽、复位弹簧、桥式动、静触头和外壳等组成，一般为复合式，即同时具有动合、动断触头。按下时动断触头先断开，然后动合触头闭合。去掉外力后在复位弹簧的作用下，动合触头断开，动断触头复位。其结构如图4-42所示。

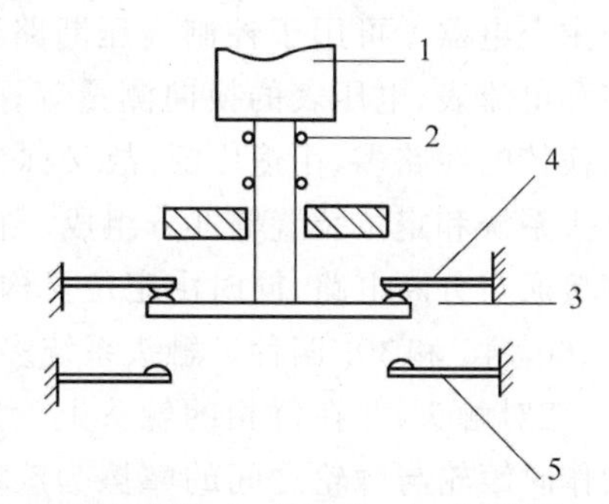

1—按钮帽；2—复位弹簧；3—动触头；4—动断触头；5—动合触头

图4-42　控制按钮结构

控制按钮可做成单式（一个按钮）、双式（两个按钮）和三联式（三个按钮）的形式。为便于识别各个按钮的作用，避免误操作，通常在按钮上做出不同标志或涂以不同颜色，以示区别。一般红色表示停止，绿色表示启动。另外，为满足不同控制和操作的需要，控制按钮的结构形式也有所不同，如钥匙式、旋钮式、紧急式、掀钮式等。若将按钮的触点封闭于隔爆装置中，还可构成防爆型按钮，适用于有爆炸危险、有轻微腐蚀性气体或蒸汽的环境以及雨、雪和滴水的场合。

LA系列为控制按钮的产品型号。

2. 行程开关

依照生产机械的行程发出命令以控制其运动方向或行程长短的主令电器称为行程开关。若将行程开关安装于生产机械行程的终点处，以限制其行程，则又可称为限位开关。当生产机械运动到某一预定位置，与行程开关发生碰撞时，行程开关便发出控制信号，实现对生产机械的电气控制。

行程开关按其结构可分为直动式、滚轮式和微动式3种。

直动式行程开关的外形及结构原理如图4-43所示。它的动作原理与控制按钮相同，它的缺点是触点分合速度取决于生产机械的移动速度，当移动速度低于0.4 m/min时，触点分断太慢，易受电弧烧损，此时，应采用有盘行弹簧机构瞬时动作的滚轮式行程开关。当生产机械的行程较小而作用力很小时,可采用具有瞬时动作和微小行程的微动开关。

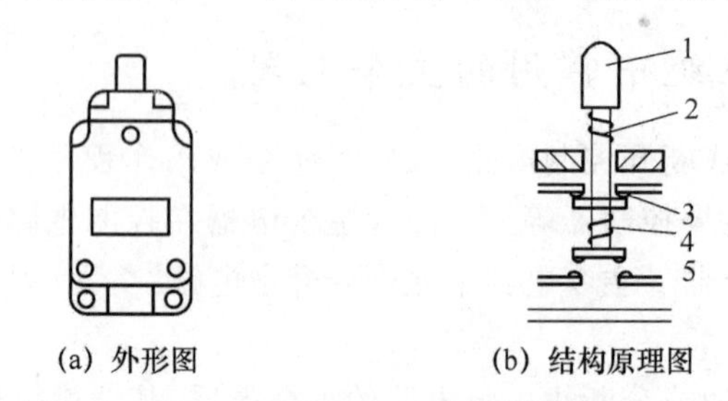

(a) 外形图　　(b) 结构原理图

1—顶杆; 2—弹簧; 3—动断触点; 4—触点弹簧; 5—动合触点

图 4-43　直动式行程开关的外形及结构原理

常用的行程开关型号有 LX19 系列、JLXK1 系列、LXW-11 和 3SE3 系列等。

3. 转换开关

转换开关(又称控制开关,文字符号常用 SA 表示)是由多组相同结构的开关元件叠装而成,用以控制多回路的一种主令电器。可用于控制高压断路器操动机构的分、合闸,各种配电设备中线路的换接,遥控和电流表、电压表的换向测量等;也可用于控制小容量电动机的起动、换向和调速。由于它换接的线路多,用途广泛,故又称为万能转换开关。

转换开关由凸轮机构、触头系统和定位装置等部分组成。它依靠凸轮转动,用变换半径来操作触头,使其按预定顺序接通与分断电路;同时由定位机构和限位机构来保证动作的准确可靠。凸轮工作位置有 90°、60°、45°和 30° 四种。触头系统多为双断口桥式结构。在每个塑料压制的触头座内安装有二三对触头,并在每相的触头上设置灭弧装置。定位装置是采用滚轮卡棘轮辐射型结构,操作时滚轮与棘轮之间的摩擦为滚动摩擦,所需操作力小,定位可靠,并有一定速动作用,有利于提高分断能力。

某一产品系列的转换开关外形如图 4-44 所示。

转换开关的触点分合状态与操作手柄位置关系的图形符号的两种不同的表示方法如图 4-45(a)、(b)所示,(a)用虚线表示操作手柄的位置,用有无"·"表示触点的分合状态,比如,在触点图形符号下方的虚线位置上画"·"表示当操作手柄处于该位置时,该触点是处于闭合状态,反之为打开状态。(b)用表格形式表示操作手柄处于不同位置时相应的各触点的分合状态,有"X"表示闭合,无"X"表示打开。

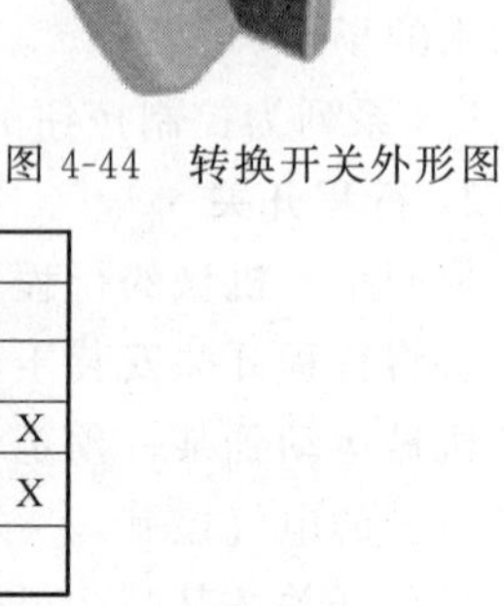

图 4-44　转换开关外形图

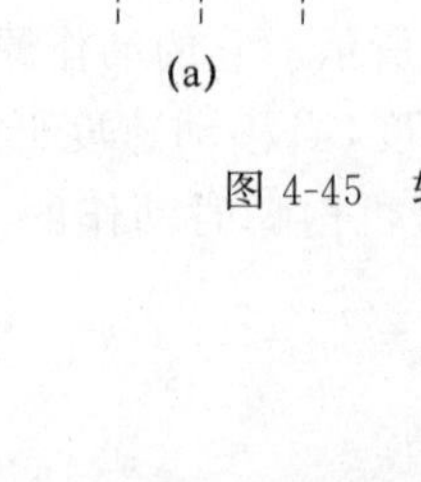

1　2　3　4　5　6　7　8

(a)

	位置		
触点		X	
1-2			
3-4			X
5-6	X		X
7-8	X		

(b)

图 4-45　转换开关的图形符号

LW 系列为转换开关的产品型号(具体应用见第 5 章)。

4. 主令控制器

主令控制器用于频繁切换复杂得多回路控制电路。它主要是切换接触器控制电路,因此,主令控制器的触头是按小电流设计的,尺寸小,一般不需要灭弧装置。从结构形式来看,主令控制器有两种类型:一种是凸轮非调整式主令控制器,其凸轮不能调整,其触头只能按一定的触点分合表动作;另一种是凸轮调整式主令控制器,其凸轮片上开有孔和槽,它装在凸轮盘上的位置可以调整,因此,其触点的开合次序也可以调整。一般主令控制器的手柄是停留在需要的工作位置上,但在带有特殊反作用弹簧的主令控制器中,它的手柄能自动恢复到零位。

LK 系列为有触点式主令控制器产品型号,其输出开关量主令信号。

为实现输出模拟量主令信号,出现了无触点的主令控制器,无触点主令控制器从外观上看与有触点主令控制器相似,但其内部为一自整角机,自整角机的转子由操作手柄带动。当自整角机励磁绕组通电之后,利用转子与定子间的空间角差,在定子绕组中产生正弦的电压模拟输出主令信号。

WLK 系列为无触点式主令控制器产品型号。

思考题和习题

4-1　什么是配电系统中的一次电气设备?配电系统中一次电气设备按其功能分,可有哪几类?

4-2　配电变压器在配电系统中起什么作用?

4-3　电力变压器有哪些分类方式?各分类方式下的变压器适用的场合如何?

4-4　电力变压器的产品型号如何表示?电力变压器联结组别的含义是什么?

4-5　Dyn11 联结的配电变压器有何优点?

4-6　高压断路器有哪些功能?高压断路器的产品型号如何表示?

4-7　油断路器、六氟化硫(SF_6)断路器和真空断路器的灭弧介质是什么?各自的灭弧性能如何?

4-8　高压断路器的操动机构有哪些类型?型号如何表示?试简述各自的特点。

4-9　简述高压隔离开关的功能、结构特点及使用特点。高压隔离开关的产品型号如何表示?

4-10　低压断路器有哪些功能及分类方式?其产品型号如何表示?

4-11　什么是选择型及非选择型低压断路器?

4-12　低压断路器的保护特性曲线有哪些?各自有何特点?

4-13　简述塑料外壳式低压断路器、万能式低压断路器的使用特点。

4-14　智能化断路器与传统断路器有何区别?

4-15　低压刀开关有哪些分类方式?对于不带灭弧罩低压刀开关和带灭弧罩的低压刀开关使用上有何区别?其产品型号如何表示?

4-16　熔断器式刀开关、低压负荷开关在使用上有何特点?各自产品型号如何表示?

4-17　什么是配电系统中的二次电气设备?保护继电器应用在何场合中?

4-18　什么是过电流继电器的动作电流、返回电流、返回系数？返回系数的高低表明什么？

4-19　电磁式电流继电器的动作电流有几种调节方法？如何调节？

4-20　电磁式过电流继电器、欠电压继电器、时间继电器、中间继电器在继电保护中各起什么作用？各采用什么文字符号和图形符号？

4-21　感应式电流继电器有哪些主要功能？其动作电流、速断电流倍数如何调节？为什么说气隙越大，速断电流倍数越大？

4-22　简述瓦斯继电器的保护功能。什么原因会使瓦斯继电器的轻瓦斯动作及重瓦斯动作？

4-23　简述电流互感器和电压互感器在供配电系统中的作用。

4-24　电流互感器在三相电路中有几种接线方案？各接线方案有何特点？

4-25　电压互感器在三相电路中有几种接线方案？各接线方案有何特点？

4-26　电压互感器的 Y_0/Y_0-⊿(开口三角)形接线方案中，二次侧的 Y_0-⊿接线各起什么作用？

4-27　接触器在系统中具有何种功能？

第5章　10 kV变电所

10 kV变电所是将10 kV配电电压降为380/220 V供电电压的终端变电所。通常为城市小区供电设置的变电所、高校内设置的变电所、为中小型企业供电设置的变电所等均可按10 kV变电所来建设。本章介绍10 kV变电所的高低压一次系统设计、二次系统设计、变压器选择、高压开关柜、低压开关柜及自动化装置等内容。

5.1　10 kV变电所的电气主接线

变电所电气主接线是指变电所的变压器、供电线路怎样与电力系统相连接，从而完成输配电任务。变电所的主接线是电力系统接线组成中的一个重要组成部分。主接线的确定，对电力系统的安全、稳定、灵活、经济运行以及变电所电气设备的选择、配电装置的布置、继电保护和控制方法的拟定将会产生直接的影响。10 kV变电所的电气主接线是指10 kV变电所中一次电气设备的连接方式，它表达了电压等级的变换、电能传输的容量和电能在变电所中进行分配的关系。

10 kV变电所的电气主接线设计应满足如下基本要求。

① 安全性。10 kV变电所电气主接线的设计应符合国家标准和有关技术规范的要求，能充分保证人身和设备的安全。例如，在高压断路器的电源侧及可能反馈电能的负荷侧，必须装设高压隔离开关；对低压断路器也一样，在其电源侧及可能反馈电能的负荷侧，必须装设低压刀开关。

② 可靠性。10 kV变电所电气主接线的设计应满足各级电力负荷对供电可靠性的要求。例如，对一、二级重要负荷，其主接线应考虑两台主变压器，且一般应为双电源供电。

③ 灵活性。10 kV变电所电气主接线的设计应能适应供电系统所需的各种运行方式，便于操作维护，并能适应负荷的发展，有扩充改建的可能性。

④ 经济性。在满足上述要求的前提下，10 kV变电所电气主接线的设计应尽量使主接线简单，减少投资和运行费用，并节约电能和有色金属消耗量，应尽可能选用技术先进又经济适用的节能产品。

5.1.1　10 kV变电所的电气主接线设计

1. 母线

原理上母线是电路中的一个电气节点，在母线上汇集电能和分配电能，所以母线又称汇流排。10 kV变电所中变压器与馈电线之间采用母线制。采用不同的母线接线方式，可使在变压器数量少的情况下能向多个用户供电，或者保证用户的馈电线能从不同的变压器获得供电。

母线制有单母线制和双母线制。其中的母线又有母线分段及母线不分段两种接线方式。

下面以10 kV配电所（又称10 kV开闭所）的母线接线方式为例，介绍母线分段及母线不分段两种接线方式的供电特点。

(1) 单电源单母线电气主接线

单电源单母线主接线方式如图 5-1 所示。这种主接线的特点是整个配电装置只有一组母线,所有电源和出线都接在同一组母线上。这种接线适用于 6～10 kV 配电装置的出线回数不超过 5 回的配电系统中。

在此主接线中,每条引入线和引出线的电路中都装有断路器(QF)和隔离开关(QS)。断路器作为切断负荷电流或故障电流之用;隔离开关有两种,靠近母线侧的称为母线隔离开关,作为隔离母线电源,检修断路器之用,靠近线路侧的称为线路隔离开关,是防止在检修断路器时从用户侧反向送电,或防止雷电过电压沿线路侵入,以保护维修人员的安全。有关设计规范规定,在下列情况时 6～10 kV 的配出线应装线路隔离开关:

- 有电压反馈可能的配出线回路;
- 架空配出线回路。

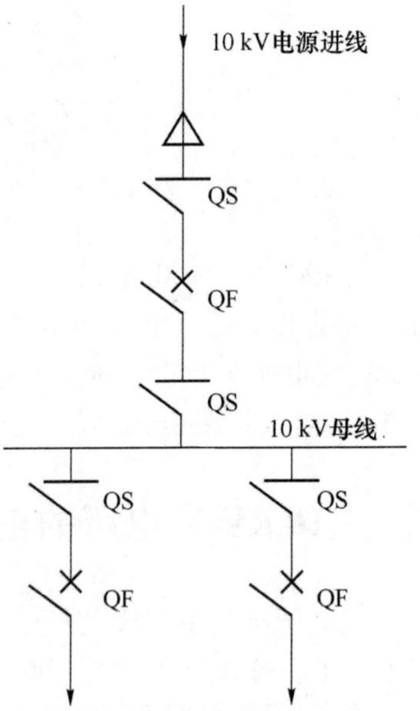

图 5-1　单电源单母线主接线图

单电源单母线主接线的优点是:电路简单,使用设备少,配电装置的建造费用低。其缺点是:可靠性和灵活性差,当母线或母线隔离开关故障或检修时,必须断开所有回路的电源,而造成全部用户停电。所以,单电源单母线主接线方式适用于用户对供电连续性要求不高的情况。

(2) 双电源单母线分段的电气主接线

双电源单母线分段主接线方式如图 5-2 所示。增加了一路电源,可提高供电的可靠性。当任一路电源进线停电检修或发生故障时,可通过闭合母线分段开关,即可迅速恢复对整个变电所的供电。

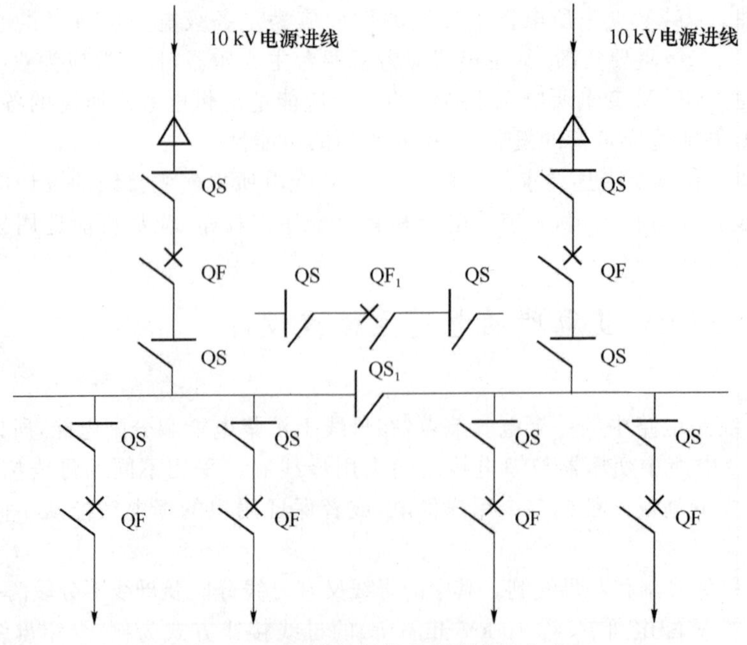

图 5-2　双电源单母线分段主接线方式

当有两路电源进线时，母线采用分段制是克服不分段母线存在的工作不可靠、灵活性差的有效方法。分段开关可采用高压隔离开关或高压断路器，由于分段开关不同，其作用也有差别。

① 用隔离开关分段的单母线接线方式

母线检修可分段进行，当母线故障时，经过倒闸操作可切除故障段，保证其他段继续运行，这样始终可以保证 50%左右容量不停电，故比单母线不分段接线的可靠性有所提高。

用隔离开关分段的单母线接线，适用于由双回路供电、允许短时停电的具有二级负荷的用户。

这种接线方式可以作分段运行（分段隔离开关打开），也可作并列运行（分段隔离开关闭合）。

采用分段运行时，各段相当于单母线不分段状态，各段母线的电气系统互不影响，但也互相分列，母线电压按非同期考虑。任一段母线故障或检修时，仅停止对该段母线所带的负荷供电。当任一电源线路故障或检修时，如其余运行电源功率充足能负担全部引出线的负荷时，则可经过“倒闸操作”恢复对全部引出线的供电。倒闸操作时，分段隔离开关 QS_1 不能带负荷操作。

采用并列运行时，若遇某一路电源检修时，无须母线停电，只需断开检修电源的断路器及其隔离开关。但是当母线故障或检修时，会引起正常供电的母线段的短时停电。

在实际运行中，视具体情况而采用不同运行方式。

这种运行方式由于母线分段隔离开关不能带负荷操作，所以，不能安装备用电源自动投入装置，使得某一路电源停电（或故障跳闸）时，不能将该回路上的负荷自动投切到另一路电源供电。

② 用断路器分段的单母线接线方式

分段断路器除具有分段隔离开关的作用外，该断路器还装有继电保护，除能切断负荷电流或故障电流外，还可自动分、合闸。母线检修时不会引起正常母线段的停电，可直接操作分段断路器，拉开隔离开关进行检修，其余各段母线继续运行。在母线故障时，分段断路器的继电保护动作，自动切除故障段母线，所以用断路器分段的单母线接线，可靠性提高，并且可安装备用电源自动投入装置。

但是，单母线分段接线，不管是用隔离开关分段还是用断路器分段，在母线检修或故障时，都避免不了使接在该段母线上的用户停电。

对单母线分段的主接线方式，由于电力系统的发展、技术的改进、备用容量的增加、带电快速检修输电线路的经验，以及自动重合闸的采用，可以满足对各种类型负荷的供电要求。因此单母线分段主接线方式已被广泛用在变电所的供配电系统中。

《电力设计技术规范》要求 10 kV 及以下的变配电所，高、低压母线一般应采用单母线或单母线分段的接线方式。

(3) 双母线的电气主接线

为了避免单母线分段接线，当母线或母线隔离开关故障或检修时，连接在该段母线上的回路都要在检修期间长时间停电，而将单母线分段接线发展成双母线，如图 5-3 所示。这种接线,每一回路都通过一台断路器和两组隔离开关连接到两组母线上。母线 1、2 都是工作母线,互为备用。

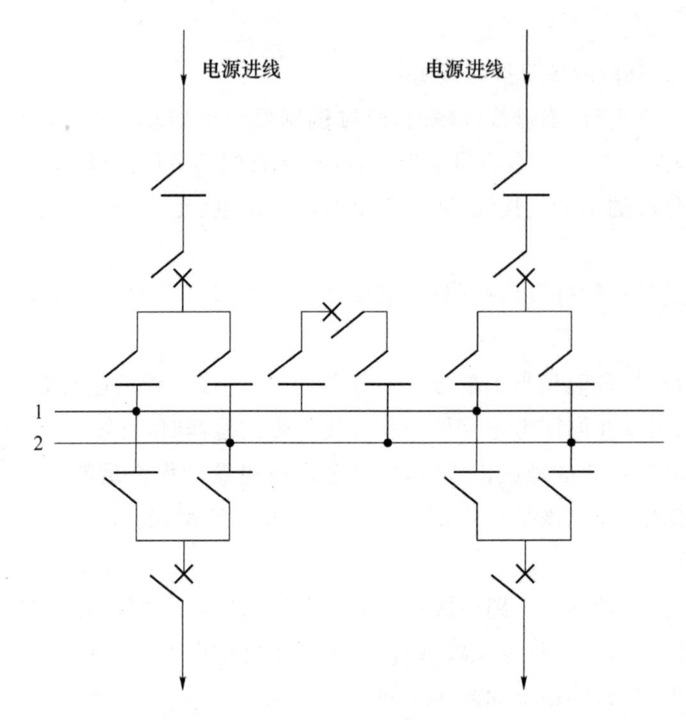

图 5-3　双母线的电气主接线

与单母分段主接线相比,双母线具有下述优点:

- 可以轮流检修母线而不致中断供电,只需将要检修的那一组母线上的所有负载倒闸操作到另一组母线上;
- 检修任一回路隔离开关时,只停该回路;
- 母线故障时,通过倒闸操作可迅速恢复供电;
- 调度灵活,各电源和各负荷回路可以任意分配到某一组母线上。

2. 10 kV 变电所常用的电气主接线方案

(1) 装有一台主变压器的变电所主接线方案

只有一台主变压器的小型变电所,高压侧常采用隔离开关-断路器的接线方式。图 5-4 和图 5-5 是两种接线的例子。

图 5-4 高压侧一路电源进线,采用隔离开关-断路器的主接线方式。由于采用了高压断路器,因此变电所的停、送电操作十分灵活方便,同时高压断路器都配有继电保护装置,在变电所发生短路或过负荷时均能自动跳闸,而且在故障和异常情况消除后,又可直接迅速合闸,从而使恢复供电的时间大大缩短。如果配备自动重合闸装置,则供电可靠性可更进一步提高。但是由于只有一路电源进线,一般也只用于三级负荷,供电容量较大。

图 5-5 变电所主接线有两路电源进线,则供电可靠性相应提高,可供二级负荷。如果低压侧还有联络线与其他变电所相连,或者另有备用电源时,还可供少量一级负荷。

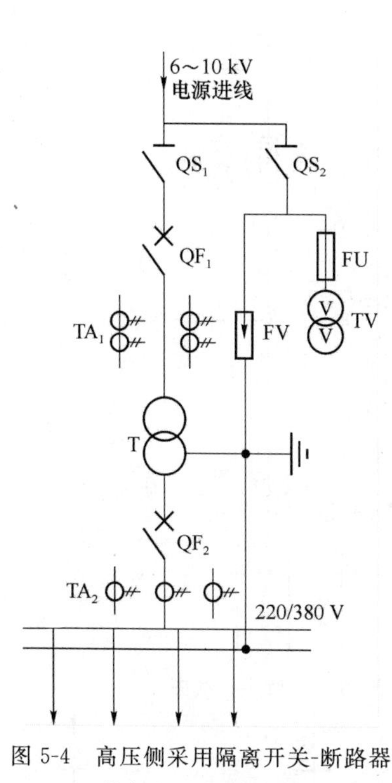

图 5-4　高压侧采用隔离开关-断路器的变电所主接线图

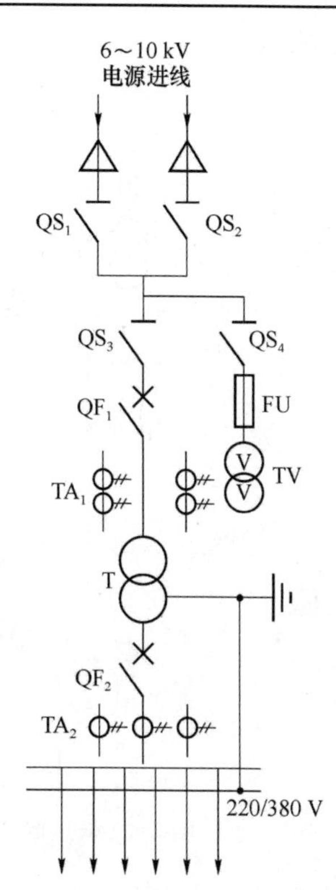

图 5-5　高压双回路进线的一台主变压器变电所主接线图

(2) 装有两台主变压器的变电所主接线方案

① 高压侧线路变压器组、低压侧单母线分段的两台主变压器变电所主接线图如图 5-6 所示。这种主接线的供电可靠性较高。当任一台主变压器或任一电源进线停电检修或发生故障时，该变电所通过闭合低压母线分段开关，即可迅速恢复对整个变电所的供电。如果两台主变压器低压主开关采用电磁合闸或电动机合闸的万能式低压断路器，并装设互为备用的备用电源自动投入装置，则当任一主变压器低压主开关因电源失压而跳闸时，另一主变压器低压主开关和低压母线分段开关将在备用电源自动投入装置作用下自动合闸，恢复整个变电所的正常供电。这种主接线可供一、二级负荷。

② 高压侧单母线、低压侧单母线分段的变电所主接线图如图 5-7 所示。这种主接线适用于装有两台(或多台)主变压器或者具有多路高压出线的变电所，供电的可靠性较高，任一主变压器检修或发生故障时，通过切换操作，可很快恢复整个变电所的供电。但是，当高压母线或者电源进线检修或发生故障时，整个变电所都要停电。如果有与其他变电所相连的低压或高压联络线时，供电可靠性则可大大提高，无联络线时，这种主接线可供二、三级负荷，而有联络线时，则可供一、二级负荷。

③ 高低压侧均为单母线分段的变电所主接线图如图 5-8 所示。这种主接线的高压分段母线，正常时可以接通运行，也可以分段运行。当一台主变压器或一路电源进线停电检修或发生故障时，通过切换操作，可迅速恢复整个变电所的供电，因此其供电可靠性相当高，可供一、二级负荷。

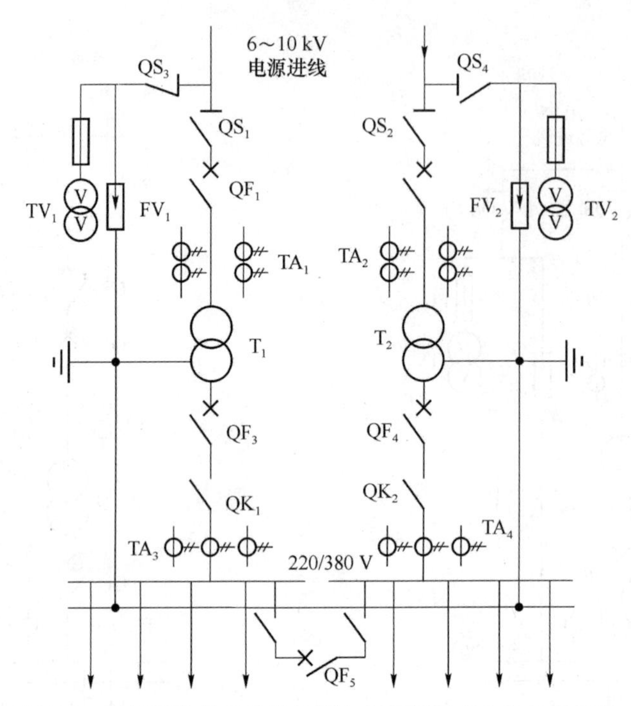

图 5-6 低压侧单母线分段的两台主变压器变电所主接线图

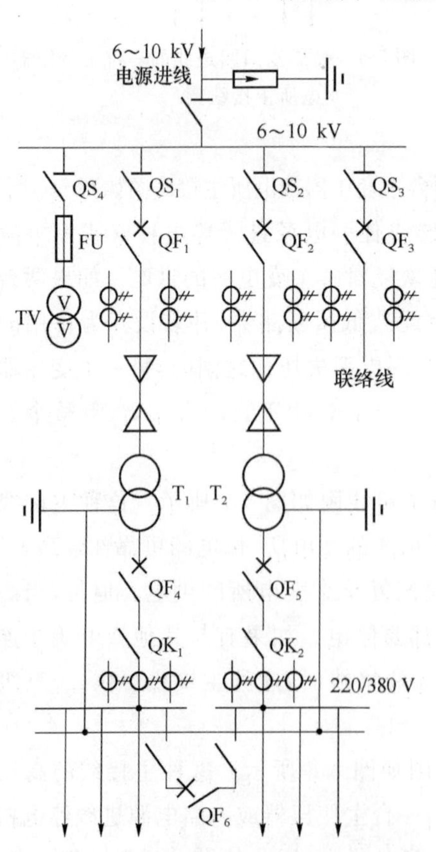

图 5-7 高压侧单母线、低压单母线分段的变电所主接线图

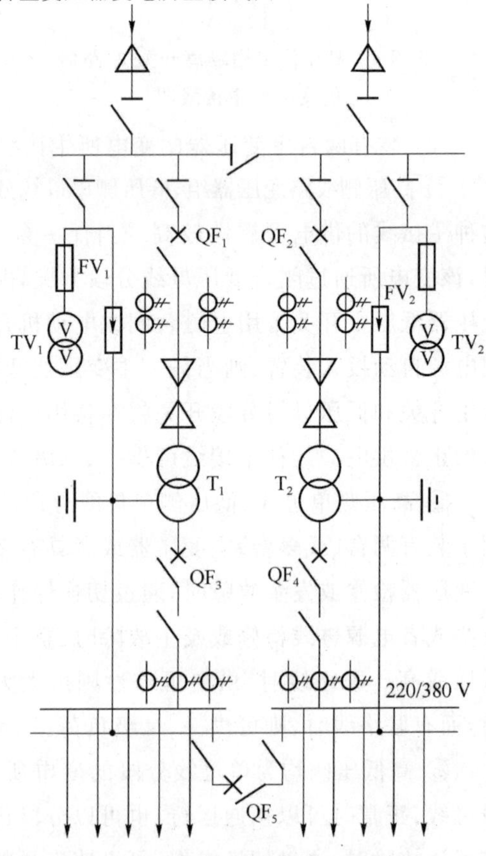

图 5-8 高低压侧均为单母线分段的变电所主接线图

3. 10 kV 变配电所电气主接线方案示例

在供电工程设计中往往采用按一次电气设备相互连接和排列位置而绘制的主接线图，称为装置式主接线图。

（1）高压电气主接线方案示例

① 一路电源进线的 10 kV 侧电气主接线方案

电源由左侧电缆引入、右侧电缆引出的电气主接线方案见表 5-1。

表 5-1　一路电源、左侧电缆引入的 10 kV 电气主接线方案示例

柜列编号	No. 1	No. 2	No. 3	No. 4	No. 5	No. 6	…
柜　名	进线柜	计量柜	互感器柜	出线柜	出线柜	出线柜	…
柜型及方案编号	GG-1A(F)-07	GG-1A(J)-02	GG-1A(F)-54	GG-1A(F)-03	GG-1A(F)-03	GG-1A(F)-03	…
主接线方案	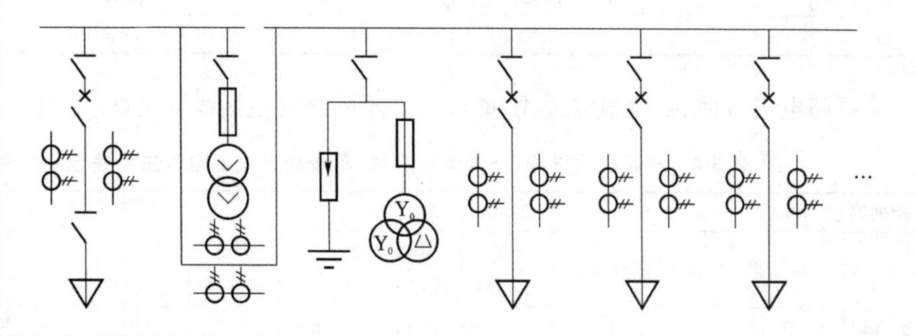						

电源由右侧架空线引入、左侧电缆引出的电气主接线方案见表 5-2。

表 5-2　一路电源、右侧架空线引入的 10 kV 电气主接线方案示例

柜列编号	No. 6	No. 5	No. 4	No. 3	No. 2	No. 1
柜　名	出线柜	出线柜	出线柜	计量柜	进线柜	互感器柜
柜型及方案编号	GG-1A(F)-03	GG-1A(F)-03	GG-1A(F)-03	GG-1A(J)-05	GG-1A(F)-11	GG-1A(F)-54
主接线方案	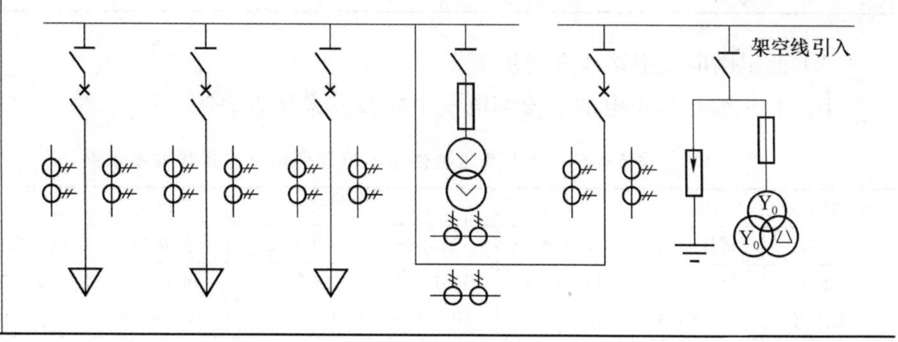					

② 两路电源进线的 10 kV 侧电气主接线方案

两路电缆进线、单母线分段的电气主接线方案见表 5-3。

表 5-3　两路电缆进线、单母线分段的电气主接线方案示例

柜列编号	No. 1	No. 2	No. 3	No. 4	No. 5		No. 6	No. 7	No. 8	No. 9	…
柜　名	出线柜	互感器柜	计量柜	1号 进线柜	母线 联络柜	间隔	2号 进线柜	计量柜	互感器柜	出线柜	…
方案编号	07	54	(J)-01	07	07 改	600 mm	07	(J)-02	54	07	…
主接线方案	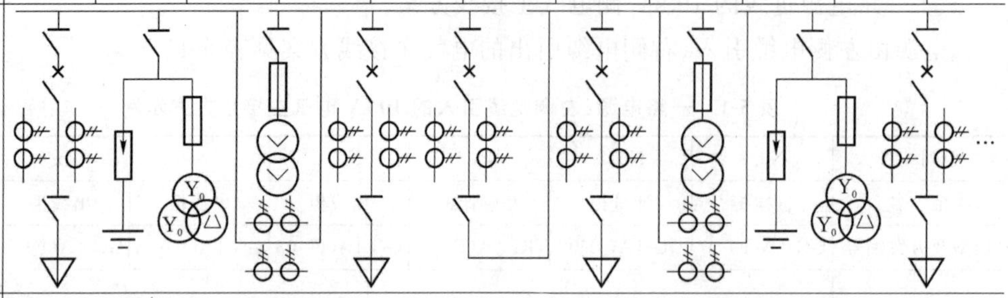										…
备　注	本方案均采用 GG-1A(F)型高压开关柜和 GG-1A(J)型计量柜										

一路电缆进线、一路架空进线、单母线分段的电气主接线方案见表 5-4。

表 5-4　一路电缆进线、一路架空进线、单母线分段的电气主接线方案示例

柜列编号	No. 1	No. 2	No. 3	No. 4	No. 5		No. 6	No. 7	No. 8	No. 9	No. 10
柜　名	出线柜	互感器柜	计量柜	1号 进线柜	母线 联络柜	间隔	架空 进线柜	2号 进线柜	计量柜	互感器柜	出线柜
方案编号	07	54	(J)-01	07	07 改	600 mm	113	11	(J)-02	54	07
主接线方案	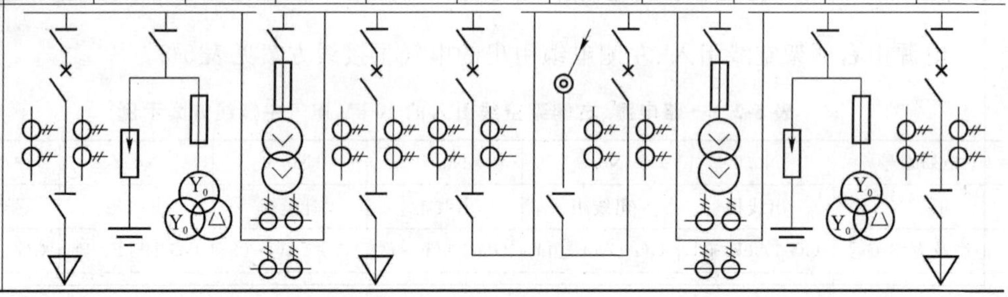										

(2) 低压侧电气主接线方案示例

由一台主变压器供电的低压侧电气主接线方案见表 5-5。

表 5-5　一台主变压器供电的低压侧电气主接线方案示例

柜列编号	No. 1	No. 2	No. 3	No. 4	No. 5	No. 6	…
柜　名	低压总柜	动力柜	动力柜	照明柜	照明柜	电容器柜	…
柜型及方案编号	PGL1-04 GGD1-09	PGL1-29 GGD1-39	PGL1-29 GGD1-39	PGL1-40 GGD1-35	PGL1-40 GGD1-35	PGJ1-01 GGJ1-01	…
主接线方案	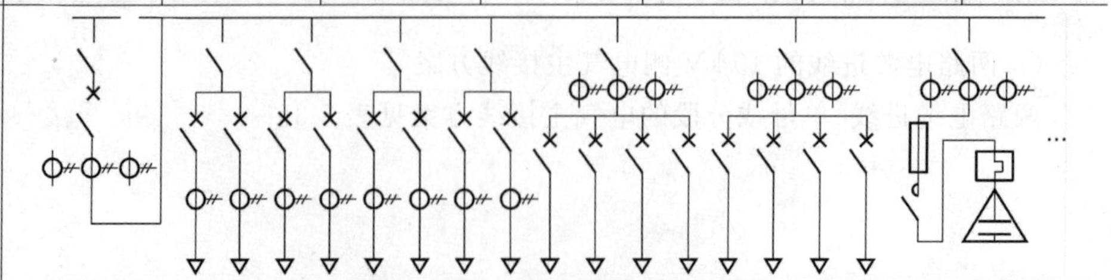						…

由两台主变压器供电的低压侧电气主接线方案见表 5-6。

表 5-6　两台主变压器供电的低压侧主接线方案示例

柜列编号	No. 1	No. 2	No. 3	No. 4	No. 5	No. 6	No. 7	No. 8	No. 9
柜　名	1 号总柜	动力	动力	动力	母线联络	动力	动力	照明	2 号总柜
方案编号	06	26	30	30	06	27	30	40	07
主接线方案									
备　注	表中方案编号按照 PGL1、2 型低压配电屏								

具有一台及两台主变压器的 10 kV 变电所系统式主接线如图 5-9、图 5-10 所示。

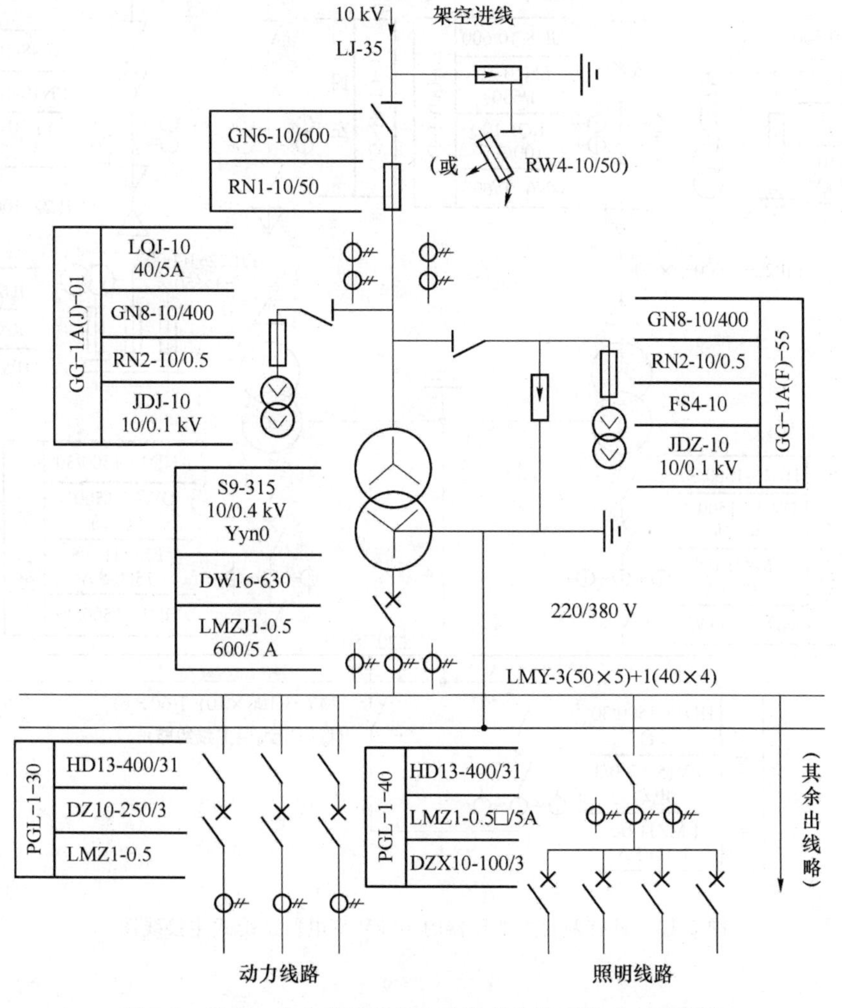

图 5-9　具有一台主变压器的 10 kV 变电所系统式主接线图

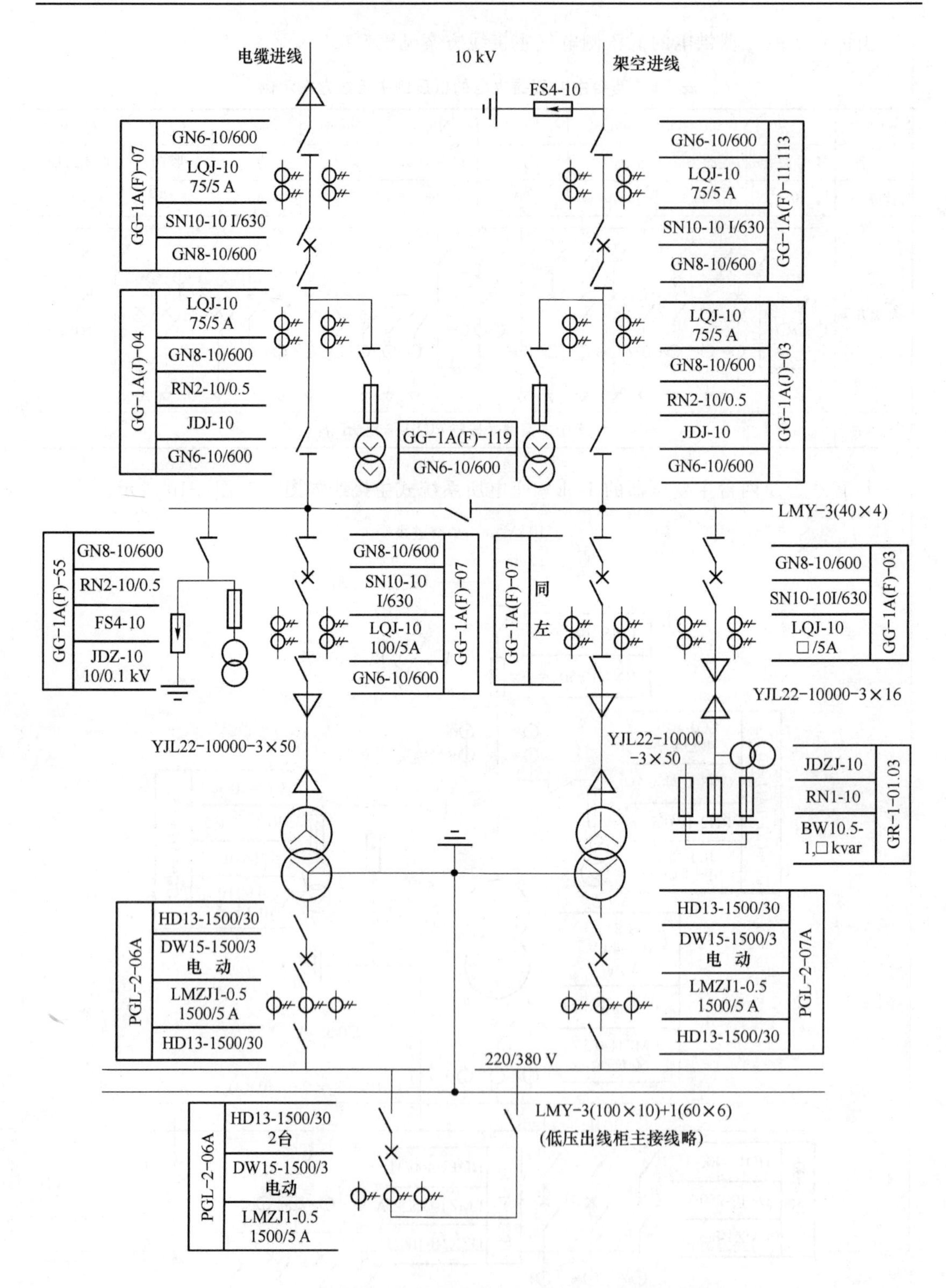

图 5-10　具有两台主变压器的 10 kV 变电所系统式主接线图

5.1.2　电气主接线中一次设备的选择

电气主接线中的一次电气设备，主要是指高压断路器(包括操作机构)、隔离开关、负荷开关、熔断器、仪用互感器、母线、绝缘子、低压断路器、低压刀开关以及成套配电装置(高压开关柜和低压配电屏)等。在设计和选择这些电气设备时，都应遵守以下几项共同原则：

- 按正常工作条件选择一次电气设备的额定值；
- 按短路电流的热效应和电动力效应来校验电气设备的热稳定度和动稳定度；
- 按装置地点的三相短路电流或短路容量来校验开关电器的断流能力；
- 按装置地点、工作环境、使用要求及供货条件来选择电气设备的适当型式。

一般按以下步骤选择一次电气设备。

(1) 按正常工作条件选择电气设备的额定电压和额定电流

电气设备的额定电压 U_N 应符合设备装设点的电网额定电压，并不低于正常时可能出现的最大的工作电压 U_g，即

$$U_N \geqslant U_g. \tag{5-1}$$

电气设备的额定电流 I_N 应不小于正常工作时的负荷电流 I_{30}，即

$$I_N \geqslant I_{30}. \tag{5-2}$$

目前我国生产的电气设备，设计时取周围空气温度 40 ℃作为计算值。若装置地点日最高气温高于 40 ℃，但不超过 60 ℃，则因散热条件较差，最大连续工作电流应适当降低，即额定电流应乘以电气设备的温度校正系数 $K_{\theta.s}$，且可由式(5-3)确定：

$$K_{\theta.s}=\sqrt{\frac{\theta_N-\theta}{\theta_N-40}}, \tag{5-3}$$

式中，θ 为最热月平均最高气温(℃)；θ_N 为电气设备的额定温度或允许的最高温度(℃)，对于断路器、负荷开关和隔离开关，根据触头的工作条件，在空气中时取 θ_N 为 70 ℃。不与绝缘材料接触的载流和不载流的金属部分，取 θ_N 为 110 ℃。

若周围气温低于 40 ℃，则每降低 1 ℃，最大连续工作电流可比额定值增加 0.5%，但增加总数不得超过 20%。

(2) 按短路情况校验电气设备的动稳定度和热稳定度

断路器、负荷开关、隔离开关及电抗器等的动稳定度由满足 $i_{max} \geqslant i_{ch}^{(3)}$ 得到保证。

断路器、负荷开关、隔离开关及电抗器等的热稳定度由满足 $I_t^2 t \geqslant I_\infty^{(3)2} t_{jx}$ 得到保证。

对电气设备作稳定度校验时，应根据最严重的短路情况选择短路点，但不考虑仅在操作切换时才作并列运行的电源和线路。

(3) 按三相短路容量校验开关电器的断流能力

断路器、自动空气开关、熔断器等设备必须具备在最严重的短路状态下切断故障电流的能力。制造厂一般在产品样本中提供在额定电压下允许的开断电流 I_{oc} 和允许的断流容量 S_{oc}。所以在选择此类电气设备时，必须使 I_{oc} 或 S_{oc} 大于开关电器必须切断的最大短路电流

或短路容量,亦即

$$I_{oc} \geqslant I_{d}^{(3)} \quad 或 \quad S_{oc} \geqslant S_{d}^{(3)}, \tag{5-4}$$

式中,$I_{d}^{(3)}$、$S_{d}^{(3)}$ 为三相短路电流及三相短路容量。

为确保在切断故障时安全可靠,对设备铭牌规定的断流容量值应注意其使用条件。如将普通断路器用于高海拔地区,用于矿山井下,或用于电压等级较低的电网中时,都要降低其铭牌断流容量。此外,当采用手动操作机构及自动重合闸装置时,因灭弧能力的下降,其断流容量亦下降为额定值的 60%～70%。

(4) 电气设备型式的选择

选择电气设备时还须考虑设备的装置地点和工作环境。由于户外条件比户内恶劣,故在制造上就把设备分成户内与户外两种型式。当户外装置处于特别恶劣的环境时,如煤矿、化学工厂等,就需采用特殊绝缘构造的加强型或高一级电压的设备。为了适应各种不同的工作环境,电气设备制造成普通型、防爆型、湿热型、高原型、防污型、封闭型等多种。根据施工安装、运行操作或维护检修的要求,电气设备又有不同的型式可供选择。此外,在选择电气设备型式时,还应对该种设备供应的可能性有所估计,否则将引起设计修改并影响工期。

表 5-7 汇总了各种电气设备选择及应校验的项目,以便于读者在选择电气设备时查阅。

表 5-7 选择电气设备时应校验的项目

序号	项目 设备名称	额定电压/kV	额定电流/A	额定断流容量/MV·A	短路稳定度校验		备注
					动稳定	热稳定	
1	断路器	√	√	√	√	√	
	负荷开关	√	√		√	√	
	隔离开关	√	√		√	√	
	熔断器	√	√	√			
2	电流互感器	√	√		√	√	
	电压互感器	√					
3	支柱绝缘子	√			√		
	套管绝缘子	√	√		√	√	
4	母线		√		√	√	
	电缆	√	√			√	
5	开关柜	√	√	√			是指柜内开关校验项目,其他设备都可免于校验

注:表中"√"表示必做项目。

1. 高压断路器、高压隔离开关、高压负荷开关的选择与校验

(1) 额定电压、额定电流的选择

开关、断路器的额定电压不得低于装设地点的电网额定电压;其额定电流不得小于通过的计算电流。

(2) 断流能力的校验

高压隔离开关不允许带负荷操作，只作隔离电源用，因此不校验其断流能力。

高压负荷开关能带负荷操作，但不能切断短路电流，因此其断流能力应按切断最大可能的过负荷电流来校验，满足的条件为

$$I_{oc} \geqslant I_{OL.max}, \tag{5-5}$$

式中，I_{oc}为负荷开关的最大分断电流；$I_{OL.max}$为负荷开关所在线路最大可能的过负荷电流，可取为$(1.5\sim3)I_{30}$，I_{30}为线路计算电流。

高压断路器可分断短路电流，其断流能力校验按式(5-4)进行。

(3) 短路稳定度校验

高压隔离开关、负荷开关和断路器均需进行短路动稳定度和热稳定度的校验。

例 5-1　试选择某 10 kV 进线侧的高压户内断路器。已知该进线处的计算电流为 57.7 A，10 kV 母线的三相短路电流周期分量有效值 $I_d^{(3)}=1.96$ kA，继电保护的动作时间为 1 s。

解：根据 $I_{30}=57.7$ A 和 $U_N=10$ kV，试选 SN10-10I/630-300 型高压少油断路器，又按题目要求的 $I_d^{(3)}=1.96$ kA 和 $t_{op}=1$ s 进行校验，其选择校验项目列入表 5-8 中。其中高压少油断路器数据由表 4-5 查得，断路器的断路时间取 0.2 s。

$$t_{jx}=t_d+0.05=t_{op}+t_{oc}+0.05\approx1+0.2=1.2 \text{ s}$$

表 5-8　例 5-1 中高压断路器的选择校验表

项目序号	安装地点的电气条件		SN10-10I/630-300 型断路器		
	项　目	数　据	项　目	数　据	结　论
1	U_N	10 kV	$U_{N.QF}$	10 kV	合格
2	I_{30}	57.7 A	$I_{N.QF}$	630 A	合格
3	$I_d^{(3)}$	1.96 kA	I_{oc}	16 kA	合格
4	$i_{ch}^{(3)}$	2.55×1.96 kA=4.99 kA	i_{max}	40 kA	合格
5	$I_\infty^{(3)2}t_{jx}$	$1.96^2\times1.2=4.609$	I_t^2t	$16^2\times4=1\,024$	合格

根据以上选择及校验，10 kV 高压进线侧的断路器选为 SN10-10I/630-300 型。

2. 高压熔断器的选择与校验

高压熔断器选择包括：型式、额定电压、熔断器额定电流 $I_{N.FU}$及熔体额定电流 $I_{N.fu}$。根据安装场所的环境及电压等级确定熔断器的型式和额定电压，下面重点介绍额定电流的选择。

(1) 熔断器额定电流 $I_{N.FU}$的选择

熔断器额定电流 $I_{N.FU}$应不小于熔体额定电流 $I_{N.fu}$，即

$$I_{N.FU} \geqslant I_{N.fu}. \tag{5-6}$$

(2) 熔断器熔体额定电流 $I_{N.fu}$的选择

① 熔断器保护高压配电线

熔断器的熔体额定电流 $I_{N.fu}$应不小于线路的计算电流 I_{30}，即

$$I_{N.fu} \geqslant I_{30}. \tag{5-7}$$

② 熔断器保护电力变压器

考虑到熔体电流要躲过变压器正常过负荷电流、变压器的励磁涌流及变压器低压侧的尖峰电流,熔断器的熔体额定电流应满足

$$I_{N.fu} \geqslant (1.5 \sim 2) I_{1N.T}, \tag{5-8}$$

式中,$I_{1N.T}$为电力变压器一次侧额定电流。

为了便于选择保护变压器的熔断器,在表5-9中列出1 000 kV·A及以下电力变压器配用的RN1型和RW4型高压熔断器规格,供参考。

表5-9　电力变压器配用的高压熔断器规格

<table>
<tr><td colspan="2">变压器容量/kV·A</td><td>100</td><td>125</td><td>160</td><td>200</td><td>250</td><td>315</td><td>400</td><td>500</td><td>630</td><td>800</td><td>1 000</td></tr>
<tr><td rowspan="2">$I_{1N.T}$/A</td><td>6 kV</td><td>9.6</td><td>12</td><td>15.4</td><td>19.2</td><td>24</td><td>30.2</td><td>38.4</td><td>48</td><td>60.5</td><td>76.8</td><td>96</td></tr>
<tr><td>10 kV</td><td>5.8</td><td>7.2</td><td>9.3</td><td>11.6</td><td>14.4</td><td>18.2</td><td>23</td><td>29</td><td>36.5</td><td>46.2</td><td>58</td></tr>
<tr><td rowspan="2">RN1型熔断器
$I_{N.FU}(I_{N.fu})$/A</td><td>6 kV</td><td colspan="2">20/20</td><td colspan="2">75/30</td><td>75/40</td><td>75/50</td><td colspan="2">75/75</td><td>100/100</td><td colspan="2">200/150</td></tr>
<tr><td>10 kV</td><td colspan="3">20/15</td><td>20/20</td><td colspan="2">50/30</td><td>50/40</td><td>50/50</td><td colspan="2">100/75</td><td>100/100</td></tr>
<tr><td rowspan="2">RW4型熔断器
$I_{N.FU}(I_{N.fu})$/A</td><td>6 kV</td><td colspan="2">50/20</td><td>50/30</td><td colspan="2">50/40</td><td>50/50</td><td colspan="2">100/75</td><td>100/100</td><td colspan="2">200/150</td></tr>
<tr><td>10 kV</td><td colspan="2">50/15</td><td colspan="2">50/20</td><td>50/30</td><td colspan="2">50/40</td><td>50/50</td><td colspan="2">100/75</td><td>100/100</td></tr>
</table>

③ 熔断器保护电压互感器

由于电压互感器二次侧的负荷很小,因此,保护电压互感器的RN2等型熔断器的熔体额定电流一般均为0.5 A。

(3) 熔断器断流能力的校验

对限流熔断器(如RN1型),由于能在短路电流达到冲击值之前灭弧,因此应满足

$$I_{oc} \geqslant I''^{(3)}, \tag{5-9}$$

式中,I_{oc}为熔断器的最大分断电流;$I''^{(3)}$为熔断器安装地点的三相次暂态短路电流有效值。

对非限流熔断器(如RW型),由于它不能在短路电流达到冲击值之前灭弧,因此需满足

$$I_{oc} \geqslant I_{ch}^{(3)}, \tag{5-10}$$

式中,$I_{ch}^{(3)}$为熔断器安装地点的三相短路冲击电流有效值。

对具有断流能力下限的熔断器,其断流能力的上限应满足式(5-10)的条件,而其断流能力的下限应满足

$$I_{oc.min} \leqslant I_{d}^{(2)}, \tag{5-11}$$

式中,$I_{oc.min}$为熔断器的最小分断电流;$I_{d}^{(2)}$为熔断器所保护线路末端的两相短路电流。

常用的各型高压熔断器技术数据见表5-10,供选择时参考。

表 5-10　常用各型的高压熔断器技术数据

RN1 型高压熔断器的技术数据

型号	额定电压/kV	额定电流/A	熔体电流/A	额定断流容量/MV·A	最大开断电流有效值/kA	最小开断电流(额定电流倍数)	过电压倍数(额定电压倍数)
RN1-6	6	25	2,3,5,10,15,20,25,30,40,50,60,75,100	200	20	1.3	2.5
		50					
		100					
RN1-10	10	25			12		
		50					
		100					

RN2 型高压熔断器的技术数据

型号	额定电压/kV	额定电流/A	三相最大断流容量/MV·A	最大开断电流/kA	当开断极限短路电流时，最大电流峰值/kA	过电压倍数(额定电压倍数)
RN2-6	6	0.5	1 000	85	300	2.5
RN2-10	10			50	1 000	

RW7 和 RW10 型户外高压跌开式熔断器的技术数据

型号	额定电压/kV	额定电流/A	断流容量/MV·A 上限	断流容量/MV·A 下限	分合负荷电流/A
RW7-10/50-75	10	50	75	10	—
RW7-10/100-100		100	100	30	
RW7-10/200-100		200	100	30	
RW10-10(F)/50	10	50	200	40	50
RW10-10(F)/100		100	200	40	100
RW10-10(F)/200		200	200	40	200

3. 电流互感器的选择与校验

(1) 电流互感器的选择

电流互感器应按装设地点的条件选择其额定电压及一、二次侧额定电流，按使用场合选择其准确度等级。其中，一次侧额定电流 $I_{1N.TA}$ 一般为线路计算电流 I_{30} 或变压器额定电流 $I_{N.T}$ 的 1.2～1.5 倍。亦即

$$I_{1N.TA} \geqslant (1.2 \sim 1.5) I_{30} \tag{5-12}$$

或

$$I_{1N.TA} \geqslant (1.2 \sim 1.5) I_{N.T}, \tag{5-13}$$

二次侧额定电流一般为 5 A。

电流互感器的准确度等级分为 0.2、0.5、1.0、3.0 等。一般 0.2 级作实验室精密测量用，0.5 级作计费用，1.0 级用在变配电所配电柜上的仪表，3.0 级用在继电保护或指示仪表上。

电流互感器的准确度等级与其二次负荷大小有关。使用时，为保证电流互感器的准确度等级，要求互感器二次负荷 Z_2 不得大于其准确度等级所限定的额定二次负荷 Z_{2N}，即电流互感器满足准确度等级要求的条件为

$$Z_{2N} \geqslant Z_2 , \tag{5-14}$$

其中，Z_{2N} 可通过查表得到，Z_2 通过计算得出。

$|Z_2|$ 应包括二次回路中所有串联的仪表、继电器电流线圈的阻抗 $\sum |Z_i|$、连接导线的阻抗 $|Z_{WL}|$ 和所有接头的接触电阻 R_{XC} 等。由于 $\sum |Z_i|$ 和 $|Z_{WL}|$ 中的感抗值远比其电阻值小，因此可认为

$$|Z| \approx \sum |Z_i| + |Z_{WL}| + R_{XC} , \tag{5-15}$$

式中，$|Z_i|$ 可由仪表、继电器的产品样本中查得；$|Z_{WL}| \approx R_{WL} = l/(\gamma A)$，这里 γ 为导线的电导率，铜线 $\gamma_{Cu} = 53\ m/(\Omega \cdot mm^2)$，铝线 $\gamma_{Al} = 32\ m/(\Omega \cdot mm^2)$，$A$ 为导线截面积(mm^2)，l 为对应于连接导线的计算长度(m)。假设互感器到仪表、继电器的单向长度为 l_1，则互感器为星形接线时，$l = l_1$；为 V 形接线时，$l = \sqrt{3} l_1$；为一相式接线时，$l = 2l_1$。而 R_{XC} 很难准确测定，而且它是可变的，一般近似地取为 0.1 Ω。

对于保护用电流互感器来说，通常采用 10P 准确度等级，其复合误差限值为 10%。互感器的生产厂家一般按出厂试验绘制电流互感器误差为 10%时一次电流倍数 K_1(即 I_1/I_{1N})与最大允许二次负荷阻抗 $|Z_{2.al}|$ 的关系曲线(简称 10%倍数曲线)，如图 5-11 所示。如果已知互感器的一次电流倍数 K_1，就可以从相应的 10%倍数曲线上查得对应的允许二次负荷阻抗 $|Z_{2.al}|$。因此电流互感器满足保护的 10%误差要求的条件为

$$|Z_{2.al}| \geqslant |Z_2| . \tag{5-16}$$

假如电流互感器不满足式(5-14)或式(5-16)的要求，则应改选较大变流比或具有较大的 Z_{2N} 或 $|Z_{2.al}|$ 的电流互感器，或者加大二次接线的截面。电流互感器二次接线按规定应采用电压不低于 500 V，截面不小于 2.5 mm^2 的铜芯绝缘导线。

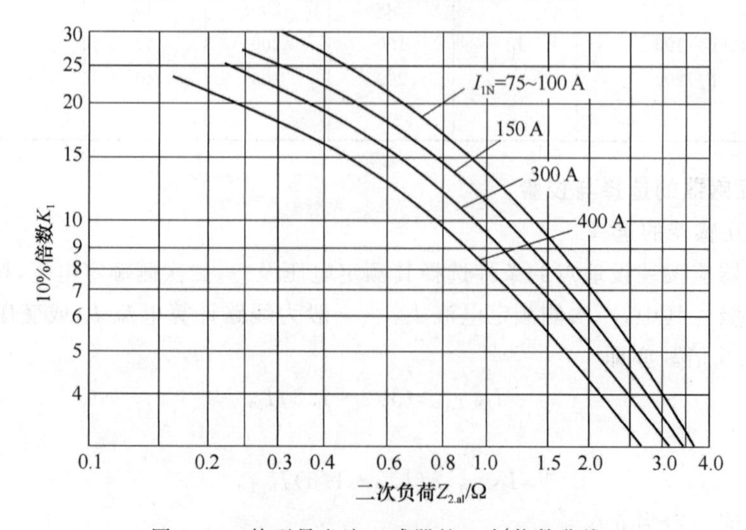

图 5-11　某型号电流互感器的 10%倍数曲线

(2) 电流互感器的短路稳定度校验

电流互感器短路稳定度的校验，一些新产品直接给出了动稳定电流峰值和 1 s 热稳定电流有效值，因此其热稳定度可按式(3-64)校验，其动稳定度可按式(3-70)校验。但大多数老产品给出的是动稳定倍数 K_{dw} 和热稳定倍数 K_{rw}。

由动稳定倍数 $K_{dw}=\dfrac{i_{max}}{\sqrt{2}I_{1N.TA}}$，有动稳定度校验条件为

$$\sqrt{2}K_{dw}I_{1N.TA}\geqslant i_{ch}^{(3)}. \tag{5-17}$$

由热稳定倍数 $K_{rw}=\dfrac{I_t}{I_{1N.TA}}$，有热稳定度校验条件为

$$(K_{rw}I_{1N.TA})^2t\geqslant I_{\infty}^{(3)2}t_{jx}. \tag{5-18}$$

表 5-11 列出了常用电流互感器的技术数据，供参考。

表 5-11　常用电流互感器的技术数据

型　号	额定电流比/A	准确级次	额定二次负荷/Ω					10%倍数		1 s 热稳定倍数	动稳定倍数	选用铝母线截面尺寸/mm²
			0.5 级	1 级	3 级	10 级	D 级	二次负荷/Ω	倍数			
LCZ-35	20～400/5	0.5	2							65	212	
		3			2				10			
	600～1 500/5	B				2			27	65	141	
LQJ-10	5～100/5	0.5	0.4	0.6					6	90	225	
		1		0.4					6			
	160～400/5	3			0.6				10	75	160	
LMZ-10	300	0.5	0.4	0.6								30×4
	400	1		0.4						50	60	40×5
	500,600	3			1.2				10			50×6
	750,800	D				1.6			15			60×8

使用电流互感器应注意的事项如下。

① 电流互感器在工作时其二次侧不能开路

电流互感器在正常工作时，由于其二次负荷很小，因此接近于短路状态。根据磁动势平衡方程式 $\dot{I}_1N_1-\dot{I}_2N_2=\dot{I}_0N_1$ 可知，其一次电流 $\dot{I}_1$ 产生的磁动势 $\dot{I}_1N_1$，绝大部分被二次电流 $\dot{I}_2$ 产生的磁动势 $\dot{I}_2N_2$ 所抵消，所以总的磁动势 $\dot{I}_0N_1$ 很小，励磁电流(即空载电流) $\dot{I}_0$ 只有一次电流 $\dot{I}_1$ 的百分之几。但是当二次侧开路时，这时迫使 $\dot{I}_1N_1=\dot{I}_0N_1$，而 I_1 是一次电路的负荷电流，与互感器二次负荷无关。现 $I_0=I_1$ 将突然增大几十倍，即励磁磁动势 $\dot{I}_0N_1$ 突然增大几十倍，因而将产生以下严重后果：铁心由于磁通剧增而过热，并产生剩磁，降低铁心准确度级；由于电流互感器二次绕组匝数远比一次绕组多，因此可在二次侧感应出危险的高电压，危及人身和设备的安全。所以电流互感器在工作时其二次侧不允许开路。这就要求在安装时，其二次接线必须牢固可靠，且其二次侧不允许接入熔断器和开关。

② 电流互感器的二次侧有一端必须接地

互感器二次侧一端接地，是为了防止其一、二次绕组间绝缘击穿时，一次侧的高电压窜

入二次侧,危及人身和设备的安全。

4. 电压互感器的选择

按下列条件选择电压互感器:

- 额定电压应等于供电系统的电压;
- 合适的装置类型(户内,户外);
- 准确度等级和二次负荷容量。

电压互感器准确度等级也与其二次负荷大小有关,满足的条件是 $S_{2N} \geqslant S_2$,S_2 为二次侧所有仪表、继电器电压线圈所消耗的总视在功率,即

$$S_2 = \sqrt{(\sum P_u)^2 + (\sum Q_u)^2}, \tag{5-19}$$

式中,$\sum P_u = \sum (S_u \cos \varphi_u)$ 和 $\sum Q_u = \sum (S_u \sin \varphi_u)$ 分别为仪表、继电器电压线圈消耗的总有功功率和总无功功率。

使用电压互感器的注意事项如下。

(1) 电压互感器在工作时其二次侧不能短路

由于电压互感器一、二次侧都是在并联状态下工作的,如二次侧短路,将产生很大的短路电流,有可能烧毁互感器,甚至影响一次电路的安全运行。因此电压互感器一、二次侧都必须装设熔断器以进行短路保护。

(2) 电压互感器的二次侧有一端必须接地

与电流互感器的二次侧有一端必须接地的目的一样。

例 5-2　试选择某 10 kV 配出线上的电流互感器,此电流互感器用于测量及线路的过电流保护。已知:配出线的 $I_{30}=235$ A,配出线处的 $I_d^{(3)}=3.6$ kA,$i_{ch}^{(3)}=9.18$ kA,短路假想时间 $t_{jx}=0.25$ s。电流互感器二次侧测量回路的总阻抗为 0.35 Ω,继电保护回路的总阻抗为 0.65 Ω。

解:1. 电流互感器的选择

电流互感器型号选为 LQJ-10 型,由式(5-12)选 $I_{1N}=400$ A,准确度等级选 0.5 级用于测量,选 3.0 级用于配出线的继电保护。

2. 电流互感器的校验

(1) 短路稳定度校验

由表 5-11 知 LQJ-10 型电流互感器的 1 s 热稳定倍数 $K_{rw}=\dfrac{I_t}{I_{1N.TA}}=75$,动稳定倍数 $K_{dw}=\dfrac{i_{max}}{\sqrt{2}I_{1N.TA}}=160$。

由式(5-17)进行动稳定校验,因为 $\sqrt{2}K_{dw}I_{1N.TA} \geqslant i_{ch}^{(3)}$,有 $\sqrt{2}\times 160\times 400=90.5\ \text{kA} > i_{sh}^{(3)}=9.18$ kA,动稳定校验合格。

由式(5-18)进行热稳定校验,因为 $(K_{rw}I_{1N.TA})^2 t \geqslant I_\infty^{(3)2} t_{jx}$,有 $(75\times 0.4\ \text{kA})^2\times 1\ \text{s}=900 > (3.6\ \text{kA})^2\times 0.25\ \text{s}=3.24$,热稳定校验合格。

(2) 准确度要求的二次回路阻抗校验

由表 5-11 知准确度等级为 0.5 级允许的额定二次回路阻抗 Z_{2N} 为 0.4 Ω,而电流互感器二次侧测量回路的总阻抗为 0.35 Ω,$Z_{2N}(=0.4\ \Omega) > Z_2(=0.35\ \Omega)$,满足测量精度要求。

由 10%倍数 $K_1=\frac{I_1}{I_{1N}}=\frac{3.6}{0.4}=9$，查图 5-12 电流互感器 10%误差曲线，得 $Z_{2.al}=0.85\ \Omega$，而继电保护回路的总阻抗为 $0.65\ \Omega$，$Z_{2.al}(=0.85\ \Omega)>Z_2(=0.65\ \Omega)$，满足保护精度要求。

5. 母线的选择与校验

(1) 母线的选择

一般按满足发热条件选择母线截面，通过满足 $I_{al}\geqslant I_{30}$，可求出 I_{al}(母线的允许载流量，是指在规定的环境温度条件下，母线能够连续承受而不致使其稳定温度超过允许值的最大电流)所对应的母线规格。

表 5-12 给出了 TMY 型及 LMY 型各种规格的硬母线允许载流量值，便于设计时查阅。

表 5-12　矩形母线允许载流量(竖放)

母线尺寸(宽×厚)/mm²	硬铜母线(TMY)载流量/A			硬铝母线(LMY)载流量/A		
	每相的铜排数			每相的铝排数		
	1	2	3	1	2	3
15×3	210			165		
20×3	275			215		
25×3	340			265		
30×4	475			365		
40×4	625			480		
40×5	700			540		
50×5	860			665		
50×6	955			740		
60×6	1 125	1 740	2 240	870	1 355	1 720
80×6	1 480	2 110	2 720	1 150	1 630	2 100
100×6	1 810	2 470	3 170	1 425	1 935	2 500
60×8	1 320	2 160	2 790	1 245	1 680	2 180
80×8	1 690	2 620	3 370	1 320	2 040	2 620
100×8	2 080	3 060	3 930	1 625	2 390	3 050
120×8	2 400	3 400	4 340	1 900	2 650	3 380
60×10	1 475	2 560	3 300	1 155	2 010	2 650
80×10	1 900	3 100	3 990	1 480	2 410	3 100
100×10	2 310	3 610	4 650	1 820	2 860	3 650
120×10	2 650	4 100	5 200	2 070	3 200	4 100

注：① 表中允许载流量按导体最高允许温度 70℃、环境温度 25℃、无风、无日照条件下计算而得，如果环境温度不是 25℃，则应乘以温度校正系数，见表 6-6；② 母线平放时，当宽为 60 mm 以下时，载流量减少 5%，当宽为 60 mm 以上时，载流量减少 8%。

(2) 母线的动稳定度校验

短路时，母线会承受很大的电动力，因此，必须根据母线的机械强度校验其动稳定性，满足母线动稳定度校验的条件是,母线的最大允许应力 σ_{al} 应不小于母线短路时短路电流产生的最大计算应力 σ_c,即

$$\sigma_{al} \geqslant \sigma_c, \tag{5-20}$$

对硬铜母线(TMY),其 $\sigma_{al}=140$ MPa,硬铝母线(LMY),其 $\sigma_{al}=70$ MPa。

短路电流对母线产生的最大计算应力按式(5-21)计算:

$$\sigma_c=\frac{M}{W}, \tag{5-21}$$

式中,M 为母线通过 $i_{ch}^{(3)}$ 时所受到的弯曲力矩;当母线的挡数为 1～2 时,$M=\frac{F^{(3)}l}{8}$,当挡数大于 2 时,$M=\frac{F^{(3)}l}{10}$,这里 $F^{(3)}$ 为母线所受到的最大电动力,按式(3-57)计算,l 为母线的挡距;W 为母线的截面系数;当母线水平放置时,如图 5-12 所示,$W=\frac{b^2h}{6}$,此处 b 为母线截面的水平宽度,h 为母线截面的垂直高度。

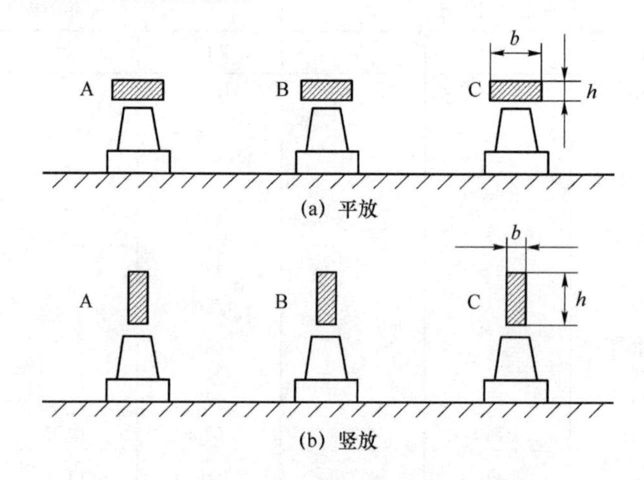

图 5-12 水平放置的母线

(3) 母线的热稳定度校验

满足母线热稳定校验的条件为,实选截面 A 应不小于热稳定允许的最小截面 A_{min},即 $A \geqslant A_{min}$,根据短路热稳定要求确定的最小允许截面按式(5-22)计算:

$$A_{min}=I_{\infty}^{(3)} \times 10^3 \frac{\sqrt{t_{jx}}}{C}(\text{mm}^2), \tag{5-22}$$

式中,C 为导体的热稳定系数($\text{A} \cdot \sqrt{\text{s}}/\text{mm}^2$),见表 6-5。

例 5-3 试对某 10 kV 变电所配电母线进行稳定度校验。已知正常工作时通过母线的计算电流为 57.7 A,母线处发生三相短路时,其三相短路电流周期分量有效值 $I_d^{(3)}=1.96$ kA,母线受到最大破坏力约为 $F^{(3)}=17.29$ N,母线处的短路假想时间为 1.2 s,已选此母线为 TMY 型,水平平放,挡距为 1 000 mm,挡数等于 3。

解: (1) 按发热条件选择母线截面

由表 5-12 确定该母线型号及规格为 TMY-3(15×3)。

(2) 稳定度校验

① 动稳定度校验

TMY 铜母线允许应力 $\sigma_{al}=140$ MPa。

由 $W=\frac{b^2h}{6}=\frac{0.015^2\times0.003}{6}=113\times10^{-9}\ \mathrm{m}^3$，$M=\frac{F^{(3)}l}{10}=\frac{17.29\times1}{10}=1.729$ N，有 $\sigma_c=\frac{M}{W}=\frac{1.729}{113\times10^{-9}}=15$ MPa，故满足动稳定度校验的条件 $\sigma_{al}\geqslant\sigma_c$。

② 热稳定度校验

热稳定允许的最小截面 $A_{min}=I_{\infty}^{(3)}\times10^3\ \frac{\sqrt{t_{jx}}}{C}=1.96\times10^3\ \frac{\sqrt{1.2}}{87}=24.68\ \mathrm{mm}^2$。所选的实际截面 $A=15\times3=45\ \mathrm{mm}^2$，故满足热稳定度校验的条件 $A\geqslant A_{min}$。

5.2　10 kV 高压配电柜

10 kV 高压配电柜是按一定的线路方案将有关一、二次设备组装而成的一种高压成套配电装置，在配电系统中起控制和保护作用，其上安装有高压开关设备、保护电器、监测仪表、母线和绝缘子等。

目前，我国生产的成套高压开关柜型号很多，大致可分为两类，一类为固定式高压开关柜，另一类为手车式高压开关柜。

在各种型号的高压开关柜中，带有“F”符号的高压开关柜具有“五防”功能，即：防止带负荷分、合隔离开关；防止操作人员误入带电间隔；防止带电挂接地线；防止带接地线合隔离开关；防止误分、误合高压断路器。因此，这种开关柜便于检修、安装和生产，同时能可靠地防止电器误操作，从而保证设备和人身安全。

本节介绍常用的 10 kV 高压配电柜。

5.2.1　固定式高压开关柜

由于生产厂家不同，因此产品型号也不同。目前，我国生产的 GG 型高压柜有：GG-1A(F)、GG-1A(F2)、GG-10B 和 GG-11 等。

下面以 GG-1A(F)（图 5-13）为例介绍固定高压开关柜的结构，其为框架式结构，其中，断路器柜前面有门和操作板，两侧有防护板与邻柜相隔，一、二次电器元件各成系统，并且相互隔离。中间隔板将柜内分为上、下两部分，上部为断路器室，下部为隔离开关和电缆室，电流互感器安装在中间隔板上。正面右上方是断路器室的大门，下方是隔离开关和电缆室的门，各门的开闭均有联锁控制。正面左上角是带门的继电器室，内装有继电器和电能表，门上安装监测仪表、信号门、控制开关等二次元件。继电器室下面是端子室和操作板。左下角的小门内装有合闸接触器、电阻和熔断器。柜顶有隔板与断路室隔开，隔板上面装有隔离开关和主母线。

开关柜加装了机械式防误闭锁装置和一套完善的接地系统。GG-1A(F)的闭锁方案有两种：一般闭锁方案；简易闭锁方案。一般闭锁方案为设置单相接地开关方案，以 GG-1A(F)Ⅰ表示，该方案带遮拦柜，以机械闭锁为主，辅以程序锁和高压带电显示装置等实现“五防”。简易闭锁方案为设置简易接地桩端方案，作为停电检修时挂接地线用，以 GG-1A(F)Ⅱ表示。简易闭锁方案基本上采用机械闭锁实现“五防”。

开关柜按接地方式的不同分为一般型和简易型两种类型。一般型采用了新设计的组合式隔离开关,它装有接地开关和连锁,能保证安全可靠地接地。简易型采用了 GN19-10 隔离开关,其接地采用了具有防误功能的装置。

图 5-13 为 GG-1A(F)型固定式高压开关柜外形及结构图。

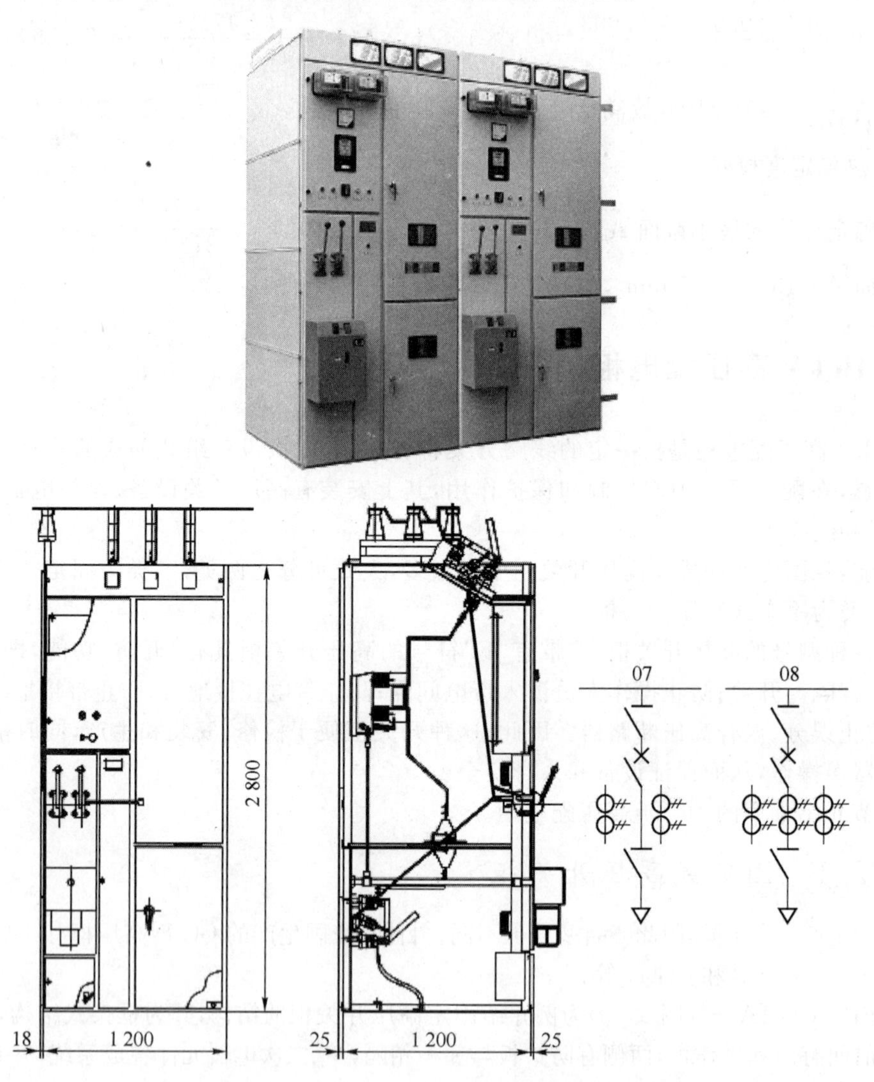

图 5-13　GG-1A(F)-07、08 型高压开关柜外形及结构图

5.2.2　移开式高压开关柜

移开式高压开关柜的特点是,高压断路器等主要电气设备装在可以拉出和推入开关柜的手车上。断路器等设备需检修时,可随时将其手车拉出,然后推入同类备用手车,即可恢复供电。因此采用移开式开关柜,较之采用固定式开关柜,具有检修安全、供电可靠性高等优点,但其价格较贵。

KYN28A-12(Z)型铠装移开式交流金属封闭高压开关柜的外形及结构图如图 5-14 所示。

各种型号的 10 kV 高压配电柜,可通过各生产厂家所提供的产品一次线路方案确定。

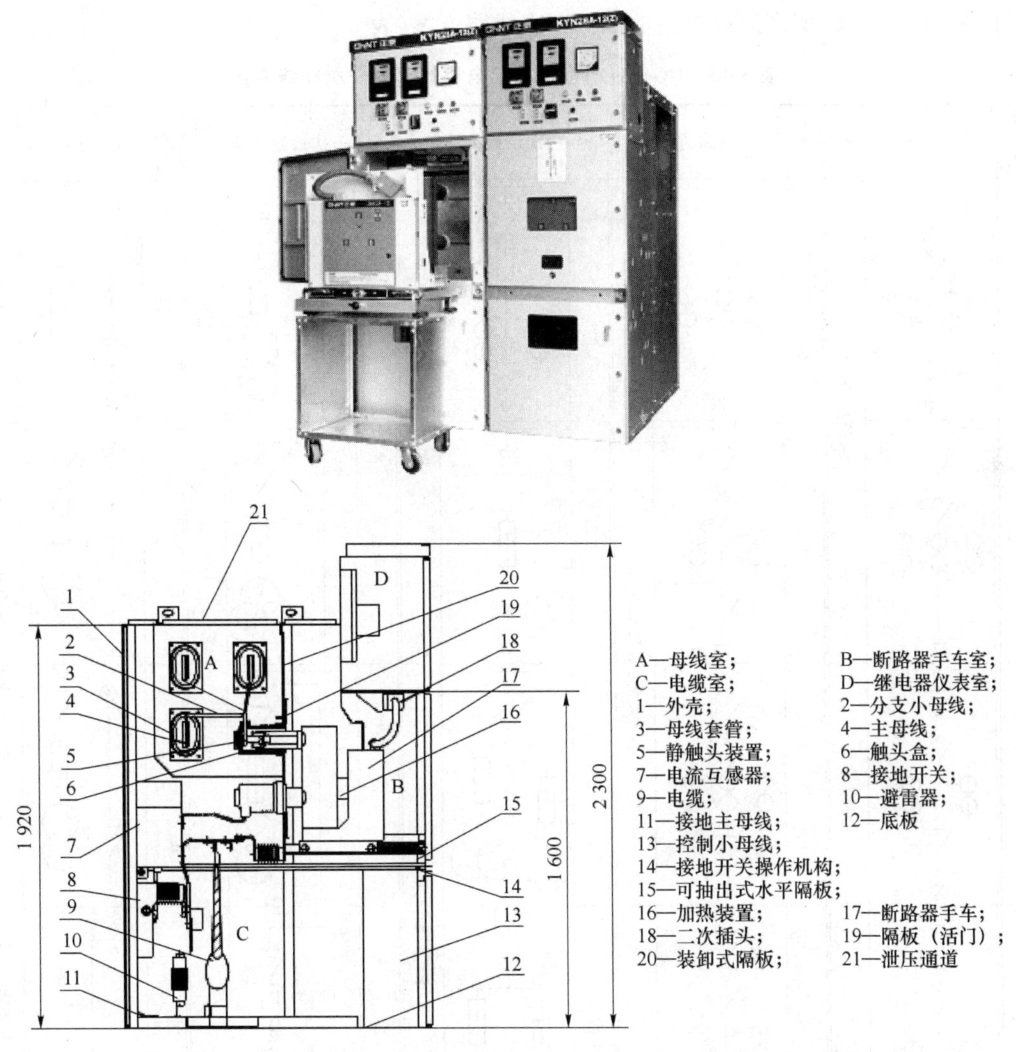

图 5-14　KYN28A-12(Z)型铠装移开式交流金属封闭开关柜的外形及结构图

高压开关柜全型号的表示和含义如下：

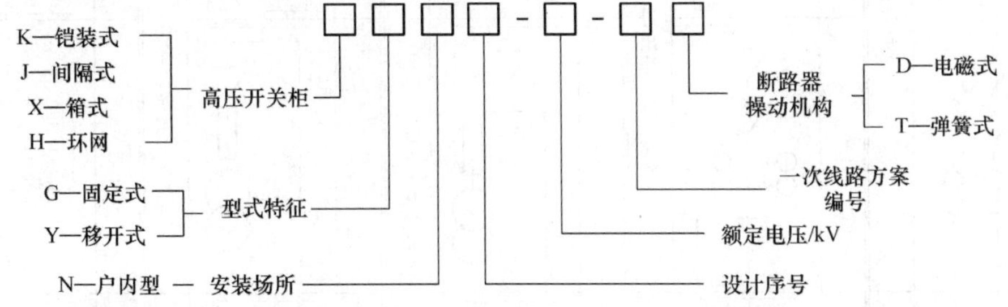

近年来，我国设计生产了一些符合 IEC(国际电工委员会)标准的新型开关柜，如 KGN 型铠装式固定柜、XGN 型箱式固定柜、JYN 型间隔式手车柜、KYN 型铠装式手车柜以及 HXGN 环网柜等。其中环网柜适用于环形电网供电，广泛应用于现代城市电网的改造和建设中。

5.2.3　10 kV 高压配电柜的部分一次线路方案

(1) GG-1A(F)型高压配电柜的部分一次线路方案和主要技术数据

① GG-1A(F)型高压配电柜的部分一次线路方案(表5-13)

表5-13　GG-1A(F)型高压配电柜的部分一次线路方案

方案号	一次线路方案	用途	方案号	一次线路方案	用途	方案号	一次线路方案	用途	方案号	一次线路方案	用途	方案号	一次线路方案	用途
03	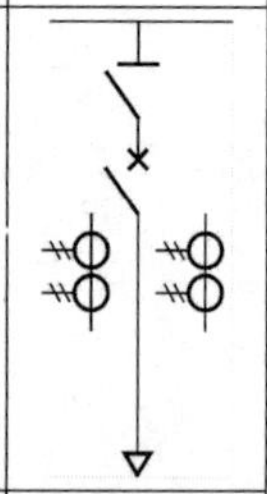	电缆出线	16	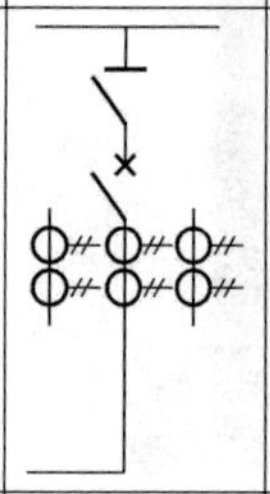	同方案15	39	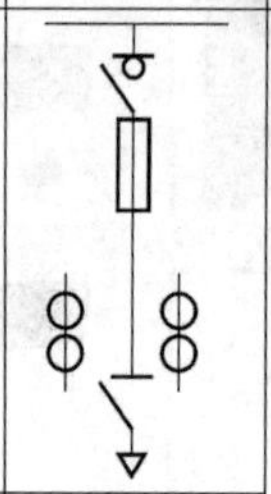	电缆出线	59	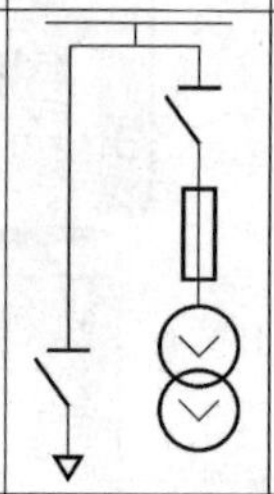	同方案57	96	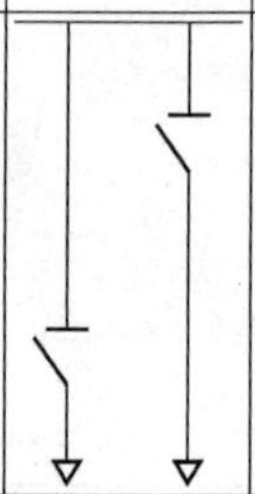	两路电缆进出
04	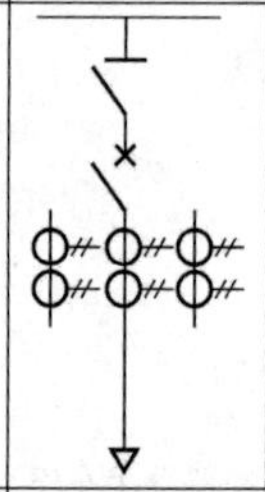		17	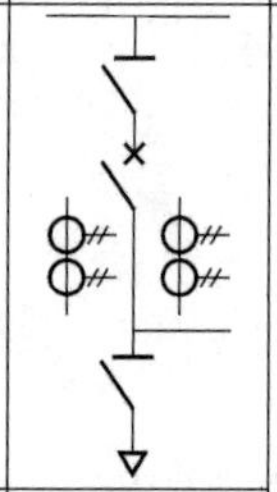	进出线，右联	41	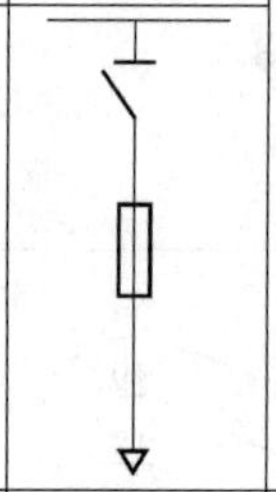		61	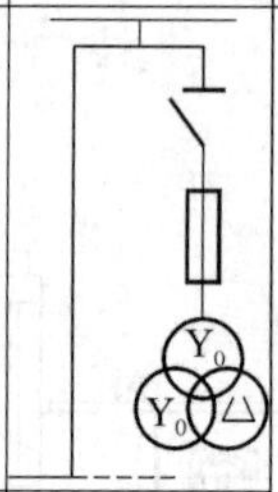	左联或右联，并接互感器	106	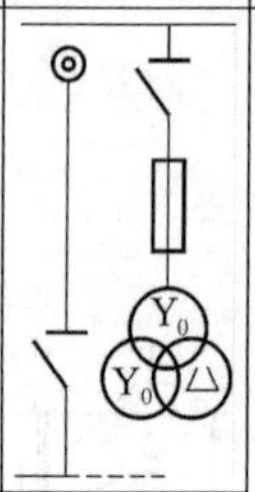	架空进出，左联或右联
07	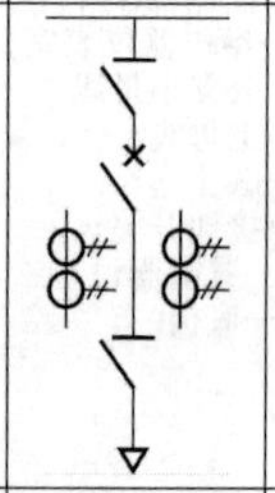	电缆进出	18	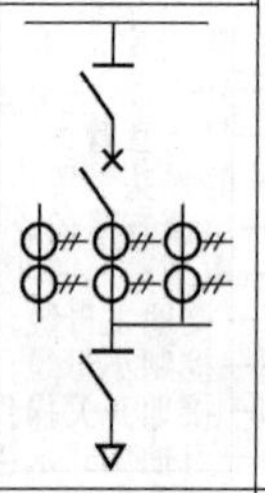		54	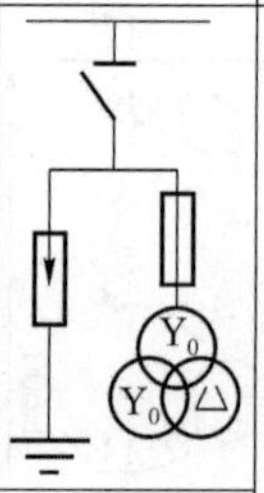	互感器、避雷器柜	62	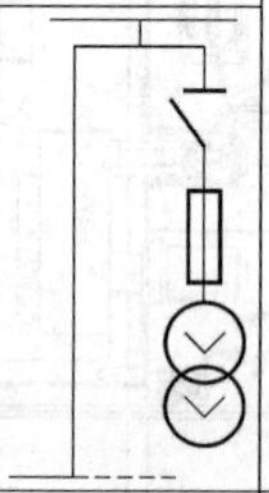		107	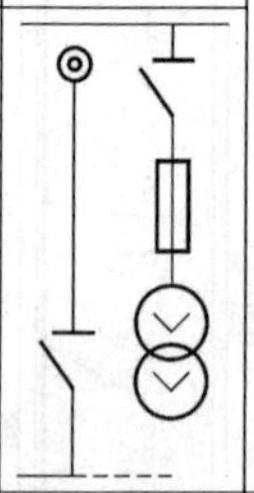	
11	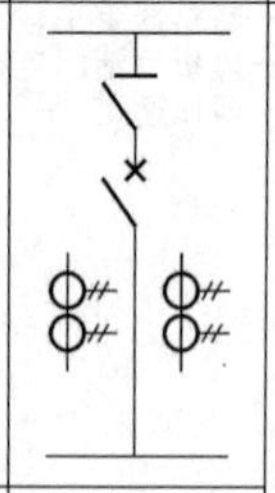	右联或左联	23	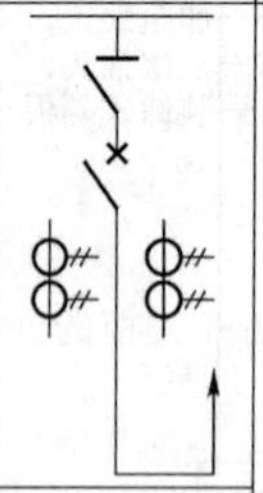	架空进出线	55	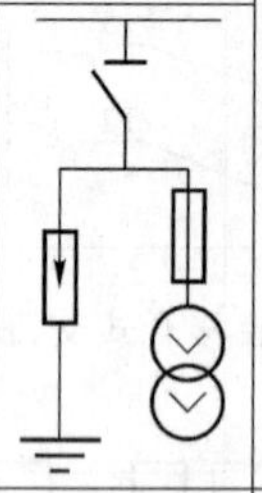		64	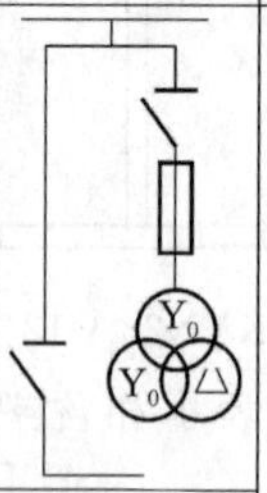	与方案15、16配合使用	113	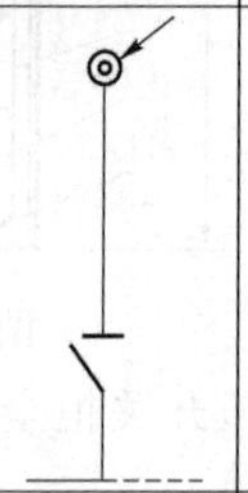	架空进出
12	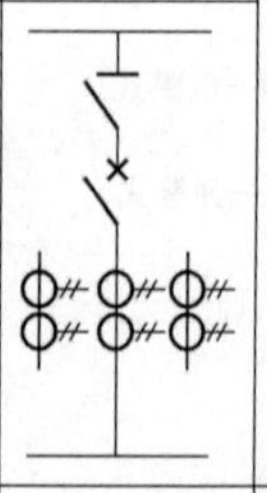		24	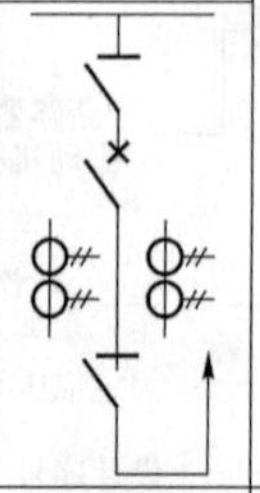		57	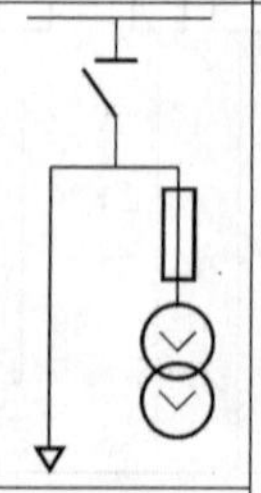	电缆进出并接互感器	65	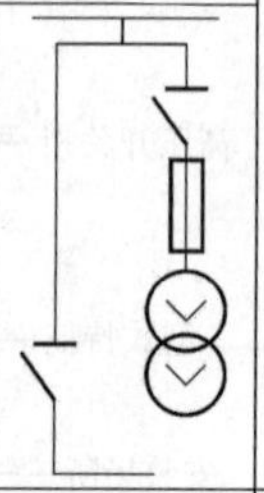		119	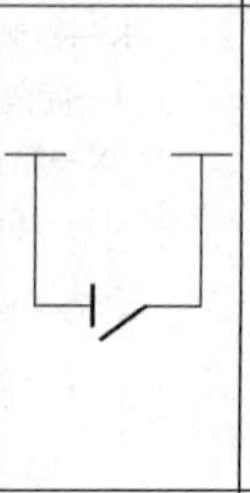	母线分段
15	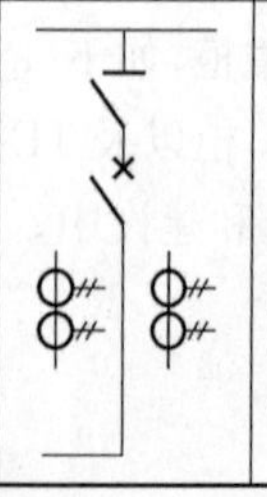	与64/65配合使用	32	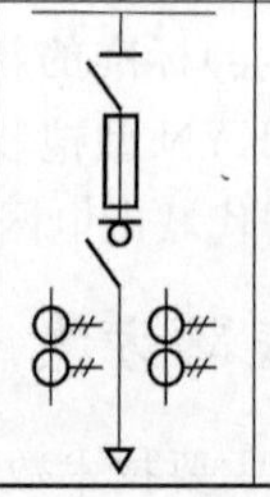	电缆出线	58	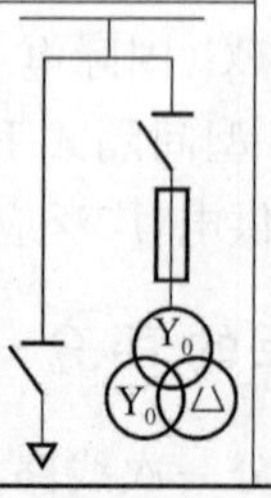		80	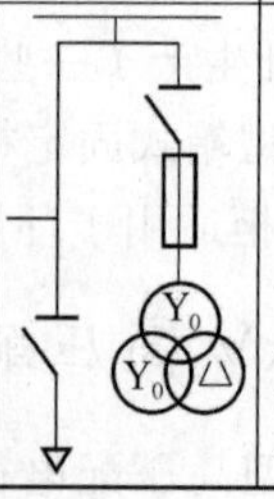	与方案11、12配合使用	122	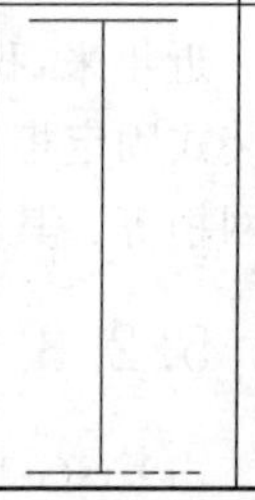	左联或右联

② GG-1A(F)型高压配电柜的主要技术数据(表 5-14)

表 5-14　GG-1A(F)型高压配电柜的主要技术数据

项　目	数　据
	配真空断路器
额定电压/kV	3、6、12
额定电流/A	630～3 150
额定短路开断电流/kA	20、25、31.5、40
额定短时耐受电流/kA	20、25、31.5、40
额定峰值耐受电流/kA	50、63、80、100
额定短路关合电流/kA	50、63、80、100
额定短路持续时间/s	4
母线系统	单母线或单母线带旁路母线
外形尺寸(宽×深×高)/mm³	1 200×1 200(1 800)×2 800

注:断路器、隔离开关、接地开关和操动机构的技术数据参见有关厂家产品样本。

(2) GG-1A(J)型高压计量柜的一次线路方案

GG-1A(J)型高压计量柜的一次线路方案见表 5-15。

表 5-15　GG-1A(J)型高压计量柜的一次线路方案

一次线路方案号	(GG-1A-JL方案号)	一次线路方案	一次线路方案号	(GG-1A-JL方案号)	一次线路方案	一次线路方案号	(GG-1A-JL方案号)	一次线路方案
01	JL-04	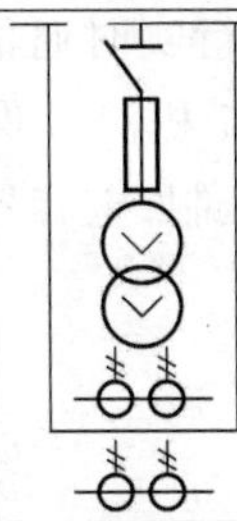	04	JL-01	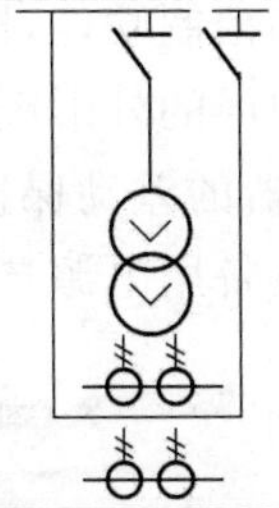	07	JL-06	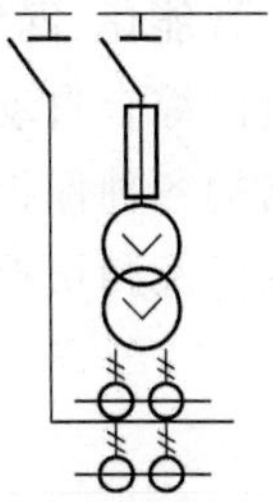
02	JL-03	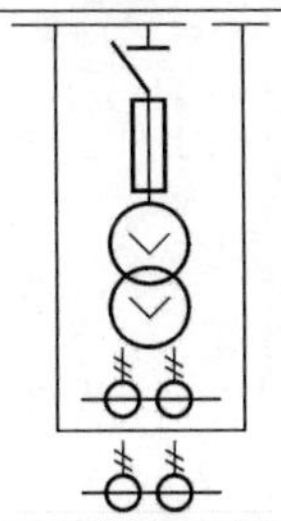	05	JL-08	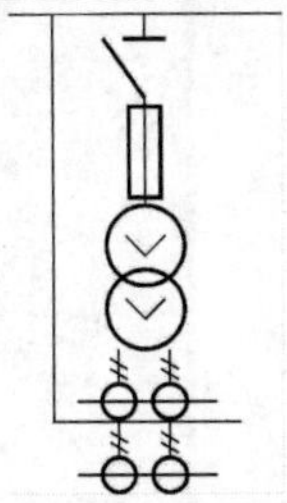	08	JL-05	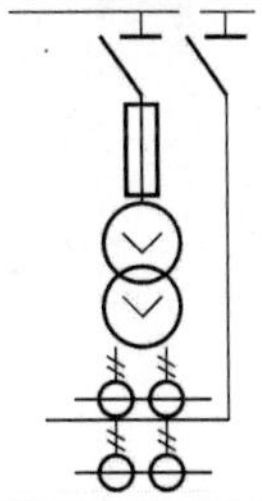
03	JL-02	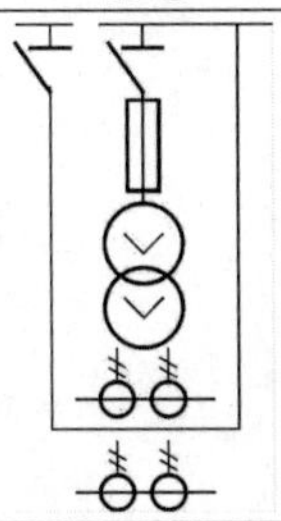	06	JL-07	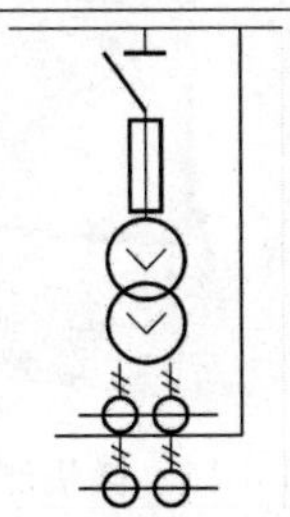			

(3) KYN28A-12(Z)型铠装移开式交流金属封闭开关柜的主要技术数据

表 5-16 KYN28A-12(Z)型高压配电柜的主要技术参数

序 号	名 称	单 位	数 据	
			配用断路器	
			ZN63A-12(VS1)型	VD4 型
1	额定电压	kV	12	12
2	1 min 工频耐受电压	kV	42	42
3	额定冲击耐受电压(峰值)	kV	75	75
4	额定频率	Hz	50	50
5	额定电流	A	630、1 250、1 600、2 000、2 500、3 150、4 000、5 000	
6	分支母线额定电流	A	630、1 250、1 600、2 000、2 500、3 150、4 000、5 000	
7	额定短时耐受电流(有效值)	kA	16、20、25、31.5、40、50	16、20、25、31.5、40、50
8	额定峰值耐受电流	kA	40、50、63、80、100、125	40、50、63、80、100、125
9	额定短路持续时间	s	4	
10	防护等级		外壳为 IP4X,隔室门、手车室门打开时为 IP2X	
11	质量	kg	700～1 200	700～1 200

5.2.4 微机测控保护屏

微机测控保护屏可应用于 35 kV 及以下电压等级的变(配)电所,为所内各高压设备提供智能化、网络化的测量、保护和控制功能,同时可与上级主站进行实时通信,实现变(配)电所的综合自动化。微机测控保护屏的外形图如图 5-15 所示。该微机测控保护屏能实现:线路的各种保护及测量控制;变压器的差动保护、后备保护及测量控制;电容器、电动机的各种保护及测量控制;母线分段、进线备用电源自投等测控功能。

图 5-15 微机测控保护屏的外形图

5.3　变电所的操作电源

变电所的操作电源是供高压断路器跳、合闸回路和继电保护装置、信号回路、监测系统及其他二次回路所需的电源。因此要求操作电源可靠性高，容量足够大，尽可能不受供电系统运行的影响。

操作电源分直流操作电源和交流操作电源。直流操作电源有由蓄电池组供电的电源和由整流装置供电的电源两种。交流操作电源有通过所用变压器供电的和通过电流互感器及电压互感器供电的两种。

5.3.1　直流操作电源

1. 由蓄电池组供电的直流操作电源

蓄电池主要有铅酸蓄电池和镉镍蓄电池两种。

(1) 铅酸蓄电池

铅酸蓄电池由二氧化铅(PbO_2)的正极板、铅(Pb)的负极板以及密度为 1.2～1.3 g/cm^3 的稀硫酸(H_2SO_4)电解液构成，容器多为玻璃。

采用铅酸蓄电池组作操作电源，不受供电系统运行情况的影响，工作可靠；但是它在充电过程中要排出氢和氧的混合气体(由于水被电解而产生的)，有爆炸危险，而且随着气体带出的硫酸蒸汽，有强腐蚀性，对人身健康和设备安全都有很大危害。因此铅酸蓄电池组一般要求单独装设在一房间内，而且要考虑防腐防爆。

(2) 镉镍蓄电池

镉镍蓄电池的正极板为氢氧化镍[$Ni(OH)_3$]或三氧化二镍(Ni_2O_3)的活性物，负极板为镉(Cd)，电解液为氢氧化钾(KOH)或氢氧化钠(NaOH)等碱溶液。

采用镉镍蓄电池组作操作电源，除了不受供电系统运行情况的影响、工作可靠外，还有大电流放电性能好、机械强度高、使用寿命长、腐蚀性小、无须专用房间从而大大降低投资等优点，因此它在工厂供电系统中应用比较普遍。

2. 由整流装置供电的直流操作电源

整流装置主要有硅整流电容储能式和复式整流两种。

(1) 硅整流电容储能式直流电源

如果单独采用硅整流器作直流操作电源，则交流供电系统电压降低或电压消失时，将严重影响直流系统的正常工作，因此宜采用有电容储能的硅整流电源。在供电系统正常运行时，通过硅整流器供给直流操作电源；同时通过电容器储能，在交流供电系统电压降低或电压消失时，由储能电容器对继电器和跳闸回路放电，使其正常动作。

图 5-16 是一种硅整流电容储能式直流操作电源系统的接线图。为了保证直流操作电源的可靠性，采用两个交流电源和两台硅整流器。硅整流器 U_1 主要用作断路器合闸电源，并向控制、信号和保护回路供电。硅整流器 U_2 的容量较小，仅向控制、信号和保护回路供电。逆止元件 VD_1 和 VD_2 的主要功能：一是当直流电源电压因交流供电系统电压降低而降低时，使储能电容 C_1、C_2 所储能量仅用于补偿自身所在的保护回路，而不向其他元件放

电;二是限制储能电容 C_1、C_2 向各断路器控制回路中的信号灯和重合闸继电器等放电,以保证其所供的继电保护和跳闸线圈可靠动作。逆止元件 VD_3 和限流电阻 R 接在两组直流母线之间,使直流合闸母线只向控制小母线 WC 供电,防止断路器合闸时硅整流器 U_2 向合闸母线供电。R 用来限制控制回路短路时通过 VD_3 的电流,以免 VD_3 烧毁。储能电容器 C_1 用于对高压线路的继电保护和跳闸回路供电,而储能电容器 C_2 用于对其他元件的继电保护和跳闸回路供电。储能电容器多采用容量大的电解电容器,其容量应能保证继电保护和跳闸线圈回路可靠地动作。

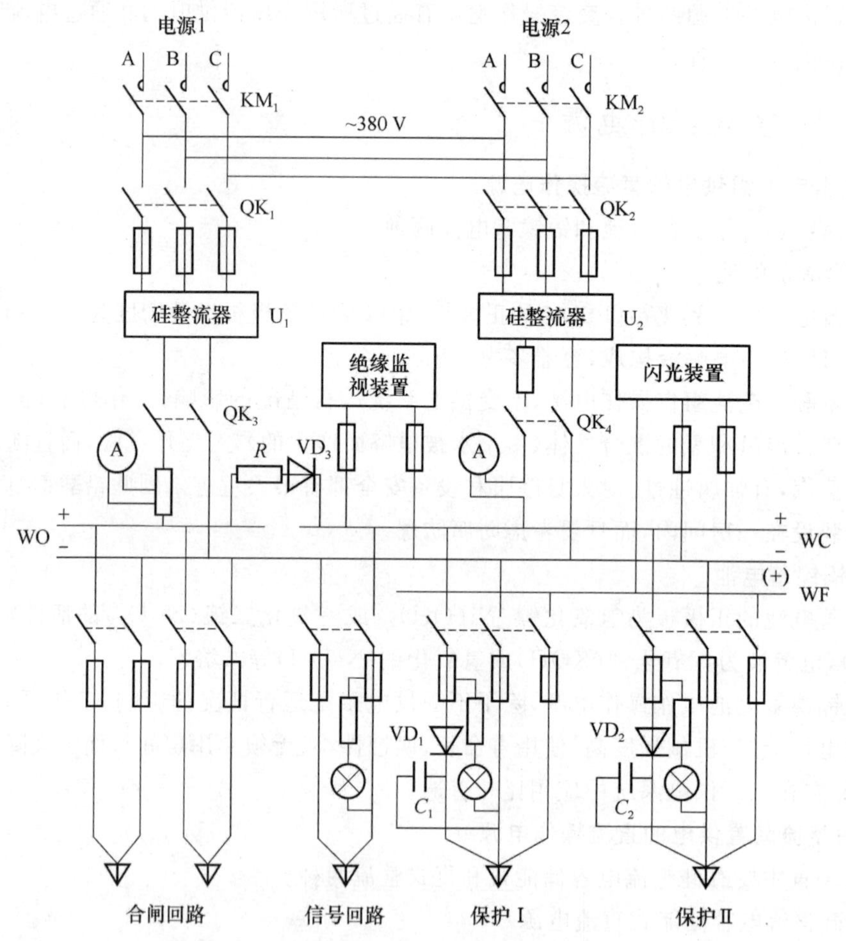

C_1、C_2—储能电容;WC—控制小母线;WF—闪光信号小母线;WO—合闸小母线

图 5-16　硅整流能电容储直流系统接线图

(2) 复式整流的直流操作电源

复式整流是指提供直流操作电压的整流器电源有两个。

① 电压源。由所用变压器或电压互感器供电,经铁磁谐振稳压器和硅整流器供电给控制等二次回路。

② 电流源。由电流互感器供电,同样经铁磁谐振稳压器和硅整流器供电给控制等二次回路。

复式整流装置的接线示意图如图5-17所示。由于复式整流装置有电压源和电流源，因此能保证供电系统在正常情况和事故情况下直流系统均能可靠地供电。与上述电容储能式相比，复式整流装置的输出功率更大，电压稳定性更好。

3. 直流电源柜

NGZ3型直流电源柜外形图如图5-18所示。该电源柜可作为控制、信号、通信、保护及直流事故照明等的电源设备。

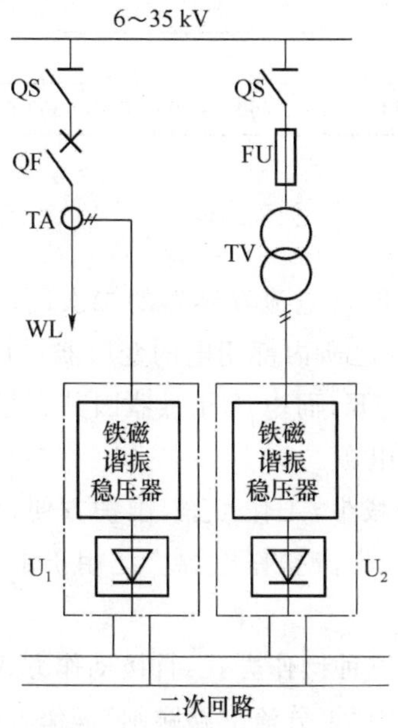

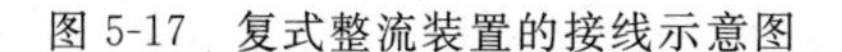

图5-17 复式整流装置的接线示意图

图5-18 NGZ系列直流电源柜外形图

该产品型号及其含义：

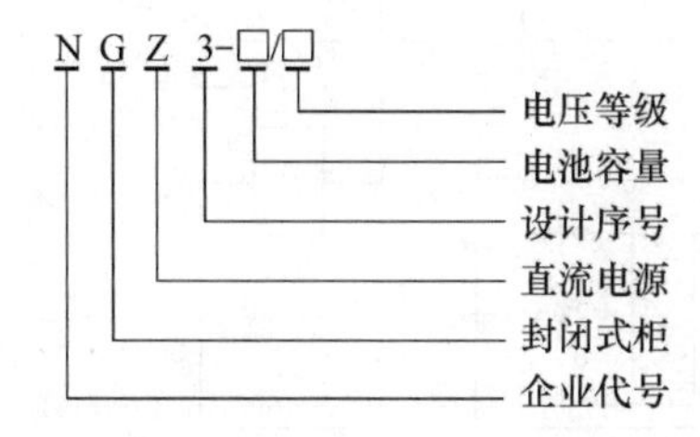

该产品的主要技术数据见表5-17。

表5-17 NGZ系列直流电源柜的主要技术数据

序号	名称	单位	技术数据
1	交流额定输入电压，三相四线制	V	380±150%（频率50 Hz±2 Hz）
2	直流额定输出电压	V	48，110，220
3	输出直流额定电流	A	1～200
4	蓄电池额定容量	A·h	20～1 000

续 表

序　号	名　称	单　位	技术数据
5	稳压精度		≤±0.5%
6	稳流精度		≤±0.5%
7	纹波系数		±0.1%
8	效率		≥90%
9	噪音	dB	≤55(A级)
10	防护等级		IP30
11	外形尺寸(高×宽×深)	mm^3	2 260×800×600,2 260×1 000×600,2 360×800×550

5.3.2 交流操作电源

交流操作电源可分电流源和电压源两种。电流源取自电流互感器的二次侧,主要供电给继电保护和跳闸回路。电压源取自所用变压器(供变电所内部用电的变压器)的二次侧或电压互感器的二次侧,通常所用变压器作为正常工作电源,而电压互感器因其容量小,只作为保护油浸式变压器内部故障的瓦斯保护的交流操作电源。

采用交流操作电源,可使二次回路大大简化,投资减少,工作可靠,维护方便,但是它不适于比较复杂的继电保护、自动装置及其他二次回路。交流操作电源广泛用于中小型变配电所中采用手动操作和继电保护采用交流操作的场合。

另外,采用交流操作电源供电的继电保护装置,有三种操作方式:直接动作方式、中间电流互感器供电方式和"去分流支路跳闸"操作方式。其中"去分流支路跳闸"操作方式应用较为广泛,以图5-19解释其操作方式。

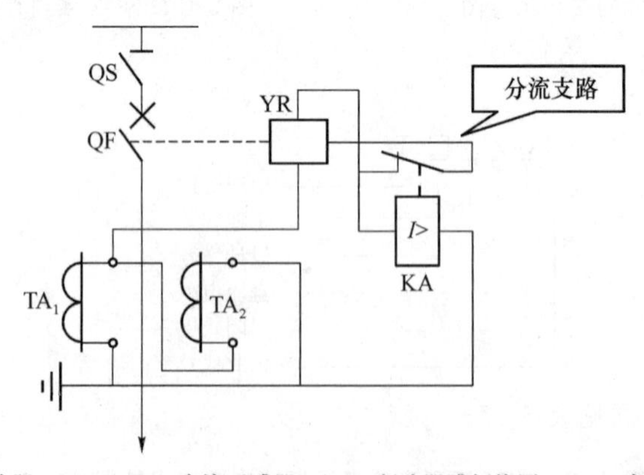

QF—断路器; TA_1、TA_2—电流互感器; YR—断路器跳闸线圈; KA—电流继电器 (GL型)

图5-19 "去分流支路跳闸"的操作方式

正常运行时,电流继电器KA的动断触点将跳闸线圈YR短路,正常工作电流通过分流支路,YR中没有电流通过,所以断路器QF不会跳闸。当一次电路发生相间短路时,KA动作,其动断触点断开,使YR分流支路断开(即"去分流支路"),使电流互感器的二次电流全部通过YR,致使断路器QF跳闸,即"去分流支路跳闸"。

这种操作方式接线简单，使用的电器少，灵敏度高，但要求电流继电器触点的分断能力足够大，目前的 GL 系列电流继电器其触点容量大，短时分断电流可达 150 A，完全能够满足去分流跳闸的要求。因此这种操作方式被广泛采用。

但是这种电路存在一个问题，由于外界振动可能引起电流继电器的动断触点断开造成误跳闸事故。因此可以采用“先合后断转换触点（见第 4 章）”来弥补这一不足，GL-15 或 GL-25 型电流继电器中的触点具有先合后断功能。

5.4　高压配电柜的二次回路

高压配电柜的二次回路是指用来控制、监测和保护一次电路运行的电路。

二次回路按电源性质分，有直流回路和交流回路。交流回路又分交流电流回路和交流电压回路。交流电流回路由电流互感器供电，交流电压回路由电压互感器供电。

二次回路按其用途分，有断路器控制回路、信号回路、测量和监视回路、继电保护和自动装置回路等。

二次回路在供电系统中虽然是其一次电路的辅助系统，但是它对一次电路的安全、可靠、优质和经济合理地运行有着十分重要的作用，因此必须予以重视。

5.4.1　高压配电柜的继电保护回路

由高压配电柜中的高压断路器、电流互感器及保护继电器组成的继电保护装置，可实现对配电系统的线路和变压器的各种保护。根据不同的保护方案，其对应的二次回路见以下分述。

1. 配电线路继电保护的二次回路

配电线路采用反时限过电流保护的二次回路展开图如图 5-20 所示。

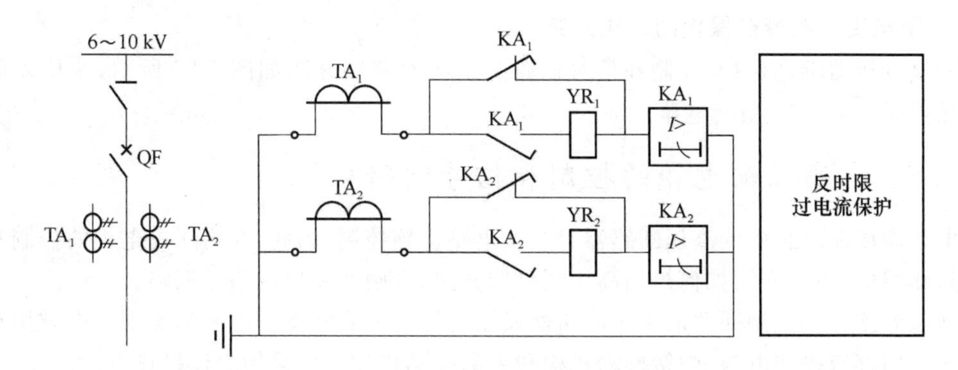

KA_1、KA_2—电流继电器（GL-15）；YR_1、YR_2—跳闸线圈（脱扣器）；TA_1、TA_2—电流互感器

图 5-20　线路反时限过电流保护二次回路展开图

配电线路（电缆出线）采用定时限过电流保护、电流速断保护及单相接地保护的二次回路展开图如图 5-21 所示。

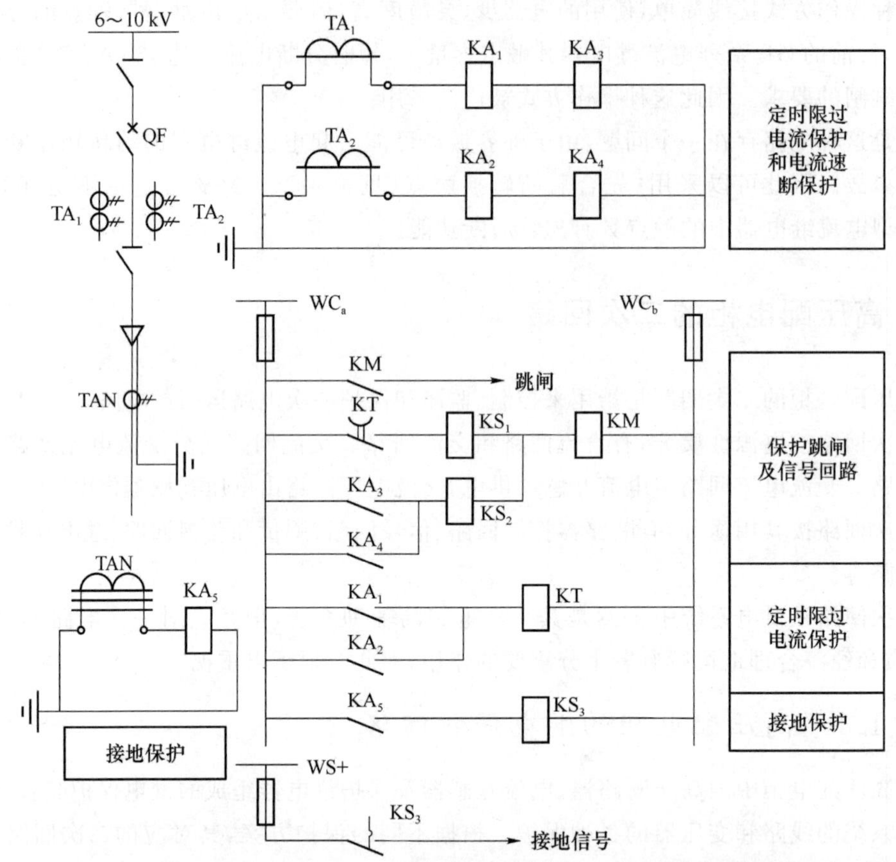

KA_1～KA_5—电流继电器（DL-11）；KT—时间继电器（DS-112C）；KS_1～KS_3—信号继电器（DX-11）；KM—中间继电器；TA_1、TA_2—电流继电器；TAN—零序电流互感器

图 5-21　电缆出线的继电保护二次回路展开图

2. 配电变压器继电保护的二次回路

配电变压器继电保护、控制和信号回路的二次回路展开图如图 5-22 所示，变压器的过电流保护采用 GL-15 型继电器。

5.4.2　高压配电柜的控制和信号回路

由于高压配电柜中的高压断路器对一次电路实施控制，为此，在高压配电柜的控制和信号回路介绍中，主要介绍如何控制高压断路器分闸、合闸及相应的信号回路。

高压断路器的控制回路取决于断路器操动机构的型式和操作电源的类别。电磁操动机构只能采用直流操作电源，弹簧操动机构和手动操动机构一般采用交流操作电源。

信号回路是用来指示一次电路设备运行状态的二次回路。信号按用途分，有断路器位置信号、事故信号和预告信号等。

- 断路器位置信号：显示断路器正常工作的位置状态。一般是红灯亮，表示断路器处在合闸位置；绿灯亮，表示断路器处在分闸位置。
- 事故信号：显示断路器在事故情况下的工作状态。一般是红灯闪光，表示断路器自动合闸；绿灯闪光，表示断路器自动跳闸。此外还有事故音响信号和光子牌等。

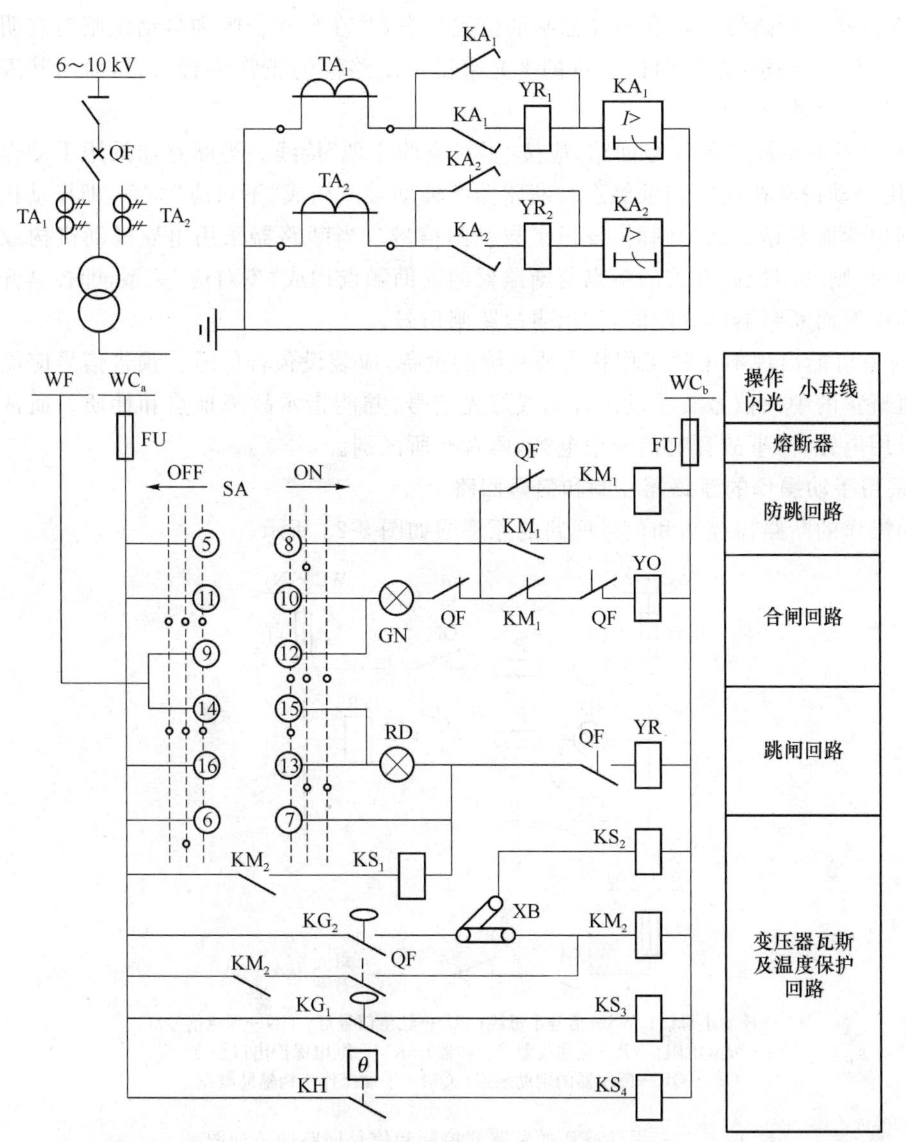

KA_1～KA_2—电流继电器（GL-15）；KM_1～KM_2—中间继电器（DZ50/22）；KS_1～KS_4—信号继电器（DX-11）；YR、YR_1～YR_2—跳闸线圈（操动机构内脱扣器）；YO—合闸线圈；KG_1～KG_2—瓦斯继电器；KH—温度继电器；RD—红色信号灯；GN—绿色信号灯；SA—控制开关（LW2-Z-1a、4、6a、40、20/F8）；FU—熔断器；XB—连接片；WC—操作（控制）小母线；WF—闪光信号小母线

图 5-22　配电变压器继电保护二次回路展开图

• 预告信号：在一次设备出现不正常状态时或在故障初期发出报警信号。例如，变压器过负荷或者轻瓦斯动作时，就发出区别于上述事故音响信号的另一种预告音响信号，同时光字牌亮，指示出故障的性质和地点，值班员可根据预告信号及时处理。

对断路器的控制和信号回路有下列基本要求。

① 应能监视控制回路保护装置（如熔断器）及其分、合闸回路的完好性，以保证断路器的正常工作，通常采用灯光监视的方式。

② 合闸或分闸完成后，应能使命令脉冲解除，即能切断合闸或分闸的电源。

③ 应能指示断路器正常合闸和分闸的位置状态,并在自动合闸和自动跳闸时有明显的指示信号。如前所述,通常用红、绿灯的平光来指示断路器的正常位置状态,而用其闪光来指示断路器的自动分、合闸。

④ 断路器的事故跳闸信号回路,应按"不对应的原理"接线。当断路器采用手动操动机构时,利用手动操动机构的辅助触点与断路器的辅助触点构成"不对应"关系,即操动机构手柄在合闸位置而断路器已分闸时,发出事故跳闸信号。当断路器采用电磁操动机构或弹簧操动机构时,则利用控制开关的触点与断路器的辅助触点构成"不对应"关系,即控制开关手柄在合闸位置而断路器已分闸时,发出事故跳闸信号。

⑤ 对有可能出现不正常工作状态或故障的设备,应装设预告信号。预告信号应能使控制室或值班室的中央信号装置发出音响或灯光信号,并能指示故障地点和性质。通常预告音响信号用电铃,而事故音响信号用电笛,两者有所区别。

1. 采用手动操作的断路器控制和信号回路

手动操作的断路器控制和信号回路的原理图如图5-23所示。

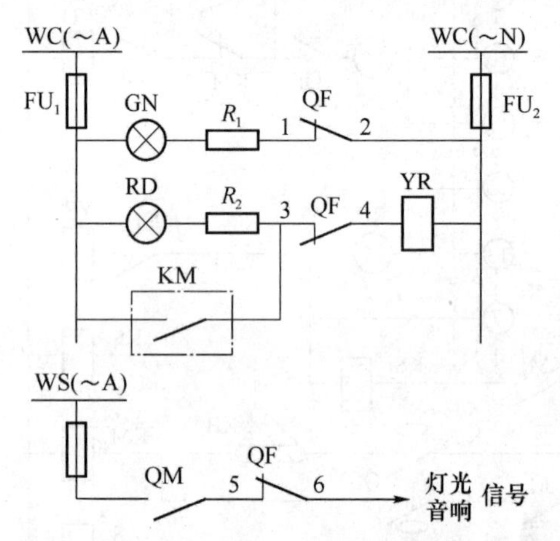

WC—控制小母线；WS—信号小母线；RD—红色信号灯；GN—绿色信号灯；
R—限流电阻；YR—跳闸线圈（脱扣器）；KM—继电保护出口触点；
QF_1～QF_6—断路器的辅助触点；QM—手动操作机构辅助触点

图5-23　手动操作的断路器控制和信号回路的原理图

合闸时,推上操作机构手柄使断路器合闸,这时断路器的辅助触点QF 3-4闭合,红灯RD亮,指示断路器已经合闸。由于有限流电阻R_2,跳闸线圈YR虽有电流通过,但电流很小,不会动作。红灯RD亮,还表明跳闸线圈YR回路及控制回路的熔断器FU_1、FU_2是完好的,即红灯RD同时起着监视跳闸回路完好性的作用。

分闸时,板下操作机构手柄使断路器分闸,这时断路器的辅助触点QF 3-4断开,切断跳闸回路,同时辅助触点QF 1-2闭合,绿灯GN亮,指示断路器已经分闸。绿灯GN亮,还表明控制回路的熔断器FU_1、FU_2是完好的,即绿灯GN同时起着监视控制回路完好性的作用。

在断路器正常操作分、合闸时,由于操作机构辅助触点QM与断路器的辅助触点QF 5-6都是同时切换的,总是一开一合,所以事故信号回路总是不通的,因而不会错误地发出事故信号。

当一次电路发生短路故障时，继电保护装置动作，其出口继电器 KM 的触点闭合，接通跳闸线圈 YR 的回路（QF 3-4 原已闭合），使断路器 QF 跳闸。随后 QF 3-4 断开，使红灯 RD 灭，并切断 YR 的跳闸电源。与此同时，QF 1-2 闭合，使绿灯 GN 亮，这时操作机构的操作手柄虽然仍在合闸位置，但其黄色指示牌掉落，表示断路器自动跳闸。同时事故信号回路接通，发出音响和灯光信号。此事故信号回路正是按“不对应原理”来接线的：由于操作机构仍在合闸位置，其辅助触点 QF 闭合，而断路器已事故跳闸，其辅助触点 QF 5-6 也返回闭合，因此事故信号回路接通。当值班员得知事故跳闸信号后，可将操作手柄扳下至分闸位置，这时黄色指示牌随之返回，事故信号也随之解除。

控制回路中分别与指示灯 GN 和 RD 串联的电阻 R_1 和 R_2，主要用来防止指示灯灯座短路时造成控制回路短路或断路器误跳闸。

2. 采用电磁操动机构的断路器控制和信号回路

采用电磁操动机构的断路器控制和信号回路原理图如图 5-24 所示，其操作电源采用如图 5-16 所示的硅整流电容储能的直流系统。控制开关采用双向自复式并具有保持触点的 LW5 型万能转换开关，其手柄正常为垂直位置（0°）顺时针扳转 45°，为合闸（ON）操作，手松开也自动返回（复位），保持合闸状态。反时针扳转 45°，为分闸（OFF）操作，手松开也自动返回，保持分闸状态。图中虚线上打黑点（•）的触点表示在此位置时触点接通；而虚线上标出的箭头（→），表示控制开关 SA 手柄自动返回的方向。

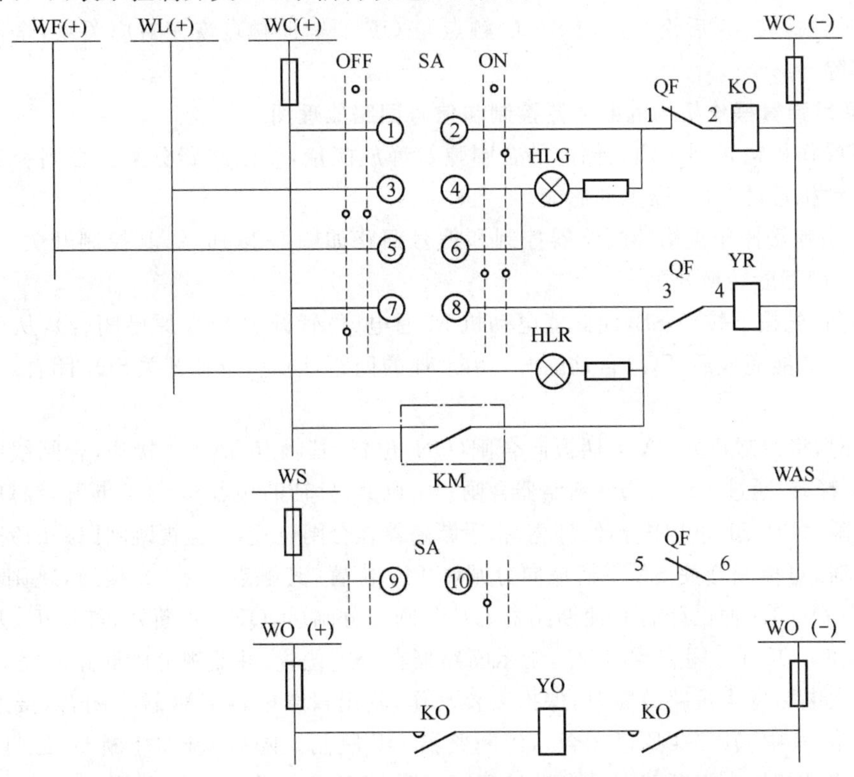

WC—控制小母线；WS—信号小母线；WF—闪光信号小母线；WL—灯光信号小母线；
WAS—事故音响信号小母线；WO—合闸小母线；SA—控制开关；KO—合闸接触器；
YO—电磁合闸接线圈；YR—跳闸线圈；KM—继电保护出口触点；QF_1～QF_6—断路器的辅助触点；
RD—红色信号灯；GN—绿色信号灯；ON—合闸方向；OFF—分闸方向

图 5-24 采用电磁操作机构的断路器控制和信号回路原理图

合闸时,将控制开关 SA 手柄顺时针扳转 45°,这时其触点 SA 1-2 接通,合闸接触器 KO 通电(其中 QF 1-2 原已闭合),其主触点闭合,使电磁合闸线圈 YO 通电,断路器 QF 合闸。合闸完成后,SA 自动返回,其触点 SA 1-2 断开,切断合闸回路。同时 QF 3-4 闭合,红灯 RD 亮,指示断路器已经合闸,并监视着跳闸 YR 回路的完好性。

分闸时,将控制开关 SA 手柄逆时针扳转 45°,这时其触点 SA 7-8 接通,跳闸线圈 YR 通电(其中 QF 3-4 原已闭合),使断路器 QF 分闸,分闸完成后,SA 自动返回,其触点 SA 7-8 断开,QF 3-4 也断开,切断跳闸回路。同时 SA 3-4 闭合,QF 1-2 也闭合,绿灯 GN 亮,指示断路器已经分闸,并监视着合闸 KO 回路完好性。

由于红绿指示灯兼有监视分、合闸回路完好性的作用,长时间运行,因此耗电较多。为减少操作电源中储能电容器能量的过多消耗,因此另设灯光指示小母线 WL(+),专用来接入红绿指示灯,储能电容器的能量只用来供电给控制小母线 WC。

当一次电路发生短路故障时,继电保护动作,其出口触点 KM 闭合,接通跳闸线圈 YR 回路(其中 QF 3-4 原已闭合),使断路器 QF 跳闸。随后 QF 3-4 断开,使红灯 RD 灭,并切断跳闸回路,同时 QF 1-2 闭合,而 SA 在合闸位置,其触点 SA 5-6 闭合,从而接通闪光电源 WF(+),使绿灯 GN 闪光,表示断路器自动跳闸。由于断路器自动跳闸,SA 在合闸位置,其触点 SA 9-10 闭合,而断路器已经分闸,其触点 QF 5-6 也闭合,因此事故音响信号回路接通,又发出音响信号。当值班员得知事故跳闸信号后,可将控制开关 SA 操作手柄扳向分闸位置(逆时针扳转 45°后松开),使 SA 的触点与 QF 的辅助触点恢复对应关系,全部事故信号立即解除。

3. 采用弹簧操作机构的断路器控制和信号回路原理图

弹簧操作机构是利用预先储能的合闸弹簧释放能量,使断路器分闸。合闸弹簧由交直流两用电动机带动,也可以手动储能。

CT7 型弹簧操作机构的断路器控制和信号回路如图 5-25 所示,其控制开关采用 LW2 型或 LW5 型万能转换开关。

合闸前,先按下按钮 SB,使储能电动机 M 通电(位置开关 SQ_2 原已闭合),从而使合闸弹簧储能。储能完成后,SQ_2 自动断开,切断 M 的回路,同时,位置开关 SQ_1 闭合,为合闸做好准备。

合闸时,将控制开关 SA 手柄扳向合闸(ON)位置,其触点 SA 3-4 接通,合闸线圈 YO 通电,使弹簧释放,通过传动机构使断路器合闸。合闸后,其辅助触点 QF 1-2 断开,绿灯灭,并切断合闸电源;同时 QF 3-4 闭合,红灯亮,指示断路器在合闸位置,并监视跳闸回路的完好性。

分闸时,将控制开关 SA 手柄扳向分闸(OFF)位置,其触点 SA 1-2 接通,跳闸线圈 YR 通电(其中 QF 3-4 原已闭合),使断路器 QF 分闸。分闸后,QF 3-4 断开,红灯灭,并切断分闸电源;同时,QF 1-2 闭合,绿灯亮,指示断路器在分闸位置,并监视分闸回路的完好性。

当一次电路发生短路故障时,保护装置动作,其出口继电器 KM 触点闭合,接通跳闸线圈 YR 回路(其中 QF 3-4 原已闭合),使断路器 QF 跳闸。随后 QF 3-4 断开,红灯灭,并切断跳闸回路;同时,由于断路器是自动跳闸,SA 手柄仍在合闸位置,其触点 SA 9-10 闭合,而断路器已经跳闸,QF 5-6 闭合,因此事故音响信号回路接通,发出事故跳闸音响信号。值班员得知事故跳闸信号后,可将控制开关 SA 操作手柄扳向分闸位置(OFF),使 SA 的触点与 QF 的辅助触点恢复对应关系,从而使事故跳闸信号解除。

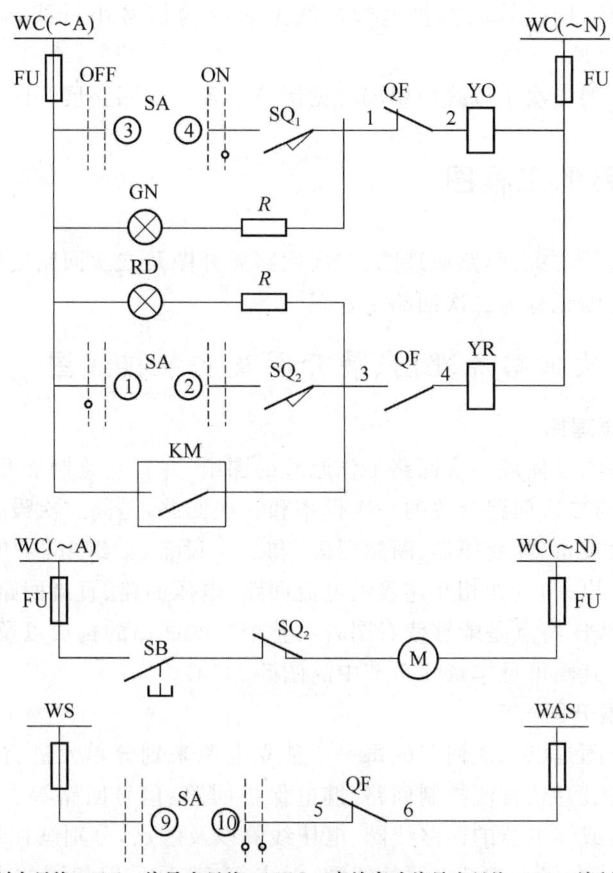

WC—控制小母线；WS—信号小母线；WAS—事故音响信号小母线；SA—控制开关；
YO—电磁合闸线圈；YR—跳闸线圈；KM—继电保护出口触点；M—储能电机；SB—按钮；
SQ—储能位置开关；QF_1～QF_6—断路器的辅助触点；RD—红色信号灯；GN—绿色信号灯

图 5-25　采用弹簧操作机构的断路器控制和信号回路

储能电动机 M 由按钮 SB 控制，从而保证断路器合在发生短路故障的一次电路上时，断路器自动跳闸后不可能误重合闸，因而不另设电气“防跳”装置。

5.4.3　高压配电系统的二次小母线

高压配电系统的二次小母线为其二次回路的电源，按功能分有下述各类二次小母线。

① 控制小母线：向配电系统控制回路供电的母线电源称为控制小母线，通常文字符号用 WC 表示。

② 合闸小母线：向高压断路的合闸回路供电的母线电源称为合闸小母线，通常文字符号用 WO 表示。

③ 电压小母线：向测量仪表电压线圈、电压继电器等供电的母线电源称为电压小母线，通常文字符号用 WV 表示。

④ 闪光小母线：向闪光信号回路供电的母线电源称为闪光小母线，通常文字符号用 WF 表示。

⑤ 报警小母线：向事故音响报警回路供电的母线电源称为报警小母线，通常文字符号用 WAS 表示。

⑥ 信号小母线:向信号回路供电的母线电源称为信号小母线,通常文字符号用WS表示。

高压配电电源的二次小母线应用场合见诸节中各二次回路展开图。

5.5 二次回路的工程图

二次回路图包括:二次回路原理图、二次回路展开图及二次回路安装接线图。将描述二次回路安装接线的图纸称为二次回路工程图。

5.5.1 二次回路原理图、展开图及安装接线图

1. 二次回路原理图

二次回路原理图是体现二次回路工作原理的图纸,并且是绘制展开图和安装图的基础。在原理接线图中,与二次回路有关的一次设备和一次回路,是同二次设备和二次回路画在一起的。所有的一次设备(如变压器、断路器等)和二次设备(如继电器、仪表等),都以整体的形式在图纸中表示出来,例如相互连接的电流回路、电压回路、直流回路等,都是综合在一起的。因此,这种接线图特点是能够使看图者对整个二次回路的构成以及动作过程,都有一个明确的整体概念。其图可见本章5.7节中的图5-34(a)。

2. 二次回路展开图

二次回路展开图是以二次回路的每一个独立电源来划分单元进行编制的。例如,交流电流回路、交流电压回路、直流控制回路、继电保护回路、信号回路等。根据这个原则,必须将属于同一个仪表或继电器的回路线圈、电压线圈以及触点,分别画在不同的回路中。为了避免混淆,属于同一个仪表或继电器的线圈、触点等,都是采用相同的文字符号。其图可见本章5.7节中的图5-34(b)。

3. 二次回路安装接线图

为施工、维护运行的方便,在展开图的基础上,还应绘出安装接线图。安装接线图包括:屏面布置图、屏背面接线图、端子排图三部分。

(1) 屏面布置图

屏面布置图是加工制造屏、盘和安装屏、盘上设备的依据。上面每个元件的排列、布置,是根据运行操作的合理性,并考虑维护运行和施工的方便确定的,因此,应按一定的比例进行绘制。

(2) 屏背面接线图

屏背面接线图是以屏面布置图为基础,并以展开图为依据而绘制成的接线图。它标明了屏上各个设备的代表符号、顺序号,以及每个设备引出端子之间的连接情况,它是一种指导屏上配线工作的图纸。屏背面接线图可参见图5-29。

(3) 配电柜接线端子排

盘、柜外的导线或设备与盘、柜内的二次设备相连时,必须经过端子排。端子排由专门的接线端子板组合而成。

接线端子板分为普通端子、连接端子、试验端子和终端端子等型式。

- 普通端子板用来连接由盘外引至盘内或由盘内引至盘外的导线。
- 连接端子板有横向连接片,可与邻近端子板相连,用来连接有分支的二次回路导线。

• 试验端子板用来在不断开二次回路的情况下，对仪表、继电器进行试验。如图5-26所示，两个试验端子板将工作电流表 PA_1 与电流互感器 TA 的二次侧相连。当需要换下工作电流表 PA_1 进行试验时，可用另一备用电流表 PA_2 分别接在两试验端子的接线螺钉 2 和 7 上，如图中虚线所示。然后拧开螺钉 3 和 8，拆下工作电流表 PA_1 进行试验。PA_1 校验完毕后，再将它接入，并拆下备用电流表 PA_2，整个电路恢复原状运行。

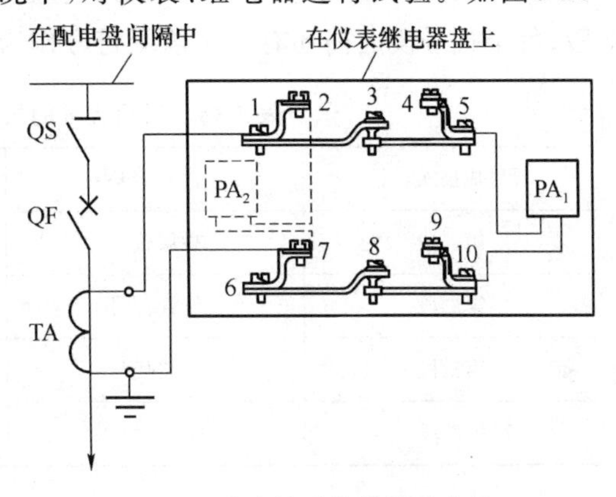

图 5-26　试验端子的结构及应用

• 终端端子板是用来固定或分隔不同安装项目的端子排。

在二次回路接线图中，端子排中各种型式端子板的表示方法如图 5-27 所示。其中，端子排的文字符号为 X，端子的前缀符号“：”。

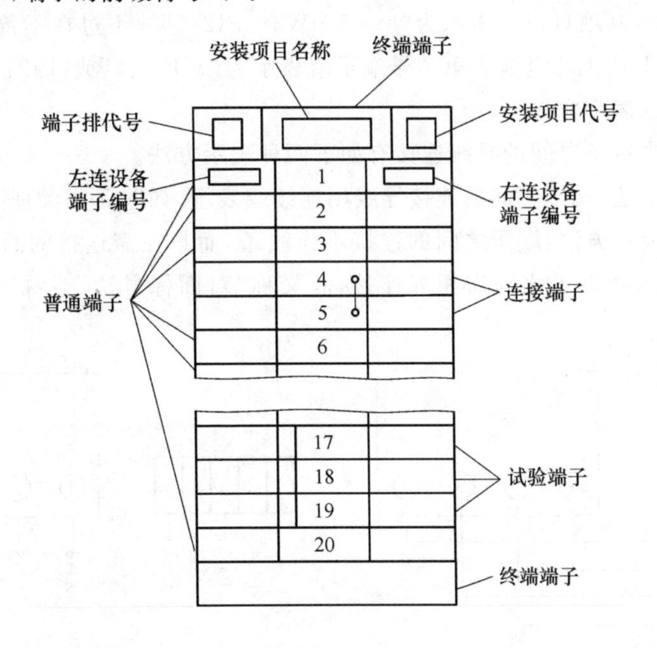

图 5-27　二次回路端子排编号表示方法图

5.5.2　二次设备和连接导线的表示法

1. 二次设备的表示法

由于二次设备都是从属于一次设备或线路的，而其一次设备或线路又是从属于某一成套电气装置的，因此所有二次设备都必须按 GB 5094—1985《电气技术中的项目代号》的规定，在接线图上标明其项目、种类、代号。

项目是指电气技术文件中出现的各种实物，例如，开关柜、控制盘、电动机等。

项目代号用来识别项目种类及其层次关系和实际位置的一种代码，它可将不同技术文件上的项目与实际设备中的该项目对应起来以便查找。一个完善的项目代号包括4个代号段,每个代号段之前还有一个前缀符号作为代号段的特征标记,详见表5-18。

表5-18　项目代号的层次与符号(据GB 5094—1985)

项目成层次(段)	代号名称	前缀符号	示　例
第一段	高层代号	=	=A5
第二段	位置代号	+	+W3
第三段	种类代号	-	-PJ2
第四段	端子代号	:	:7

例如本章5.12节中的图5-58所示高压线路的测量仪表电路图中,无功电能表的项目代号为PJ2。假设这一高压线路的项目代号为W3,而此线路又装在项目代号为A5的高压开关柜内,则上述无功电能表的项目代号完整的表示为"=A5+W3-PJ2"。对于无功电能表上的第7个端子,其项目代号表示为"=A5+W3-PJ2:7"。不过在不致引起混淆的情况下可以简化,例如上述无功电能表第7号端子就表示为"-PJ2:7"或"PJ2:7"。

2. 连接导线的表示方法

接线图5-27中端子之间的导线连接有如下两种表示方法。

① 连续线表示法:端子之间的连接导线用连续线表示,如图5-28(a)所示。

② 中断线的表示方法:端子之间的连接不连线条,而只在需连接的两端子处标注对面端子的代号,即表示两端子之间需相互连接,故又称"对面标号法"或称"相对标号法",如图5-28(b)所示。

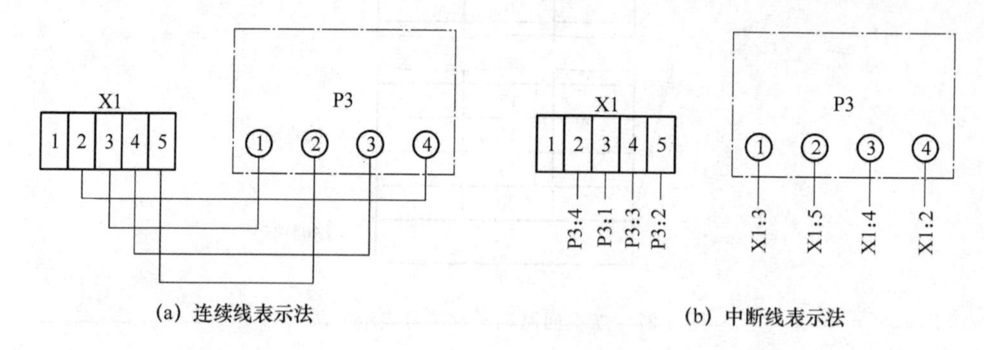

图5-28　连接导线的表示法

在接线图上屏内设备之间及设备与互感器或小母线之间的导线连接,如果用连续线来表示,当连线比较多时就会使接线图相当复杂,不易辨认。所以目前二次接线图中导线的连接方法较多采用"对面标号法"。

一条具有计量(安装有有功电能表、无功电能表及电流表)和继电保护(采用GL系列继电器)的高压配出线的二次回路工程图如图5-29所示。

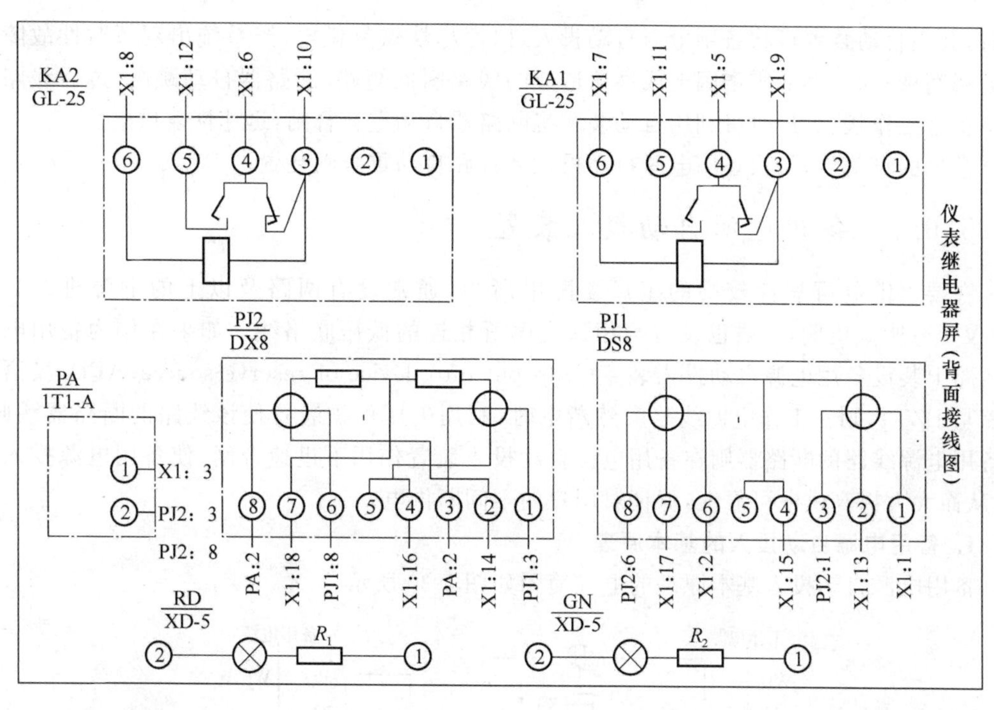

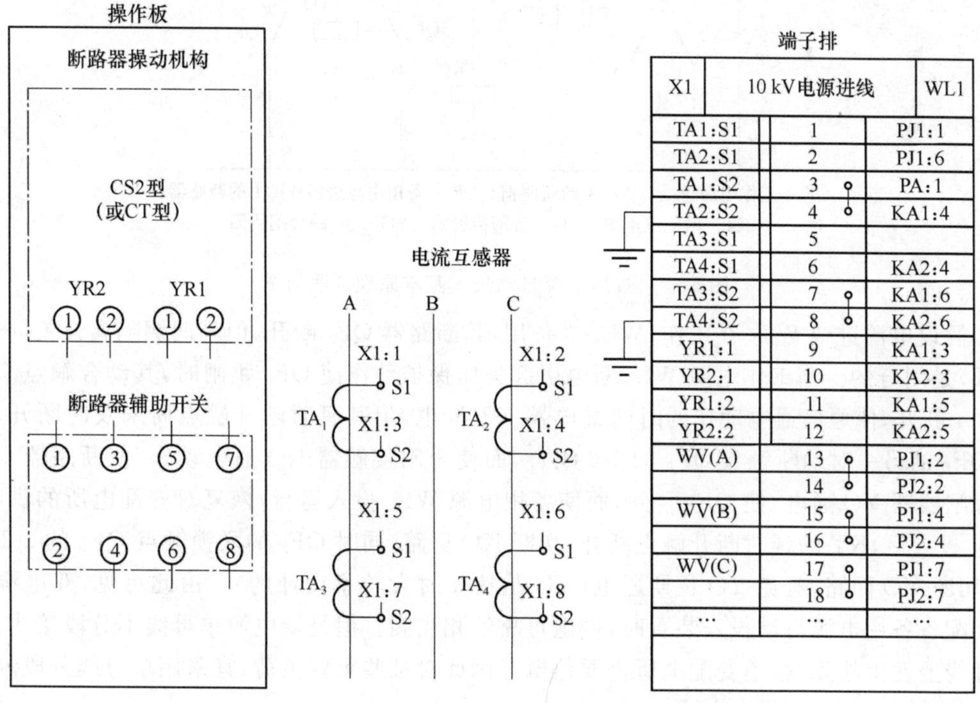

图5-29　高压配出线的二次回路工程图

5.6　变电所的自动装置

为提高供电可靠性，变电所中需装设自动装置。例如，当系统因工作电源出现故障而断电时,利用自动装置可将备用电源自动投入,以便尽快恢复供电;当系统出现暂时性故障但又会瞬间恢复时,例如雷击闪电或鸟兽造成的线路瞬间短路,断路器自动跳闸,过后线路又处于正常工作状态,这时可利用自动装置将断路器自动重新合闸,迅速恢复供电。

常见的自动装置有:备用电源自动投入装置和自动重合闸装置。

5.6.1 备用电源自动投入装置

在要求供电可靠性较高的工厂变配电所中,通常设有两路及以上的电源进线。在10 kV变电所低压侧,一般也设有与相邻变电所相连的低压联络线。如果在作为备用电源的线路上装设备用电源自动投入装置(auto-put-into device of reserve-source,APD,汉语拼音缩写 BZT),则在工作电源线路突然断电时,利用失压保护装置使该线路的断路器跳闸,而备用电源线路的断路器则在备用电源自动投入装置作用下迅速合闸,使备用电源投入运行,从而大大提高供电可靠性,保证对用户的不间断供电。

1. 备用电源自动投入的基本原理

备用电源自动投入基本原理的电气简图如图 5-30 所示。

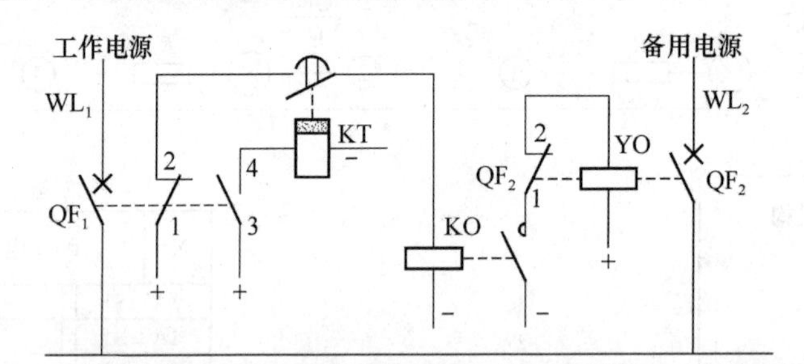

QF_1—工作电源进线;WL_1上的断路器;QF_2—备用电源进线WL_2上的断路器;KT—时间继电器;KO—合闸接触器;YO—QF_2的合闸线圈

图 5-30　备用电源自动投入基本原理说明简图

假设电源进线 WL_1 在工作,WL_2 为备用,其断路器 QF_2 断开,但其两侧隔离开关(图上未画)是闭合的。当工作电源 WL_1 断电引起失压保护动作使 QF_1 跳闸时,其动合触点 QF_1 的 3-4 断开,使原已通电动作的时间继电器 KT 断电,但其延时断开触点尚未及时断开,这时 QF_1 的另一对动断触点 QF_1 的 1-2 闭合,而使合闸接触器 KO 通电动作,使断路器 QF_2 的合闸线圈 YO 通电,使 QF_2 合闸,而使备用电源 WL_2 投入运行,恢复对变配电所的供电。WL_2 投入后,KT 的延时断开触点断开,切断 KO 回路,同时 QF_2 的联锁触点 QF_2 的 1-2 断开,切断 YO 回路,避免 YO 长期通电(YO 是按短时大功率设计的)。由此可见,双电源进线又配备备用电源自动投入装置时,供电可靠性相当高。但是双电源单母线不分段接线,如果母线上发生故障,整个变配电所仍要停电。因此对某些重要负荷,宜采用单母线分段制且两段母线同时供电的供电方式。

2. 高压双电源互为备用的备用电源自动投入电路示例

高压双电源互为备用的备用电源自动投入电路如图 5-31 所示,采用的控制开关 SA_1、SA_2 均为表 5-19 所示的 LW2 型万能转换开关,其触点 5-8 只在“合闸”时接通,触点 6-7 只在“跳闸”时接通。断路器 QF_1 和 QF_2 均采用交流操作的 CT7 型弹簧操作机构。

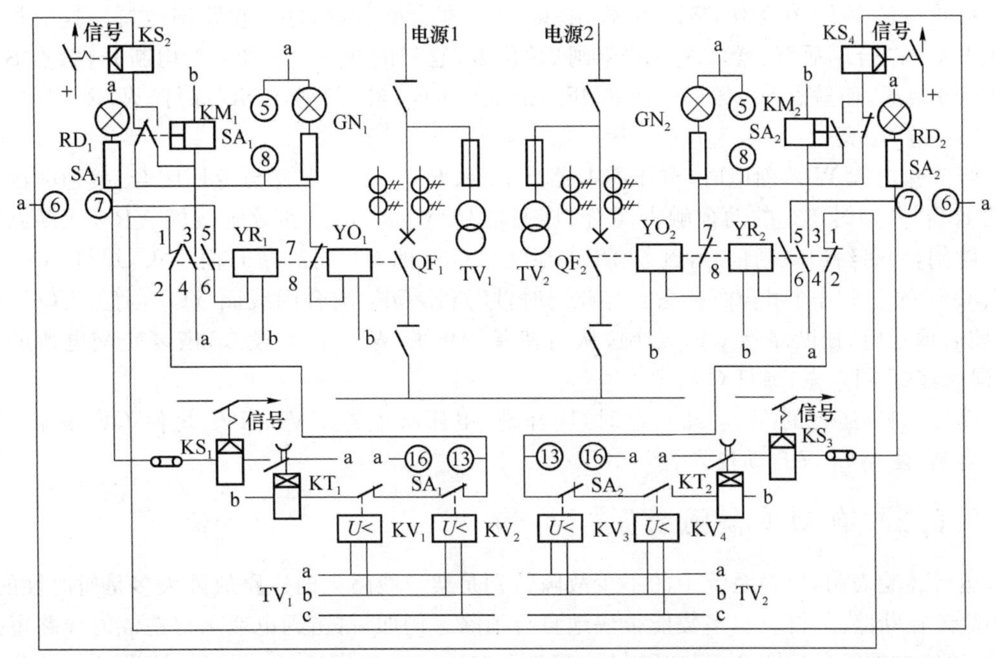

WL_1、WL_2—电源进线；QF_1、QF_2—断路器；TV_1、TV_2—电压互感器（其二次电压相序a、b、c）；SA_1、SA_2—控制开关；KV_1～KV_4—电压继电器；KT_1、KT_2—时间继电器；KM_1、KM_2—中间继电器；KS_1～KS_4—信号继电器；YR_1、YR_2—跳闸线圈；YO_1、YO_2—合闸线圈；RD_1、RD_2—红色指示灯；GN_1、GN_2—绿色指示灯

图 5-31　高压双电源互为备用的备用电源自动投入电路

表 5-19　LW_2 型控制开关触点图表

手柄和触点盒型式		F-8	1a		4		6a		
触点号			1-3	2-4	5-8	6-7	9-10	9-12	10-11
位置	分闸后	←		×					
	预备合闸	↑	×				×		
	合闸				×			×	
	合闸后	↑	×				×	×	
	预备分闸	←		×					×
	分闸					×			×

手柄和触点盒型式		40			20			20		
触点号		13-14	14-15	13-16	17-19	17-18	18-20	21-23	21-22	22-24
位置	分闸后		×				×			
	预备合闸	×				×			×	
	合闸			×	×			×		
	合闸后			×	×			×		
	预备分闸	×				×			×	
	分闸		×				×			×

注："×"表示触点接通。

假设电源 WL_1 在工作，WL_2 为备用，即 QF_1 在合闸位置，QF_2 在跳闸位置。这时控制开关 SA_1 在“合闸后”位置，SA_2 在“分闸后”位置，它们的触点 5-8 和 6-7 均断开，触点 SA_1 的 13-16 接通，而触点 SA_2 的 13-16 断开。指示灯 RD_1(红灯)亮，GN_1(绿灯)灭，RD_2(红灯)灭，GN_2(绿灯)亮。

当工作电源 WL_1 断电时，电压继电器 KV_1 和 KV_2 动作，其触点返回闭合，接通时间继电器 KT_1，其延时闭合的动合触点闭合，接通信号继电器 KS_1 和跳闸线圈 YR_1，使断路器 QF_1 跳闸，同时给出跳闸信号，红灯 RD_1 因触点 QF_1 的 5-6 同时断开而熄灭，绿灯 GN_1 因触点 QF_1 的 7-8 同时闭合而点亮。与此同时，断路器 QF_2 的合闸线圈 YO_2 因触点 QF_1 的 1-2 闭合而通电，使断路器 QF_2 合闸，从而使备用电源 WL_2 自动投入，恢复变配电所的供电，同时红灯 RD_2 亮，绿灯 GN_2 灭。

反之，如果运行的 WL_2 又断电时，同样地，电压继电器 KV_3、KV_4 将使 QF_2 跳闸，使 QF_1 合闸，使 WL_1 又自动投入。

5.6.2　自动重合闸装置

运行经验表明，电力系统中的不少故障特别是架空线路上的短路故障大多是暂时性的，这些故障在断路器跳闸后，多数能很快地自行消除。例如，雷击闪电或鸟兽造成的线路短路故障，往往在雷闪过后或鸟兽烧死以后，线路大多能恢复正常运行。因此，如果采用自动重合闸装置(auto-reclosing device，ARD，汉语拼音缩写为 ZCH)使断路器自动重新合闸，迅速恢复供电，可以大大提高供电可靠性，避免因停电而给国民经济带来重大的损失。

一端供电线路的三相自动重合闸装置，按其不同特性有不同的分类方法。按重合的方法分，有机械式和电气式。按组合元件分，有机电型、晶体管型和微机型。按重合次数分，有一次性重合、二次性重合和三次性重合式等。

机械式自动重合闸装置，适于采用弹簧操作机构的断路器，可在具有交流操作电源或者虽有直流跳闸电源但没有直流合闸电源的变配电所中使用。

电气式自动重合闸装置，适于采用电磁操作机构的断路器，可在具有直流操作电源的变配电所中采用。

工厂供电系统中采用的自动重合闸装置，一般都是一次重合式(机械式或电气式)，因为一次重合式自动重合闸装置比较简单经济，而且基本上能满足供电可靠性的要求。

1. 电气式一次自动重合闸的基本原理

电气式一次自动重合闸基本原理的电气简图如图 5-32 所示。

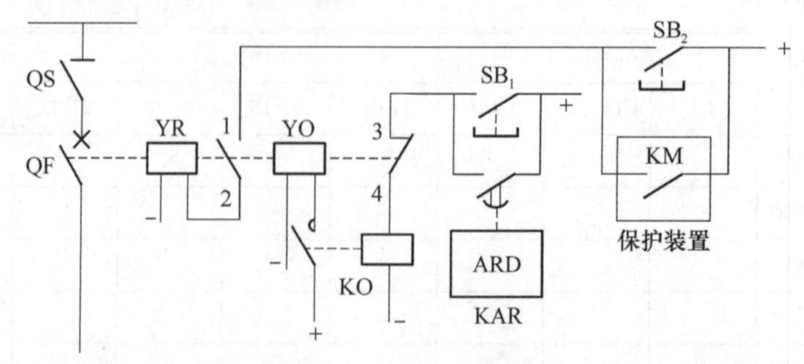

YR—跳闸线圈；YO—合闸线圈；KO—合闸接触器；KAR—重合闸继电器；
KM—保护装置出口触点；SB_1—合闸按钮；SB_2—跳闸按钮

图 5-32　电气式一次自动重合闸的基本原理说明简图

手动合闸时，按下合闸按钮 SB_1，使合闸接触器 KO 通电动作，从而使合闸线圈 YO 动作，使断路器 QF 合闸。

手动跳闸时，按下跳闸按钮 SB_2，使跳闸线圈 YR 通电动作，使断路器 QF 跳闸。

当一次电路发生短路故障时，保护装置动作，其出口触点 KM 闭合，接通跳闸线圈 YR 回路，使断路器 QF 自动跳闸。与此同时，断路器辅助触点 QF 3-4 闭合，而且重合闸继电器 KAR 起动，经整定的时间后其延时闭合的动合触点闭合，使合闸接触器 KO 通电动作，从而使断路器 QF 重合闸。如果一次电路上的短路故障是瞬时性的，已经消除，则可重合成功。如果短路故障尚未消除，则保护装置又要动作，KM 的触点闭合又使断路器 QF 再次跳闸。由于一次自动重合闸采取了防跳措施(图 5-31 中未表示)，因此不会再次重合闸。

2. 电气式一次自动重合闸装置示例

采用 DH-2 型重合闸继电器的电气式一次自动重合闸装置展开式电路图如图 5-33 所示(图中仅绘出了与自动重合闸装置有关的部分)。

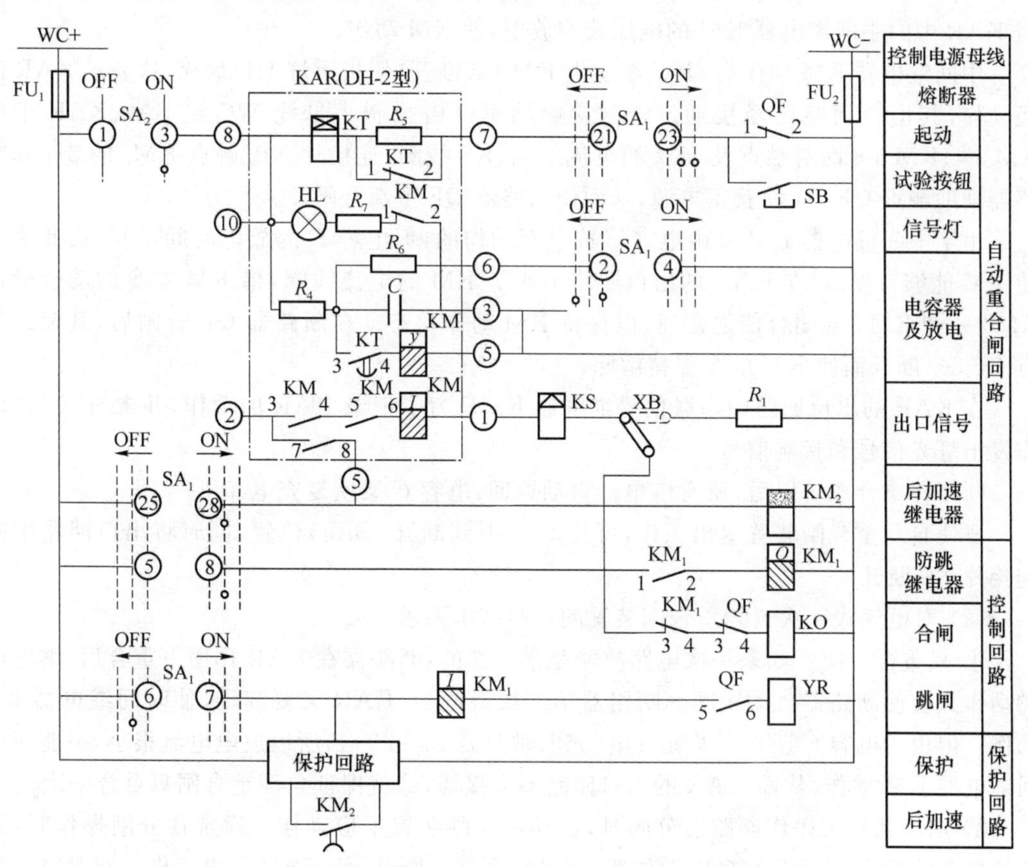

WC—控制小母线；SA_1—控制开关；SA_2—选择开关；
KAR—DH-2型重合闸继电器（内含KT时间继电器、KM中间继电器、HL指示灯及电阻R、电容C等）；
KM_1—防跳继电器（DZB-115型中间继电器）；KM_2—后加速继电器（DZS-145型中间继电器）；
KS—DX-11型信号继电器；KO—合闸接触器；YR—跳闸线圈；XB—连接片；QF—断路器辅助触点

图 5-33　电气式一次自动重合闸装置展开图

该电路的控制开关 SA_1 采用 LW2 型万能转换开关，其合闸(ON)和分闸(OFF)操作各有 3 个位置：预备分、合闸，正在分、合闸，分、合闸后。SA 两侧箭头“→”指向就是这种操作程序。选择开关 SA_2 采用 LW2-1 · 1/F4-X 型,只有合闸(ON)和分闸(OFF)两个位置,用来投入和解除自动重合闸装置。

(1) 电气式一次自动重合闸装置的工作原理

线路正常运行时,控制开关 SA_1 和选择开关 SA_2 都扳到合闸(ON)位置,自动合闸装置投入工作。这时重合继电器 KAR 中的电容 C 经 R_4 充电,同时指示灯 HL 亮,表示控制小母线 WC 的电压正常,电容 C 处于充电状态。

当一次电路发生短路故障而使断路器 QF 自动跳闸时,断路器辅助触点 QF 1-2 闭合,而控制开关 SA_1 仍处在合闸位置,从而接通 KAR 的起动回路,使 KAR 中的时间继电器 KT 经其本身的动断触点 KT 1-2 而动作。KT 动作后,其动断触点 KT 1-2 断开,串入电阻 R_5,使 KT 保持动作状态(串入 R_5 的目的是,限制通过 KT 线圈的电流,避免线圈过热,因为 KT 线圈不是按长期接额定电压设计的)。

时间继电器 KT 动作后,经一定延时,其延时闭合的动合触点 KT 3-4 闭合,这时电容 C 对 KAR 中的中间继电器 KM 的电压线圈放电,使 KM 动作。

中间继电器 KM 动作后,其动断触点 KM 1-2 断开,使指示灯 HL 熄灭,这表示 KAR 已经动作,其出口回路已经接通。合闸接触器 KO 由控制小母线 WC 经 SA_2、KAR 中的 KM 3-4、KM 5-6 两对触点及 KM 的电流线圈、KS 线圈、连接片 XB/触点 KM_1 的 3-4 和断路器辅助触点 QF 3-4 而获得电源,从而使断路器 QF 重新合闸。

由于中间继电器 KM 是由电容 C 放电而动作的,但电容 C 的放电时间不长,因此为了使 KM 能够自保持,在 KAR 的出口回路串入了 KM 的电流线圈,借 KM 本身的动合触点 KM 3-4 和 KM 5-6 闭合使之接通,以保持 KM 动作状态。在断路器 QF 合闸后,其辅助触点 QF 3-4 断开而使 KM 的自保持解除。

在 KAR 的出口回路中串联信号继电器 KS 是为了记录 KAR 的动作,并未对 KAR 动作发出灯光信号和音响信号。

断路器重合成功以后,所有继电器自动返回,电容 C 又恢复充电。

要使自动重合闸装置退出工作,可将 SA_2 扳到断开(OFF)位置,同时将出口回路中的连接片 XB 断开。

(2) 对电气式一次自动重合闸装置的一些基本要求

① 只重合一次。如果一次电路故障是永久性的,断路器在 KAR 作用下重合后,继电保护动作又会使断路器自动跳闸。断路器第二次跳闸后,KAR 又要起动,使时间继电器 KT 动作。但由于电容 C 还来不及充好电(充电时间需 15～25 s),所以放电电流很小,不能使中间继电器 KM 动作,从而 KAR 的出口回路不会接通,这就保证自动重合闸只重合一次。

② 用控制开关操作断路器分闸时,自动重合闸装置不应动作。通常在分闸操作时,先将选择开关 SA_2 扳至分闸(OFF)位置,其 SA_2 的 1-3 断开,使 KAR 退出工作。同时将控制开关 SA_1 的手柄扳到"预备分闸"及至"分闸后"位置时,其触点 SA_1 的 2-4 闭合,使电容 C 先对 R_6 放电,从而使中间继电器 KM 失去动作电源。因此即使 SA_2 没有扳到分闸位置(使 KAR 退出的位置),在采用 SA_1 操作分闸时,断路器也不会自行合闸。

③ 电气式一次自动重合闸装置的"防跳"措施。当 KAR 出口回路中间继电器 KM 的触点被粘住时,应防止断路器多次重合于发生永久性短路故障的一次电路上。

图 5-33 的电气式一次自动重合闸装置电路中,采取了两项"防跳"措施:①在 KAR 的中

间继电器KM的电流线圈回路(即其自保持回路)中,串接了它自身的两对动合触点KM 3-4和KM 5-6,这样,万一其中一对动合触点被粘住,另一对动合触点仍能正常工作,不致发生断路器"跳动"现象;②为了防止万一KM的两对触点KM 3-4和KM 5-6同时被粘住时断路器仍可能"跳动",故在断路器的跳闸线圈YR回路中,又串接了防跳继电器KM_1的电流线圈。在断路器分闸时,KM_1的电流线圈同时通电,使KM_1动作。当KM的两对触点KM 3-4和KM 5-6同时被粘住时,KM_1的电压线圈经它自身的动合触点KM_1的1-2、XB、KS线圈、KM电流线圈及其两对触点KM_1的3-4、KM_1的5-6而带电自保持,使KM_1在合闸接触器KO回路中的动断触点KM_1的3-4也同时保持断开,使合闸接触器KO不致接通,从而达到"防跳"的目的。因此这种防跳继电器KM_1实际是一种分闸保持继电器。

在采用了防跳继电器KM_1以后,即使采用控制开关SA_1操作断路器合闸,只要一次电路存在着故障,在断路器自动跳闸以后,也不会再次合闸。当SA_1的手柄在"合闸"位置时,其触点SA_1的5-8闭合,合闸接触器KO通电,使断路器合闸。但因一次电路存在着故障,继电保护动作使断路器自动跳闸。在跳闸回路接通时,防跳继电器KA_1起动。这时即使SA_1手柄扳在"合闸"位置,但由于KO回路中KM_1的动断触点KM_1的3-4断开,SA_1的触点SA_1的5-8闭合也不会再次接通KO,而是接通KM_1的电压线圈使KM_1自保持,从而避免断路器再次合闸,达到"防跳"的要求。当SA_1回到"合闸后"位置时,其触点SA_1的5-8断开,使KM_1的自保持随之解除。

(3) 电气式一次自动重合闸装置与继电保护装置的配合

假设线路上装设有带时限的过电流保护和电流速断保护,则在线路末端短路时,过电流保护应该动作。过电流保护断路器跳闸后,由于KAR动作,将使断路器重新合闸。如果短路故障是永久性的,则过电流保护又要动作,使断路器再次跳闸。但由于过电流保护带有时限,因而将使故障延续时间延长,危害加剧。为了减小危害,缩短故障时间,因此一般采取重合闸后加速保护装置动作的措施。

由图5-33可知,在KAR动作后,KM的动合触点KM 7-8闭合,使加速继电器KM_2动作,其延时断开的动合触点KM_2立即闭合。如果一次电路的短路故障是永久性的,则由于KM_2闭合,使保护装置起动后,不经时限元件,而经触点KM_2直接接通保护装置出口元件,使断路器快速跳闸。自动重合闸装置与保护装置的这种配合方式称为自动重合闸装置后加速。

由图5-33还可看出,控制开关SA_1还有一对触点SA_1的25-28,它在SA_1手柄在"合闸"位置时接通。因此当一次电路存在着故障而SA_1手柄在"合闸"位置时,直接接通加速继电器KM_2,也能加速故障电路的切除。

5.7 高压配电柜的继电保护与定值整定

5.7.1 配电线路的继电保护

在10 kV配出线的高压配电柜里,应设置相间短路保护、单相接地保护和过负荷保护。

线路的相间短路保护,主要采用带时限的过电流保护和瞬时动作的电流速断保护(过电流保护的动作时限不大于0.5～0.7 s时,按GB 50062规定,可不装设瞬动的电流速断保护)。相间短路保护应动作于断路器的跳闸机构,使断路器跳闸,切除短路故障部分。

单相接地保护,有两种方式:①绝缘监视装置,装设在变配电所的高压母线上,动作于信号;②有选择性的单相接地保护(又称零序电流保护),也动作于信号,但当单相接地故障危及人身和设备安全时,应动作于跳闸。

对可能经常过负荷的电缆线路,应装设过负荷保护,动作于信号。

传统的继电保护装置及现在的微机数字保护器均可实现对配电系统的保护。

供配电系统对保护装置有下列基本要求。

① 选择性。当供电系统发生故障时,要求最靠近故障点的保护装置动作,切除故障,而供电系统的其他部分仍能正常运行。满足这一要求的动作称为"选择性动作"。

② 速动性。为了防止故障扩大,减轻其危害程度,并提高电力系统运行的稳定性,因此在系统发生故障时,要求保护装置尽快动作,切除故障。

③ 可靠性。保护装置在应该动作时动作,不能拒动作,而在不应该动作时不误动作。保护装置的可靠程度,与保护装置的元器件质量、接线方案以及安装、整定和运行维护等多种因素有关。

④ 灵敏度。它是表征保护装置对其保护区内故障和不正常工作状态反应能力的一个参数。如果保护装置对其保护区内极轻微的故障都能及时地反应动作,就说明保护装置的灵敏度高。灵敏度用保护装置在保护区内电力系统最小运行方式时的最小短路电流 $I_{d.min}$ 与保护装置一次动作电流(即保护装置动作电流换算到一次电路的值)$I_{op.1}$ 的比值来表示,这一比值就称为保护装置的灵敏系数或灵敏度,即

$$S_p = \frac{I_{d.min}}{I_{op.1}}. \tag{5-23}$$

在 GB 0062—1992《电力装置的继电保护和自动装置设计规范》中,对各种继电保护的灵敏度(灵敏系数)都有规定,这将在后面讲述各种保护时分别介绍。

以上4项基本要求对一个具体的保护装置来说,不一定都是同等重要的,而往往有所侧重。例如对电力变压器,由于它是供电系统中最关键的设备,因此对它的保护装置的灵敏度要求比较高,而对一般电力线路的保护装置,灵敏度要求可低一些,其选择性要求高一些。又例如,在无法兼顾选择性和速动性的情况下,为了快速切除故障以保护某些关键设备,或者为了尽快恢复系统对某些重要负荷的供电,有时甚至牺牲选择性来保证速动性。

不论是采用传统的继电保护装置,还是采用日臻完善的微机数字保护器,其保护原理、整定原则及整定方法是相同的,为此,在本节介绍传统的继电保护装置的各种继电保护原理、整定原则及整定方法。而微机保护详见第7章。

1. 带时限的过电流保护

带时限的过电流保护是将被保护线路的电流接入过电流继电器,在线路发生短路时,线路中的电流剧增,当线路中短路电流增大到整定值(即保护装置的动作电流)时,过电流继电器动作。并且用时间继电器来保证动作的选择性。按动作时间特性分,有定时限过电流保护和反时限过电流保护两种。

(1) 带时限的过电流保护装置组成和原理

① 定时限过电流保护装置组成和原理

定时限过电流保护装置其动作的时间按整定的动作时间固定不变,与故障电流大小无

关。定时限过电流保护装置由电磁式系列继电器组成，其组成和原理电路如图 5-34 所示，图 5-34(a)为原理接线图，图 5-34(b)为二次回路展开式原理电路图，简称展开图。

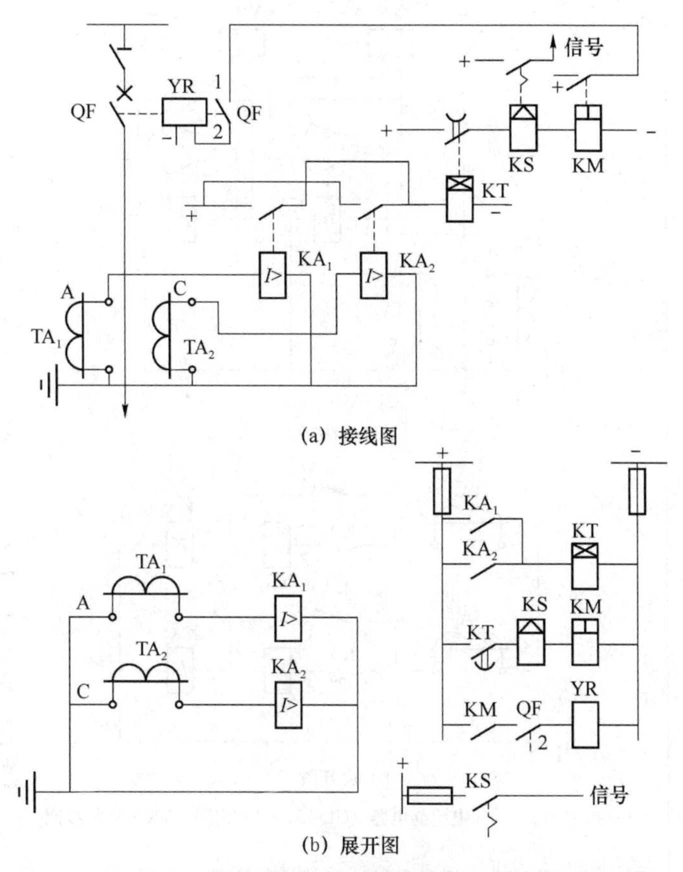

QF—断路器；KA—电流继电器（DL型）；KT—时间继电器（DS型）；
KS—信号继电器（DX型）；KM—中间继电器（DZ型）；YR—跳闸线圈

图 5-34　定时限过电流保护的原理电路图

定时限过电流保护原理：当线路发生短路时，较大的故障电流使电流继电器 KA_1、KA_2 瞬时动作，其触点闭合，接通时间继电器 KT 的线圈回路，其触点经一段延时后闭合，接通信号继电器 KS 和中间继电器 KM 线圈回路，KS 动作后，其指示牌掉下，同时接通信号回路，给出灯光信号和音响信号。KM 动作后，接通断路器 QF 跳闸线圈 YR 回路，使断路的 QF 跳闸，切除短路故障。

QF 跳闸后，其辅助触点 QF 1-2 随之切断跳闸回路，以减轻 KM 触点的工作。在短路故障被切除后，继电保护装置除 KS 外的其他所有继电器均自动返回起始状态，而 KS 可手动复位。

② 反时限过电流保护装置的组成和原理

反时限过电流保护其动作时间与故障电流大小成反比，短路电流越大，动作时间越短。

反时限过电流保护装置由感应式电流继电器(GL 系列)组成，其组成和原理电路如图 5-35所示。

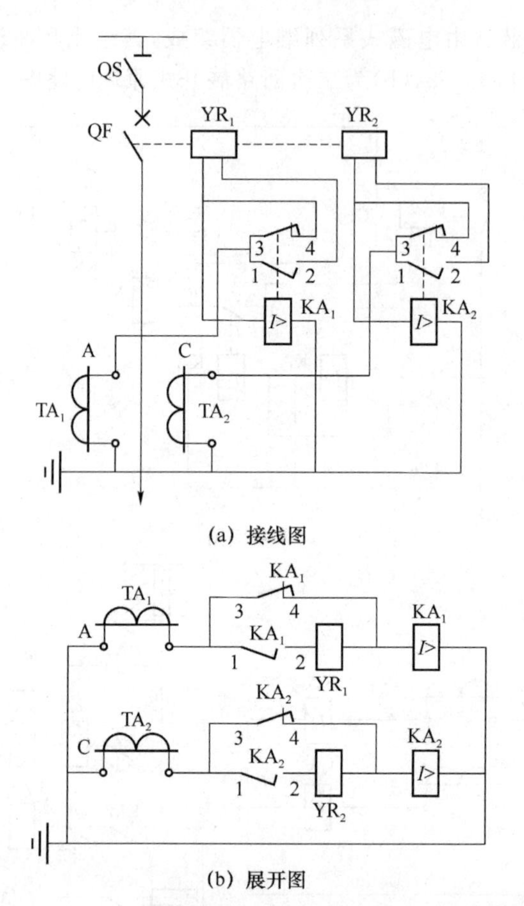

(a) 接线图

(b) 展开图

QF—断路器；KA—电流继电器（GL-15、GL-25型）；YR—跳闸线圈

图 5-35　反时限过电流保护的原理电路图

反时限过电流保护原理：在正常工作状态下，电流互感器 TA 二次侧电流经电流继电器 KA 线圈及其动断触点 3-4 构成回路，这时断路器跳闸线圈 YR 被电流继电器的动断触点短接，保护装置不动作。当发生短路时，电流继电器 KA 动作，经延时后，其动合触点 1-2 闭合，接通断路器跳闸线圈，断路器跳闸，切除短路故障。与此同时，KA 的动断触点 3-4 断开。

在 GL 型继电器去分流跳闸的同时，其信号牌掉下，指示保护装置已经动作。在短路故障被切除后，继电器自动返回，其信号牌可利用外壳上的旋钮手动复位。

图 5-35 中电流继电器 KA 的一对动合触点 1-2 可防止另一对动断触点 3-4 在正常运行时，由于外界振动的偶然因素使之断开而导致断路器误跳闸。这两对触点的动作顺序必须是：动合触点先闭合，动断触点后断开，即必须采用“先合后断转换触点”；否则，如果动断触点先断开，将造成电流互感器二次侧带负荷开路，这是不允许的，同时将使继电器失电返回，不起保护作用。

(2) 带时限的过电流保护装置的整定计算

带时限的过电流保护装置整定计算包括：动作电流整定、动作时间整定和灵敏度校验。

① 过电流保护动作电流的整定计算

过电流保护动作电流有电流继电器动作电流 $I_{op.KA}$ 和保护装置一次侧的动作电流 $I_{op.1}$，

当流入电流继电器的电流为 $I_{op.KA}$ 时，对应一次电路的电流为 $I_{op.1}$。

过电流保护动作电流，必须满足下面两个条件以保证保护装置的选择性要求。

- 在正常运行时，保护装置不应动作。为此，动作电流 $I_{op.1}$ 应躲过线路的最大负荷电流 $I_{L.max}$（包括正常过负荷电流和尖峰电流），即

$$I_{op.1} > I_{L.max}, \tag{5-24}$$

式中，$I_{L.max}$ 可取为 $(1.5 \sim 3)I_{30}$，I_{30} 为线路计算电流。

- 在保护范围以外发生的故障切除后，保护装置应能可靠返回到原始位置。为此，保护装置一次侧的返回电流 $I_{re.1}$ 应躲过 $I_{L.max}$，即

$$I_{re.1} > I_{L.max}. \tag{5-25}$$

下面以图 5-36(a) 的系统为例，说明此点。

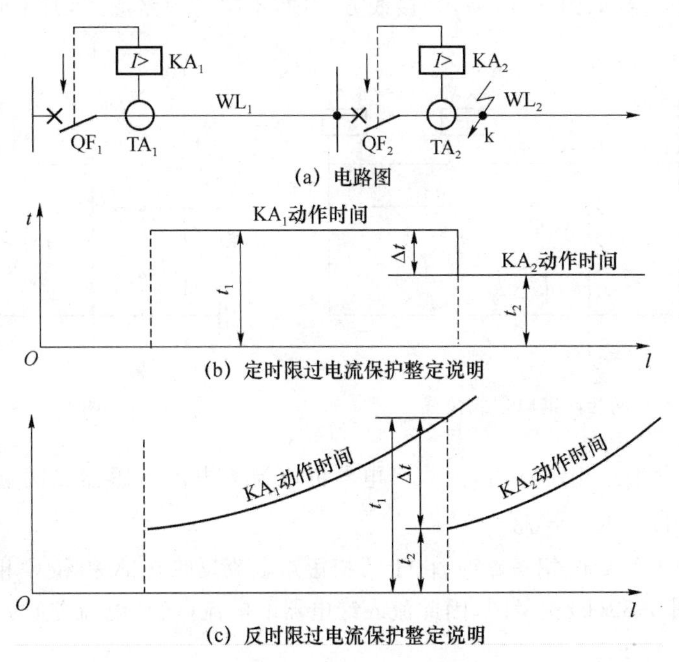

图 5-36　线路过电流保护整定说明图

当线路 WL_2 的首端 k 点发生短路时，由于短路电流远远大于线路上的所有负荷电流，所以沿线路的过电流保护装置（包括 KA_1、KA_2）均要动作。按照保护选择性的要求，应是靠近短路点 k 的保护装置 KA_2 首先断开 QF_2，切除故障线路 WL_2。这时由于故障已被切除，保护装置 KA_1 应立即返回起始位置，不致再断开 QF_1。假设 KA_1 的返回电流未躲过线路 WL_1 的最大负荷电流，即 KA_1 的返回系数过低时，则在 KA_2 动作并切除故障线路 WL_2 后，KA_1 可能不返回而继续保持动作状态，而经过 KA_1 所整定的时限后，错误地断开断路器 QF_1，造成 WL_1 停电，扩大了故障停电范围，这是不允许的。所以保护装置的返回电流必须躲过线路的最大负荷电流。

下面推导动作电流的整定公式。为推导动作电流的整定公式，引出以下各系数。

(a) 电流互感器变流比 K_i

$$K_i = \frac{I_1}{I_2} \tag{5-26}$$

由式(5-26)有

$$I_2=\frac{I_1}{K_i}. \tag{5-27}$$

(b) 保护装置的接线系数 K_w

$$K_w=\frac{I_{KA}}{I_2}, \tag{5-28}$$

式中，I_{KA} 为流入电流继电器的电流，I_2 为电流互感器二次侧电流。

K_w 表述了在电流互感器与电流继电器各种接线方式中，继电器电流 I_{KA} 与电流互感器二次侧电流 I_2 之间的关系。

在两相两继电器式(如图 5-37 所示)接线方式中 $K_w=1$。

在两相一继电器(如图 5-38 所示)接线方式中，不同的短路形式，有不同的 K_w。

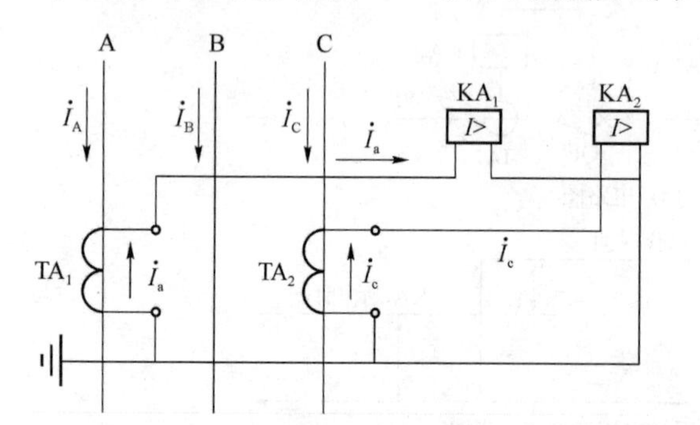

图 5-37　两相两继电器式接线

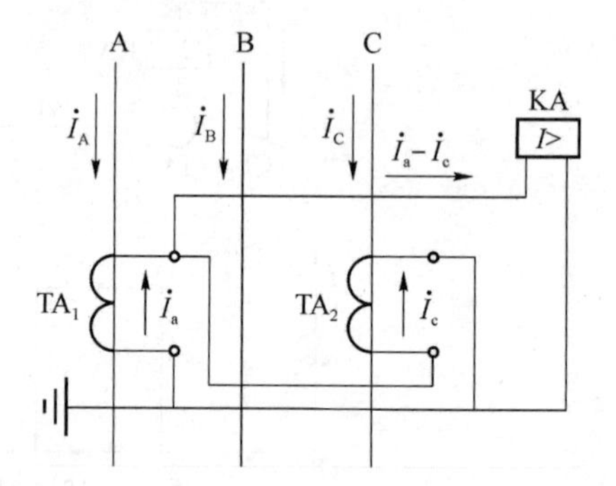

图 5-38　两相一继电器式接线

在一次电路发生三相短路时，流入继电器的电流为电流互感器二次电流的$\sqrt{3}$倍，参看图 5-39(a)相量图，即 $K_w^{(3)}=\sqrt{3}$。

在一次电路的 A、C 两相短路时，由于两相短路电流反映在 A 相和 C 相中是大小相等、相位相反，参看图 5-39(b)相量图，因此流入继电器的电流(两相电流差)为互感器二次电流的 2 倍，即 $K_{w(A.C)}=2$。

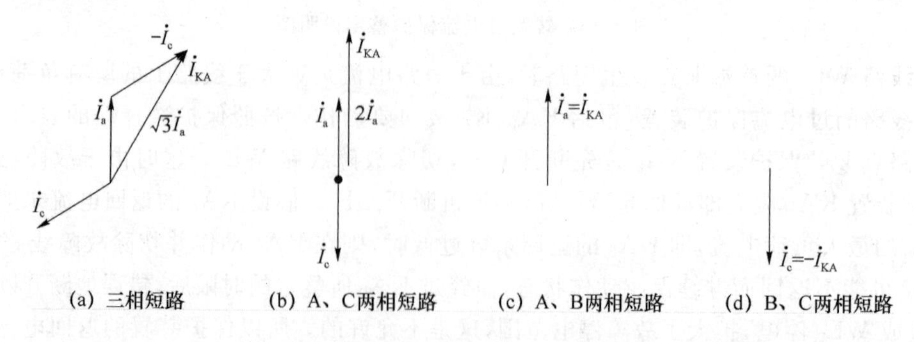

图 5-39　两相一继电器式接线不同相间短路时的电流相量分析

在一次电路的 A、B 两相或 B、C 两相短路时，流入继电器的电流只有一相(A 相或 C 相)互感器的二次电流，参看图 5-39(c)、(d)相量图，即 $K_{w(A.B)}=K_{w(B.C)}=1$。

由式(5-27)和式(5-28)有

$$I_{KA}=K_w I_2=K_w\frac{I_1}{K_i}. \tag{5-29}$$

当 $I_{KA}=I_{op.KA}$时，$I_1=I_{op.1}$，因此有

$$I_{op.KA}=\frac{K_w}{K_i}I_{op.1}, \tag{5-30}$$

$$I_{op.1}=\frac{K_i}{K_w}I_{op.KA}. \tag{5-31}$$

(c) 继电器返回系数 K_{re}

$$K_{re}=\frac{I_{re.KA}}{I_{op.KA}}=\frac{I_{re.1}}{I_{op.1}}, \tag{5-32}$$

式中，$I_{re.1}$为保护装置一次侧返回电流。

为满足整定的第 2 个条件，因 $I_{re.1}=K_{re}I_{op.1}>I_{L.max}$，将其写成等式，即 $K_{re}I_{op.1}=K_{rel}I_{L.max}$，则有

$$I_{op.1}=\frac{K_{rel}I_{L.max}}{K_{re}}, \tag{5-33}$$

式中，K_{rel}为保护装置动作电流整定的可靠系数，对电磁式继电器，取 $K_{rel}=1.2$，对感应式继电器取 $K_{rel}=1.3$。

由式(5-30)和式(5-32)得到继电器动作电流的整定计算公式：

$$I_{op.KA}=\frac{K_{rel}K_w}{K_{re}K_i}I_{L.max}. \tag{5-34}$$

② 过电流保护动作时间的整定计算

过电流保护的动作时间，应按“阶梯原则”整定，以保证前后两级保护装置动作的选择性，也就是在后一级保护装置所保护的线路首端〔如图 5-36(a)中的 k 点〕发生三相短路时，前一级保护的动作时间 t_1 应比后一级保护中最长的动作时间 t_2，都要大一个时间级差 Δt，如图 5-36(b)和图 5-36(c)所示，即

$$t_1\geqslant t_2+\Delta t. \tag{5-35}$$

这一时间级差 Δt，应考虑到前一级保护的动作时间 t_1 可能发生的负偏差(提前动作)Δt_1 及后一级保护的动作时间 t_2 可能发生的正偏差(延后动作)Δt_2，还要考虑到保护装置(特别是 GL 型继电器)动作时的惯性误差 Δt_3。为了确保前后保护装置的动作选择性，还应加上一个保险时间 Δt_4(可取 0.1～0.15 s)。因此前后两级保护装置动作时间的时间级差为

$$\Delta t=\Delta t_1+\Delta t_2+\Delta t_3+\Delta t_4. \tag{5-36}$$

对于定时限过电流保护，可取 $\Delta t=0.5$ s，定时限过电流保护的动作时间，利用时间继电器来整定。

对于反时限过电流保护，可取 $\Delta t=0.7$ s，反时限过电流保护的动作时间，由于 GL 型电流继电器的时限调节机构是按 10 倍动作电流的动作时间来标度的，因此要根据前后两级保护的 GL 型电流继电器的动作特性曲线来整定。

现以图 5-36(a)的系统为例，介绍反时限过电流保护的动作时间整定方法。

假设图 5-36(a)所示电路中，后一级保护电流继电器 KA_2 的 10 倍动作电流的动作时间已经整定为 t_2，现在要确定前一级保护电流继电器 KA_1 的 10 倍动作电流的动作时间 t_1，整

定计算的步骤如下(参见图 5-40)。

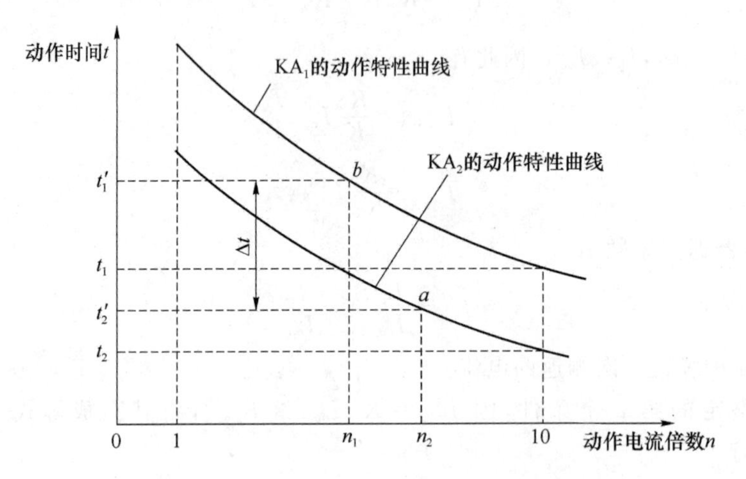

图 5-40 反时限过电流保护的动作时间整定

(a) 计算 WL_2 首端的三相短路电流 I_d 反映到电流继电器 KA_2 中的电流值:

$$I'_{d(2)}=\frac{K_{w(2)}}{K_{i(2)}}I_d, \tag{5-37}$$

式中,$K_{w(2)}$ 为电流继电器 KA_2 与电流互感器 TA_2 相连的接线系数;$K_{i(2)}$ 为电流互感器 TA_2 的变流比。

(b) 计算 $I'_{d(2)}$ 对 KA_2 的动作电流 $I_{op(2)}$ 的倍数,即

$$n_2=\frac{I'_{d(2)}}{I_{op(2)}}. \tag{5-38}$$

(c) 确定 KA_2 的实际动作时间。在图 5-40 中 KA_2 的动作特性曲线的横坐标轴上,找出 n_2,然后往上找到该曲线上的 a 点,该点所对应的(向左在纵坐标轴上)动作时间 t'_2 就是 KA_2 在通过 $I'_{d(2)}$ 时的实际动作时间。

(d) 计算 KA_1 的实际动作时间:根据保护选择性的要求,KA_1 的实际动作时间 $t'_1=t'_2+\Delta t$。取 $\Delta t=0.7$ s,故 $t'_1=t'_2+0.7$。

(e) 计算 WL_2 首端的三相短路电流 I_d 反映到 KA_1 中的电流值,即

$$I'_{d(1)}=\frac{K_{w(1)}}{K_{i(1)}}I_d, \tag{5-39}$$

式中,$K_{w(1)}$ 为电流继电器 KA_1 与电流互感器 TA_1 相连的接线系数;$K_{i(1)}$ 为电流互感器 TA_1 的变流比。

(f) 计算 $I'_{d(1)}$ 对 KA_1 的动作电流 $I_{op(1)}$ 的倍数,即

$$n_1=\frac{I'_{d(1)}}{I_{op(1)}}. \tag{5-40}$$

(g) 确定 KA_1 的 10 倍动作电流的动作时间:从图 5-40 中 KA_1 的动作特性曲线的横坐标轴上找出 n_1,从纵坐标轴上找出 t'_1,然后找到 n_1 与 t'_1 相交的坐标 b 点。则 b 点所在曲线所对应的 10 倍动作电流的动作时间 t_1 即为所求。

必须注意:有时 n_1 与 t'_1 相交的坐标点不在给出的动作特性曲线上,而在两条曲线之间,这时就只有从上下两条曲线来粗略地估计其 10 倍动作电流的动作时间。

③ 过电流保护的灵敏度校验

过电流保护的灵敏度必须满足下列要求：

$$S_p=\frac{I_{d.min}^{(2)}}{I_{op.1}}\geqslant 1.5, \tag{5-41}$$

如果过电流保护为后备保护时，其 $S_p\geqslant 1.2$ 即满足要求。式中，$I_{d.min}^{(2)}$ 为被保护线路末端在电力系统最小运行方式下的两相短路电流。电力系统最小运行方式是指电力系统处于短路回路阻抗为最大、短路电流为最小状态下的运行方式。

综上分析，得出定时限过电流保护和反时限过电流保护的特点。

定时限过电流保护，其优点是：动作时间比较精确，整定简便，而且不论短路电流大小，动作时间不变，不会出现因短路电流小、动作时间长而延长故障时间的问题。但缺点是：所需继电器多，接线复杂，且需直流操作电源，投资较大。此外，越靠近电源的保护装置，其动作时间越长，这是带时限过电流保护共有的缺点。

反时限过电流保护，其优点是：继电器数量大为减少，而且可同时实现电流速断保护，加之可采用交流操作，因此相当简单经济，投资大大降低，故它在中小工厂供电系统中得到广泛应用。但缺点是：动作时间的整定比较麻烦，而且误差较大；当短路电流较小时，其动作时间可能相当长，延长了故障持续时间。

2. 电流速断保护

上述带时限的过电流保护，有一个明显的缺点，就是越靠近电源的线路，其过电流保护动作时间越长，而短路电流则是越靠近电源，其值越大，危害也更加严重。因此 GB 50062—1992 规定，在过电流保护动作时间超过 0.5～0.7 s 时，应装设瞬动的电流速断保护装置。

(1) 电流速断保护的组成及速断电流的整定

电流速断保护就是一种瞬时动作的过电流保护。对于采用 DL 系列电流继电器的速断保护来说，就相当于定时限过电流保护中不用时间继电器，即在电流继电器后面直接接信号继电器和中间继电器，最后由中间继电器触点接通断路器的跳闸回路。图 5-41 是线路上同时装有定时限过电流保护和电流速断保护的电路图，其中 KA_1、KA_2、KT、KS_1 和 KM 属定时限过电流保护，KA_3、KA_4、KS_2 和 KM 属电流速断保护，其中 KM 是两种保护共用的。

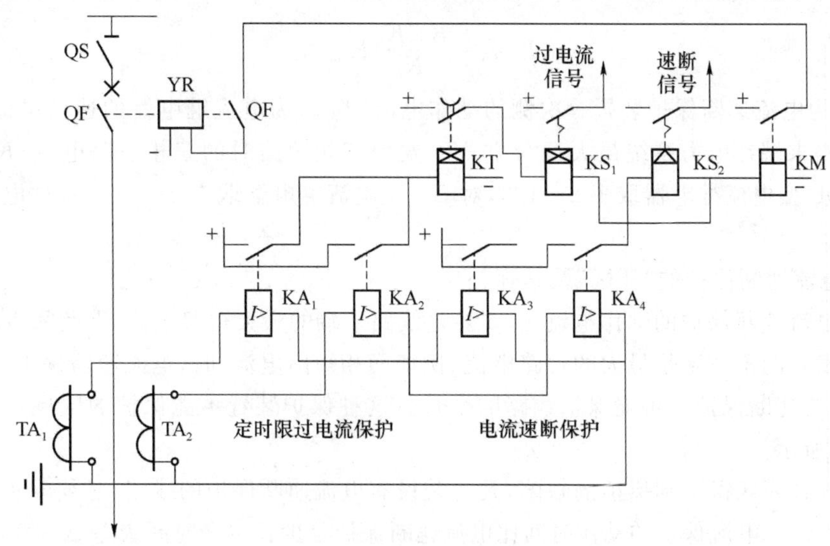

图 5-41　线路的定时限过电流保护和电流速断保护电路图

如果采用GL系列电流继电器,则利用该继电器的电磁元件来实现电流速断保护,而其感应元件则用来作反时限过电流保护,因此非常简单经济。

下面以图5-42的线路为例,对线路WL_1上的电流速断保护装置进行动作电流整定。

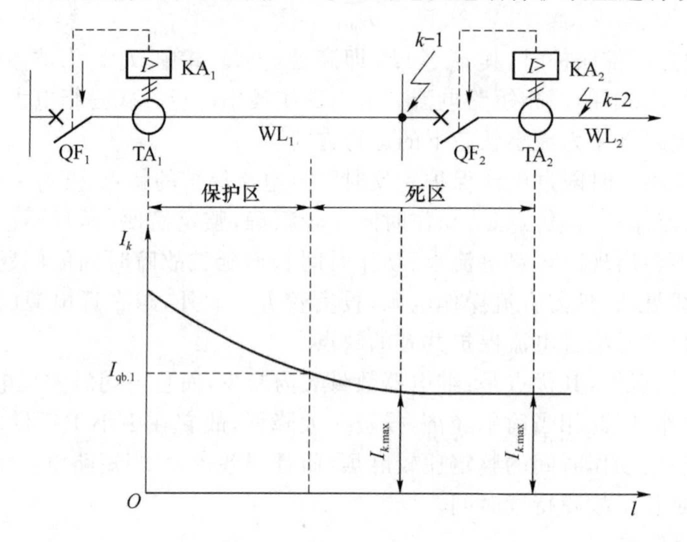

图5-42 线路电流速断保护说明

整定原则:为保证选择性,在下一段线路上发生最大短路电流$I_{(k-2).\max}$时,保护不应动作,即$I_{qb.1}>I_{(k-2).\max}^{(3)}$。考虑到线路$WL_1$末端$k-1$点的三相短路电流与线路$WL_2$首端$k-2$点的三相短路电流近似相等(由于$k-1$点与$k-2$点之间距离很短),因此,速断电流$I_{qb.1}$应按躲过它所保护线路末端的最大短路电流(即三相短路电流$I_{(k-1).\max}^{(3)}$)来整定,KA_1的速断电流$I_{qb.1}$只有躲过$I_{(k-1).\max}^{(3)}$,才能躲过$I_{(k-2).\max}^{(3)}$,防止$k-2$点短路时KA_1误动作,确保选择性。

因此,电流速断保护的动作电流整定计算公式为

$$I_{qb.1}=K_{rel}I_{k.\max},\tag{5-42}$$

$$I_{qb.KA}=\frac{K_{rel}K_w}{K_i}I_{k.\max},\tag{5-43}$$

式中,$I_{qb.1}$为电流速断保护装置一次侧的动作电流;$I_{qb.KA}$为电流继电器的速动电流;$I_{k.\max}$为被保护线路末端在电力系统最大运行方式下发生三相短路时的三相短路电流;K_{rel}为可靠系数,对DL型电流继电器取1.2～1.3,对GL型电流继电器取1.4～1.5;对过电流脱扣器取1.8～2。

(2) 电流速断保护的"死区"及其弥补

由于电流速断保护的动作电流I_{qb}要躲过线路末端的最大短路电流,因此靠近末端的一段线路上发生的不一定是最大的短路电流(例如两相短路电流)时,电流速断保护不会动作,这说明,电流速断保护不可能保护线路的全长。这种保护装置不能保护的区域,称为死区,如图5-42所示。

为了弥补死区得不到保护的缺陷,凡是装设有电流速断保护的线路,必须配备带时限的过电流保护。过电流保护的动作时间比电流速断保护至少长一个时间级差$\Delta t=0.5～0.7$ s,而且前后的过电流保护动作时间又要符合"阶梯原则",以保证选择性。

在电流速断的保护区内,速断保护作为主保护,过电流保护作为后备;而在电流速断保护的死区内,则过电流保护为基本保护。

(3) 电流速断保护的灵敏度

电流速断保护的灵敏度,应按安装处(即线路首端)在系统最小运行方式下的两相短路电流 $I_d^{(2)}$ 作为最小短路电流 $I_{d.\min}$ 来检验。因此电流速断保护的灵敏度必须满足的条件为

$$S_p=\frac{K_w I_d^{(2)}}{K_i I_{qb.KA}}\geqslant 1.5\sim 2. \tag{5-44}$$

3. 配电线路的单相接地保护

6～10 kV 配电系统为小接地电流系统,即电源中性点不接地系统,在这种系统中,若发生单相接地故障时,只有很小的接地电容电流,而相间电压仍然是对称的,因此可暂时继续运行。但是这毕竟是一种故障,而且由于非故障相的对地电压要升高为原对地电压的 $\sqrt{3}$ 倍,因此对线路绝缘是一种威胁,如果长此下去,可能引起非故障相的对地绝缘击穿而导致两相接地短路。这将引起开关跳闸,线路停电。因此,在系统发生单相接地故障时,必须通过无选择性的绝缘监视装置或有选择性的单相接地保护装置,发出报警信号,以便运行值班人员及时发现和处理。

(1) 无选择性绝缘监视装置

6～10 kV 母线的电压测量和绝缘监视电路图如图 5-43 所示。其中电压互感器 TV 采用一个三相五芯柱式三绕组电压互感器,接成 Y_0/Y_0-△形。

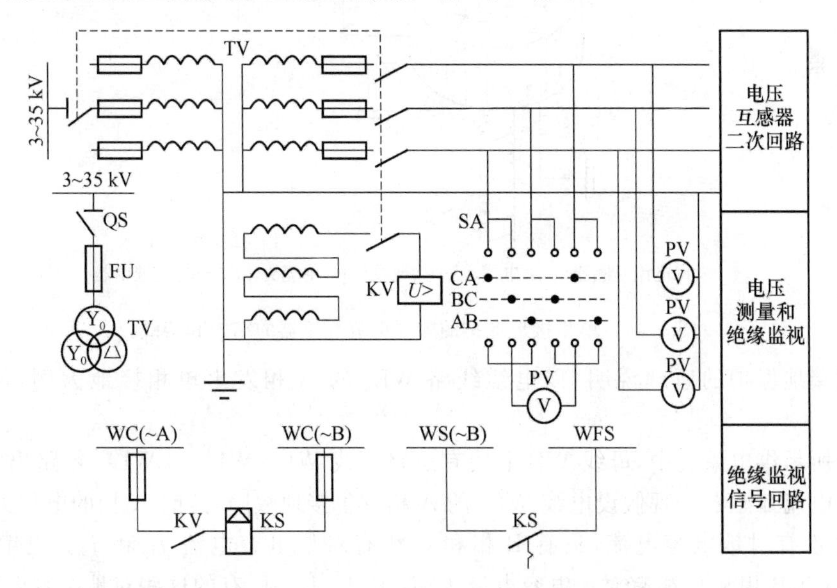

TV—电压互感器；QS—高压隔离开关及其辅助触点；SA—电压转换开关；PV—电压表；
KV—电压继电器；KS—信号继电器；WC—控制小母线；WS—信号小母线；WFS—预告信号小母线

图 5-43　6～10 kV 母线的电压测量和绝缘监视电路

接成 Y_0 的二次绕组,其中 3 只电压表均接各相的相电压。当一次电路某一相发生接地故障时,电压互感器二次侧的对应相的电压表读数指零,其他两相的电压表读表则升高到线电压。由指零电压表的所在相即可得知该相发生了单相接地故障。但是这种绝缘监视装置不能判明具体是哪一条线路发生了故障,所以它是无选择性的,只适于配出线不多的配电

系统及作为有选择性的单相接地保护的一种辅助指示装置。接成开口三角形的辅助二次绕组,构成零序电压过滤器,供电给一个过电压继电器。在系统正常运行时,开口三角形的开口处电压接近于零,继电器不动作。当一次电路发生单相接地故障时,将在开口三角形的开口处出现近 100 V 的零序电压,使电压继电器动作,发出报警的灯光信号和音响信号。

(2) 有选择性单相接地保护

① 有选择性单相接地保护原理

有选择性单相接地保护又称零序电流保护,它利用单相接地所产生的零序电流使保护装置动作,给予信号。当单相接地危及人身和设备安全时,则动作于跳闸。

单相接地保护必须通过零序电流互感器(对电缆线路而言,如图 5-44 所示,且电缆头的接地线必须穿过零序电流互感器的铁心,否则接地保护装置不起作用)或由 3 个相的电流互感器同极性并联构成的零序电流过滤器(对架空线路而言)将一次电路单相接地时产生的零序电流反映到其二次侧的电流继电器中去。电流继电器动作后,接通信号回路,必要时动作于跳闸。

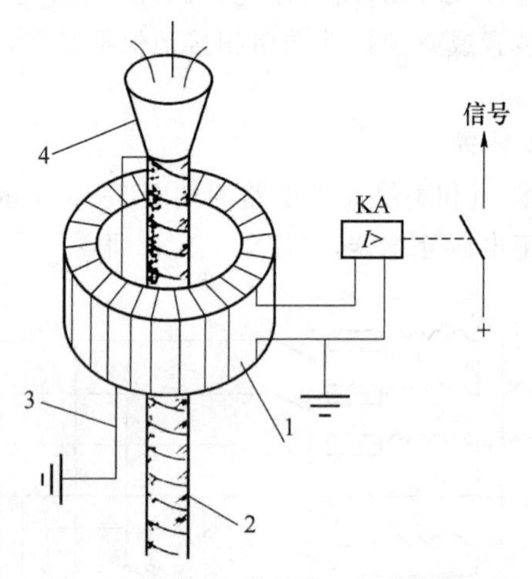

1—零序电流互感器；2—电缆；3—接地线；4—电缆头；KA—电流继电器

图 5-44　单相接地保护的零序电流互感器的结构和接线

单相接地保护的原理说明(以电缆线路 WL_1 的 A 相发生单相接地为例)如图 5-45 所示。

图中所示供电系统中,母线 WB 上接有三路出线 WL_1、WL_2 和 WL_3,每路出线上都装设有零序电流互感器。现假设电缆 WL_1 的 A 相发生接地故障,这时 A 相的电位为地电位,所以 A 相没有对地电容电流,只有 B 相和 C 相有对地电容电流 I_1 和 I_2。电缆 WL_2 和 WL_3,也只有 B 相和 C 相有对地电容电流 I_3、I_4 和 I_5、I_6。所有的这些对地电容电流 $I_1 \sim I_6$ 都要经过接地故障点。

由图 5-45 可以看出,故障电缆 A 相芯线上流过所有对地电容电流之和,且与同一电缆的其他完好的 B 相和 C 相芯线与金属外皮上所流过的对地电容电流恰好抵消,而除故障电缆外的其他电缆的所有对地电容电流 $I_3 \sim I_6$,则经过故障电缆的电缆头接地线流入地中。接地线流过的这一不平衡电流(零序电流)就要在零序电流互感器 TAN 的铁心中产生磁通,使 TAN 的二次绕组感应出电动势,使接于二次侧的电流继电器 KA 动作,发出信号。而在系统正常运行时,由于三相电流之和为零,没有不平衡电流,因此 TAN 的铁心中不会产生磁通，继电器也不会动作。

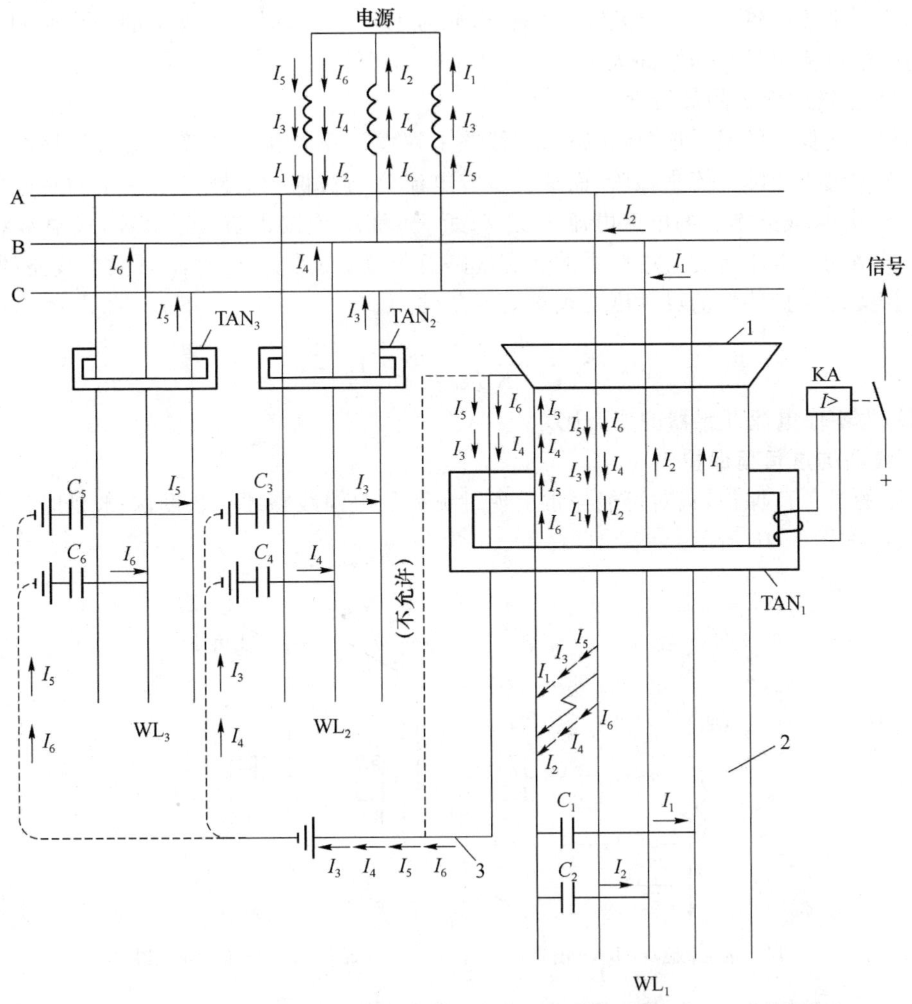

1—电缆头；2—电缆金属外皮；3—接地线；TAN—零序电流互感器；KA—电流继电器；
$I_1 \sim I_6$—通过线路对电容$C_1 \sim C_6$的接地电容电流

图 5-45　单相接地时接地电容电流的分布

② 单相接地保护装置动作电流的整定

由图 5-45 可以看出，当供电系统某一线路发生单相接地故障时，其他线路上都会出现不平衡的电容电流，而这些线路因本身是正常的，其接地保护装置不应该动作，因此单相接地保护的继电器动作电流 $I_{op(E)}$ 应该躲过在其他线路上发生单相接地时在本线路上引起的电容电流 I_C，因此单相接地保护动作电流的整定计算公式为

$$I_{op(E)} = \frac{K_{rel}}{K_i} I_C, \tag{5-45}$$

式中，I_C 为其他线路发生单相接地故障时，在被保护线路上产生的电容电流，可按式(5-46)计算：

$$I_C = \frac{U_N(l_{oh} + 35 l_{cab})}{350} (A), \tag{5-46}$$

其中，l_{oh} 为被保护线路的架空线路长度；l_{cab} 为电缆线路长度；K_i 为零序电流互感器的变流

比;K_{rel}为可靠系数,在保护装置不带时限时,取为 4～5,以躲过被保护线路发生两相短路时所出现的不平衡电流,在保护装置带时限时,取为 1.5～2,这时接地保护的动作时间应比相间短路的过电流保护动作时间大一个 Δt,以保证选择性。

③ 单相接地保护的灵敏度

单相接地保护的灵敏度,应按被保护线路末端发生单相接地故障时流过接地线的不平衡电流作为最小故障电流来检验,而这一电容电流为与被保护线路有电联系的总电网电容电流 $I_{C.\sum}$ 与该线路本身的电容电流 I_C 之差。$I_{C.\sum}$ 和 I_C 均按式(5-46)计算,式中 l,对 $I_{C.\sum}$ 取与该线路同一电压级的有电联系的所有线路总长度,而计算 I_C 时,l 只取本线路的长度。因此单相接地保护装置的灵敏度必须满足的条件为

$$S_p=\frac{I_{C.\sum}-I_C}{K_i I_{op(E)}}\geqslant 1.5, \tag{5-47}$$

式中,K_i 为零序电流互感器的变流比。

4. 线路的过负荷保护

线路的过负荷保护,只对可能经常出现过负荷的电缆线路才予装设,一般延时动作于信号,其接线如图 5-46 所示。

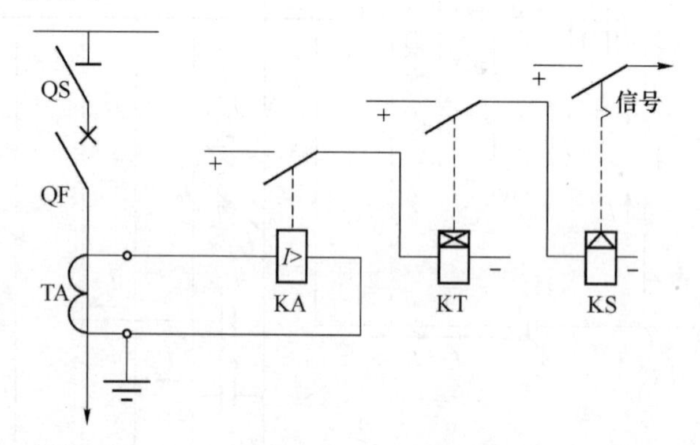

TA—电流互感器;KA—电流继电器;KT—时间继电器;KS—信号继电器

图 5-46 线路过负荷保护电路

过负荷保护的动作电流按躲过线路的计算电流 I_{30} 来整定,其整定计算公式为

$$I_{op(OL)}=\frac{1.2-1.3}{K_i}I_{30}, \tag{5-48}$$

动作时间一般取 10～15 s。

例 5-4 35 kV 配电系统,以四路 20 km 架空线向外配电,已知各路电流互感器变比均选为 30/5 A,采用零序电流保护,要求灵敏度系数不小于 1.5,问继电器整定电流应定为何值?

解: ① 每路配电线的接地电容电流

$$I_C=\frac{U_N(l_{oh}+35l_{cab})}{350}=\frac{35\times 20}{350}=2\text{ A}.$$

② 继电器整定电流

由

$$\begin{cases} I_{op(E)}=\dfrac{K_{rel}}{K_i}I_C \\ K_i=\dfrac{30}{5}=6 \end{cases} \quad 有\ I_{op(E)}=\frac{1.5}{6}\times 2=0.5\text{ A},$$

即继电器整定电流为 0.5 A。

③ 单相接地保护的灵敏度校验

灵敏度

$$S_p = \frac{I_{C.\sum} - I_C}{K_i I_{op(E)}} = \frac{4 \times 2 - 2}{6 \times 0.5} = 2 > 1.5,$$

单相接地保护的灵敏度校验合格。

5.7.2 配电变压器的保护

GB 50062—1992《电力装置的继电保护和自动装置设计规范》规定，对电力变压器的下列故障及异常运行方式，应装设相应的保护装置：①绕组及其引出线的相间短路和在中性点直接接地侧的单相接地短路；②绕组的匝间短路；③外部相间短路引起的过电流；④中性点直接接地电力网中外部接地短路引起的过电流及中性点过电压；⑤过负荷；⑥油面降低；⑦变压器温度升高或油箱压力升高或冷却系统故障。

对于 10 kV 的变电所主变压器来说，通常装设有带时限的过电流保护；如果过电流保护的动作时间大于 0.5～0.7 s 时，还应装设电流速断保护。容量在 800 kV · A 及以上的油浸式变压器和 400 kV · A 及以上的车间内油浸式变压器，按规定应装设瓦斯保护(又称气体继电保护)。容量在 400 kV · A 及以上的变压器，当数台并列运行或单台运行并作为其他负荷的备用电源时，应根据可能过负荷的情况装设过负荷保护。过负荷保护及瓦斯保护在变压器轻微故障时(通常称“轻瓦斯”，参看本节瓦斯保护)，动作于信号，而其他保护(包括瓦斯保护)在变压器发生严重故障时(通常称“重瓦斯”)，一般均动作于跳闸。因此，应设置如下的配电变压器保护。

1. 配电变压器的过电流保护

对保护配电变压器而装设的过电流保护其组成及原理，无论是定时限还是反时限，均与线路过电流保护相同。配电变压器过电流保护的动作电流整定计算公式也与线路过电流保护基本相同，仍采用式(5-34)计算，只是其中的 $L_{L.max}$ 应考虑为(1.5～3)$I_{1N.T}$，这里 $I_{1N.T}$ 为变压器一次侧额定电流。其动作时间可整定为最小值 0.5 s。

配电变压器过电流保护的灵敏度，按配电变压器低压侧母线在系统最小运行方式下发生两相短路时高压侧的穿越电流值来检验，要求 $S_p \geqslant 1.5$。如果 S_p 达不到要求，可采用低电压闭锁的过电流保护。

2. 配电变压器的电流速断保护

配电变压器的电流速断保护，其组成、原理与线路的电流速断保护完全相同。配电变压器电流速断保护动作电流(速断电流)的整定计算公式也与线路电流速断保护基本相同，仍采用式(5-43)计算，只是其中的 $I_{d.max}$ 应取低压母线的三相短路电流周期分量有效值换算到高压侧的穿越电流值，即配电变压器电流速断保护的动作电流应按躲过低压母线三相短路电流周期分量有效值来整定。

配电变压器电流速断保护的灵敏度，按其装设的高压侧在系统最小运行方式下发生两相短路的短路电流 $I_d^{(2)}$ 来检验，要求 $S_p \geqslant 1.5～2$。

配电变压器的电流速断保护，与线路的电流速断保护一样，也存在“死区”。弥补死区的措施，也需配置带时限的过电流保护。

考虑到配电变压器在空载投入或突然恢复电压时将出现一个冲击性的励磁涌流，为了避免电流速断保护误动作，可在速断电流整定后，将配电变压器空载试投若干次，以检验速断保护是否误动作。

3. 配电变压器的过负荷保护

配电变压器过负荷保护的组成、原理，与线路过负荷保护完全相同。其动作电流的整定计算公式也与线路过负荷保护基本相同，也采用式(5-48)计算，只是其中的 I_{30} 应改为配电变压器一次侧额定电流 $I_{1N.T}$。其动作时间一般取 10～15 s。

配电变压器的定时限过电流保护、电流速断保护和过负荷保护的综合电路图如图 5-47 所示。

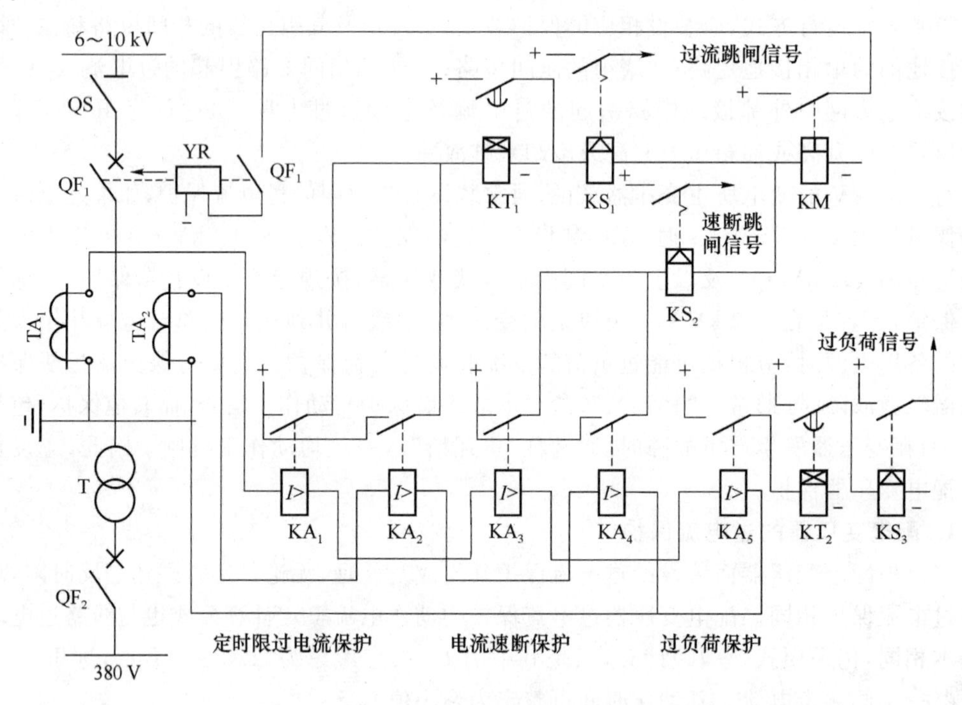

图 5-47 变压器的定时限过电流保护、电流速断保护和过负荷保护的综合电路

例 5-5 某 10 kV 变电所的一台 800 kV·A 的变压器采用过电流及速断保护。已知变压器低压侧母线的三相短路电流值，最小运行方式下 $I_{d.min}^{(3)}=21.2$ kA，最大运行方式下 $I_{d.max}^{(3)}=24$ kA，高压侧三相短路电流值，最小运行方式下 $I_{d.min}^{(3)}=3.07$ kA，高压侧继电保护用电流互感器变流比为 100/5，继电器采用 GL-15/10 型，接成两相两继电器式。试对过电流保护及速断保护进行整定计算。

解：(1) 过电流保护整定计算

① 过电流保护的动作电流整定

取 $K_{rel}=1.3$，而 $K_w=1$，$K_{re}=0.8$，$K_i=100/5=20$。

$$I_{1N.T}=\frac{S_N}{\sqrt{3}U_{1N}}=\frac{800}{\sqrt{3}\times10}=46\text{ A},I_{L.max}=2.5\times46=115.5\text{ A},$$

$$I_{op.KA}=\frac{K_{rel}K_w}{K_{re}K_i}I_{L.max}=\frac{1.3\times1}{0.8\times20}\times115.5=9.38\text{ A}.$$

取继电器动作电流为 9 A,则过电流保护装置的动作电流 $I_{op.1}=\frac{K_i}{K_w}I_{op.KA}=\frac{20}{1}\times9=180$ A。

② 过电流保护装置的动作时间整定

考虑到此变电所为系统终端变电所,因此其过电流保护的 10 倍动作电流的动作时间整定为 0.5 s。

③ 过电流保护装置的灵敏度校验

变压器低压侧短路的穿越电流

$I'^{(3)}_{d.min}=I^{(3)}_{d.min}/(10\div0.4)=\frac{21.2}{10\div0.4}=0.848$ kA, $I^{(2)}_{d.min}=0.87I'^{(3)}_{d.min}=0.87\times0.848=737.76$ A。

$$S_p=\frac{I^{(2)}_{d.min}}{I_{op.1}}=\frac{738}{180}=4\geqslant1.5\text{,因此合格。}$$

(2) 电流速断保护整定计算

取 $K_{rel}=1.5$,变压器低压侧短路的穿越电流

$$I'^{(3)}_{d.max}=I^{(3)}_{d.max}/(10\div0.4)=\frac{24}{10\div0.4}=0.96\text{ kA},$$

$$I_{qb.KA}=\frac{K_{rel}K_w}{K_i}I_{d.max}=\frac{1.5\times1}{20}\times960=72\text{ A},$$

$$n_{qb}=\frac{I_{qb.KA}}{I_{op.KA}}=\frac{72}{9}=8.$$

经验算 n_{qb} 在 2～8 之间,因此合理。

$$S_p=\frac{I^{(2)}_{d.min}}{I_{op.1}}=\frac{0.87\times3.07\times1\,000}{72\times20}=1.85\geqslant1.5\text{,因此合格。}$$

4. 油浸式电力变压器的瓦斯保护

利用瓦斯继电器对电力变压器的内部故障及不正常的运行方式实施保护,瓦斯继电器的保护原理见 4.2.1 节。

电力变压器瓦斯保护电路如图 5-48 所示。当变压器内部发生轻微故障(轻瓦斯)时,瓦斯继电器 KG 的上触点 KG 1-2 闭合,动作于报警信号。当变压器内部发生严重故障(重瓦斯)时,KG 的下触点 KG 3-4 闭合,通常是经中间继电器 KM 动作于断路器 QF 的跳闸机构 YR,同时通过信号继电器 KS 发出跳闸信号。但是 KG 3-4 闭合,也可以利用切换片 XB 切换位置,使信号继电器 KS 串入限流电阻 R,只动作于报警信号。

由于瓦斯继电器下触点 KG 3-4 在重瓦斯故障时可能有“抖动”(接触不稳定)的情况,因此,为了使跳闸回路稳定地接通、断路器能够可靠地跳闸,利用中间继电器 KM 的上触点 KM 1-2 作“自保持”触点,只要 KG 3-4 因重瓦斯动作一闭合,就使 KM 动作,并借其上触点 KM 1-2 的闭合而自保持动作状态,同时其下触点 KM 3-4 也闭合,使断路器跳闸。断路器跳闸后,其辅助触点 QF 1-2 断开跳闸回路,而另一对辅助触点 QF 3-4 则切断中间继电器 KM 的自保持回路,使中间继电器返回。

当变压器的瓦斯继电器动作后,可由积蓄在瓦斯继电器容器内的气体性质来分析和判断故障的原因,并采取相应的处理措施,如表 5-20 所示。

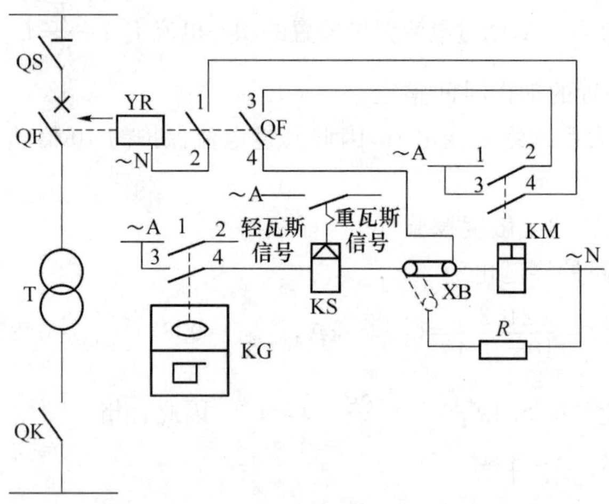

T—电力变压器；KG—瓦斯继电器；KS—信号继电器；
KM—中间继电器；QF—断路器；YR—跳闸线圈；SB—切换片

图 5-48　变压器瓦斯保护电路图

表 5-20　瓦斯继电器动作后气体分析和处理要求

气体性质	故障原因	处理要求
无色、无臭、不可燃	变压器内含有空气	允许继续运行
灰白色、有剧臭、可燃	纸质绝缘烧毁	应立即停电检修
黄色、难燃	木质绝缘烧毁	应停电检修
深灰色或黑色、易燃	油内闪络，油质碳化	应分析油样，必要时停电检修

5. 干式电力变压器的温控及保护

电力变压器安全可靠运行和使用寿命很大程度上取决于变压器绕组绝缘的安全可靠，而引起绕组绝缘破坏，使变压器不能正常工作的主要原因之一是，绕组温度超过绝缘耐受温度，以下介绍两种干式电力变压器的温控设备。

(1) 干式变压器信号温度计

干式变压器信号温度计为电阻式温度计，它通过埋设在变压器三相绕组中的铂电阻阻值变化，反映绕组的实际温度。设置特定的温度点来起动风机，对三相绕组进行强迫风冷，以实现干式变压器的温度控制。该系列温度计所具有的功能，可以大幅度地提高干式变压器运行的安全性和可靠性。

信号温度计具有以下功能。

① 最大值显示。当温度计底部开关拨向最大值显示时，温度计自动跟踪并显示三相绕组中温度最大值及其相位。

② 故障报警。当变压器 U、V、W 三相中，任一支铂电阻传感器发生断路故障时，面板上的红色信号灯亮并开始闪烁，温度计显示故障相位及温度值。同时温度计设有动合触点(交流 220 V，3 A)供用户接二次报警回路。

③ 起停风机。当变压器三相绕组中，任一相绕组温度超过整定值 100 ℃时，风机自行起动，面板上的绿色信号灯亮，将风吹至变压器三相绕组。当其温度均低于整定值 80 ℃时，风机自行关闭，面板上的绿色信号灯灭。

④ 超温报警。当变压器 U、V、W 三相绕组中，任一相绕组温度超过整定值 130 ℃时，面板上的红色超温信号灯亮；同时温度计设有动合触点(交流 220 V,3 A)，供用户接二次报警回路。

⑤ 超温跳闸。当变压器 U、V、W 三相绕组中，任一相绕组温度超过整定值 150 ℃并延续 10 s 后，面板上的跳闸信号灯亮。同时温度计设有动合触点(交流 220 V,3 A)，供用户接高压断路器跳闸线圈，或接二次报警回路。

⑥ 三相温度巡检。当温度计底部开关拨向三相巡检时，温度计每隔 10 s 显示一相温度，周而复始。

(2) 温度控制箱

温度控制箱是环氧树脂浇注干式电力变压器的配套产品，对干式变压器绕组温度进行直接检测和控制。

二温控制箱用于自冷(AN)变压器。若由于某种故障或超负荷运行，变压器绕组温度超过安全值，温度控制箱发出超温报警信号，提醒用户及时发现并排除温度过高的原因；若绕组温度进一步升高至绝缘最高耐受温度，温度控制箱发出超温跳闸信号，将变压器从电网中切除，或将变压器的负荷切除，保证变压器的安全。

四温控制箱用于强迫风冷(AP)变压器。冷却风机的起停取决于绕组温度，当绕组温度低于某一值时，风机停止；当绕组温度高于某一值时，风机起动，对变压器进行强迫风冷。若绕组温度进一步升高，温度控制箱将发出相应的超温报警和超温跳闸信号。

5.8　电力变压器的选择

电力变压器的选择包括：电力变压器的型号，一、二次侧额定电压，联结组别及额定容量等内容。

本节只介绍额定容量的选择，其他内容详见 4.1.1 小节。

1. 电力变压器的额定容量和实际容量

电力变压器的额定容量(即铭牌容量)是指在规定的环境温度下、规定的使用年限内，室外安装时，变压器所能连续输出的最大视在功率。

变压器的使用年限，主要取决于变压器绕组的绝缘老化速度，而绝缘老化速度又取决于绕组最热点的温度。变压器的绕组导体和铁心，一般可以长期经受较高的温升而不致损坏。但绕组长期受热时，其绝缘的弹性和机械强度要逐渐减弱，这就是绝缘的老化现象。绝缘老化严重时，就会变脆，容易出现裂纹和剥落。试验表明：在规定的环境温度条件下，如果变压器绕组最热点的温度一直维持 95 ℃，则变压器可连续运行 20 年；如果其绕组温度升高到 120 ℃时，则变压器只能运行 2.2 年，使用寿命大大缩短。这说明绕组温度对变压器的使用寿命有极大的影响，绕组温度不仅与变压器负荷大小有关，而且受周围环境温度影响。

按 GB 1094—1996《电力变压器》规定，电力变压器正常使用的环境温度条件为：最高气温为 40 ℃，最热月平均温度为 30 ℃，最高年平均气温为 20 ℃，最低气温对户外变压器为－25 ℃，对户内变压器为－5 ℃。油浸式变压器顶层油的温升，规定不得超过周围气温 55 ℃。如按规定的最高气温 40 ℃计，则变压器顶层油温不得超过 95 ℃。

如果变压器安装地点的环境温度超过上述规定温度最大值中的一个，则变压器顶层油的温升限值应予降低。当环境温度超过规定的温度不大于 5 ℃时，顶层油的温升限值应降低

5 ℃;超过温度大于 5 ℃而不大于 10 ℃时,顶层油的温升限值应降低 10 ℃。因此变压器的实际容量较之其额定容量要相应地有所降低。反之,如果变压器安装地点的环境温度比规定的环境温度低,则从绕组绝缘老化程度减轻而又保证变压器使用年限不变来考虑,变压器的实际容量较之其额定容量可以适当提高,或者说,变压器在某些时候可允许一定的过负荷。

一般规定,如果变压器安装地点的年平均气温 $\theta_{0.av} \neq 20$ ℃,则年平均气温每升高 1 ℃,变压器的容量应相应减小 1%。因此变压器的实际容量应计入一个温度修正系数 $K_{\theta.T}$。

对室外变压器,其实际容量为($\theta_{0.av}$以℃为单位)

$$S_T = K_{\theta.T} S_{N.T} = \left(1 - \frac{\theta_{0.av} - 20}{100}\right) S_{N.T}, \tag{5-49}$$

式中,$S_{N.T}$为变压器的额定容量。

对室内变压器,由于散热条件较差,故变压器室的出风口与进风口间有大约 15 ℃的温度差,从而使处在室中央的变压器环境温度比室外温度大约要高出 8 ℃,因此其容量还要减少 8%,故室内变压器的实际容量为($\theta_{0.av}$以℃为单位)

$$S'_T = K'_{\theta.T} S_{N.T} = \left(0.92 - \frac{\theta_{0.av} - 20}{100}\right) S_{N.T}. \tag{5-50}$$

2. 变电所主变压器台数的选择

选择主变压器台数时应考虑下列原则。

① 应满足用电负荷对供电可靠性的要求。对供有大量一、二级负荷的变电所,应采用两台变压器,以便一台变压器发生故障或检修时,另一台变压器能对一、二级负荷继续供电。对只有二级负荷而无一级负荷的变电所,也可以只采用一台变压器,但必须在低压侧有与其他变电所相连的联络线作为备用电源,或另有自备电源。

② 对季节性负荷或昼夜负荷变动较大而宜于采用经济运行方式的变电所,也可考虑采用两台变压器。

③ 除上述两种情况外,一般 10 kV 变电所宜采用一台变压器。但是负荷集中而容量相当大的变电所,虽为三级负荷,也可采用两台或多台变压器。

④ 在确定变电所主变压器台数时,还应适当考虑负荷的发展,留有一定的余地。

3. 变电所主变压器容量的选择

(1) 只有一台主变压器的变电所

主变压器容量 S_T(设计中一般概略地当作其额定容量 $S_{N.T}$)应满足全部用电设备总计算负荷 S_{30}的需要,即

$$S_T \approx S_{N.T} \geqslant S_{30}, \tag{5-51}$$

同时应满足变压器运行在最佳负荷率 β_m下,一般变压器最佳负荷率 β_m约为 0.5~0.6。

(2) 有两台主变压器的变电所

每台主变压器容量 S_T(一般概略地当作 $S_{N.T}$)应同时满足以下两个条件:

① 任一台变压器单独运行时,应满足总计算负荷 S_{30}的 60%~70%的需要,即

$$S_T \approx S_{N.T} = (0.6 \sim 0.7) S_{30}; \tag{5-52}$$

② 任一台变压器单独运行时,应满足全部一、二级负荷 $S_{30(\text{I}+\text{II})}$的需要,即

$$S_T \approx S_{N.T} \geqslant S_{30(\text{I}+\text{II})}. \tag{5-53}$$

(3) 10 kV 变电所变压器的单台容量上限

10 kV 变电所主变压器的单台容量,一般不宜大于 1 000 kV · A(或 1 250 kV · A)。这一方面是受以往低压开关电器断流能力和短路稳定度要求的限制;另一方面也是考虑到可

以使变压器更接近于低压负荷中心，以减少低压配电线路的电能损耗、电压损耗和有色金属消耗量。现在我国已能生产一些断流能力更大和短路稳定度更好的低压开关电器，如DW15、ME 等型低压断路器等，因此如果低压负荷容量较大、负荷集中且运行合理时，也可以选用单台容量为 1 250（或 1 600）～2 000 kV・A 的配电变压器，这样可减少主变压器台数及高低压开关电器和电缆等。

对居住小区变电所内的油浸式变压器单台容量，不宜大于 630 kV・A。这是因为油浸式变压器容量大于 630 kV・A 时，按规定应装设瓦斯保护，而该变压器电源侧的断路器往往不在变压器附近，因此瓦斯保护很难实施，而且如果变压器容量增大，供电半径增大，势必造成供电末端电压偏低，给居民生活带来不便，例如，荧光灯启动困难、电冰箱不能启动等。

(4) 适当考虑负荷的发展

应适当考虑今后 5～10 年电力负荷的增长，并留有一定的余地，同时可考虑变压器一定的正常过负荷能力。

总之，变电所主变压器台数和容量的最后确定，应结合变电所主接线方案的选择，对几个较合理方案作技术经济比较，择优而定。

例 5-6　某 10 kV 变电所低压侧总计算负荷为 895 kV・A，其中一、二级负荷约为总计算负荷的 60%，试选择其主变压器的台数和容量。

解：根据该变电所有一、二级负荷的情况，确定选两台主变压器。

每台变压器容量根据 $S_{N.T}=(0.6\sim0.7)\times895=537\sim627$ kV・A，确定为 630 kV・A，且满足 $S_{N.T}=630\geqslant0.6\times895=537$ kV・A。

4. 电力变压器的并列运行条件

两台或多台变压器并列运行时，必须满足下列 3 个基本条件。

① 所有并列变压器的额定一次电压和二次电压必须对应相等。也就是所有并列变压器的电压比必须相同，允许差值不得超过±5%。如果并列变压器的电压比不同，则并列变压器二次绕组的回路内将出现环流，即二次电压较高的绕组将向二次电压较低的绕组供给电流，引起电能损耗，导致绕组过热或烧毁。

② 所有并列变压器的阻抗电压必须相等。由于并列运行变压器的负荷是按其阻抗电压值成反比分配的，如果阻抗电压相差过大，可能导致阻抗电压较小的变压器发生过负荷现象。所以并列运行的变压器阻抗电压必须相等，允许差值不得超过±10%。

③ 并列变压器的联结组别必须相同。也就是所有并列变压器的一次电压和二次电压的相序和相位都应分别对应地相同，否则不能并列运行。假设两台并列运行的变压器，一台为 Yyn0 联结，另一台为Dyn11联结，则它们的二次电压将出现 30°的相位差，从而在两台变压器的二次绕组间产生电位差 ΔU，如图 5-49所示。这一 ΔU 将在两台变压器的二次侧产生一个很大的环流，可能使变压器绕组烧毁。

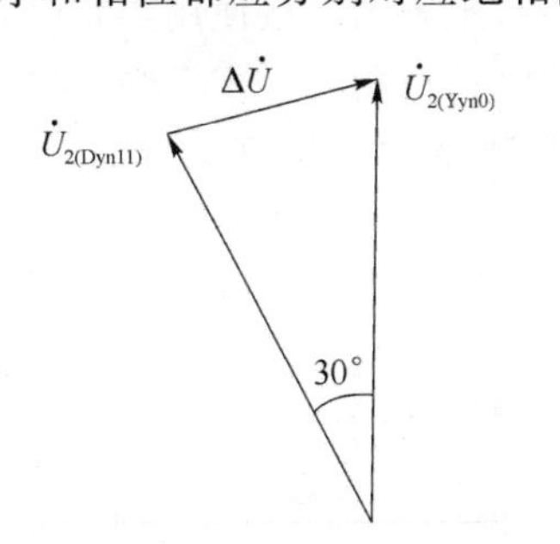

图 5-49　Yyn0 联结变压器与 Dyn11 联结变压器并列运行时二次电压相量图

此外，并列运行的变压器容量应尽量相同或相近，其最大容量与最小容量之比，一般不宜超过 3∶1。如果容量相差悬殊，不仅运行很不方便，而且在变压器特性稍有差异时，变压器间的环流往往相当显著，特别是很容易造成小容量的变压器过负荷。

5.9 变电所的低压配电系统

变电所的低压配电系统一般为0.4 kV配电系统,它担负着向低压用电设备配电的任务。

5.9.1 低压配电系统的主接线方式

低压配电系统的主接线通常采用单母线制,如果是两路电源进线,则采用以低压断路器分段的单母线制。

低压配电系统的主接线方案见表5-5、表5-6及图5-9、图5-10。

5.9.2 低压一次电气设备的选择

在低压配电系统中,常用的一次电气设备有低压断路器、低压熔断器、刀开关、负荷开关等。选择这些电气设备可按表5-21所列项目进行。

表5-21 低压一次电气设备的选择及校验项目

电气设备名称	电压/V	电流/A	断流能力/kA	短路电流校验	
				动稳定度	热稳定度
低压熔断器	√	√	√	—	—
低压刀开关	√	√	√	╳	╳
低压负荷开关	√	√	√	╳	╳
低压断路器	√	√	√	╳	╳

注:表中"√"表示必须校验,"╳"表示一般可不校验,"—"表示不校验。

本小节重点介绍低压断路器、低压熔断器的选择与校验。

1. 低压熔断器的选择与校验

低压熔断器主要是实现低压配电系统的短路保护,有的熔断器也能实现过负荷保护。

低压熔断器工作原理与特性和高压熔断器相同。低压熔断器的类型很多,按熔体的分断能力不同,可将其分为"g"熔体和"a"熔体两类。"g"熔体有全范围分断能力,即能分断从熔化电流到额定分断电流之间的全部电流;"a"熔体仅有部分范围分断能力,其最小分断电流大于熔化电流,一般以最小分断电流为熔体额定电流的倍数来表示。按使用类别分,熔体可分为"G"类(一般用途,用于配电线路保护)、"M"类(保护电动机用)和"Tr"类(保护变压器用)三类。分断范围与使用类别可以有不同的组合,如"gG""aM""gTr"等。

国产低压熔断器全型号的表示和含义如下:

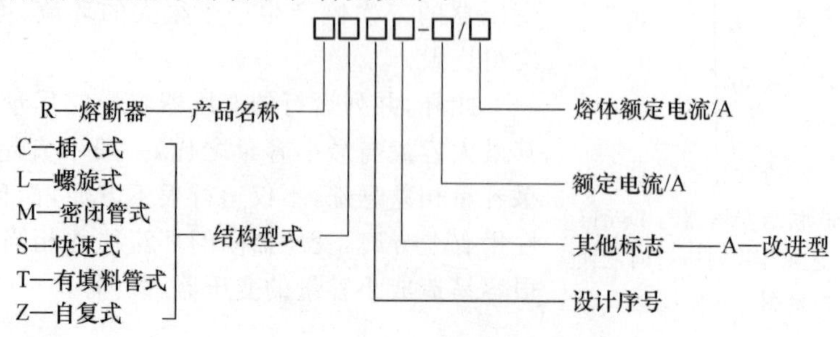

(1) 低压熔断器规格的选择

低压熔断器规格的选择，应满足下列条件。

① 熔断器的额定电压 $U_{N.FU}$ 应不低于所在线路的额定电压 U_N，即

$$U_{N.FU} \geqslant U_N. \tag{5-54}$$

② 熔断器的额定电流 $I_{N.FU}$ 应不小于它本身所安装的熔体额定电流 $I_{N.fu}$，即

$$I_{N.FU} \geqslant I_{N.fu}. \tag{5-55}$$

保护电力线路的低压熔断器熔体额定电流 $I_{N.fu}$ 的选择，应满足下列条件。

(a) 熔体额定电流 $I_{N.FU}$ 应不小于线路的计算电流 I_{30}，以使熔体在线路正常最大负荷下运行时也不致熔断，即

$$I_{N.FU} \geqslant I_{30}, \tag{5-56}$$

式中 I_{30} 对并联电容器来说，由于其合闸涌流较大，应取为其额定电流 1.43～1.55 倍。

(b) 熔体额定电流 $I_{N.FU}$ 还应躲过线路的尖峰电流 I_{pk}，以使熔体在线路出现尖峰电流时也不致熔断。由于尖峰电流为短时最大电流，而熔体熔断需经一定时间，因此满足的条件为

$$I_{N.FU} \geqslant KI_{pk}, \tag{5-57}$$

式中，K 为小于 1 的计算系数，对供单台电动机的线路，如起动时间 $t_{st}<3$ s(轻载起动)时，宜取 0.25～0.35；$t_{st} \approx 3 \sim 8$ s(重载起动)时，宜取 0.35～0.5；$t_{st}>8$ s 及频繁起动或反接制动时，宜取 0.5～0.6；对供多台电动机的线路，视线路上最大一台电动机的起动情况、线路计算电流与尖峰电流的比值及熔断器的特性而定，取为 0.5～1；如线路计算电流与尖峰电流比值接近于 1，则 K 可取为 1。

另外，熔断器熔体电流 $I_{N.fu}$ 还应与被保护线路的 I_{al} 相配合，使之不致发生因线路出现过负荷或短路引起绝缘导线或电缆过热甚至起燃而熔断器熔体不熔断的事故，因此还应满足以下条件：

$$I_{N.fu} \leqslant K_{ol} I_{al}, \tag{5-58}$$

式中，I_{al} 为绝缘导线和电缆的允许载流量；K_{ol} 为绝缘导线和电缆的允许短时过负荷系数，如果熔断器只作短路保护，对电缆和穿管绝缘导线，取 2.5，对明敷绝缘导线，取 1.5，如果熔断器不只作短路保护，而且还要作过负荷保护，如居住建筑、重要仓库和公共建筑中的照明线路，有可能长时间过负荷的动力线路以及在可燃建筑物构架上明敷的有延燃性外皮的绝缘导线线路，则应取为 1。

(2) 低压熔断器的校验

① 熔断器断流能力的校验

低压熔断器断流能力的校验方法同高压熔断器，见 5.1 节。

② 灵敏度检验

为了保证熔断器在其保护范围内发生最轻微的短路故障时能可靠地熔断，熔断器保护的灵敏度必须满足下列条件：

$$S_p = \frac{I_{d.min}}{I_{N.fu}} \geqslant 4, \tag{5-59}$$

式中，$I_{d.min}$ 为熔断器所保护线路末端在系统最小运行方式下的单相短路电流(对中性点直接

接地系统)或两相短路电流(对中性点不接地系统);对于保护降压变压器的高压熔断器来说,应取低压母线的两相短路电流换算到高压侧之值。

(3) 前后熔断器之间的选择性配合问题

前后熔断器之间的选择性配合,就是在线路上发生故障时,应该是最靠近故障点的熔断器最先熔断,切除故障部分,从而使系统的其他部分迅速恢复正常运行。

在图5-50(a)的线路中,假设支线 WL_2 的首端k点发生三相短路,则三相短路电流 I_k 要同时流过熔断器 FU_2 和 FU_1。但是按保护选择性要求,应该是 FU_2 的熔体首先熔断,切除故障线路 WL_2,而 FU_1 不再熔断,因此干线 WL_1 仍旧正常运行,但是熔断器熔体的实际熔断时间与其标准保护特性曲线(安秒曲线)所查得的熔断时间可能有±30%~±50%的偏差。从最不利的情况考虑,设k点短路时,FU_1 的实际熔断时间 t_1' 比标准保护特性曲线查得的时间 t_1 小50%(负偏差),即 $t_1'=0.5t_1$,而 FU_2 的实际熔断时间 t_2' 又比标准保护特性曲线查得的时间 t_2 大50%(正偏差),即 $t_2'=1.5t_2$。这时由图5-55(b)可以看出,要保证前后两熔断器的动作选择性,必须满足的条件为:$t_1'>t_2'$,即 $0.5t_1>1.5t_2$,因此保证前后两相邻熔断器之间选择性动作的条件为

$$t_1>3t_2. \tag{5-60}$$

如果满足不了式(5-60)要求,则应将前一熔断器的熔体电流提高1~2级,再进行校验。

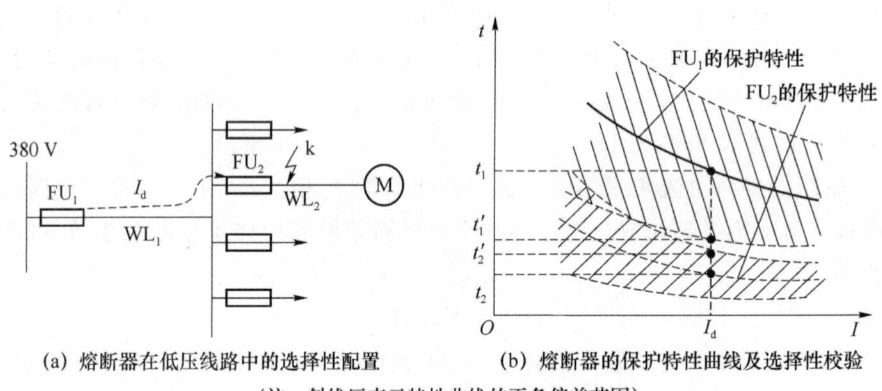

(a) 熔断器在低压线路中的选择性配置　　(b) 熔断器的保护特性曲线及选择性校验

(注:斜线区表示特性曲线的正负偏差范围)

图5-50　熔断器保护的选择性配合

2. 低压断路器的选择与校验

(1) 低压断路器的选择

低压断路器的选择,应满足下列条件。

① 低压断路器的额定电压 $U_{N.QF}$ 应不低于线路的额定电压 U_N,即

$$U_{N.QF}\geqslant U_N. \tag{5-61}$$

② 低压断路器的额定电流 $I_{N.QF}$ 应不小于它所安装的过电流脱扣器的额定电流 $I_{N.OR}$ 或热脱扣器的额定电流 $I_{N.TR}$,即

$$I_{N.QF}\geqslant I_{N.OR} \quad 或 \quad I_{N.QF}\geqslant I_{N.TR}, \tag{5-62}$$

而各脱扣器的额定电流应不小于线路的计算电流 I_{30}。

另外,以上各种过电流脱扣器的动作电流 I_{op},还应与被保护线路相配合,使之不致发生

因出现过负荷或短路引起绝缘导线或电缆过热甚至起燃而断路器不脱扣切断线路的事故，因此还应满足

$$I_{op}\leqslant K_{ol}I_{al}, \tag{5-63}$$

式中，K_{ol}为绝缘导线和电缆的允许短时过负荷系数，对瞬时和短延时过电流脱扣器，可取4.5；对长延时过电流脱扣器，作短路保护时取1.1，只作过负荷保护时取1。

如不满足以上配合要求，则应改选脱扣器动作电流，或适当加大导线或电缆的线芯截面。因此，这一条件也可以视为选择载流导体截面的一个条件。

(2) 低压断路器的校验

① 低压断路器断流能力的校验

- 对动作时间在0.02 s以上的万能式断路器，其极限分断电流I_{oc}应不小于通过它的三相短路电流周期分量有效值$I_d^{(3)}$，即

$$I_{oc}\geqslant I_d^{(3)}. \tag{5-64}$$

- 对动作时间在0.02 s及以下的塑壳式断路器其极限分断电流I_{oc}或i_{oc}应不小于通过它的三相短路冲击电流$I_{ch}^{(3)}$或$i_{sh}^{(3)}$，即

$$I_{oc}\geqslant I_{ch}^{(3)} \quad 或 \quad i_{oc}\geqslant i_{sh}^{(3)}. \tag{5-65}$$

② 低压断路器过电流保护灵敏度的检验

为了保证低压断路器作为短路保护的过电流脱扣器，在系统最小运行方式下当其保护范围内发生最轻微的短路故障时能可靠地动作，低压断路器保护的灵敏度必须满足下列条件：

$$S_p=\frac{I_{d.min}}{I_{op}}\geqslant 1.5, \tag{5-66}$$

式中，I_{op}为过电流脱扣器的动作(脱扣电流)；$I_{d.min}$为低压断路器保护的线路末端在系统最小运行方式下的单相短路电流(对中性点直接接地系统)或两相短路电流(对中性点不接地系统)。

低压断路器可不校验短路的动稳定度和热稳定度；但其保护的母线应校验动稳定度和热稳定度，保护的绝缘导线和电缆应校验热稳定度。

低压断路器失压脱扣器的释放电压和吸合电压，通常由产品自定。释放电压通常为额定电压的35%～40%及以下，吸合电压通常为额定电压的70%及以上。

(3) 前后断路器之间及断路器与熔断器之间的选择性配合问题

① 前后断路器之间的选择性配合。最好按断路器的保护特性曲线来检验，偏差范围可考虑为±20%～±30%，前一级考虑负偏差，后一级考虑正偏差。但这比较麻烦，而且由于各厂产品性能出入较大，因而使之实现选择性配合有一定困难。有鉴于此，从实际出发，GB 50054—1995《低压配电设计规范》规定：对于非重要负荷，允许无选择性切断。

一般来说，要保证前后两低压断路器之间选择性动作，前一级断路器宜采用带短延时的过电流脱扣器，而且其动作电流大于后一级瞬时过电流脱扣器动作电流一级以上，至少前一级的动作电流$I_{op.1}$应不小于后一级动作电流$I_{op.2}$的1.2倍，即

$$I_{op.1}\geqslant 1.2I_{op.2}. \tag{5-67}$$

② 断路器与熔断器之间的选择性配合。宜按它们的保护特性曲线来检验，前一级断路

器可考虑－30％～－20％的负偏差,后一级熔断器可考虑＋30％～＋50％的正偏差。在后一级熔断器出口发生三相短路时,前一级的动作时间如大于后一级的动作时间,则说明能实现选择性动作。

5.10 低压开关柜

低压开关柜(又称低压配电屏)是按一定的线路方案将有关一、二次电气设备组装而成的一种低压成套配电装置,在低压配电系统中作动力和照明配电之用。

低压配电屏的结构型式,有固定式和抽屉式两大类。不过抽屉式配电屏价格高,一般中小企业多采用固定式。我国现在广泛应用的固定式低压配电屏,主要为 PGL1、PGL2 型和 GGD、GGL 等型号。

低压配电屏全型号的表示和含义如下:

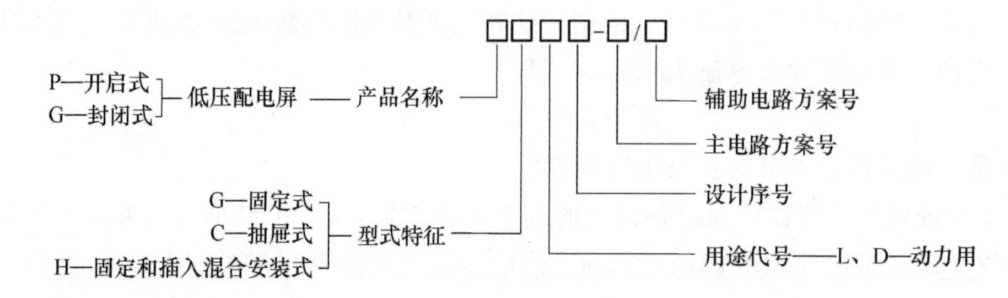

5.10.1 固定式低压开关柜

NGG1 型固定式低压开关柜外形图如图 5-51 所示,其技术数据如表 5-22 所示。

图 5-51 NGG1 型固定式低压开关柜外形图

表 5-22　NGG1 型固定式低压开关柜主要技术数据

型　号	额定电压/V	额定电流/A		额定短路开断电流/kA	每 1 s 额定短路耐受电流/kA	额定峰值耐受电流/kA
NGG1-1000-15	400	A	1 000	15	15	30
		B	600(630)			
		C	400			
NGG1-1600-30	400	A	1 500(1 600)	30	30	63
		B	1 000			
		C	600			
NGG1-3150-50	400	A	3 150	50	50	105
		B	2 500			
		C	2 000			

柜内电器元件：

① NGG1 柜主要采用国内已能批量生产的电器元件。如 DW17、DZ20、DW15 等，柜架断路器也可选用 NA15、NA1(DW45)、CW1、AE、M、F 等，塑壳断路器选用 NM1、DZ253、TM30、NS 等国内外较先进的电器元件。

② HD13BX 和 HS13BX 型旋转操作式刀开关是专为满足 NGG1 柜独特结构的需要而设计的专用元件，它改变了机构的操作方法，保留了老产品的优点，是一种新型的实用电器元件。

③ 如设计部门根据用户需要，选用性能更优良，技术更先进的新型电器元件时，因 NGG1 柜具有良好的安装灵活性，一般不会因更新电器元件造成制造和安装方面的困难。

④ 为进一步提高电路的动稳定能力，NGG1 柜的母线支撑采用专用的 AMJ 型组合式母线夹和绝缘支撑件。

5.10.2　抽屉式低压开关柜

GC2 型抽屉式低压开关柜外形图如图 5-52 所示，其技术数据如表 5-23 所示。

图 5-52　GC2 型抽屉式低压开关柜外形图

表 5-23　GC2 型抽屉式低压开关柜主要技术数据

项　目		技术数据
主电路额定电压/V		交流 400(690)
辅助电路额定电压/V		交流 220、380(400),直流 110、220
额定频率/Hz		50(60)
额定绝缘电压/V		690(1 000)
额定电流/A	水平母线	小于 4 000
	垂直母线	1 000
每 1 s 母线额定短时耐受电流/kA		50、80
每 0.1 s 母线额定峰值耐受电流/kA		105、176
母线	三相四线制	A、B、C、PEN
	三相五线制	A、B、C、PE、N
防护等级		IP30、IP40

5.11　低压侧功率因数的提高

在低压配电系统中,接有大量的感性负载,如感应电动机、电焊机、电弧炉及气体放电灯,这些设备工作时会使低压配电系统的功率因数很低,而《供电营业规则》规定:“用户在当地供电企业规定的电网高峰负荷时的功率因数,应达到下列规定,100 kV·A 及以上高压供电的用户功率因数为 0.90 以上。其他电力用户和大、中型电力排灌站、趸购转售电企业,功率因数为 0.85 以上。农业用电,功率因数为 0.80。凡功率因数不能达到上述规定的新用户,供电企业可拒绝接电。对已送电的用户,供电企业应督促和帮助用户采取措施,提高功率因数。对在规定期限内仍未采取措施达到上述要求的用户,供电企业可终止或限制供电。”

为此,在进行供配电系统设计时,应考虑功率因数是否达到规定值;否则,应考虑采取措施,提高低压配电系统的功率因数。

在低压配系统中,常采用电力电容器以提高系统的功率因数,又称无功功率补偿。

5.11.1　功率因数的计算

(1) 瞬时功率因数

它可由功率因数表直接测量,也可由功率表、电压表和电流表间接测量,再按式(5-68)求出:

$$\cos\varphi=\frac{P}{\sqrt{3}UI},\tag{5-68}$$

其中,P 为功率表测出的三相功率(kW);U 为电压表测出的线电压(kV);I 为电流表测出的线电流(A)。

瞬时功率因数只用来了解和分析工厂或设备在运行中无功功率的变化情况，以便采取适当的补偿措施。

(2) 平均功率因数

平均功率因数称加权平均功率因数，按式(5-69)计算：

$$\cos\varphi=\frac{W_p}{\sqrt{W_p^2+W_q^2}}=\frac{1}{\sqrt{1+\left(\frac{W_q}{W_p}\right)^2}},\tag{5-69}$$

其中，W_p 为某一段时间内（通常为一月）消耗的有功电能，由有功电能表读取；W_q 为同一段时间内消耗的无功电能，由无功电能表读取。

我国供电企业每月向用户计收电费，就规定电费要按月平均功率因数的高低来调整。平均功率因数低于规定标准时，要增加一定比例的电费，而高于规定标准时，可适当减少一定比例的电费。

(3) 最大负荷时的功率因数

它就是负荷计算中按有功计算负荷 P_{30} 和视在计算负荷 S_{30} 计算而得的功率因数，即

$$\cos\varphi=\frac{P_{30}}{S_{30}}.\tag{5-70}$$

5.11.2　无功功率补偿容量的计算

功率因数的提高与无功功率和视在功率变化的关系如图 5-53 所示。假设功率因数由 $\cos\varphi_1$ 提高到 $\cos\varphi_2$，这时在负荷需要的有功功率 P_{30} 不变的条件下，无功功率将由 Q_{30} 减小到 Q'_{30}，视在功率将由 S_{30} 减小到 S'_{30}，相应地负荷电流 I_{30} 也得以减小，这将使系统的电能损耗和电压损耗相应降低，既节约了电能，又提高了电压质量，而且可选较小容量的供电设备和导线电缆，因此提高功率因数对电力系统大有好处。

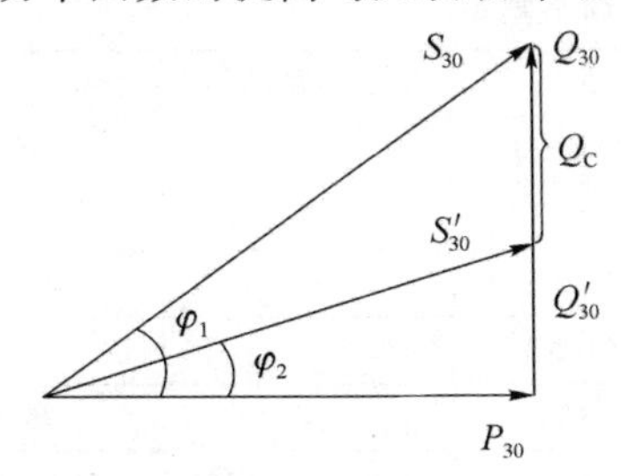

图 5-53　功率因数的提高与无功功率、视在功率的变化

由图 5-53 可知，要使功率因数由 $\cos\varphi_1$ 提高到 $\cos\varphi_2$，必须装设的无功补偿装置（通常采用并联电容器）容量为

$$Q_C=Q_{30}-Q'_{30}=P_{30}(\tan\varphi_1-\tan\varphi_2)=P_{30}\Delta q_C,\tag{5-71}$$

其中，$\Delta q_C=\tan\varphi_1-\tan\varphi_2$，称为无功补偿率。表 5-24 列出了并联电容器的无功补偿率，可利用补偿前及补偿后的功率因数值直接查出无功补偿率。

在确定了总的补偿容量后，即可根据所选并联电容器的单个容量 q_C 来确定电容器个数：

$$n=Q_C/q_C.\tag{5-72}$$

部分常用的并联电容器的主要技术数据，如表 5-25 所列。由式(5-72)计算所得的电容器个数 n，对于单相电容器（电容器全型号后面标“1”者）来说，应取 3 的倍数，以便三相均衡分配。

表 5-24　并联电容器的无功补偿率 Δq_C

补偿前的功率因数 $\cos\varphi_1$	补偿后的功率因数								
	0.85	0.86	0.88	0.90	0.92	0.94	0.96	0.98	1.0
0.60	0.71	0.74	0.79	0.85	0.91	0.97	1.04	1.13	1.33
0.62	0.65	0.67	0.73	0.78	0.84	0.90	0.98	1.06	1.27
0.64	0.58	0.61	0.66	0.72	0.77	0.84	0.91	1.00	1.20
0.66	0.52	0.55	0.60	0.65	0.71	0.78	0.85	0.94	1.14
0.68	0.46	0.48	0.54	0.59	0.65	0.71	0.79	0.88	1.08
0.70	0.40	0.43	0.48	0.54	0.59	0.66	0.73	0.82	1.02
0.72	0.34	0.37	0.42	0.48	0.54	0.60	0.67	0.76	0.96
0.74	0.29	0.31	0.37	0.42	048	0.54	0.62	0.71	0.91
0.76	0.23	0.26	0.31	0.37	0.43	0.49	0.56	0.65	0.85
0.78	0.18	0.21	0.26	0.32	0.38	0.44	0.51	0.60	0.80
0.80	0.13	0.16	0.21	0.27	0.32	0.39	0.46	0.55	0.75
0.82	0.08	0.10	0.16	0.21	0.27	0.33	0.40	0.49	0.70
0.84	0.03	0.05	0.11	0.16	0.22	0.28	0.35	0.44	0.65
0.85	0.00	0.03	0.08	0.14	0.19	0.26	0.33	0.42	0.62
0.86	—	0.00	0.05	0.11	0.17	0.23	0.30	0.39	0.59
0.88	—	—	0.00	0.06	0.11	0.18	0.25	0.34	0.54
0.90	—	—	—	0.00	0.06	0.12	0.19	0.28	0.48

表 5-25　部分并联电容器的主要技术数据

型　号	额定容量/kvar	额定电容/μF	型　号	额定容量/kvar	额定电容/μF
BCMJ0.4-4-3	4	80	BGMJ0.4-3.3-3	3.3	66
BCMJ0.4-5-3	5	100	BGMJ0.4-5-3	5	99
BCMJ0.4-8-3	8	160	BGMJ0.4-10-3	10	198
BCMJ0.4-10-3	10	200	BGMJ0.4-12-3	12	230
BCMJ0.4-15-3	15	300	BGMJ0.4-15-3	15	298
BCMJ0.4-20-3	20	400	BGMJ0.4-20-3	20	398
BCMJ0.4-25-3	25	500	BGMJ0.4-25-3	25	498
BCMJ0.4-30-3	30	600	BGMJ0.4-30-3	30	598
BCMJ0.4-40-3	40	800	BCMJ0.4-14-1/3	14	279
BCMJ0.4-50-3	50	1 000	BWF0.4-16-1/3	16	318
BKMJ0.4-6-1/3	6	120	BWF0.4-20-1/3	20	398
BKMJ0.4-7.5-1/3	7.5	150	BWF0.4-25-1/3	25	498
BKMJ0.4-9-1/3	9	180	BWF0.4-75-1/3	75	1 500
BKMJ0.4-12-1/3	12	240	BWF10.5-16-1	16	0.462
BKMJ0.4-15-1/3	15	300	BWF10.5-25-1	25	0.722
BKMJ0.4-20-1/3	20	400	BWF10.5-30-1	30	0.866
BKMJ0.4-25-1/3	25	500	BWF10.5-40-1	40	1.155
BKMJ0.4-30-1/3	30	600	BWF10.5-50-1	50	1.44
BKMJ0.4-40-1/3	40	800	BWF10.5-100-1	100	2.89

注：①额定频率为 50 Hz；② 型号末的“1/3”表示有单相和三相两种。

例 5-7 某10 kV变电所,其低压侧(380 V)的计算负荷为$S_{30}=900$ kV·A,功率因数为$\cos\varphi_1=0.7$,拟采用低压侧并联电力电容器方式,将功率因数0.7提高到0.88,以满足低压侧功率因数不小于0.85的要求,试选择并联电容器。

解: $P_{30}=S_{30}\cdot\cos\varphi_1=900\times0.7=630$ kW,查表5-24得$\Delta q_C=0.48$,由$Q_C=P_{30}\cdot\Delta q_C=630\times0.48=302.4$ kvar,查表5-25,选出并联电容器型号BKMJ0.4-15-1/3,若选择三相并联电容器BKMJ0.4-15-3,则电容器数量由$n=\dfrac{Q_C}{q_C}=\dfrac{300}{15}=20$,确定为20个,总补偿容量为300 kvar。

若选择单相并联电容器BKMJ0.4-15-1,则电容器数量由$n=\dfrac{Q_C}{q_C}=\dfrac{300}{15}=20$,确定为21个,总补偿容量为315 kvar。

5.11.3 无功功率补偿的实施

1. 并联电容器的接线

并联补偿的电力电容器大多采用△形接线(除部分容量较大的高压电容器外)。低压并联电容器,绝大多数是做成三相的,而且内部已接成△形。

3个电容为C的电容器接成△形,容量为$Q_{C(\Delta)}=3\omega CU^2$,其中$U$为三相线路的线电压。如果3个电容为$C$的电容器接成Y形,则容量为$Q_{C(Y)}=3\omega CU_\varphi^2$,其中$U_\varphi$为三相线路的相电压。由于$U=\sqrt{3}U_\varphi$,因此$Q_{C(\Delta)}=3Q_{C(Y)}$。这说明电容器接成△形时的容量为同一电路中接成Y形时容量的3倍,因此无功补偿效果更好,这显然是并联电容器接成△形的优点。另外电容器采用△形接线时,若任一边电容器断线时,三相线路仍得到无功补偿;而采用Y形接线时,某一相的电容器断线时,该相就失去了无功补偿。

但是也必须指出,电容器采用△形接线时,任一电容器击穿短路时,将造成三相线路的两相短路,短路电流很大,有可能引起电容器爆炸。

2. 无功功率补偿方式

(1) 低压集中补偿

低压集中补偿是将低压电容器集中装设在10 kV变电所的低压母线上。这种补偿方式能补偿10 kV变电所低压母线以前变压器和前面高压配电线路及电力系统的无功功率。由于这种补偿方式能使变压器的视在功率减小从而可使主变压器的容量选得较小,因此比较经济,而且这种补偿的低压电容器柜一般可安装在低压配电室内(只在电容器柜较多时才考虑单设低压电容器室),运行维护安全方便,因此这种补偿方式在工厂中相当普遍。

低压集中补偿的电容器组接线图如图5-54所示。这种电容器组,都采用△形接线,一般利用220 V,15~25 W的白炽灯的灯丝电阻来放电,但也有用专门的放电电阻来放电的。放电用的白炽灯同时兼作电容器组正常运行的指示灯。

(2) 分散就地补偿

分散就地补偿又称个别补偿,是将并联电容器组装设在需进行无功补偿的各个用电设备旁边。这种补偿方式能够补偿安装部位以前的所有高低压线路和电力变压器的无功功率,因此其补偿范围最大,补偿效果最好,应予优先采用。但这种补偿方式总的投资较大,且电容器组在被补偿的用电设备停止工作时,它也将一并被切除,因此其利用率较低。这种分散就地补偿特别适用于负荷平稳、长期运转而容量又大的设备，如大型感应电动机、高频电热炉等，也适用于容量虽小但数量多且是长期稳定运行的一些电器，如荧光灯等。

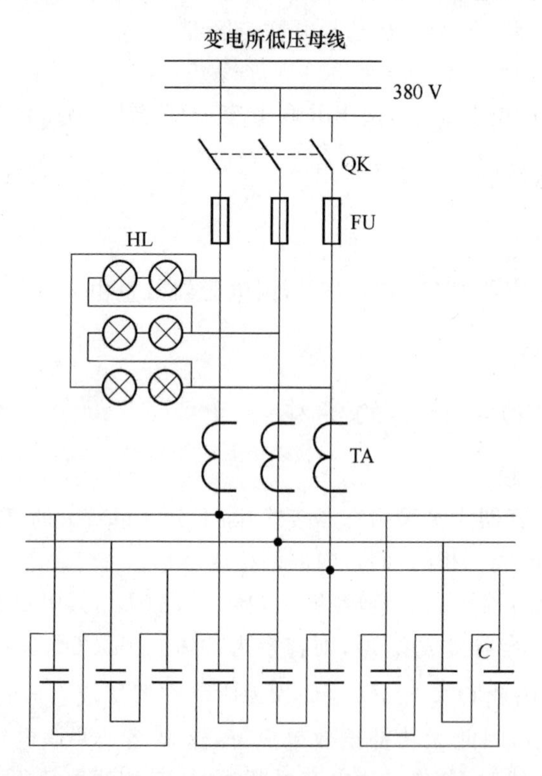

图 5-54　低压集中补偿电容器组接线

感应电动机旁就地补偿的低压电容器组接线图如图 5-55 所示。这种电容器组通常就利用用电设备本身的绕组电阻来放电。

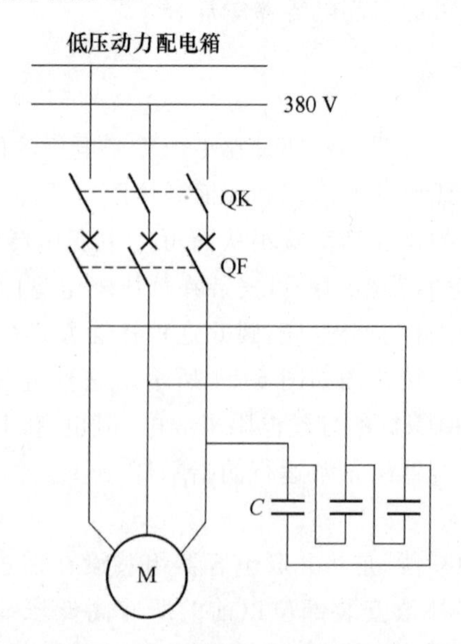

图 5-55　感应电动机旁就地补偿的低压电容器组接线

在工厂供电设计中，实际上多是综合采用上述各种补偿方式，以求经济合理地达到总的无功补偿要求，使工厂电源进线处在最大负荷时功率因数不低于规定值(高压进线时为 0.9)。

3. 并联电容器的控制

并联电容器有手动投切和自动调节两种控制方式。

(1) 手动投切的并联电容器组

采用手动投切，具有简单经济、便于维护的优点，但是不便于调节补偿容量，更不能按负荷变动情况进行补偿，达到理想的补偿要求。

具有下列情况之一时，宜采用手动投切的无功补偿装置：①补偿低压无功功率的电容器组；②常年稳定的无功功率；③长期投入运行的变压器或变配电所内投切次数较少的高压电容器组。

对集中补偿的低压电容器组，可按补偿容量分组投切。利用接触器进行分组投切的电容器组如图 5-56(a)所示，利用低压断路器进行分组投切的电容器组如图 5-56(b)所示。对分散就地补偿的电容器组，就利用控制被补偿的用电设备的断路器或接触器或其他开关进行投切。

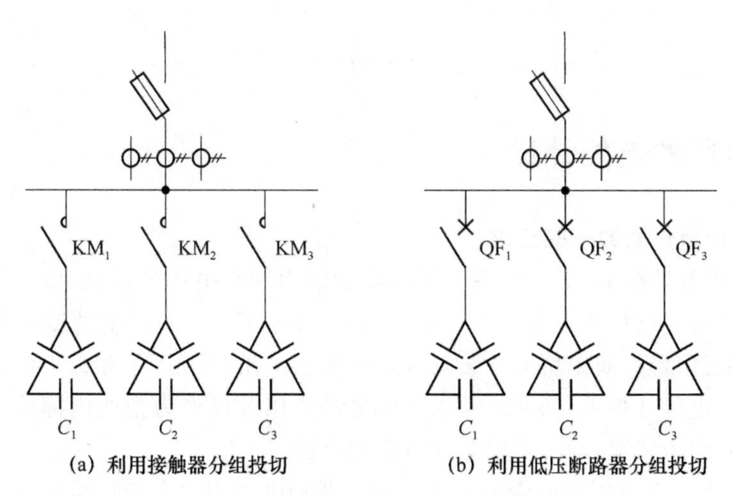

图 5-56　手动投切的低压电容器组

(2) 自动调节的并联电容器

具有自动调节的并联电容器组，通称无功自动补偿装置。采用无功自动补偿装置可以按负荷变动情况进行无功补偿，达到比较理想的无功补偿要求，但是投资较大。

具有下列情况之一时，宜装设无功自动补偿装置：①为避免过补偿，装设无功自动补偿装置在经济上合理；②为避免轻载时电压过高，造成某些用电设备损坏而装设无功自动补偿装置在经济上合理；③只有装设无功自动补偿装置才能满足在各种运行负荷情况下的电压偏差允许值。

低压自动补偿装置的原理电路如图 5-57 所示。电路中的功率因数自动补偿控制器按电力负荷的变动及功率因数的高低，以一定的时间间隔(10～15 s)，自动控制各组电容器回路中接触器 KM 的投切，使电网的无功功率自动得到补偿，保持功率因数在规定值以上，而又不致过补偿。

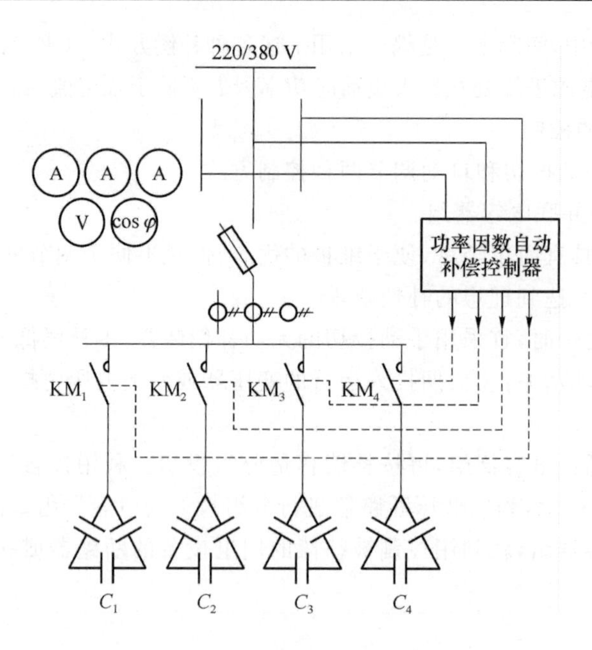

图 5-57　低压自动补偿装置的原理电路

5.12　变电所的电能计量

1. 对电能计量仪表的一般要求

① 月平均用电量在 1×10^6 kW・h 及以上的电力用户电能计量点,应采用 0.5 级的有功电能表。月平均用电量小于 1×10^6 kW・h,在 315 kV・A 及以上的变压器高压侧计费的电力用户电能计量点,应采用 1.0 级的有功电能表。在 315 kV・A 以下的变压器低压侧计费的电力用户电能计量点、75 kW 及以上的电动机以及仅作为企业内部技术经济考核而不计费的线路和电力装置,均应采用 2.0 级有功电能表。

② 在 315 kV・A 及以上的变压器高压侧计费的电力用户电能计量点和并联电力电容器组,均应采用 2.0 级的无功电能表。在 315 kV・A 以下的变压器低压侧计费的电力用户电能计量点及仅作为企业内部技术经济考核而不计费的电力用户电能计量点,均应采用3.0 级的无功电能表。

③ 0.5 级的有功电能表,应配用 0.2 级的互感器。1.0 级的有功电能表、1.0 级的专用电能计量仪表、2.0 级计费用的有功电能表及 2.0 级的无功电能表,应配用不低于 0.5 级的互感器。仅作为企业内部技术经济考核而不计费的 2.0 级有功电能表及 3.0 级的无功电能表,宜配用不低于 1.0 级的互感器。

2. 电能计量仪表的配置

① 在工厂的电源进线上,或在经供电部门同意的电能计量点,必须装设计费的有功电能表和无功电能表,而且应采用经供电部门认可的标准的电能计量柜。为了解负荷电流,进线上还应装设一只电流表。

② (35～110)/(6～10) kV 的电力变压器,应装设电流表、有功功率表、无功功率表、有功电能表、无功电能表各一只,装在哪一侧视具体情况而定。(6～10)/0.4 kV 的电力变压

器，在高压侧装设电流表和有功电能表各一只；如为单独经济核算单位的变压器，还应装设一只无功电能表。

③ 10 kV 的配电线路，应装设电流表、有功电能表和无功电能表各一只。如果不是送往单独经济核算单位时，可不装无功电能表。当线路负荷在 5 000 kV · A 及以上时，可再装设一只有功功率表。

④ 380 V 的电源进线或变压器低压侧，相应地各装一只电流表。如果变压器高压侧未装电能表时，低压侧还应装设有功电能表一只。

⑤ 低压动力线路上，应装设一只电流表。低压照明线路及三相负荷不平衡率大于 15% 的线路上，应装设三只电流表分别测量三相电流。如需计量电能，一般应装设一只三相四线有功电能表。对负荷平衡的动力线路，可只装设一只单相有功电能表，实际电能按其计度的 3 倍计。

3. 电能计量仪表的接线

6～10 kV 高压配电线路上装设的电能计量仪表电路图如图 5-58 所示，220/380 V 低压线路上装设的电能计量仪表电路图如图 5-59 所示。

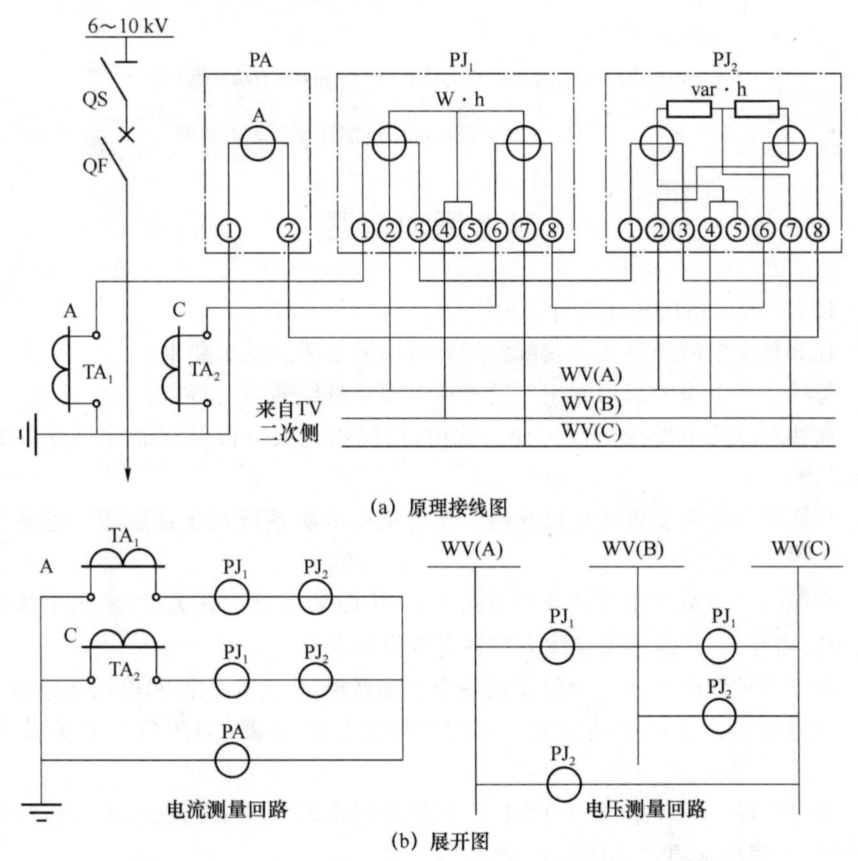

TA—电流互感器；TV—电压互感器；PA—电流表；PJ_1—三相有功电能表；PJ_2—三相无功电能表；WV—电压小母线

图 5-58　6～10 kV 高压线路上装设的电测量仪表电路图

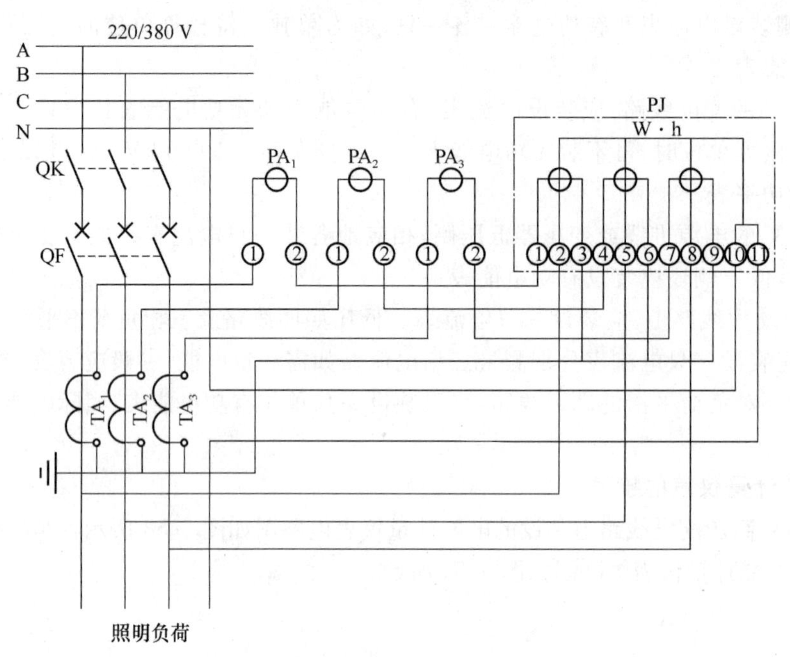

TA—电流互感器；PA—电流表；PJ—三相四线有功电能表

图 5-59 220/380 V 低压线路电能计量仪表电路图

思考题和习题

5-1 10 kV 变电所的功能是什么？

5-2 什么是变电所的电气主接线？设计时应满足哪些基本要求？

5-3 母线在变电所中起何作用？简述单电源单母线的供电特点。

5-4 简述双电源单母线分段接线方式中，用隔离开关分段及用断路器分段的接线方式供电特点。

5-5 什么是变电所装置式主接线图？什么是变电所系统式主接线图？各使用在什么场合？

5-6 在 10 kV 变电所主接线典型方案中，高压侧采用负荷开关-熔断器主接线方案与高压侧采用隔离开关-断路器主接线方案各自有何特点？

5-7 在 10 kV 配电母线上为何要接一个互感器柜(内含避雷器和电压互感器)？

5-8 简述电气设备选择的原则。如何选择高压断路器、高压负荷开关及高压隔离开关？

5-9 如何选择电流互感器的变流比？如何进行电流互感器的稳定度校验？使用电流互感器时应注意哪些事项？为什么？

5-10 使用电压互感器时应注意哪些事项？为什么？

5-11 什么是高压开关柜的“五防”功能？新型高压开关柜的产品型号如何表示？

5-12 变电所的操作电源是哪些回路的电源？常用的直流操作电源和交流操作电源各有哪几种？

5-13　什么是高压配电柜的二次回路？二次回路按其用途分，有哪些二次回路？

5-14　对断路器的控制回路和信号回路有哪些基本要求？

5-15　什么是二次回路的小母线？有哪些二次回路小母线？各起什么作用？

5-16　什么是二次回路工程图、二次回路原理图、二次回路展开图、安装接线图？

5-17　什么是安装接线图中的屏面布置图、屏背面接线图及端子排图？

5-18　备用电源自动投入装置、自动合闸装置在系统中起什么作用？

5-19　定时限过电流保护和反时限过电流保护各有哪些优点？

5-20　保护装置的灵敏度如何定义？如何校验过电流保护及电流速断保护的灵敏度？

5-21　为什么电流速断保护存在死区？采取何措施以弥补此保护的不足？

5-22　简述配电线路的单相接地保护-无选择性绝缘监视装置的保护原理。

5-23　如何对变压器的过电流保护及电流速断保护进行动作电流整定及灵敏度校验？对于变压器的瓦斯保护，什么情况下轻瓦斯动作？什么情况下重瓦斯动作？

5-24　什么是电力变压器的额定容量和实际容量？当变压器安装地点的年平均气温达不到要求的温度时，对室内外安装的变压器额定容量和实际容量有何关系？

5-25　为什么对 10 kV 变电所的变压器有单台容量限制？

5-26　电力变压器的并列运行必须满足哪些条件？为什么？

5-27　为什么并联补偿的电力电容器大多采用△形接线。

5-28　电测量仪表按其用途分有哪两类？对常用测量仪表、电能计量仪表有哪些要求？在电力系统中如何配置电能计量仪表？

5-29　某厂的视在计算负荷为 3 500 kV · A，该厂在 10 kV 进线处拟安装一台高压户内少油断路器，其主保护的动作时间为 0.9 s，断路器的断路时间为 0.2 s，10 kV 母线的三相短路电流周期分量有效值 $I_{\mathrm{d}}^{(3)}=25$ kA，试选择此断路器。

5-30　某 10 kV 线路上装设有两个 LQJ-10 型电流互感器，接线方式为两相 V 形，其 0.5级的二次绕组接测量仪表，其中电流表消耗的功率为 3 V · A，有功电能表和无功电能表的每一电流线圈均消耗功率 0.7 V · A；其 3.0 级的二次绕组接电流继电器，其线圈消耗功率 15 V · A。电流互感器二次回路接线采用 BV-500-1×2.5 mm^2 的铜芯塑料线，电流互感器至仪表、继电器的连线单向长度为 2 m。试校验此电流互感器是否符合要求？（提示：电流表接在两相电流互感器的公共连线上）

5-31　某 10 kV 变电所的 380 V 低压母线采用 LMY，水平平放，相邻两母线的相间距 $a=250$ mm，挡距为 900 mm，挡数大于 2，已知正常工作时通过母线的计算电流为 1 155 A，母线处发生三相短路时，$I_{\mathrm{d}}^{(3)}=32$ kA，$i_{\mathrm{ch}}^{(3)}=59$ kA，短路保护的动作时间为 0.5 s，低压断路器的断路时间取 0.01 s，试选择此母线。

5-32　某 10 kV 配电线路，采用反时限过电流继电保护装置保护该线路，该保护装置采用两相两继电器式接线方式，电流互感器变比 $K_i=100/5$ A，线路的最大负荷电流（含尖峰电流）$I_{\mathrm{l.max}}=115$ A，线路首端的 $I_{\mathrm{d}}^{(3)}=2.1$ kA，线路末端的 $I_{\mathrm{d}}^{(3)}=0.9$ kA。试整定该线路采用的 GL-15/10 型电流继电器的动作电流和速断电流倍数，并校验其保护灵敏度。

5-33　某 10 kV 配电线路具有两级反时限过电流保护，均采用 GL-15 系列过电流继电器，前后两级均采用两相两继电器式接线，已知前一级继电器的 10 倍动作电流的动作时间已经整定为 2.0 s，继电器的动作电流整定为 5 A，电流互感器变比为 75/5 A。如果后一级线路的计算电流为30 A,后一级电流互感器变比为50/5,后一级线路首端的最大三相短路电流为340 A,线路末端的三相短路电流为150 A,试对后一级过电流保护装置进行整定计算。(取$\Delta t=0.7$ s)

5-34　10 kV配电系统,以五条10 km电缆线向外配电,已知某回路电流互感器变比为50/5 A,采用零序电流保护,要求灵敏度系数不小于1.5,求继电器的整定电流。

5-35　某10 kV高压配电所有一条高压配电线供电给一车间变电所。该高压配电线首端拟装设由电磁式继电器组成定时限过电流保护和电流速断保护,该保护装置采用两相两继电器式接线方式,安装的电流互感器变比为100/5。已知该10 kV高压配电所的电源进线上装设的定时限过电流保护的动作时间整定为1.5 s,高压配电所母线处的$I_{d}^{(3)}=1.8$ kA,车间变电所的380 V母线处的$I_{d}^{(3)}=22.3$ kA,车间变电所的主变压器为S9-1 000型。试对该保护装置进行定时限过电流保护和电流速断保护整定计算。(建议$I_{l.max}=2I_{1N.T}$)。

5-36　某10 kV变电所,其低压侧(380 V)的计算负荷为$P_{30}=857$ kW,功率因数为$\cos\varphi_1=0.65$,拟采用低压侧并联电力电容器方式,将功率因数0.65提高到0.90,以满足低压侧功率因数不小于0.85的要求,试选择并联电容器。

第6章　供电线路与电缆

供电线路是供配电系统的重要组成部分，担负着输送和分配电能的重要任务，在整个供配电系统中起着重要作用。

6.1　导线及电缆的选择

导线和电缆的选择是供配电设计中的重要内容之一。导线和电缆是传输电能的主要器件，选择得合理与否，直接影响到有色金属的消耗量与线路投资，以及电力网的安全经济运行。

6.1.1　导线及电缆的规格

1. 导线的结构与规格

(1) 导线

导线是线路的主体，担负着传导电流、输送电能的作用。它架设在电杆上边，要经常承受自身重量和各种外力(如导线上的覆冰、风压)的作用，并要承受大气中各种有害物质的侵蚀。因此，导线不但要具有良好的导电性能，同时还应具备机械强度高、抗腐蚀性强、质轻价廉等特点。

导线的常用材料有铜、铝和钢，这些材料的物理特性如表6-1所示。

表6-1　导线材料的物理特性

材　料	20°C时的电阻率 $/\Omega\cdot mm^2\cdot m^{-1}$	比　重	抗拉强度 /MPa	腐蚀性能及其他
铜	0.018 2	8.9	390	表面易形成氧化膜，抗腐蚀能力强
铝	0.029	2.7	160	表面氧化膜可防继续氧化，但易受酸碱盐的腐蚀
钢	0.103	7.85	1 200	在空气中易锈蚀，应镀锌防锈

铜的导电性能最好〔电阻率为 $0.0182\ (\Omega\cdot mm^2)/m$〕，机械强度也相当高(抗拉强度约为390 MPa)，但铜的质量大、价格昂贵，在工农业生产中用途广泛，应尽量节约。

铝的导电率虽然比铜稍低，导电性能较差〔电阻率为 $0.029\ (\Omega\cdot mm^2)/m$〕，但也是一种导电性能较好的材料。铝的导热性能好、耐腐蚀性较强、质量轻(在相同电阻值下，约为铜质量的50%)，而且铝矿资源丰富、产量高、价格低廉。铝的主要缺点是机械强度较低(抗拉强度约为160 MPa)，一般在挡距较小的工厂架空配电线路上广泛使用。

导线的常用材料中，钢的导电率最低，但它的机械强度很高，且价格较有色金属低廉，在线路跨越山谷、江河等特大挡距且负荷较小时采用钢导线。钢线需要镀锌以防锈蚀。因此，在工厂架空配电线路上一般不用钢导线。

按导线的结构可分为单股导线、多股导线和空心导线；按导线使用的材料可分为铜绞线、铝绞线、钢芯铝绞线、铝合金绞线和钢绞线。钢芯铝绞线的截面如图6-1所示。

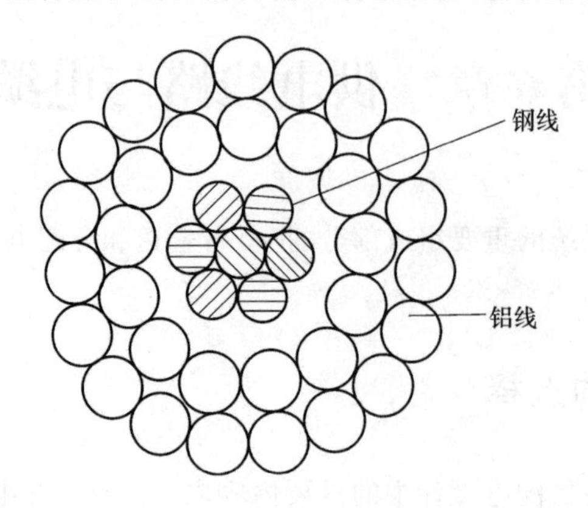

图6-1　钢芯铝绞线截面

(2) 导线的规格型号

架空线路导线的型号由导线材料、结构、载流截面积三部分表示。其中,导线材料和结构用汉语拼音字母表示;载流截面积用数字表示,单位是mm^2。例如,LGJJ-300表示加强型钢芯铝绞线,截面积为300 mm^2。

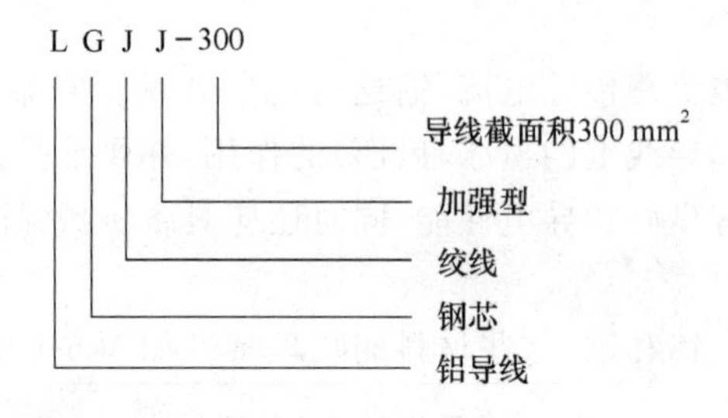

2. 电力电缆的结构和规格

电力电缆线路与架空输配电线路比较有以下优点:

① 运行可靠,由于电力电缆大部分敷设在地下,不受外力破坏(如雷击、风害、鸟害、机械碰撞等),所以发生故障的概率较小;

② 供电安全,不会对人身造成各种危害;

③ 维护工作量小,无须频繁地巡视检查;

④ 不需要架设杆塔,使市容整洁,交通方便,还能节省钢材;

⑤ 电力电缆的充电功率为电容性功率,有助于提高功率因数,但是电力电缆的成本高,价格昂贵(约为架空线路的几倍)。

所以在现代化城市、工厂的供配电网络系统、城网中,电缆线路得到了越来越广泛的应用。

(1) 电缆的结构

电缆是一种特殊的导线,在几根(或单根)绞绕的绝缘导电芯线外面,都包有绝缘层和保护层。保护层又分内护层和外护层。内护层用以直接保护绝缘层,而外护层是用以保护内护层免受机械损伤和腐蚀。外护层通常为钢丝或钢带构成的钢铠,外覆麻被、沥青或塑料护套。

电缆线芯分铜芯和铝芯两种。按线芯数目，电缆可分为单芯、双芯、三芯和四芯电缆。按截面形状，线芯又可分为圆形、半圆形和扇形 3 种类型，圆形和半圆形电缆用得较少，扇形芯大量使用于 1～10 kV 三芯和四芯电缆。三芯电缆每个单线的截面为扇形，其中心角为 120°。四芯电缆每个单线的截面也为扇形，其中心角为 90°。3＋1 芯电缆中 3 个主要线芯的截面是中心角为 100°的扇形，第 4 个芯的截面为中心角 60°的扇形。根据电缆不同的品种与规格，线芯可以制成实体，也可以制成绞合线芯。

(2) 电力电缆的种类

电力电缆种类很多，根据电压、用途、绝缘材料、线芯数和结构特点等有以下分类：

① 按电压不同可分为高压电缆和低压电缆；

② 按使用环境可分为河底、矿井、船用、空气中、高海拔、潮热区电缆等；

③ 按线芯数可分为单芯、双芯、四芯、五芯电缆等；

④ 按结构特征可分为统包型、分相型、钢管型、扁平型、自容型电缆等；

⑤ 按绝缘材料可分为油浸纸绝缘、塑料绝缘和橡胶绝缘电缆以及近期发展起来的交联聚乙烯电缆等，此外还有正在研究的低温电缆和超导电缆。

油浸纸绝缘电力电缆的结构和交联聚乙烯电力电缆的结构分别如图 6-2、图 6-3 所示。

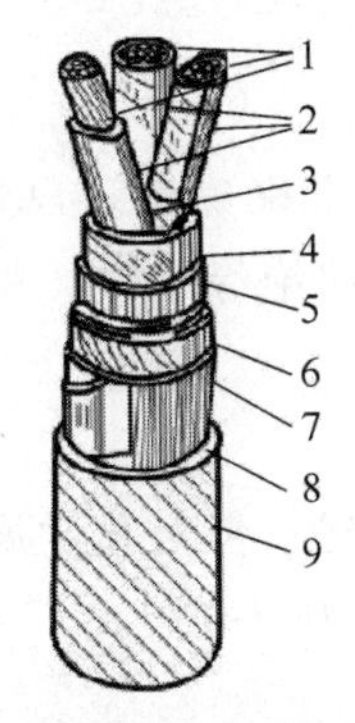

1—缆芯（铜芯或铝芯）；2—油浸纸绝缘层；
3—麻筋（填料）；4—油浸纸（统包绝缘）；5—铅包；
6—涂沥青的纸带（内护层）；7—浸沥青的麻被（内护层）；
8—钢铠（外护层）；9—麻被（外护层）

图 6-2　油浸纸绝缘电力电缆

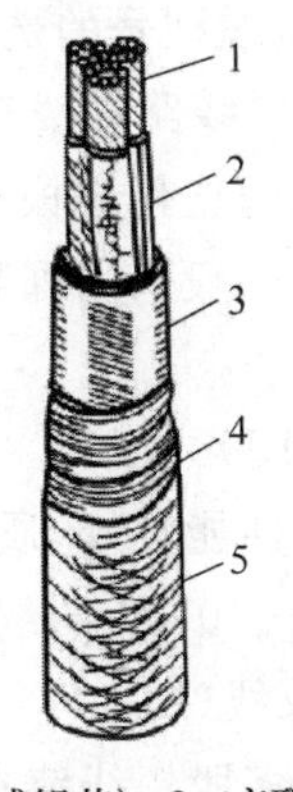

1—缆芯（铜芯或铝芯）；2—交联聚乙烯绝缘层；
3—聚氯乙烯护套（内护层）；
4—钢铠或铝铠（外护层）；5—聚氯乙烯外套（外护层）

图 6-3　交联聚乙烯绝缘电力电缆

(3) 电力电缆的规格型号

每一个电缆型号表示着一种电缆的结构，同时也表明这种电缆的使用场合和某些特征。我国电缆产品型号的编制原则如表 6-2 所示。

表 6-2　电缆结构代号含义

分类及用途代号	对于电力电缆，可以省略。其他电缆类别的表示方法为：K—控制电缆；P—信号电缆；B—绝缘电缆；R—绝缘软电缆；Y—移动式软电缆
绝缘种类	Z—纸；V—聚氯乙烯；X—橡皮；XD—丁基橡胶；Y—聚乙烯；YJ—交联聚乙烯
导电线芯	T—铜芯；L—铝芯
内护层	H—橡套；HF—非燃性护套；V—聚氯乙烯护套；Y—聚乙烯护套；L—铝包；Q—铅包
派生结构	D—不滴流；F—分相；G—高压；P—滴干绝缘

电缆型号表示举例：

- ZLQ20-10,3×120 表示铝芯铝芯，纸绝缘，铅包，裸钢带铠装，额定工作电压 10 kV，三芯，截面积为 120 mm^2 的电力电缆；
- ZQF2-35,3×95 表示铜芯，纸绝缘，分相铅包，钢带铠装，额定工作电压 35 kV，三芯，截面积为 95 mm^2 的电力电缆；
- ZR-VLV29-3,3×240＋1×120 表示聚氯乙烯绝缘，钢带铠装，阻燃聚氯乙烯护套，电压为 3 kV，三芯，截面积为 240 mm^2，加一芯 120 mm^2 的电力电缆；
- YJLV22-3×120-10-300 表示铝芯，交联聚乙烯绝缘，聚乙烯内护套，双层钢带铠装，聚氯乙外被层，三芯，截面积为 120 mm^2，额定工作电压为 10 kV，长度为 300 m 的电力电缆。

6.1.2 导线及电缆的选择条件

导线和电缆的选择，必须满足用电设备对供电安全可靠和电能质量的要求，尽量节省投资，降低年运行费，布局合理，维修方便。

导线和电缆的选择主要包括两方面内容：①型号选择；②截面选择。

1. 导线和电缆型号的选择

(1) 常用架空线路导线型号的选择

导线和电缆的选择应根据其使用环境、工作条件等因素来确定。户外架空线路 10 kV 及以上电压等级一般采用裸导线，380 V 电压等级一般采用绝缘导线。裸导线常用的型号及适用范围如下。

① 铝绞线(LJ)

该导线导电性能较好，质量轻，对风雨作用的抵抗力较强，但对化学腐蚀作用的抵抗力较差。多用于 6～10 kV 的线路，其受力不大，杆距不超过 100～125 m。

② 钢芯铝绞线(LGJ)

该导线是将多股铝线绕在钢芯外层，外围为铝线，芯子采用钢线，这就解决了铝绞线机械强度差的问题。而由于交流电具有集肤效应，所以导体中通过电流时，电流实际只从铝线通过，这样确定钢芯铝绞线的截面时只需考虑铝线部分的面积。在机械强度要求较高的场合和 35 kV 及以上的架空线路中广泛应用。

③ 铝合金绞线(LHJ)

该导线机械强度大，防腐蚀性能好，导电率高，应用于一般输配电线路。

④ 铜绞线(TJ)

该导线导电性能好，机械强度大，对风雨和化学腐蚀作用的抵抗力都较强，但价格较高，是否选用应根据实际需要而定。

⑤ 钢绞线(GJ)

该导线机械强度高，但导电率差，且易生锈、集肤效应严重，只用于电流小、年利用率低的线路及避雷线。

(2) 常用电力电缆型号的选择

① 油浸纸绝缘电缆

- 黏性浸渍纸绝缘电缆：成本低，工作寿命长；结构简单，制造方便；绝缘材料来源充足；易于安装和维护；油易淌流，不宜作落差较大的敷设；允许工作电场强度较低。

- 不滴流浸渍纸绝缘电缆：浸渍剂在工作温度下不滴流，适宜落差较大的敷设；工作寿命较黏性浸渍电缆更长；有较高的绝缘稳定性；成本较黏性浸渍纸绝缘电缆稍高。

② 塑料绝缘电缆

塑料绝缘电力电缆具有抗酸碱、防腐蚀、质量轻等优点，且适用于落差较大的场所敷设。塑料绝缘电缆将逐步取代油浸纸绝缘电力电缆，以节约大量有色金属铝和铅。塑料绝缘电缆目前有两种：一种是聚氯乙烯绝缘及护套电缆，电压等级为10 kV及以下；另一种为聚乙烯绝缘、聚氯乙烯护套电缆。聚乙烯电缆具有良好的电气性能。

- 聚氯乙烯绝缘电缆：安装工艺简单；聚氯乙烯化学稳定性高，具有非燃性，材料来源充足；能适应落差较大的敷设；敷设维护简单方便；聚氯乙烯电气性能低于聚乙烯；工作温度高低对其机械性能有明显的影响。
- 聚乙烯绝缘电缆：有优良的介电性能，但抗电晕、游离放电性能差；工艺性能好，易于加工；耐热性差，受热易变形，易延燃，易发生应力皲裂。

③ 交联聚乙烯绝缘电缆

交联聚乙烯绝缘电缆的绝缘层由热塑性塑料挤压而成，在挤压过程中添加交联剂，或在挤压过程中加热处理使分子交联而成。

电压等级10 kV及以上的交联聚乙烯绝缘电缆的导线表面需要增加屏蔽层。屏蔽材料为半导体材料，屏蔽层厚度约为0.5 mm。

交联聚乙烯绝缘电缆通常采用聚氯乙烯护套，当电缆的机械性能需要加强时，护套的内、外层之间用钢带或钢丝铠装，称之为内铠装护层。

交联聚乙烯绝缘电缆的导电部分的规范与油浸纸绝缘电缆导电的规范相同。

交联聚乙烯绝缘电缆的特点如下：

- 耐热性能好，允许温度升高，因此允许载流量大；
- 适用于落差较大场所的敷设和垂直敷设；
- 接头工艺要求严格；
- 手工操作要求技术不高，便于推广。

④ 橡胶绝缘电缆

橡胶绝缘电缆柔软性好，易弯曲，橡胶在很大的温差范围内具有弹性，适宜作多次拆装的线路；耐寒性能较好；有较好的电气性能、机械性能和化学稳定性；对气体、潮气、水的防渗透性较好；耐电晕、耐臭氧、耐高温、耐油的性能较差；只能作低压电缆使用。

2. 导线和电缆截面的选择

为了保证供电系统安全、可靠、优质、经济地运行，电力线路的导线和电缆等载流导体截面的选择必须满足下列条件。

(1) 发热条件

在导线和电缆(包括母线)通过正常最大负荷电流(即计算电流)时，其发热温度不应超过正常运行时的最高允许温度，以防止导线或电缆因过热而引起绝缘损坏或老化。这就要求通过导线或电缆的最大负荷电流不应大于其允许载流量。

(2) 电压损失条件

在导线和电缆通过正常最大负荷电流(即计算电流)时，线路上产生的电压损耗，不应超过正常运行时允许的电压损耗值,以保证供电质量。这就要求按允许电压损失选择导线和电缆截面。对于工厂内较短的高压线路,可不进行电压损耗的校验。

(3) 经济电流密度

根据经济条件选择导线(或电缆)截面,应从两个方面来考虑。一方面截面选得越大,电能损耗就越小,但线路投资及维修管理费用就越高;另一方面,截面选得小,线路投资及维修管理费用虽然低,但电能损耗则大。综合考虑这两方面的因素,定出总的经济效益为最好的截面称为经济截面。对应于经济截面的电流密度称为经济电流密度 J_{ec}。我国现行的经济电流密度如表 6-3 所示。

表 6-3　各种导线的经济电流密度 J_{ec}

线路类别	导体材料	年最大负荷利用小时数 T_{max}/h		
		3 000 以下	3 000～5 000	5 000 以上
架空线路	铜	3.00	2.25	1.75
	铝	1.65	1.15	0.90
电缆线路	铜	2.50	2.25	2.00
	铝	1.92	1.73	1.54

根据负荷计算求出的供电线路的计算电流和年最大负荷利用小时数及所选导线材料,就可按经济电流密度 J_{ec} 计算出导线的经济截面 A_{ec}。公式如下:

$$A_{ec}=I_{30}/J_{ec}, \tag{6-1}$$

式中,A_{ec} 为导线的经济截面;I_{30} 为线路的计算电流;J_{ec} 为经济电流密度。

按经济电流密度 J_{ec} 选择导线和电缆截面时,一般应尽量取接近且小于 A_{ec} 的标准截面,这是从节约投资和有色金属方面考虑的。

(4) 机械强度

对架空线路而言的,为防止断线,导线的截面应不小于相应敷设方式下的最小允许截面,架空裸导线最小截面如表 6-4 所示,其他敷设方式可查电工手册。由于电缆结构上有机械强度很高的保护层,不需校验机械强度。

表 6-4　架空裸导线的最小截面积

线路类别		导线最小允许截面/mm^2		
		铝及铝合金线	钢芯铝绞线	铜绞线
35 kV 及以上线路		35	35	35
3～10 kV 线路	居民区	35	25	25
	非居民区	25	16	16
低压线路	一般	16	16	16
	与铁路交叉跨越挡	35	16	16

此外,绝缘导线和电缆还需满足工作电压的要求,即其额定电压不得小于工作电压。

例 6-1　有一条用 LJ 型铝绞线架设的 5 km 长的 10 kV 架空线路,该线路经过居民区,其计算负荷为 1 380 kW，$\cos\varphi=0.7$，$T_{max}=4\ 800$ h。试选择其经济截面，并校验其发热条件和机械强度。

解：(1) 选择经济截面

$$I_{30}=\frac{P_{30}}{\sqrt{3}\times U_N\cos\varphi}=\frac{1\ 380}{\sqrt{3}\times 10\times 0.7}=114\ \text{A}$$

查表 6-3 得 $J_{ec}=1.15\ \text{A/mm}^2$，因此

$$A_{ec}=\frac{114}{1.15}=99\ \text{mm}^2$$

选标准截面 95 mm^2，即选 LJ-95 型铝绞线。

(2) 校验发热条件

查表 6-6 得 LJ-95 型铝绞线的允许载流量(室外 25 ℃)$I_{al}=325$ A，大于 $I_{30}=114$ A，因此满足发热条件。

(3) 校验机械强度

查表 6-4 得 10 kV 架空铝绞线的最小截面为 35 mm^2，小于 95 mm^2。因此，所选 LJ-95 型铝绞线也满足机械强度要求。

从理论上说，选择导线截面时上述条件均应满足，并取其中最大的截面作为应选取的截面。但从实际运行看，对不同情况下的导线，选择条件可以有所侧重。如在工程设计中，对于 35 kV 及以上的高压供电线路，可先按经济电流密度来选择经济截面，再校验发热条件、允许电压损耗和机械强度等；对低压动力线路和 10 kV 及以下的高压线路，一般先按发热条件来选择截面，然后校验机械强度和电压损耗。对于低压照明线，由于照明对电压水平要求较高，所以一般先按允许电压损耗来选择截面，然后校验发热条件和机械强度。按以上经验进行选择，通常较易满足要求，较少返工。

6.1.3　按发热量选择导线和电缆截面

电流通过导线或电缆时，要产生电能损耗，使导线发热。裸导线的温度过高时，会使接头处的氧化加剧，增大接触电阻，使之进一步氧化，如此恶性循环，最后可发展到断线。而绝缘导线和电缆的温度过高时，可使绝缘加速老化甚至烧毁，或引起火灾。因此，导线或电缆的正常发热温度不得超过长期的最高允许温度。不同条件的导线和电缆正常运行时的允许最高温度，见表 6-5。

表 6-5　导体在正常和短路时的最高允许温度及热稳定系数

导体种类和材料		最高允许温度/℃		热稳定系数 C /$\text{A}\cdot\sqrt{\text{s}}\cdot\text{mm}^{-2}$
		额定负荷时	短路时	
母线	铜	70	300	171
	铜(接触面有锡覆盖层)	85	200	164
	铝	70	200	87
	钢(不与电器直接接触)	70	400	
	钢(与电器直接接触)	70	300	

续表

导体种类和材料			最高允许温度/℃		热稳定系数 C /$A\cdot\sqrt{s}\cdot mm^{-2}$
			额定负荷时	短路时	
油浸纸绝缘电缆	铜芯	1～3 kV	80	250	148
		6 kV	65(80)	250	150
		10 kV	60(65)	250	153
		35 kV	50(65)	175	
	铝芯	1～3 kV	80	200	84
		6 kV	65(80)	200	87
		10 kV	60(65)	200	88
		35 kV	50(65)	175	
橡皮绝缘导线和电缆	铜芯		65	150	131
	铝芯		65	150	87
聚氯乙烯绝缘导线和电缆	铜芯		70	160	115
	铝芯		70	160	76
交联聚乙烯绝缘导线和电缆	铜芯		90(80)	250	137
	铝芯		90(80)	250	77
含有锡焊中间接头的电缆	铜芯			160	
	铝芯			160	

导线中通过电流时发热产生的热量一部分作用于导线使得导线温度升高,另一部分热量散发到周围空间中去。当导线的发热量等于散热量时,导线的温度就不会再升高,而是稳定在某一高于环境温度的温度之上。可见,除了载流量外,环境温度也是影响导线和电缆温度升高的因素之一。环境温度越高,散热性越好,导线和电缆的长期允许载流量就越小,反之,长期允许载流量就越大。

因此,当周围介质温度为定值时,在最高允许温度的条件下,不同的导体和电缆,每一种截面都对应一个最大允许电流 I_{al}。在实际工作中,由于无法用理论分析方法进行计算,允许电流都是通过实验求出的,只要通过导体的电流(计算电流)I_{30} 不超过允许电流,导体的温度就不会超过正常运行时的最高允许温度。通常是将实验取得的数据列成表格,在设计时直接查表来选择导线截面,这种方法叫作按发热条件选择导线和电缆截面,也称为按允许载流量选择导线或电缆截面。

按允许载流量选择导线或电缆截面时,应满足:

$$I_{al} \geqslant I_{30}, \tag{6-2}$$

式中,I_{al} 为导线的最大允许电流(允许载流量),是指在规定的环境温度条件下,导线能够连续承受而不致使其稳定温度超过允许值的最大电流。常用的 LJ 铝绞线和部分铝芯绝缘导线的允许载流量如表 6-6、表 6-7 所示。

表 6-6　LJ 型铝绞线单位长度的电阻、电抗值和允许载流量

额定截面/mm^2	50℃时电阻 $R_0/\Omega\cdot km^{-1}$	电抗 $X_0/\Omega\cdot km^{-1}$ 线间几何均距/mm						室外气温 25℃、导线最高允许温度 70℃时的允许载流量/A
		600	800	1 000	1 250	1 500	2 000	
16	2.07	0.36	0.38	0.40	0.41	0.42	0.44	105
25	1.33	0.35	0.37	0.38	0.40	0.41	0.43	135
35	0.96	0.34	0.36	0.37	0.39	0.40	0.41	170
50	0.66	0.33	0.35	0.36	0.37	0.38	0.40	215
70	0.48	0.32	0.35	0.36	0.37	0.38	0.40	265
95	0.36	0.31	0.33	0.34	0.35	0.36	0.39	325
120	0.28	0.30	0.32	0.33	0.34	0.35	0.37	375
150	0.23	0.29	0.31	0.32	0.34	0.35	0.37	440
185	0.18	0.28	0.30	0.31	0.33	0.34	0.36	500
240	0.14	0.27	0.30	0.31	0.33	0.34	0.35	610

注：① TJ 型铜绞线的允许载流量约为同截面的 LJ 型铝绞线允许载流量的 1.3 倍。

② 表中允许载流量所对应的环境温度为 25 ℃。如环境温度不是 25 ℃，则允许载流量应乘以温度校正系数。

表 6-7　BLX 型和 BLV 型铝芯绝缘导线明敷时的允许载流量

线芯截面/mm^2	BLX 型铝芯橡皮线 环境温度				BLV 型铝芯塑料线 环境温度			
	25℃	30℃	35℃	40℃	25℃	30℃	35℃	40℃
	允许载流量/A				允许载流量/A			
2.5	27	25	23	21	25	23	21	19
4	35	32	30	27	32	29	27	25
6	45	42	38	35	42	39	36	33
10	65	60	56	51	59	55	51	46
16	85	79	73	67	80	74	69	63
25	110	102	95	87	105	98	90	83
35	138	129	119	109	130	121	112	102
50	175	163	151	138	165	154	142	130
70	220	206	190	174	205	191	177	162
95	265	247	229	209	250	233	216	197
120	310	280	268	245	283	266	246	225
150	360	336	311	284	325	303	281	257
185	420	392	363	332	380	355	328	300
240	510	476	441	403	—	—	—	—

实际环境温度不是25 ℃时对应的温度校正系数见表6-8。

表6-8　实际环境温度对应的温度校正系数

实际环境温度/℃	15	20	25	30	35	40	45
温度校正系数	1.11	1.06	1.00	0.94	0.89	0.82	0.75

按发热条件选择导线截面所用的计算电流 I_{30}，对降压变压器高压侧的导线，应取为变压器一次侧的额定电流。对并联电容器的引入线，由于并联电容器充电时有较大的涌流，因此 I_{30} 应取为并联电容器组额定电流的1.35倍。

如果导线敷设地点的环境温度与导线允许载流量所采用的环境温度不同时，则导线的允许载流量应乘以温度校正系数：

$$K_\theta=\sqrt{\frac{\theta_{al}-\theta_0'}{\theta_{al}-\theta_0}},\tag{6-3}$$

式中，θ_{al} 为导线额定负荷时的最高允许温度；θ_0 为导线的允许载流量所采用的环境温度；θ_0' 为导线敷设地点的实际环境温度。

按发热条件选择导线截面所说的"环境温度"，是指按发热条件选择导线和电缆的特定温度。在室外，环境温度一般取当地最热月平均最高气温；在室内，则取当地最热月平均最高气温加5 ℃。对土壤中直埋的电缆，环境温度则取当地最热月地下0.8～1 m处的土壤平均温度，也可近似地取为当地最热月平均气温。

必须注意，按发热条件选择的导线和电缆截面，还必须与相应的保护装置(熔断器或低压断路器的过电流脱扣器)配合得当。如配合不当，可能发生导线或电缆因过电流而发热起燃但保护装置不动作的情况，这当然是不允许的。

6.1.4　中性线和保护线截面的选择

1. 中性线(N线)截面的选择

三相四线制系统中的中性线，要通过系统的不平衡电流和零序电流，因此中性线的允许载流量不应小于三相系统的最大不平衡电流，同时应考虑谐波电流的影响。

一般，三相四线制线路的中性线截面 A_0，应不小于相线截面 A_φ 的50%，即 $A_0\geqslant 0.5A_\varphi$，而由三相四线制线路引出的两相三线线路和单相线路，由于其中性线电流与相线电流相等，因此它们的中性线截面 A_0 应与相线截面 A_φ 相同，即 $A_0=A_\varphi$。

对于三次谐波电流较大的三相四线制线路，由于各相的三次谐波电流都要通过中性线，使得中性线电流可能接近甚至超过相电流，因此这种情况下，中性线截面 A_0 应等于或大于相线截面 A_φ，即 $A_0\geqslant A_\varphi$。

2. 保护线(PE线)截面的选择

保护线截面选择应符合下列规定：

(1) 应能满足电气系统间接接触防护自动切断电源的条件，且能承受预期的故障电流或短路电流；

(2) 保护线截面应按公式 $A_{PE}\geqslant\frac{I}{K}\sqrt{t}$ 计算，其中，A_{PE} 为保护线截面(mm^2)；I 为通过保护电器的预期故障电流或短路电流(A)；t 为保护电器自动切断电流的动作时间(s)；K 为系数，按(GB 50054—2011)中表A.0.2～A.0.6确定，或按表6-9至表6-12的规定确定。

表 6-9　保护线截面 A_{PE} 规定

相线截面 A_φ/mm^2	保护线截面 A_{PE}/mm^2	
	保护线与相线材料相同	保护线与相线材料不同
$A_\varphi \leqslant 16$	$A_{PE} \geqslant A_\varphi$	$A_{PE} \geqslant \frac{A_\varphi \times K_1}{K_2}$
$16 \leqslant A_\varphi \leqslant 35$	$A_{PE} \geqslant 16$	$A_{PE} \geqslant \frac{16 \times K_1}{K_2}$
$A_\varphi \geqslant 35$	$A_{PE} \geqslant \frac{A_\varphi}{2}$	$A_{PE} \geqslant \frac{A_\varphi \times K_1}{2 \times K_2}$

注：K_1 为相导体系数，见表 6-10；K_2 为保护导体系数，见表 6-11、表 6-12。

表 6-10　相导体系数 K_1

导体绝缘		相导体系数		
		铜导体	铝导体	铜导体的锡焊接头
聚氯乙烯		115(103)	76(68)	115
交联聚乙烯和乙丙橡胶		143	94	—
工作温度 60 ℃的橡胶		141	93	—
矿物质	聚氯乙烯护套	115	—	—
	裸护套	135	—	—

注：括号内数值适用于截面大于 300 mm² 的聚氯乙烯绝缘导体。

表 6-11　保护导体系数 K_2

导体绝缘	非电缆芯线的绝缘保护导体			电缆芯线的绝缘保护导体		
	导体材料			导体材料		
	铜	铝	钢	铜	铝	钢
70 ℃聚氯乙烯	143(133)	95(88)	52(49)	115(103)	76(68)	42(37)
90 ℃聚氯乙烯	143(133)	95(88)	52(49)	100(86)	66(57)	36(31)
90 ℃热固性材料	176	116	64	143	94	52
60 ℃橡胶	159	105	58	141	93	51
85 ℃橡胶	166	110	60	134	89	48
硅橡胶	201	133	73	132	87	47

注：括号内数值适用于截面大于 300 mm² 的聚氯乙烯绝缘导体。

表 6-12　用电缆的金属护层做保护导体的导体系数 K_2

导体绝缘	导体材料		
	铜	铝	钢
70 ℃聚氯乙烯	141	93	51
90 ℃聚氯乙烯	128	85	46
90 ℃热固性材料	128	85	46
60 ℃橡胶	144	95	52
85 ℃橡胶	140	93	51
硅橡胶	135	—	—

注：电缆金属护层，如铠装，金属护套。

3. 保护中性线(PEN线)截面的选择

保护中性线兼有保护线和中性线的双重功能,因此其截面选择应同时满足上述保护线和中性线的要求,取其中的最大值。

例6-2 有一条采用BLX-500型铝芯橡皮线明敷的220/380 V的TN-S线路,计算电流为50 A,当地最热月平均气温为30 ℃,试按发热条件选择此线路的导线截面。

解:TN-S线路为含有N线和PE线的三相五线制线路,因此除选择相线外,尚需选择N线和PE线。

(1) 相线截面的选择:查表6-7可知,30 ℃时明敷的BLX-500型铝芯橡皮线10 mm^2的$I_{al}=60$ A$>I_{30}=50$ A,满足发热条件,故选$A_\varphi=10$ mm^2。

(2) N线截面的选择:按$A_0\geqslant0.5A_\varphi$,选择$A_0=6$ mm^2。

(3) PE线截面的选择:由于$A_\varphi\leqslant16$ mm^2,按规定$A_{PE}\geqslant A_\varphi$,所以选择$A_{PE}=A_\varphi=10$ mm^2。

所选线路型号规格为BLX-500-(3×10+1×6+PE10)。

6.1.5 按允许电压损失选择导线和电缆截面

由于线路存在着阻抗,所以在负荷电流通过线路时要产生电压损失。按规定,高压配电线路的电压损失,一般不超过线路额定电压的5%;从变压器低压侧母线到用电设备受电端的低压线路的电压损失,一般不超过用电设备额定电压的5%;对视觉要求较高的照明线路,则为2%~3%。如线路的电压损失值超过了允许值,则应适当加大导线的截面,使之满足允许的电压损失要求。根据经验,低压照明线路对电压要求较高,一般先按允许电压损失选择导线截面,然后按发热条件和机械强度进行校验。

1. 线路电压损失的计算

在三相交流电路中,当各相负荷平衡时,各相导线中的电流均相等,电流、电压间的相位差也相等,故可计算一相的电压损耗,再换算成线电压。

(1) 末端有一个集中负荷的三相线路电压损失的计算

如图6-4所示,线路末端有一个集中负荷$S=P+jQ$,线路额定电压为U_N,线路电阻为R,电抗为X。

设线路首端线电压为U_1,末端线电压为U_2;线路首末两端线电压的相量差称为线路电压降,用$\Delta\dot{U}$表示;线路首末两端线电压的代数差称为线路电压损失,用ΔU表示。

下面计算线路电压损失。设每相电流为I,负荷的功率因数为$\cos\varphi_2$,线路首端和末端的相电压分别为$U_{\varphi1}$、$U_{\varphi2}$,以末端电压$U_{\varphi2}$为参考轴做出一相的电压相量图,如图6-5所示。

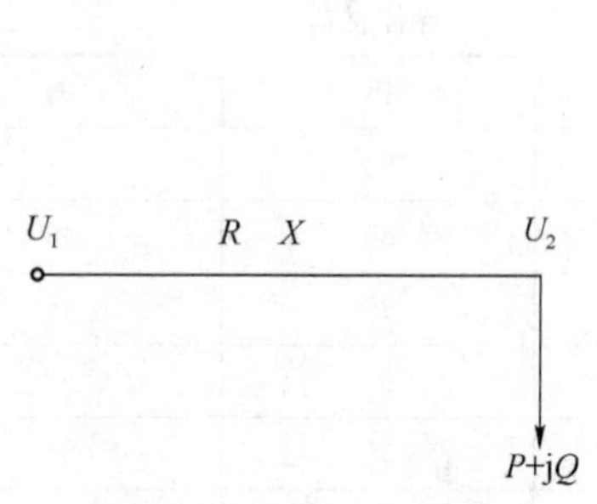

图6-4 末端接有一个集中负荷的三相电路

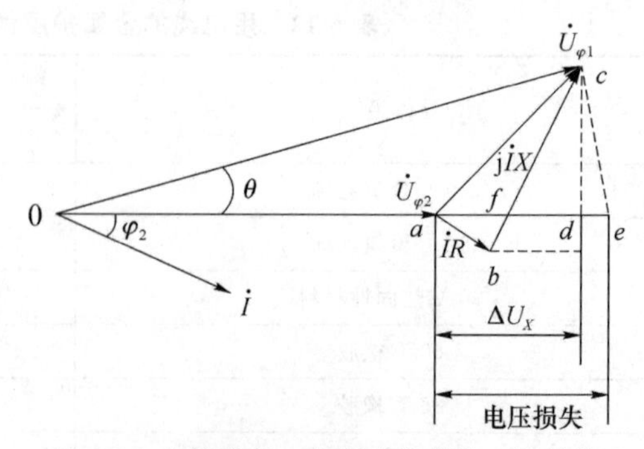

图6-5 末端接有一个集中负荷的三相线路中一相的电压相量图

由相量图可看出，线路相电压的损失为 $\Delta U_{\varphi}=U_{\varphi1}-U_{\varphi2}=ae$。

ae 线段的准确计算比较复杂，由于 θ 角很小，所以在工程计算中，常以 ad 段代替 ae 段，其误差不超过实际电压损失的 5%，所以每相的电压损失为

$$\Delta U_{\varphi}=ad=af+fd=IR\cos\varphi_2+IX\sin\varphi_2=I(R\cos\varphi_2+X\sin\varphi_2).$$

换算成线电压损失，则

$$\Delta U=\sqrt{3}\Delta U_{\varphi}=\sqrt{3}I(R\cos\varphi_2+X\sin\varphi_2), \tag{6-4}$$

因为 $I=\dfrac{P}{\sqrt{3}U_2\cos\varphi_2}$，所以 $\Delta U=\dfrac{PR+QX}{U_2}$。

在实际计算中，常采用线路的额定电压 U_N 来代替 U_2，误差极小，所以有

$$\Delta U=\frac{PR+QX}{U_N}, \tag{6-5}$$

式中，P、Q 为负荷的三相有功功率和无功功率。线路电压损失一般用百分值来表示，即

$$\Delta U\%=\frac{\Delta U}{1\,000U_N}\times100=\frac{\Delta U}{10U_N} \tag{6-6}$$

或

$$\Delta U\%=\frac{PR+QX}{10U_N^2}. \tag{6-7}$$

注意：U_N 的单位是 kV，ΔU 的单位是 V，需要把 U_N 的单位转化为 V，所以才会在上两式中出现系数 10。

(2) 线路上有多个集中负荷时线路电压损失的计算

以带 3 个集中负荷的三相线路为例，如图 6-6 所示。图中 P_1、Q_1、P_2、Q_2、P_3、Q_3 为通过各段干线的有功功率和无功功率；p_1、q_1、p_2、q_2、p_3、q_3 为各段支线的有功功率和无功功率；r_1、x_1、r_2、x_2、r_3、x_3 为各段干线的电阻和电抗；R_1、X_1、R_2、X_2、R_3、X_3 为从电源到各支线负荷线路的电阻和电抗；l_1、l_2、l_3 为各段干线的长度；L_1、L_2、L_3 为从电源到各支线负荷的长度；I_1、I_2、I_3 为各段干线的电流。

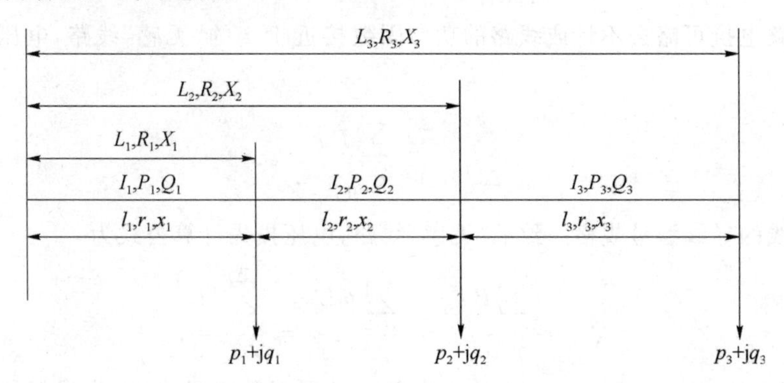

图 6-6　接有 3 个集中负荷的三相线路

因为供电线路一般较短，所以线路上的功率损耗可略去不计。线路上每段干线的负荷分别为

$$P_1=p_1+p_2+p_3, Q_1=q_1+q_2+q_3.$$
$$P_2=p_2+p_3, Q_2=q_2+q_3.$$
$$P_3=p_3, Q_3=q_3.$$

线路上每段干线的电压损失分别为

$$\Delta U_1\% = \frac{P_1}{10U_N^2}r_1 + \frac{Q_1}{10U_N^2}x_1,$$

$$\Delta U_2\% = \frac{P_2}{10U_N^2}r_2 + \frac{Q_2}{10U_N^2}x_2,$$

$$\Delta U_3\% = \frac{P_3}{10U_N^2}r_3 + \frac{Q_3}{10U_N^2}x_3.$$

线路上总的电压损失为

$$\begin{aligned}\Delta U\% &= \Delta U_1\% + \Delta U_2\% + \Delta U_3\% \\ &= \frac{P_1}{10U_N^2}r_1 + \frac{Q_1}{10U_N^2}x_1 + \frac{P_2}{10U_N^2}r_2 + \frac{Q_2}{10U_N^2}x_2 + \frac{P_3}{10U_N^2}r_3 + \frac{Q_3}{10U_N^2}x_3 \\ &= \frac{\sum_{i=1}^{3}(P_ir_i + Q_ix_i)}{10U_N^2}.\end{aligned}$$

推广到线路上有 n 个集中负荷时的情况，线路电压损失的计算公式为

$$\Delta U\% = \frac{\sum_{i=1}^{n}(P_ir_i + Q_ix_i)}{10U_N^2}. \tag{6-8}$$

若用支线负荷及电源到支线的电阻电抗表示，则有

$$\Delta U\% = \frac{\sum_{i=1}^{n}(p_iR_i + q_iX_i)}{10U_N^2}. \tag{6-9}$$

如果各干线使用的导线截面和结构相同，式(6-8)和式(6-9)可简化为

$$\Delta U\% = \frac{R_0\sum_{i=1}^{n}P_il_i + X_0\sum_{i=1}^{n}Q_il_i}{10U_N^2} = \frac{R_0\sum_{i=1}^{n}p_iL_i + X_0\sum_{i=1}^{n}q_iL_i}{10U_N^2}. \tag{6-10}$$

对于线路电抗可略去不计或线路的功率因数接近于1的"无感"线路，电压损失的计算公式可简化为

$$\Delta U\% = \frac{\sum_{i=1}^{n}P_ir_i}{10U_N^2}. \tag{6-11}$$

对于全线的导线型号规格一致的"无感"线路，电压损失计算公式为

$$\Delta U = \frac{\sum_{i=1}^{n}P_ir_i}{\gamma AU_N} = \frac{\sum_{i=1}^{n}p_iL_i}{\gamma AU_N} = \frac{\sum_{i=1}^{n}M_i}{\gamma AU_N}, \tag{6-12}$$

式中，γ 为导线的电导率；A 为导线的截面；M_i 为各负荷的功率矩。

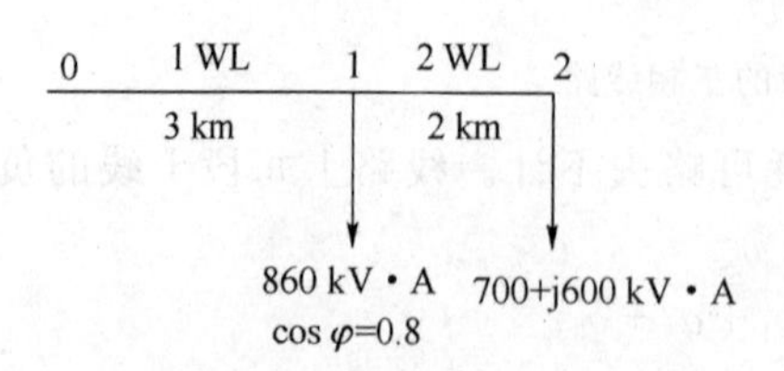

图 6-7　例 6-3 线路图

例 6-3　已知 LJ-50：$R_0 = 0.64\ \Omega/\text{km}$，$X_0 = 0.38\ \Omega/\text{km}$。LJ-70：$R_0 = 0.46\ \Omega/\text{km}$，$X_0 = 0.369\ \Omega/\text{km}$。LJ-95：$R_0 = 0.34\ \Omega/\text{km}$，$X_0 = 0.36\ \Omega/\text{km}$。试计算如图 6-7 所示的供电系统在下列两种情况下的电压损失。

(1) 1WL,2WL 导线的型号均为 LJ-70;

(2) 1WL 导线的型号为 LJ-95,2WL 导线的型号为 LJ-50。

解:(1) 1WL,2WL 导线的型号均为 LJ-70 时的电压损失为

$$\Delta U\% = \frac{R_0\sum_{i=1}^{n}p_iL_i + X_0\sum_{i=1}^{n}q_iL_i}{10U_N^2}$$

$$=\frac{0.46}{10\times10^2}[860\times0.8\times3+700\times(3+2)]+\frac{0.369}{10\times10^2}[860\times0.6\times3+600\times(3+2)]=4.237$$

(2) 1WL 的电压损失为

$$\Delta U_1\% = \frac{P_1}{10U_N^2}R_1+\frac{Q_1}{10U_N^2}X_1$$

$$=\frac{860\times0.8+700}{10\times10^2}\times0.34\times3+\frac{860\times0.6+600}{10\times10^2}\times0.36\times3=2.621$$

2WL 的电压损失为

$$\Delta U_2\% = \frac{P_2}{10U_N^2}R_2+\frac{Q_2}{10U_N^2}X_2$$

$$=\frac{700}{10\times10^2}\times0.64\times2+\frac{600}{10\times10^2}\times0.38\times2=1.352$$

总的电压损失为

$$\Delta U\% = \Delta U_1\% + \Delta U_2\% = 2.621+1.352=3.973$$

(3)负荷均匀分布线路的电压损失计算

对低压树干式线路,沿干线分布的负荷大小近似时(如路灯),可视为均匀分布。某线路带有一段均匀分布的负荷(图 6-8),设单位长度线路上负荷电流为 i_0,线路长度为 l,单位长度电阻为 R_0,单位长度电抗为 X_0。根据叠加原理,用积分法可推导出电压损失的公式为

$$\Delta U=\sqrt{3}I(R_0\cos\varphi_2+X_0\sin\varphi_2)\left(L_1+\frac{L_2}{2}\right). \tag{6-13}$$

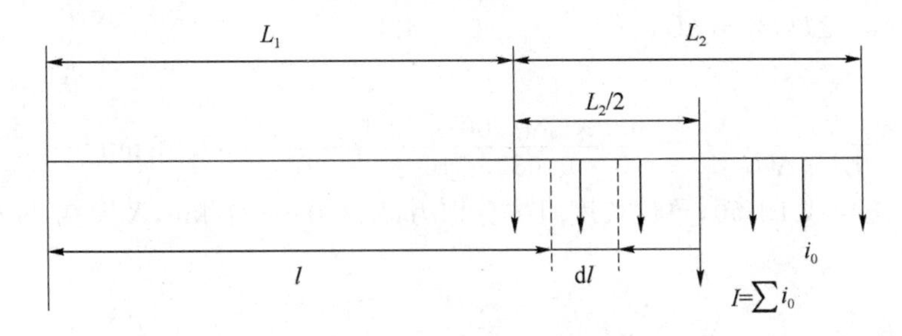

图 6-8　负荷均匀分布的线路

式(6-13)表明,带有均匀分布负荷的线路,在计算其电压损失时,可将分布负荷集中于分布线段的中点,按集中负荷来计算。

2. 按允许电压损失选择导线和电缆截面

由于工厂供配电系统中线路一般不长,为避免不必要的接头,减少导线、电缆品种的规格,各段干线常采用相同截面的导线或电缆。本节仅讨论这种情况,对各段干线截面不同时的选择方法,请参见有关书籍。

在实际计算时,按允许电压损失选择导线截面,常采用以下步骤。

① 先取导线或电缆的电抗平均值,6～10 kV 架空线路取 0.35 Ω/km,35 kV 以上架空线路取 0.4 Ω/km,低压线路取 0.3 Ω/km,穿管和电缆线路取 0.08 Ω/km。求出无功负荷在电抗上引起的电压损失 $\Delta U_X\%=\frac{X_0}{10U_N^2}\sum_{i=1}^{n}q_iL_i$。

② 根据 $\Delta U_R\%=\Delta U_{al}\%-\Delta U_X\%$,求出此时的 $\Delta U_R\%$。$\Delta U_R\%$为有功功率在电阻上引起的电压损失,$\Delta U_{al}\%$为线路的允许电压损失。

③ 由 $\Delta U_R\%=\frac{R_0}{10U_N^2}\sum_{i=1}^{n}p_iL_i$,将 $R_0=\frac{1}{\gamma A}$〔式中,γ 为导线的电导率,对于铜导线 $\gamma=0.053\ \text{km}/(\Omega\cdot\text{mm}^2)$,对于铝导线 $\gamma=0.032\ \text{km}/(\Omega\cdot\text{mm}^2)$〕代入,可计算出导线或电缆的截面为 $A=\frac{\sum_{i=1}^{n}p_iL_i}{10\gamma U_N^2\Delta U_R\%}$,并根据此值选出相应的截面。

④ 根据所选的标准截面及敷设方式,查出 R_0 和 X_0,计算线路实际的电压损失,与允许的电压损失比较。如不大于允许电压损失,则满足要求,否则加大导线或电缆截面,重新校验,直到所选截面满足允许电压损失的要求为止。

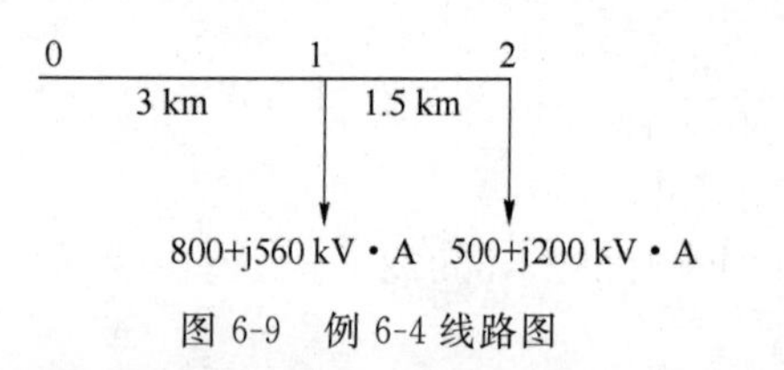

图 6-9 例 6-4 线路图

例 6-4 从某厂总降压变电所架设一条10 kV 架空线路向车间 1 和车间 2 供电,各车间负荷及线路长度如图 6-9 所示。已知导线采用 LJ 型铝导线,全长截面相同,线间几何均距为 1 m,线路允许电压损失为 5%,环境温度为 25 ℃,按允许电压损失选择导线截面,并校验允许载流量和机械强度。

解:(1) 按允许电压损失选择导线截面

因为是 10 kV 架空线路,所以初设 $X_0=0.35\ \Omega/\text{km}$。

$$\Delta U_X\%=\frac{X_0}{10U_N^2}\sum_{i=1}^{2}q_iL_i=\frac{0.35}{10\times10^2}\times[560\times3+200\times(3+1.5)]=0.903$$

$$\Delta U_R\%=\Delta U_{al}\%-\Delta U_X\%=5-0.903=4.097$$

$$A=\frac{\sum_{i=1}^{n}p_iL_i}{10\gamma U_N^2\Delta U_R\%}=\frac{800\times3+500\times(3+1.5)}{10\times0.032\times10^2\times4.097}=35.47\ \text{mm}^2$$

查表 6-6 选导线 LJ-50,单位长度阻抗分别为:$R_0=0.66\ \Omega/\text{km}$,$X_0=0.36\ \Omega/\text{km}$。实际的电压损失为

$$\Delta U\%=\frac{R_0\sum_{i=1}^{2}p_iL_i+X_0\sum_{i=1}^{2}q_iL_i}{10U_N^2}=\frac{0.66}{10\times10^2}\times[800\times3+500\times(3+1.5)]+\frac{0.66}{10\times10^2}\times[560\times3+200\times(3+1.5)]=3.99<5,$$

故所选导线 LJ-50 满足允许电压损失条件。

(2) 校验允许载流量

查表 6-6 选导线 LJ-50,可知在室外环境温度为 25 ℃时,允许载流量 $I_{al}=215$ A。线路上的最大计算电流为

$$I_{ca}=\frac{S}{\sqrt{3}U_N}=\frac{\sqrt{P^2+Q^2}}{\sqrt{3}U_N}=\frac{\sqrt{(800+500)^2+(560+200)^2}}{\sqrt{3}\times10}=86.9\ \text{A}<215\ \text{A},$$

显然满足允许载流量的要求。

(3) 校验机械强度

查表 6-4,10 kV 架空铝绞线的最小允许截面为 35 mm^2,所以所选导线 LJ-50 满足机械强度要求。

6.2　架空线路

架空线路由导线、电杆、绝缘子和线路金具等主要元件组成。为了防雷,有的架空线路上装设有避雷线;为了加强电杆的稳固性,有的电杆还安装有拉线或扳桩。

架空线路的优点是成本低,投资少,安装容易,维护和检修方便,易于发现和排除故障等,因此在工厂中应用相当广泛。缺点是占空间,造成视觉污染,遇恶劣天气或人为因素线路易损坏等。

6.2.1　电杆、拉线及横担

1. 电杆

电杆是支持导线的支柱,以保证导线对地有足够的距离,是架空线路的重要组成部分。

对电杆的要求,主要是要有足够的机械强度,同时尽可能经久耐用、价廉、便于搬运和安装。

电杆按其采用的材料分,有木杆、水泥杆和铁塔 3 种。目前木杆塔已基本不用;架空线路大多采用水泥杆,因水泥杆有足够的机械强度,且经久耐用、价廉和便于搬运、安装;对机械强度要求更高的大跨距电杆,需采用铁塔。常见 110 kV 及以上的架空线路采用铁塔,35 kV甚至 10 kV 的架空线路在跨越河流、山涧时,常需采用铁塔。

电杆按其在架空线路中的功能和地位分,有直线杆(中间杆)、分段杆(耐张杆)、转角杆、分支杆、终端杆和跨越杆等形式。各种杆型在低压架空线路上应用的示意图如图 6-10 所示。

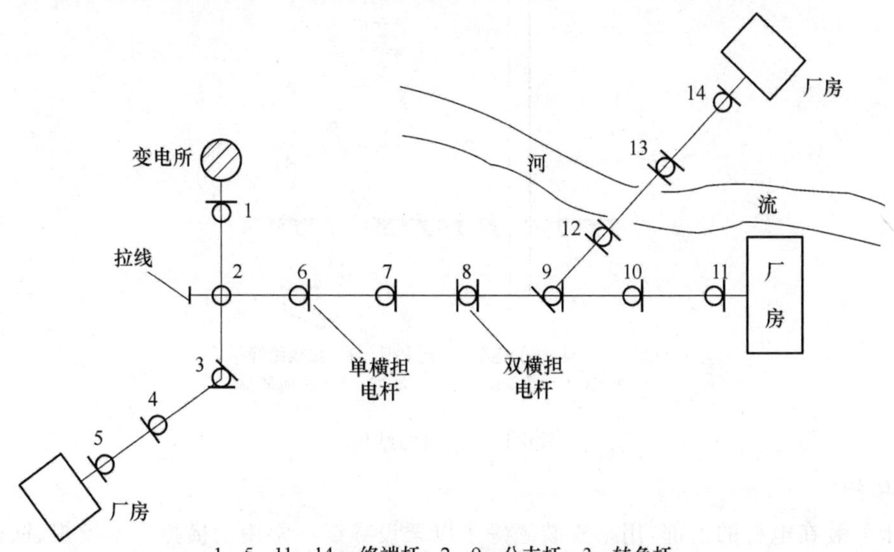

1、5、11、14—终端杆;2、9—分支杆;3—转角杆;
4、6、7、10—直线杆(中间杆);8—分段杆(耐张杆);12、13—跨越杆

图 6-10　各种杆型在低压架空线路上的应用

- 直线杆又叫中间杆,使用数量最多。正常情况下,直线杆只承受垂直负荷(导线自重及覆冰重量)和水平的风压。只有在出现断线时,才承受导线的不平衡拉力。
- 耐张杆又叫分段杆,它用在电力线路的分段承力处,以加强线路的机械强度。耐张杆均采用拉线加强,当杆的一侧发生断线时,可以承受另一侧很大的平衡拉力,使电杆不至于倾倒。两个耐张杆之间的距离,称为耐张挡距。
- 在线路转角处,为了承受不平衡拉力,必须采用转角杆。转角有 30°、60°、90°之分,在承受力的反方向上用拉线加固。
- 终端杆是装设在进入变配电所线路末端的电杆,由它来承受最后一个耐张段中的导线拉力,对其稳定性和机械强度要求都较高。
- 分支杆用在线路的分支处,以便引出分支线。
- 跨越杆用在铁路、公路、河流两侧支撑跨越导线。

2. 拉线

拉线是为了平衡电杆各方面的作用力,并抵抗风压、防止电杆倾倒而使用的。如终端杆、转角杆、分段杆等往往都装有拉线。拉线的结构,如图 6-11 所示。拉线要拉在不在一个方向的导线合力的反方向上,其材料为镀锌钢绞线,依靠花篮螺钉来调节拉力。

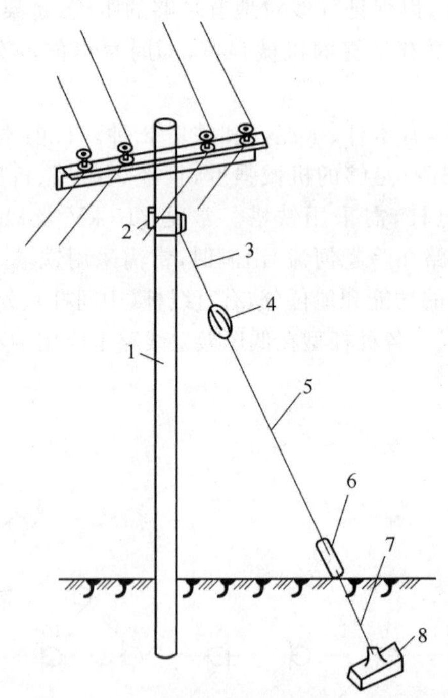

1—电杆; 2—拉线的抱箍; 3—上把; 4—拉线绝缘子;
5—腰把; 6—花篮螺钉; 7—底把; 8—拉线底盘

图 6-11　拉线的结构

3. 横担

横担安装在电杆的上部,用来安装绝缘子以架设导线。常用的横担有木横担、铁横担和瓷横担,现在普遍采用的是铁横担和瓷横担。瓷横担具有良好的电气绝缘性能,兼有绝缘子和横担的双重功能,能节约大量的木材和钢材,有效地利用杆塔高度,降低线路造价。瓷横担在断线时能够转动,以避免因断线而扩大事故,同时由于它表面光滑便于雨水冲洗,可减少线路维护工作。另外由于它结构简单,安装方便,可加快施工进度,是绝缘子和横担的发展方向之一。但瓷横担比较脆,安装和使用中必须注意。图 6-12 是高压电杆上安装的瓷横担。

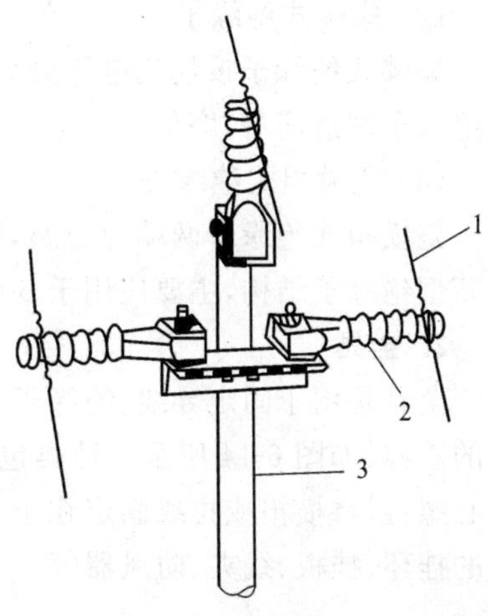

1—高压导线;2—瓷横担;3—电杆

图 6-12　高压电杆上安装的瓷横担

6.2.2　线路绝缘子和金具

1. 绝缘子

绝缘子,又称瓷瓶,是用来固定导线的,起着支撑和悬挂导线并使导线与杆塔绝缘的作用;绝缘子同时也承受导线的垂直荷重和水平荷重,所以它应具有足够的绝缘强度和机械强度,同时对化学杂质的侵蚀具有足够的抗御能力;还能适应周围大气条件的变化,如温度和湿度变化对它本身的影响。

绝缘子表面做成波纹状,凹凸的波纹形状延长了爬弧长度,而且每个波纹又能起到阻断电弧的作用。大雨时雨水不能直接从上部流到下部,因此凹凸的波纹形状又起到了阻断水流的作用。

架空线常用的绝缘子有针式绝缘子、蝴蝶式绝缘子、悬式绝缘子、瓷横担式绝缘子等形式,又有高压绝缘子和低压绝缘子之分。

高压线路绝缘子的外形结构如图 6-13 所示。

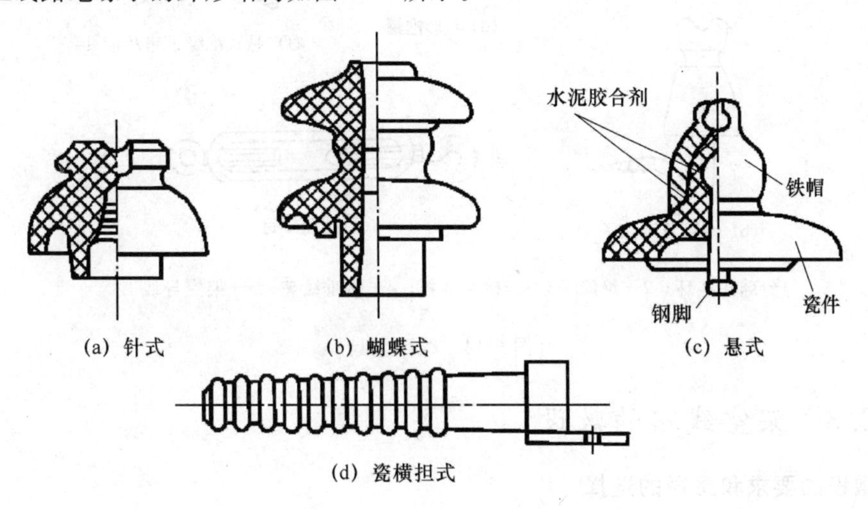

图 6-13　高压线路绝缘子

(1) 针式绝缘子

针式绝缘子用于电压不超过 35 kV 和导线张力不大的配电线路上,如直线杆塔和小转角杆塔。导线则用金属线绑扎在绝缘子顶部的槽中使之固定。

(2) 悬式绝缘子

悬式绝缘子广泛用于电压为 35 kV 及以上的线路。悬式绝缘子是一片一片的,使用时组成绝缘子串,通常由多片悬式绝缘子组成绝缘子串使用。

(3) 蝴蝶式绝缘子

蝴蝶式绝缘子按使用电压分为高压和低压两种,主要用于直线杆塔和小转角杆塔。这种绝缘子制造简易、廉价。

(4) 瓷横担式绝缘子

瓷横担式绝缘子两端为金属,中间是磁质部分,能同时起到横担和绝缘子的作用,是一种新型绝缘子结构,主要应用于 60 kV 及以下线路并逐步应用于 110 kV 及以上线路。

2. 金具

金具是用于固定导线、绝缘子、横担等的金属部件,是用于组装架空线路的各种金属零件的总称,如图 6-14 所示。种类包括安装针式绝缘子的直脚和弯脚、安装蝴蝶式绝缘子的穿心螺钉、将横担或拉线固定在电杆上的 U 形抱箍、调节松紧的花篮螺钉以及悬垂式绝缘子的挂环、挂板、线夹、防风器等。

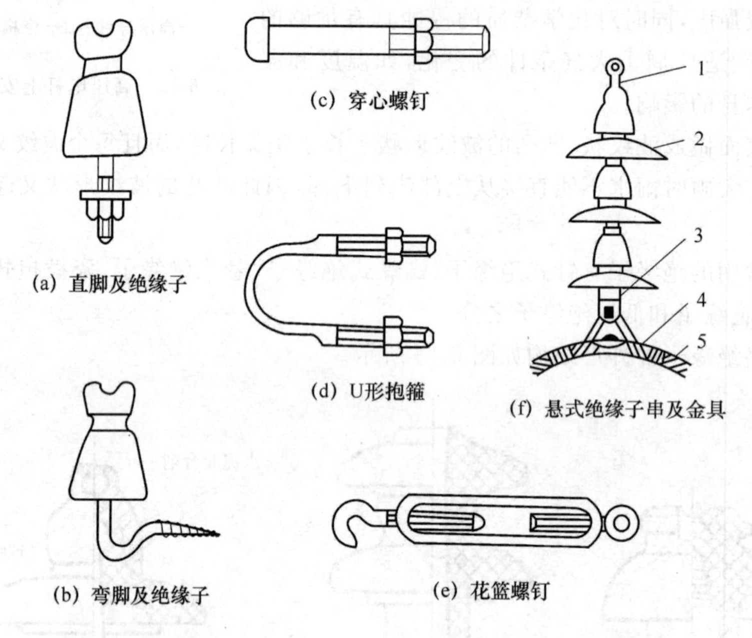

1—球头挂环; 2—绝缘子; 3—碗头挂板; 4—悬垂线夹; 5—架空导线

图 6-14 线路金具

6.2.3 架空线路的敷设

1. 敷设的要求和路径的选择

敷设架空线路,要严格遵守有关技术规程的规定。整个施工过程中,要重视安全教育,采取有效的安全措施,特别是立杆、组装和架线时,更要注意人身安全,防止发生事故,竣工以后,要按照规定的手续和要求进行检查和验收,确保工程质量。

选择架空线路的路径时,应考虑以下原则:

① 路径短,转角少;

② 交通运输方便,便于施工架设和维护;

③ 尽量避开河洼和雨水冲刷地带及易撞、易燃、易爆和危险的场所;

④ 不应引起机耕、交通和行人困难；

⑤ 应与建筑物保持一定的安全距离；

⑥ 应与工厂和城镇的建设规划协调配台，并适当考虑今后的发展。

2. 导线在电杆上的排列方式

三相四线制低压架空线路的导线，一般都采用水平排列，如图 6-15(a)所示。由于中性线的电位在三相负荷对称时为零，而且其截面也较小，机械强度较差，所以中性线一般架设在靠近电杆的位置。

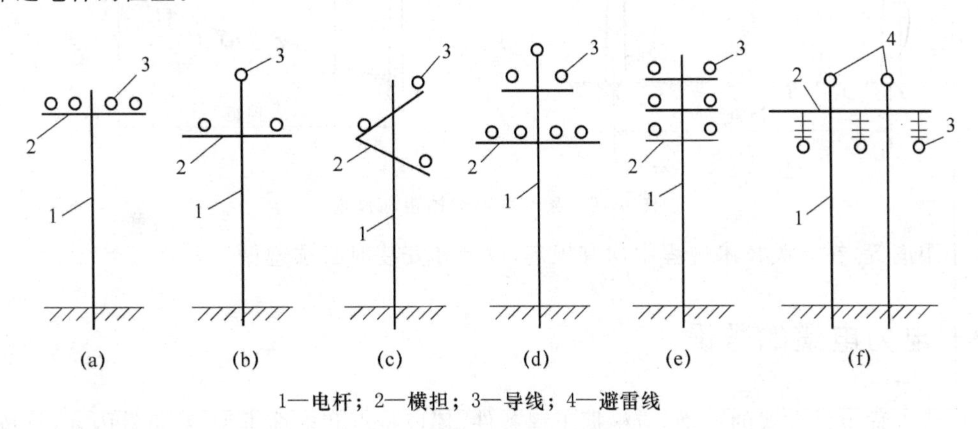

1—电杆；2—横担；3—导线；4—避雷线

图 6-15　导线在电杆上的排列方式

三相三线制架空线路的导线，可三角形排列，如图 6-15(b)、(c)所示；也可水平排列，如图 6-15(f)所示。

多回路导线同杆架设时，可三角、水平混合排列，如图 6-15(d)所示，也可全部垂直排列，如图 6-15(e)所示。电压不同的线路同杆架设时，电压较高的线路应架设在上面，电压较低的线路则架设在下面。架空线路上下横担间要满足最小垂直距离要求，如表 6-13 所示。

表 6-13　横担间最小垂直距离

导线排列方式	直线杆	分支或转角杆
高压与高压	0.8 m	0.6 m
高压与低压	1.2 m	1.0 m
低压与低压	0.6 m	0.3 m

3. 架空线路的挡距、弧垂及其他距离

架空线路的挡距(又称跨距)是指同一线路上相邻两根电杆之间的水平距离。导线的弧垂(又称弛垂)，是架空线路一个挡距内导线最低点与两端电杆上导线悬挂点间的距离，是由于导线存在着自重所形成的。弧垂不宜过大，也不宜过小，过大则在导线摆动时容易引起相间短距，而且可造成导线对地或对其他物体的安全距离不够；过小则使导线内应力增大，在天冷时可能收缩绷断。

架空线路的挡距和弧垂如图 6-16 所示。

架空线路的线路距离、导线对地面和水面的最小距离、架空线路与各种设施接近和交叉

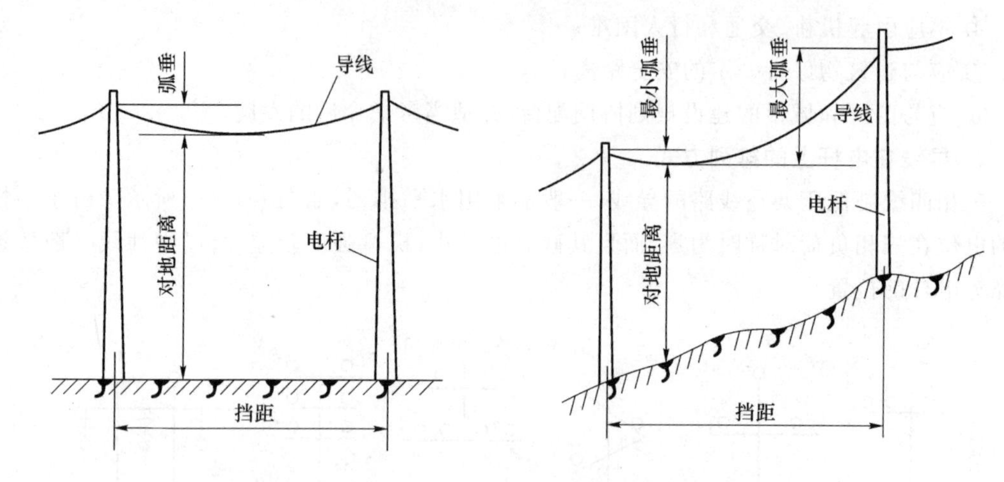

图 6-16　架空线路的挡距和弧垂

的最小距离等，在有关技术规程中均有规定，设计和安装时必须遵循。

6.3　电力电缆的敷设

电缆工程敷设方式的选择，应根据工程条件、环境特点和电缆类型、数量等因素，且按满足运行可靠、便于维护的要求和技术经济合理等原则来选择。

常见的电缆敷设方式有直接埋地敷设、利用电缆沟和电缆桥架敷设、电缆隧道、电缆排管等。

6.3.1　电缆直埋敷设

电缆线路直接埋设在地面下 0.7～1.5 m 深的地下壕沟中，沿沟底和电缆上覆盖有软土层，且设保护板再埋齐地坪的敷设方式，称为电缆线路直埋敷设方式。

直埋敷设如图 6-17 所示，它适用于市区人行道、公园绿地及公共建筑间的边缘地带，是最经济简便的敷设方式，应优先采用。直埋敷设电缆的路径选择，根据《电力工程电缆设计规范》的规定(以下简称《设计规范》)，应符合下列规定：①避开含有酸、碱强腐蚀或杂散电流电化学腐蚀严重影响的地段；②未有防护措施时，避开白蚁危害地带、热源影响和易遭受外力损伤的区段。

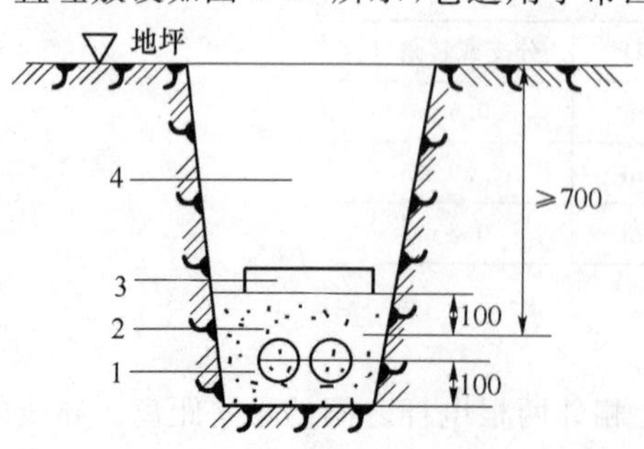

1—电力电缆；2—砂；3—保护盖板；4—填土

图 6-17　电缆直埋敷设

电缆线路直埋设敷设方式的优点是：①电缆散热良好；②转弯敷设方便；③施工简便、施工期短、便于维修；④造价低，工程材料最省；⑤线路输送容量大。

其缺点是：①容易遭受外力破坏；②巡视、寻找漏油故障点不方便；③增设、拆除、故障修理都要开挖路面影响市容和交通；④不能可靠地防止外部机械损伤；⑤易受土壤的化学作用。

6.3.2　电缆排管敷设

电缆敷设在预先埋设于地下管子中的一种电缆安装方式，称为电缆排管敷设，如图6-18所示。适用于地下电缆与公路、铁路交叉，地下电缆通过房屋、广场的区段，城市道路狭窄且交通繁忙或道路挖掘困难的通道等，电缆条数(一般为 10～20 根)较多的情况与道路少弯曲的地段。

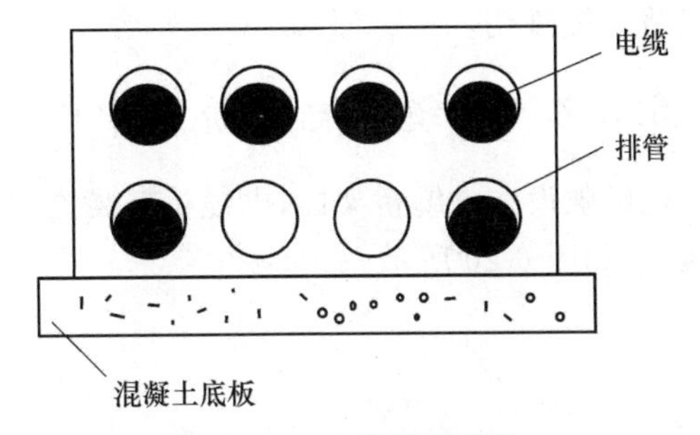

图 6-18　电缆排管敷设

使用排管时，根据《设计规范》的规定，应符合下列要求：①管孔数宜按发展预留适当备用；②缆芯工作温度相差大的电缆，宜分别配置于适当间距的不同排管组；③管路顶部土壤覆盖厚度不宜小于 0.5 m；④管路应置于经整平夯实土壤且有足以保持连续平直的垫块上，纵向排水坡度不宜小于 0.2%；⑤管路纵向连接处的弯曲度，应符合牵引电缆时不致损伤的要求；⑥管孔端应有防止损伤电缆的处理；⑦电缆在管道中平行敷设时，两相电缆的中心距离应等于 2 倍管道内径 D，而管道内径则应为 $D \geqslant 1.3d$(电缆外径)或 $D \geqslant d+30$ mm。

电缆排管敷设的优点是：①外力破坏很少；②寻找漏油故障点方便；③增设、拆除和更换方便；④占地小，能承受大的荷重；⑤电缆之间无相互影响。其缺点是：①管道建设费用大；②管道弯曲半径大；③电缆热伸缩容易引起金属护套疲劳，管道有斜坡时要采取防止滑落措施；④电缆散热条件差，使载流量受限制；⑤更换电缆困难。

6.3.3　电缆在电缆沟中敷设

电缆敷设在预先砌好的电缆沟中的敷设方式，称为电缆沟敷设。电缆沟一般采用混凝土或砖砌结构，其顶部用盖板(可开启)覆盖，且布置与地面相齐或稍有上下。电缆沟敷设方式，适用于变电所(站)出线及重要街道，电缆条数多或多种电压等级平行的地段，穿越公路、铁路等地段多采用电缆沟敷设，如图 6-19 所示。根据《设计规范》的规定，在有化学腐蚀液体或高温熔化金属溢流的场所或在载重车辆频繁经过的地段，以及经常有工业水溢流、可燃粉油弥漫的厂房内等场所，不得使用电缆沟。有防爆、防火要求的明敷电缆应采用埋砂敷设的电缆沟。

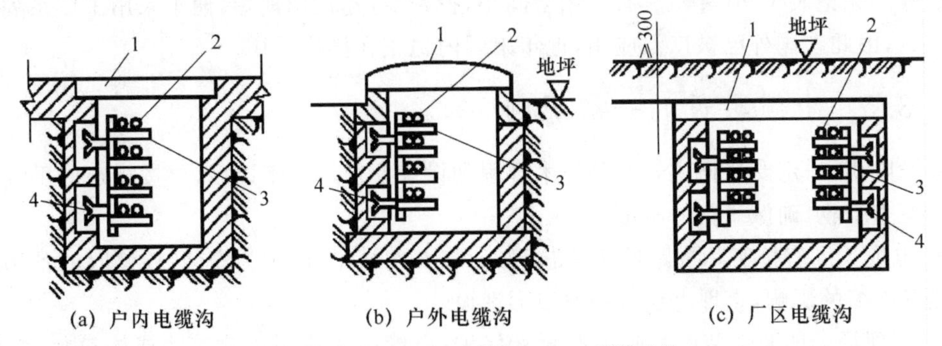

(a) 户内电缆沟　(b) 户外电缆沟　(c) 厂区电缆沟

1—盖板；2—电缆；3—电缆支架；4—预埋铁件

图 6-19　电缆在电缆沟内敷设

电缆沟敷设的优点是:①造价低、占地较小;②检修更换电缆较方便;③走线容易且灵活方便;④适用于不能直埋地下且无机动车负载的通道,如人行道、变电所内、工厂厂区内等处所。其缺点是:①施工检查及更换电缆时须搬动大量笨重的盖板;②施工时外物不慎落入沟时易将电缆碰伤。

6.3.4 电缆在电缆桥架中敷设

电缆敷设在电缆桥架内,电缆桥架装置是由支架、盖板、支臂和线槽等组成,称为电缆桥架敷设,如图 6-20 所示。

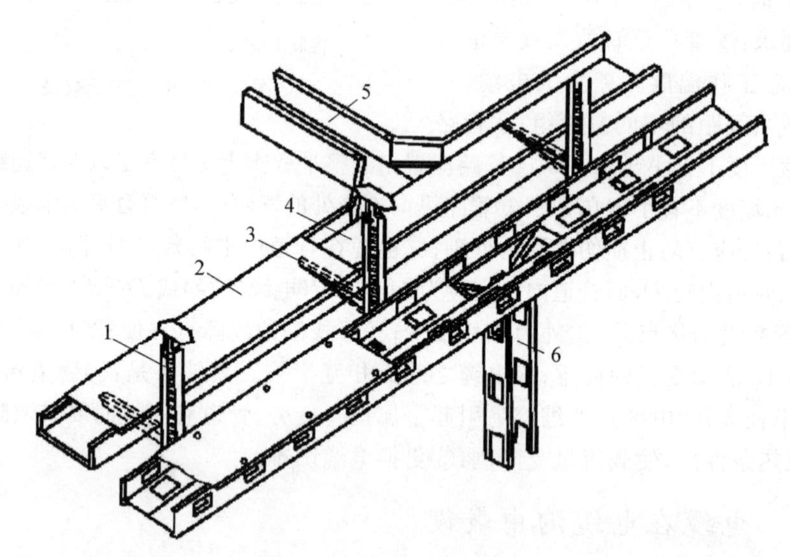

1—支架;2—盖板;3—支臂;4—线槽;5—水平分支线槽;6—垂直分支线槽

图 6-20 电缆桥架

电缆桥架敷设在户内、户外均可采用。这种方式整齐美观,维护方便,有利于防火防爆;由于桥架高于地面,克服了电缆沟敷设电缆时存在的积水、积灰、易损坏电缆等多种弊病,改善了运行条件,提高了电缆运行的可靠性;而且避免了与地面管沟的交叉碰撞,桥架内可以敷设价廉的无铠装全塑电缆;具有占用空间小,投资少,建设周期短,便于采用工厂系列化生产等优点,因此在国外已被广泛应用,近年来国内也正在推广采用。

6.3.5 电缆敷设的一般原则

敷设电缆,一定要严格遵守有关技术规程和设计要求。竣工以后,要按规定的手续和要求进行检查验收,确保线路的质量。

① 电缆长度宜按实际线路长度考虑5%～10%的裕量,以作为安装、检修时的备用。为减少热胀冷缩的影响,直埋电缆应做波浪形埋设。

② 下列场合的非铠装电缆应采取套管保护:电缆引入或引出建筑物或构筑物;电缆穿墙或穿楼板;从电缆沟引出至电杆;沿墙敷设的电缆距地面 2 m 高度及埋入地下小于 0.3 m 深度的一段;电缆与道路、铁路交叉的一段。所用套管的内径不得小于电缆外径或多根电缆

包络径的 1.5 倍。

③ 多根电缆敷设在同一通道中位于同侧的多层支架上，应符合下列要求：

- 应按电压等级由高至低、由强电至弱电的电力电缆、控制和信号电缆、通信电缆的顺序排列；
- 支架层数受通道空间限制时，35 kV 及以下相邻电压等级电力电缆，可排列于同一层支架，1 kV 及以下电力电缆也可与控制和信号电缆配置在同一层支架上；
- 同一重要回路的工作与备用电缆实行耐火分隔时，宜适当配置在不同层次的支架上。

④ 电缆与不同管道一起敷设时，应满足下述要求：不允许在敷设煤气管、天然气管和液体燃料管路的沟槽中敷设电缆；少数电缆允许敷设在水管或通风管道的明沟或隧道中，或与这些沟道交叉；明敷的电缆不宜平行敷设于热力管道上部。

⑤ 直埋敷设于非冻土地区的电缆，其外皮到地下构筑物基础的距离不得小于 0.3 m；至地面的距离不得小于 0.7 m；当位于车行道或耕地的下方时，不得小于 1 m。电缆直埋于冻土地区时，宜埋入冻土层以下。直埋敷设的电缆严禁位于地下管道的正上方或正下方。有化学腐蚀的土壤中，不宜直埋电缆。

⑥ 电缆的金属外皮、金属电缆头及保护钢管和金属支架等，均应可靠接地。

⑦ 电缆沟的结构应考虑到防火和防水。电缆沟从户外进入户内处及隧道连接处，应设置防火隔板。电缆沟的排水坡度不得小于 5‰，且不能排向厂房内侧。

思考题和习题

6-1　试比较架空线路和电缆线路的优缺点及适用范围。

6-2　选择导线和电缆截面必须满足哪些条件？如何按发热条件选择导线和电缆的截面？

6-3　三相系统中的中性线（N 线）截面一般情况下如何选择？三相系统引出的两相三线制线路和单相线路的中性线截面，又如何选择？三次谐波比较严重的三相系统的中性线截面，又该如何选择？

6-4　三相系统中的保护线（PE 线）和保护中性线（PEN 线）的截面如何选择？

6-5　什么叫"经济截面"？什么情况下的线路导线或电缆要按"经济电流密度"进行选择？

6-6　从机械强度上考虑，380 V 及 10 kV 架空导线的最小截面是多少？

6-7　试按发热条件选择 220/380 V、TN-C 系统中的相线和 PEN 线截面及穿线钢管（G）的直径。已知线路的计算电流为 150 A，安装地点的环境温度为 25 ℃，拟用 BLV 型铝芯塑料线穿钢管埋地敷设。

6-8　如果题 6-7 所述的 220/380 V 线路为 TN-S 系统。试按发热条件选择其相线、N 线和 PE 线的截面及穿线钢管（G）的直径。

6-9　有一 380 V 的三相架空线路，配电给 2 台 40 kW（$\cos\varphi=0.8$、$\eta=0.85$）的电动机。该线路长 70 m，线间几何均距为 0.6 m，允许电压损耗为 5%，该地区最热月平均最高气温为 30 ℃。试选择该线路的相线和 PE 线的 LJ 型铝绞线截面。

6-10　有一条LGJ铝绞线的35 kV线路,计算负荷为4 880 kW,$\cos\varphi=0.88$,年利用小时为4 500 h,试选择其经济截面,并校验其发热条件和机械强度。

6-11　电杆在线路中可分为哪几种形式?

6-12　架空线路的横担起什么作用?一般常用的横担有哪些?

6-13　电力电缆常用的敷设方式有哪几种?

6-14　敷设电缆应注意哪些事项?

第7章 变电站综合自动化

变电站综合自动化是将变电站的二次设备(包括测量仪表、信号系统、继电保护、自动装置和远动装置等)经过功能的组合和优化设计,利用先进的计算机技术、现代电子技术、通信技术和信号处理技术,实现对全变电站的主要设备和输、配电线路的自动监视、测量、自动控制和微机保护,以及与调度通信等综合性的自动化功能。

7.1 概 述

7.1.1 变电站综合自动化的发展过程

随着电能质量要求的不断提高,电力系统的规模不断扩大,每年要有不少新建变电站投入运行,需要占用大片土地。同时,用电需求对电力系统自动化的要求越来越高。因此,如果新建或改建的变电站仍采用常规的一、二次设备,必然难以满足以下几方面的要求:①缩小变电站占地面积;②提高变电站的安全与经济运行水平;③降低变电站造价,减少新建变电站的总体投资;④变电站实施减人增效管理,并逐步实行无人值班。

在此背景下,提高变电站自动化水平,就成为一个迫切需要解决的问题。从变电站自动化的发展过程来看,可分为以下几个阶段。

1. 分立元件的自动装置阶段

长期以来,为了保证电力系统的正常运行,研究单位和制造厂家陆续生产出各种功能的自动装置,例如,自动重合闸装置、低频自动减负荷装置、备用电源自投和各种继电保护装置等。电力部门可根据需要,分别选择配置。20世纪70年代以前,这些自动装置主要采用模拟电路,由晶体管等分立元件组成,对提高变电站的自动化水平,保证系统的安全运行,发挥了一定的作用。但这些自动装置之间互不相干,独立运行,而且没有智能,没有故障自诊断能力。在长期运行中,若装置自身出现故障,不能提供告警信息,有时甚至会影响电网运行的安全。此外,分立元件组成的装置可靠性不高,经常需要维修,而且体积大,不利于减少变电站的占地面积。因此,需要有更高性能的装置代替这些自动化装置。

2. 微处理器为核心的智能自动装置阶段

20世纪70年代诞生了微处理器。随着我国的改革开放,20世纪80年代开始引入微处理器技术,并迅速应用到电力行业中。在变电站自动化方面,首先将原来由晶体管等分立元件组成的自动装置逐步用大规模集成电路或微处理机来代替。由于采用了数字电路,统一了数字信号电平,缩小了体积,明显地显示出了大规模集成电路的优越性。特别是由微处理器构成的自动装置,利用微处理器的计算和逻辑判断能力,提高了测量的准确度和控制的可靠性,还扩充了新的监控功能,例如自动装置本身的故障自诊断能力,这种功能的实现不仅提高了变电站自动控制的能力,而且提高了变电运行的可靠性。

然而,这些微机型的自动装置多数仍然是各自独立运行的,不能互相通信,不能共享资源,变电站内实际上形成了众多的自动化孤岛。因此,这些微机型的自动装置仍然解决不了前述变电站设计和运行中存在的许多问题。随着数字技术和微机技术的发展,变电站内自动化孤岛问题引起了国内外科技工作者的关注,并对其开展研究,寻求解决问题的途径。因此,变电站综合自动化是科学技术发展和变电站自动控制技术发展的必然结果。

3. 变电站综合自动化系统的发展阶段

(1) 国外变电站综合自动化的发展概况

20世纪70年代末,英国、意大利、法国、西德、澳大利亚等国新装的远动装置都是微型机的,个别有用16位小型计算机的,布线逻辑的远动装置已开始淘汰。监控系统的功能逐步扩大,供电网的监控功能正以综合自动化为目标迅速发展,除"三遥"外,还增加了:①寻找并处理单相接地故障;②作为保护拒动或断路器拒动的补充保护;③负荷管理;④成组数据记录,其中包括负荷曲线、最大需量、运行数据、事故及事件顺序记录等;⑤自动重合闸及继电保护。这表明国外变电站自动化水平明显提高,变电站综合自动化初显雏形。

1975年,日本在关西电子公司和三菱电气有限公司的协助下,开始研究用于配电变电站的数字控制系统(称为SDCS-1),于1979年9月完成样机,同年12月在那须其竹克里变电站安装并进行现场试验。1980年已开始商品化生产。

20世纪80年代以后,研究变电站综合自动化系统的国家和大公司越来越多,包括德国西门子公司、ABB公司、AEG公司、美国GE公司、西屋公司、法国阿尔斯通公司等。这些公司都有自己的综合自动化系统产品。

1985年,西门子公司在德国汉诺威正式投运第一套变电站自动化系统LSA67B,至1993年已有三百多套同类型的系统在德国本土及欧洲其他国家不同电压等级的变电站投入运行。之后该公司的产品在我国部分城市变电站也陆续得到应用。

由此可见,国外研究变电站综合自动化系统始于20世纪70年代后期,80年代发展较快。著名的制造厂商颇多,彼此间从刚开始就十分注意这一领域的技术规范和标准的制定与协调,避免各自为政造成不良后果。

为了配合变电站综合自动化方面的进展,国际电工委员会第57次技术委员会(IEC TC 57)成立了"变电站控制和保护接口"工作组,负责起草该接口的通信标准。该工作组由12个国家(主要集中在北美和欧洲,亚洲有中国参与,非洲有南非)2 000位成员参加。从1994年3月到1995年4月举行了四次讨论会,于1995年2月向IEC秘书处提交了保护通信伙伴标准IEC60870-5-103,为控制与保护之间的通信提供了一个国际标准。

(2) 我国变电站综合自动化的发展过程

我国变电站综合自动化的研究工作开始于20世纪80年代中期。1987年,清华大学电机工程系研制成功第一个符合国情的变电站综合自动化系统,在山东威海望岛变电站成功地投入运行,该系统主要由3台微机及其外围接口电路组成。20世纪80年代后期,不少高等院校、研究单位和生产厂家投入到变电站综合自动化的研究中。90年代,变电站综合自动化已成为热点,召开了规模很大的全国变电站综合自动化研讨和技术经验交流会。规模比较大的单位有南瑞公司、四方公司等,而变电站综合自动化系统的产品可谓层出不穷。

变电站综合自动化系统的研究和生产之所以会产生如此热潮,其根本原因在于变电站实现综合自动化,能够全面提高变电站的技术水平,提高运行的可靠性和管理水平。近几年来,大规模集成电路技术和通信技术的迅猛发展,网络技术、现场总线等的出现,为提高变电站综合自动化技术水平提供了技术支持。90年代中期，变电站综合自动化实际上成为电力系统自动化最亮丽的热点，其功能和性能也不断完善。变电站综合自动化已成为新建变电站的主导技术。

7.1.2　变电站综合自动化的优越性

1. 传统的变电站存在的问题

变电站是电力系统中不可缺少的重要环节，它担负着企业电能传递和电能重新分配的繁重任务，对电网的安全和经济运行起着举足轻重的作用。尤其是大容量变电站的出现，使电力系统的安全控制更加复杂，如果仍依靠原来的人工抄表、记录、人工操作，依靠原来变电站的自动化设备，而不进行技术改造的话，必然无法满足安全、稳定运行的需要，更谈不上适应现代电力系统管理模式的要求。

传统的变电站存在以下主要缺点。

① 安全性、可靠性不能满足现代电力系统高可靠性的要求。传统的变电站大多数采用常规的设备，尤其是二次设备中的继电保护和自动装置、远动装置等(有不少变电站没有自动装置和远动装置)采用电磁型或晶体管式，结构复杂，可靠性不高，本身又没有故障自诊断的能力，只能靠一年一度的整定值校验发现问题、进行调整与检修，或必须等到保护装置发生拒动或误动后才能发现问题。

② 供电质量缺乏科学的保证。随着生产技术水平的不断提高，各行各业对供电质量的要求越来越高。电能质量的主要指标一是频率，二是电压，三是谐波。频率主要由发电厂调节，而合格的电压，不能单靠发电厂调节，各变电站(特别是枢纽变电站)也应该通过调节分接头位置和控制无功补偿设备进行调整，使电网电压运行在合格范围内。但传统的变电站，大多数不具备调压手段。至于谐波污染造成的危害，还没有引起足够的重视，缺乏有力的控制措施，且尚无科学的质量考核办法，不能满足目前发展电力市场的需求。

③ 占地面积大，增加了征地投资。传统的变电站二次设备多数采用电磁式或晶体管式，体积大、笨重，因此，主控制室、继电保护室占地面积大。如果变电站实现综合自动化，则会大大减少占地面积，这对国家眼前和长远的利益都是很有意义的。

④ 不适应电力系统快速计算和实时控制的要求。现代电力系统必须及时掌握变电站运行工况，采取一系列的自动控制和调节手段，才能保证电力系统优质、安全、经济地运行。但传统的变电站不能向调度中心及时提供运行参数和一次系统的实际运行工况，变电站本身又缺乏自动控制和调控手段，因此没法进行实时控制，不利于电力系统的安全、稳定运行。

⑤ 维护工作量大，设备可靠性差，不利于提高运行管理水平和自动化水平。常规的保护装置和自动装置多为电磁式或晶体管式，例如晶体管式保护装置，其工作点易受环境温度影响，因此其整定值必须定期停电校验，每年校验保护定值的工作量相当大，也无法实现远方修改保护或自动装置的定值。

2. 变电站实现综合自动化的优越性

由于传统的变电站存在以上缺点，无法满足电力系统安全、稳定和经济、优化运行的要求，解决这些问题的出路是提高变电站自动化水平。对于传统的变电站，应逐步进行技术改造；对新建的变电站，要尽量采用先进的技术，增加“四遥”(遥测、遥信、遥控、遥调)功能或采用变电站综合自动化系统，提高变电站的自动化水平，逐步实现无人值班和调度自动化管理。变电站实现综合自动化的优越性主要有以下几方面。

① 提高变电站的安全、可靠运行水平。变电站综合自动化系统中的各子系统,绝大多数都是由微机组成的,它们多数具有故障诊断功能。除了微机保护能迅速发现被保护对象的故障并切除故障外,有的自控装置兼有监视其控制对象工作是否正常的功能,一旦发现其工作不正常,能及时发出告警信息。更为重要的是,微机保护装置和微机型自动装置具有故障自诊断功能,这是综合自动化系统比其常规的自动装置或"四遥"装置突出的特点,可使得采用综合自动化系统的变电站一、二次设备的可靠性大为提高。

② 提高供电质量,提高电压合格率。由于在变电站综合自动化系统中包括有电压、无功自动控制功能,故对于具备有载调压变压器和无功补偿电容器的变电站,可以大大提高电压合格率,保证电力系统主要设备和各种负荷电器设备的安全,使无功潮流合理,降低网损,节约电能。

③ 简化了变电站二次部分的硬件配置。在变电站综合自动化系统中,对某个电气量只需采集一次便可供全系统共享。例如,微机保护、当地监控、远动不必各自独立设置采集硬件,而可以共享信息。当微机多功能保护装置兼有故障录波功能时,就可省去专用故障录波器。常规的控制屏、中央信号屏、站内的主接线屏等的作用,或者利用当地计算机监控操作、CRT 屏幕显示来代替,或者由远动监控操作来代替,避免了设备重复。

④ 提高电力系统的运行、管理水平。变电站实现自动化后,监视、测量、记录、抄表等工作都由计算机自动完成,既提高了测量的精度,又避免了人为地主观干预。运行人员只要通过观看 CRT 屏幕,对变电站主要设备和各输、配电线路的运行工况和运行参数便一目了然。综合自动化系统具有与上级调度通信的功能,可将检测到的数据及时送往调度中心,使调度员能及时掌握各变电站的运行情况,也能对它进行必要的调节与控制,且各种操作都有事件顺序记录可供查阅,大大提高运行管理水平。

⑤ 缩小变电站占地面积,减少总投资。一方面,由于变电站综合自动化系统采用微型计算机和通信技术,可以实现资源共享和信息共享,同时由于硬件电路多数采用大规模集成电路,结构紧凑、体积小、功能强,与常规的二次设备相比,可以大大缩小变电站的占地面积;另一方面,随着微处理器和大规模集成电路的不断降价,微计算机性能价格比逐步上升,使综合自动化系统的造价也逐渐降低,而性能和功能则逐步提高,因而可以减少变电站的总投资。

⑥ 减少维护工作量,减少值班员劳动量。由于综合自动化系统中,各子系统有故障自诊断功能,系统内部有故障时能自检出故障部位,缩短了维修时间。微机保护和自动装置的定值又可在线读出检查,可节约定期核对定值的时间。而监控系统的抄表、记录自动化,值班员可不必定时抄表、记录。如果配置了与上级调度的通信功能,能实现遥测、遥信、遥控、遥调,则完全可实现无人值班,达到减人增效的目的。

⑦ 有利于提高变电站无人值班管理水平。对变电站来说,无人值班和有人值班是两种不同的管理模式,而变电站综合自动化则是指变电站的技术水平问题,无人值班与变电站综合自动化是不同范畴的问题。但是,变电站综合自动化可更好地适应无人值班管理的要求。综合自动化系统可以采集比常规远动装置更多的变电站运行信息和设备状态信息,这些信息可以迅速发往上级调度中心。尤其是可将各微机保护子系统和各自动装置的定值送往调度中心,上级调度也可对其进行修改,而且综合自动化系统还能将二次设备的运行状态和故

障自诊断的信息向调度主站报告，这些都是常规的变电所没有办法达到的。因此，采用综合自动化系统不仅可以全面提高无人值班变电站的技术水平，也可提高其可靠性。

7.1.3　变电站综合自动化的基本功能

1. 变电站综合自动化系统的主要内容

一般来说，变电站综合自动化的内容应包括变电站电气量的采集和电气设备（如断路器等）的状态监视、控制和调节。通过变电站综合自动化技术，实现变电站正常运行的监视和操作，保证变电站的正常运行和安全。当发生事故时，由继电保护和故障录波等完成瞬态电气量的采集、监视和控制，并迅速切除故障，完成事故后的恢复操作。

由于变电站有多种电压等级，在电网中所起的作用不同，变电站综合自动化在实现的目标上可分为以下两种情况。

① 对 220 kV 及以下中、低压变电站，采用自动化系统，利用现代计算机和通信技术，对变电站的二次设备进行全面的技术改造，取消常规的保护、监视、测量、控制屏，实现综合自动化，以全面提高变电站的技术水平和运行管理水平，并逐步实行无人值班或减人增效。

② 对 220 kV 以上的变电站，主要是采用计算机监控系统提高运行管理水平，同时采用新的保护技术和控制方式，促进各专业在技术上的协调，达到提高自动化水平和运行、管理水平的目的。

此外，变电站综合自动化的内容还应包括监视高压电器设备本身的运行（如断路器、变压器和避雷器等的绝缘和状态监视等），并将变电站所采集的信息传送给调度中心，必要时送给运行方式科和检修中心等，以便为电气设备监视和制定检修计划提供原始数据。

2. 变电站综合自动化系统的基本功能

变电站实现综合自动化的根本目的是提高变电运行的安全性和可靠性，提高输送负荷的速度，提高供电质量，同时还要减轻运行值班人员的劳动强度和工作环境。它的功能首先应包括传统的测量、保护、故障录波、监控、远动等功能；此外，还应包括常规自动化系统所没有的功能，例如使保护装置能与外界通信等；更重要的是综合自动化应该提高自动化水平，改进自动化系统的性能。例如，用微机测量系统取代常规的操作屏、模拟屏及手控无功补偿等装置，用计算机及显示器取代常规的中央信号系统、光字牌、防误闭锁设备和远动装置等。

变电站综合自动化能实现的功能是十分复杂的。在变电站综合自动化系统的研究和开发过程中，对变电站综合自动化系统应包括哪些功能和要求，曾经有不同的看法。经过几年的实践，结合发展的趋势，变电站综合自动化应实现的基本功能现已比较明确，可归纳如下。

(1) 监视和控制功能

随着电子技术、通信技术和计算机技术的迅速发展，变电站综合自动化广泛采用这些新技术，使变电站的监视和控制发生了根本的变化，传统的监视和控制方式已被现代化的监视和控制技术所取代。变电站监视和控制的功能可分为以下几个方面。

① 数据采集

变电站综合自动化系统采集的数据主要包括模拟量、状态量和脉冲量等。

(a) 模拟量的采集。变电站综合自动化系统需采集的模拟量主要是：变电站各段母线电压，线路电压、电流、有功功率、无功功率，主变压器电流、有功功率和无功功率，电容器的电流、无功功率，馈出线的电流、电压、功率以及频率、相位、功率因数等。此外，模拟量还包括主变压器油温、直流电源电压、站用变压器电压等。

对模拟量的采集,有直流采样和交流采样两种方式。直流采样是指将交流电压、电流等信号经变送器转换为适合于A/D转换器输入电平的直流信号;交流采样则是指输入给A/D转换器的是与变电站的电压、电流成比例关系的交流电压信号。由于交流采样方式的测量精度高,免调校,已逐渐被广泛采用。

(b) 状态量的采集。综合自动化系统采集的状态量有:变电站断路器位置状态、隔离开关位置状态、继电保护动作状态、同期检测状态、有载调压变压器分接头的位置状态、变电站一次设备运行告警信号、网门及接地信号等。

这些状态信号大部分采用光电隔离方式输入或周期性扫描采样获得,其中有些信号可通过"电脑防误闭锁系统"的串行口通信而获得。对于断路器的状态采集,需采用中断输入方式或快速扫描方式,以保证对断路器变位的采样分辨率能在5 ms之内。对于隔离开关位置状态和分接头位置等开关信号,不必采用中断输入方式,可以用定期查询方式读入计算机进行判断。至于继电保护的动作状态往往取自信号继电器的辅助触点,也以开关量的形式读入计算机。微机继电保护装置大多数具有串行通信功能,因此其保护动作信号可通过串行口或局域网络通信方式输入计算机,这样可节省大量的信号连接电缆,也节省了数据采集系统的输入、输出接口量,从而简化了硬件电路。

(c) 脉冲量的采集。脉冲量指电能表输出的一种反映电能流量的脉冲信号,这种信号的采集在硬件接口上与状态量的采集相同。

众所周知,对电能量的采集,传统的方法是采用感应式的电能表,由电能表盘转动的圈数来反映电能量的大小,这些机械式的电能表无法和计算机直接接口。为了使计算机能够对电能量进行计量,开发了电能脉冲计量法。这种方法的实质是传统的感应式的电能表与电子技术相结合的产物,即对原来感应式的电能表加以改造,使电能表转盘每转一圈便输出一个或两个脉冲,用输出的脉冲数代替转盘转动的圈数,这就是脉冲电能表。计算机可以对这个输出脉冲进行计数,将脉冲数乘以标度系数〔与电能表常数 r/(kW·h)、电压互感器TV和电流互感器TA的变比有关〕,便得到电能量。

微机电能计量仪表是电能量的采集的又一种方法。它彻底打破了传统感应式仪表的结构和原理,全部由单片机和集成电路构成,通过采样交流电压和电流量,由软件计算出有功电能和无功电能。因这种装置是专门为计量电能量而设计的,计量的准确度比较高,它还能保存电能值,可方便地实现分时统计。它不仅具有串行通信功能,而且能同时输出脉冲量。因此,微机电能计量仪表从功能、准确度和性能价格比上都大大优于脉冲电能表,是发展的方向。

② 事件顺序记录(SOE)

事件顺序记录包括断路器跳合闸记录、保护动作顺序记录。微机保护或监控系统必须有足够的存储空间,能存放足够数量或足够长时间段的事件顺序记录信息,确保当后台监控系统或远方集中控制主站通信中断时,不丢失事件信息。事件顺序记录应记录事件发生的时间(精确至毫秒级)。

③ 故障记录、故障录波和故障测距

(a) 故障录波与故障测距。110 kV及以上的重要输电线路距离长,发生故障影响大,必须尽快查找出故障点,以便缩短修复时间,尽快恢复供电,减少损失。设置故障录波和故障测距是解决此问题的最好途径。变电站的故障录波和故障测距可采用两种方法实现，一种方法是由微机保护装置兼作故障记录和故障测距，将记录和测距的结果送监控机存储、打印输出或直接送调度主站，这种方法可节约投资，减少硬件设备，但故障记录的量有限；另一种方法是采用专用的微机故障录波器，这种故障录波器具有串行通信功能，可以与监控系统通信。

(b) 故障记录。35 kV、10 kV 和 6 kV 的配电线路很少专门设置故障录波器，为了分析故障的方便，可设置简单故障记录功能。

故障记录就是记录继电保护动作前后与故障有关的电流量和母线电压。故障记录量的选择可以按以下原则考虑：如果微机保护子系统具有故障记录功能，则该保护单元在保护启动同时，便启动故障记录，这样可以直接记录发生事故的线路或设备在事故前后的短路电流和相关的母线电压的变化过程；若保护单元不具备故障记录功能，则可以采用保护启动监控机数据采集系统，记录主变压器电流和高压母线电压。记录时间一般可考虑保护启动前两个周波(即发现故障前两个周波)和保护启动后 10 个周波，以及保护动作和重合闸等全过程，在保护装置中最好能保存连续 3 次的故障记录。

④ 操作控制功能

变电站运行人员可通过人机接口(键盘、鼠标和显示器等)对断路器、隔离开关的开合进行操作，可以对变压器分接头进行调节控制，可对电容器组进行投切。为防止计算机系统故障时无法操作被控设备，在设计上应保留人工直接跳合闸手段。操作闭锁应包括以下内容。

- 操作出口具有跳、合闭锁功能。
- 操作出口具有并发性操作闭锁功能。
- 根据实时信息，自动实现断路器、隔离开关操作闭锁功能。
- 适应一次设备现场维修操作的电脑“五防”操作及闭锁系统。五防功能是：防止带负荷拉、合隔离开关，防止误入带电间隔，防止误分、合断路器，防止带电挂接地线，防止带地线合隔离开关。
- 盘操作闭锁功能。只有输入正确的操作口令和监护口令才有权进行操作控制。
- 无论当地操作还是远方操作，都应有防误操作的闭锁措施，即只有收到返校信号后，才执行下一项；必须有对象校核、操作性质校核和命令执行三步，以保证操作的正确性。

⑤ 安全监视功能

在监控系统运行过程中，对采集的电流、电压、主变压器温度、频率等量，要不断进行越限监视。如发现越限，立刻发出告警信号，同时记录和显示越限时间和越限值。另外，还要监视保护装置是否失电，自控装置工作是否正常等。

⑥ 人机联系功能

当变电站有人值班时，人机联系功能在当地监控系统的后台机(或称主机)上实现；当变电站无人值班时，人机联系功能在远方的调度中心或操作控制中心的主机或工作站上实现。无论采用哪种方式，操作维护人员面对的都是 CRT 屏幕，操作的工具都是键盘或鼠标。人机联系的主要内容如下。

(a) 显示画面与数据。内容包括：时间、日期，单线图的状态，潮流信息，报警画面与提示信息，事件顺序记录，事故记录，趋势记录，装置工况状态，保护整定值，控制系统的配置

(包括退出运行的装置以及信号流程图表),值班记录,控制系统的设定值等。

(b) 输入数据。包括:运行人员代码及密码,运行人员密码更改,保护定值的修改值,控制范围及设定的变化,报警界限,告警设置与退出,手动/自动设置,趋势控制等。

(c) 人工控制操作。包括:断路器及隔离开关操作,开关设备操作排序,变压器分接头位置控制,控制闭锁与允许,保护装置的投入或退出,设备运行/检修的设置,当地/远方控制的选择,信号复归等。

(d) 诊断与维护。包括:故障数据记录显示,统计误差显示,诊断检测功能的启动。

对于无人值班变电站,应保留一定的人机联系功能,以满足变电站现场检修或巡视的需求。例如能通过液晶或小屏幕 CRT,显示站内各种数据和状态量;操作出口回路具有人工当地紧急控制设施;变压器分接头应备有当地人工调节手段等。

⑦ 打印功能

对于有人值班的变电站,监控系统可以配备打印机,完成以下打印记录功能:

- 定时打印报表和运行日志;
- 开关操作记录打印;
- 事件顺序记录打印;
- 越限打印;
- 召唤打印;
- 屏幕打印;
- 事故追忆打印。

对于无人值班变电站,可不设当地打印功能,各变电站的运行报表集中在控制中心打印输出。

⑧ 数据处理与记录功能

监控系统除了完成上述功能外,数据处理和记录也是很重要的环节。历史数据的形成和存储是数据处理的主要内容。它包括上级调度中心、变电管理和继电保护要求的数据。这些数据主要包括:

- 断路器动作次数;
- 断路器切除故障时故障电流和跳闸操作次数的累计数;
- 输电线路的有功功率、无功功率,变压器的有功功率、无功功率,母线电压定时记录的最大值、最小值及其时间;
- 独立负荷有功功率、无功功率每天的最大值和最小值,并标以时间;
- 指定模拟点上的趋势、平均值、积分值和其他计算值;
- 控制操作及修改整定值的记录。

根据需要,该功能可在变电站当地实现(有人值班方式),也可在远方操作中心或调度中心实现(无人值班方式)。

⑨ 谐波分析与监视

谐波是电能质量的重要指标之一,必须保证电力系统的谐波在国标规定的范围内。随着非线性器件和设备的广泛应用、电气化铁路的发展和家用电器的不断增加,电力系统的谐波含量显著增加。目前,谐波"污染"已成为电力系统的公害之一。因此,在变电站综合自动化系统中,要对谐波含量进行分析和监视。对谐波污染严重的变电站,采取适当的抑制措施降低谐波含量，是一个不容忽视的问题。

（2）微机保护

① 微机保护的功能

微机保护应包括全变电站主要设备和输电线路的全套保护，具体包括：

- 主变压器的主保护和后备保护；
- 无功补偿电容器组的保护；
- 母线保护；
- 配电线路的保护；
- 不完全接地系统的单相接地选线。

② 电压、无功综合控制

变电站综合自动化系统必须具有保证安全、可靠供电和提高电能质量的自动控制功能。电压和频率是电能质量的重要指标，因此电压、无功综合控制也是变电站综合自动化系统的一个重要组成部分。

③ 低频减负荷控制

电力系统的频率是电能质量重要的指标之一。电力系统正常运行时，必须维持频率在50±(0.1～0.2)Hz 的范围内。系统频率偏移过大时，发电设备和用电设备都会受到不良的影响。轻则影响工农业产品的质量和产量；重则损坏汽轮机、水轮机等重要设备，甚至引起系统的“频率崩溃”，致使大面积停电，造成巨大的经济损失。

④ 备用电源自投控制

随着社会的进步，用户对供电质量和供电可靠性的要求日益提高，备用电源自动投入是保证配电系统连续可靠供电的重要措施。因此，备用电源自投已成为变电站综合自动化系统的基本功能之一。备用电源自投装置是指在电力系统故障或其他原因使工作电源被断开后，能迅速将备用电源、备用设备或其他正常工作的电源自动投入工作，使原来工作电源被断开的用户能迅速恢复供电的一种自动控制装置。

⑤ 通信功能

变电站综合自动化系统是由多个子系统组成的。在综合自动化系统中，如何使监控机与各子系统或各子系统之间建立起数据通信或互操作，如何通过网络技术、通信协议、分布式技术、数据共享等技术，综合、协调各部分的工作，是综合自动化系统的关键之一。综合自动化系统的通信功能包括两个部分，即系统内部的现场级间的通信、自动化系统与上级调度的通信。

（a）现场级通信。综合自动化系统的现场级通信，主要解决自动化系统内部各子系统与监控主机以及各子系统间的数据通信和信息交换问题，它们的通信范围是在变电站内部。对于集中组屏的综合自动化系统来说，实际上通信范围是在主控室内部；对于分散安装的自动化系统来说，其通信范围扩大至主控室与子系统的安装地，最大的可能是开关柜间，即通信距离加长了。综合自动化系统现场级的通信方式有局域网络和现场总线等多种方式。

（b）与上级调度通信。综合自动化系统兼有 RTU 的全部功能，能够将所采集的模拟量和开关状态信息，以及事件顺序记录等远传至调度中心；同时应该能接收调度中心下达的各种操作、控制、修改定值等命令，即完成新型 RTU 等全部“四遥”功能。

（c）符合部颁的通信规约。支持最常用的 Polling 和 CDT 两类规约。

⑥ 时钟功能

变电站综合自动化应具有与调度中心对时、统一时钟的功能。

⑦ 自诊断功能

系统内各插件应具有自诊断功能,与采集系统数据一样,自诊断信息能周期性地送往后台机(人机联系子系统)和远方调度中心或操作控制中心。

7.2 变电站综合自动化信息的测量和采集

7.2.1 变电站综合自动化相关的信息

根据自动化控制的基本原理,要实现变电站综合自动化,必须掌握变电站的运行状况,即首先要测量出表征变电运行以及设备工作状态的信息。

变电站综合自动化系统要采集的信息类型多、数量大,既有变电运行方面的信息,也有电气设备运行方面的信息,还包括积累量和控制系统本身运行状态信息。这些错综复杂的信息可大致划分为两类:第一类是与电网调度控制有关的信息,它包括常规的远动信息和上级监控或调度中心对变电站实现综合自动化提出的附加监控信息,这些信息在变电站测量采集后,由综合自动化系统向上级监控或调度中心传送;第二类信息是为实现变电站综合自动化站内监控所使用的信息,由测控单元或自动装置测得的这些信息,用于变电站当地监视和控制。

1. 模拟量信息

① 联络线的有功功率、无功功率和有功电能。

② 线路及旁路的有功功率、无功功率和电流。

③ 不同电压等级母线各段的线电压及相电压。

④ 三绕组变压器三侧或高压、中压侧的有功功率、无功功率及电流;两绕组变压器两侧或高压侧的有功功率、无功功率及电流。

⑤ 直流母线的电压。

⑥ 所用变低压侧电压。

⑦ 母联电流、分段电流、分支断路器电流。

⑧ 出线的有功功率或电流。

⑨ 并联补偿装置电流。

⑩ 变压器上层油温等。

2. 开关量信息

① 变电站事故总信号。

② 线路、母联、旁路和分段断路器位置信号。

③ 变压器中性点接地隔离开关位置信号。

④ 线路及旁联重合闸动作信号。

⑤ 变压器的断路器位置信号。

⑥ 线路及旁联保护动作信号。

⑦ 枢纽母线保护动作信号。

⑧ 重要隔离开关位置信号。

⑨ 变压器内部故障综合信号。

⑩ 断路器失灵保护动作信号。

⑪ 有关过压、过负荷越限信号。

⑫ 有载调压变压器分接头位置信号。

⑬ 变压器保护动作总信号。

⑭ 断路器事故跳闸总信号。

⑮ 直流系统接地信号。

⑯ 控制方式由遥控转为当地控制信号。

⑰ 断路器闭锁信号等。

3. 设备异常和故障预告信息

① 有关控制回路断线总信号。

② 有关操动机构故障总信号。

③ 变压器油温过高、绕组温度过高总信号。

④ 轻瓦斯动作信号。

⑤ 变压器或变压器调压装置油温过低总信号。

⑥ 继电保护系统故障总信号。

⑦ 距离保护闭锁信号。

⑧ 高频保护闭锁信号。

⑨ 消防报警信号。

⑩ 大门打开信号。

⑪ 站内 UPS 交流电源消失信号。

⑫ 通信线路故障信号等。

变电站综合自动化系统采集的数字量主要指系统频率信号和电能脉冲信号，前者主要用于主保护和低周频减负荷装置中，电能脉冲则用于远方对系统电能的计量。

7.2.2 变电站模拟量的测量和采集

由 7.2.1 节可知，变电站综合自动化系统要测量的模拟量主要有交流电压 U、交流电流 I、有功功率 P、无功功率 Q 以及变压器油温 T 等，其中 U、I、P、Q 可以从变电站二次回路中取得信号，通过对这些信号的测量而获得。其测量方法可以采用变送器的方法；也可以用直接对这些信号采样的方法，即交流采样法。

所谓变送器就是将一种信号转换成标准化信号的一种仪器。在变电站综合自动化系统中，将主要涉及电流变送器、电压变送器、三相有功功率变送器、三相无功功率变送器以及温度变送器等。在变电站中，被测的电气量通常具有较高的电压或较大的电流，故这些被测量必须先接入电压互感器（TV）或电流互感器（TA），即变送器只能接入 TV 或 TA 的二次回路中。所以，输入变送器的交流电压为 0～120 V（额定值 100 V），输入变送器的交流电流为 0～6 A（额定值 5 A），有些场合允许输入额定值为 1 A 的交流电流。在变电站中，变送器的输出信号通常采用统一的直流信号，以方便后继仪器设备的接口。在综合自动化系统中，通常用变送器的直流电压输出信号与后继设备接口。变送器输入、输出信号的类型和变化范围见表 7-1。

表 7-1 变送器输入、输出信号的类型和变化范围

类型＼参数	输 入	输 出	允许负载变化范围
电压变送器	电压:0～100 V (≤120 V)	电压:0～5 V 电流:0～1 mA 4～20 mA	3 kΩ～∞ 0～10 kΩ 0～750 Ω
电流变送器	电流:0～5 A (≤6A)	电压:0～5 V 电流:0～1 mA 4～20 mA	3 kΩ～∞ 0～10 kΩ 0～750 Ω
功率变送器	电压:0～100 V (≤120 V) 电流:0～5 A (≤6 A)	电压:0～5 V －5～＋5 V 电流:0～1 mA －1～1 mA 4～20 mA	3 kΩ～∞ 3 kΩ～∞ 0～10 kΩ 0～10 kΩ 0～750 Ω

与采用交流采样方法相比,变送器法这种电气量测量方法暴露出明显的缺点。第一,每个变送器只能测取一个或两个电气量,变电站中必须使用较多的变送器,投资大、占用空间大;第二,变送器输出的模拟信号要通过远动系统远传或送到当地计算机监控,尚需对模拟量进行模/数变换,以数字量形式传送或显示;第三,这些电量变送器都是电力互感器二次回路的负载,接入变送器越多,二次回路负载越重,互感器的实际变换误差就越大。现在变电站综合自动化系统中,交流采样技术已在中低压变电站的远动装置和综合自动化系统中广泛使用。

所谓交流采样技术,就是通过对互感器二次回路中的交流电压信号和交流电流信号直接采样。根据一组采样值,通过对其模/数变换将其变换为数字量,再对数字量进行计算,例如,积分型算法、正交变换算法等,从而获得电压、电流、功率、电能等电气量值。在变电站中,使用交流采样技术,取消变送器这一测量环节,有利于测量精度的提高。

为适应变电站综合自动化的需要,适应变电站无人值班管理的运行模式要求,需要将变压器油温、变电站控制室温度等信号加以监视。因此,必须将这些温度进行测量并传送到监控中心。在变电站综合自动化系统中,所要测量的温度不很高,热电阻和热敏电阻均可作为一次测温元件。热敏电阻虽然具有比热电阻高的温度系数(电阻变化范围大),以及有高的灵敏度但热敏电阻的互换性差,故在变电站中测量温度均采用热电阻作一次元件。目前应用较广泛的热电阻材料是铂和铜,也有适于低温测量的以铟、锺和碳等为材料的热电阻。由温度变送器转换成标准的计算机能采集的信号。有的微机保护器带 RTD 功能,这就可取消温度变送器,由微机保护器测量变压器油温和变电站控制室温度。

7.2.3 变电站状态量信息的采集

变电站中的状态量信息主要包括传统概念的遥信信息和自动化系统设备运行状态信息等。在变电站综合自动化系统中,不仅要采集表征电网当前拓扑的开关位置等遥信信息,还要将反映测量、保护、监控等系统工作状态的信息进行采集、监视。遥信信息用来传送断路器、隔离开关的位置状态，传送继电保护、自动装置的动作状态，以及系统、设备等运行状态信号。这些位置状态、动作状态和运行状态都只取两种状态值，如开关位置只取“合”或“分”，设备状态只取“运行”或“停止”。因此，可用一位二进制数（即码字中的一个码元）就可以传送一个遥信对象的状态。

1. 断路器状态信息的采集

断路器的分、合闸位置状态决定着电力线路的接通和断开，断路器状态是电网调度自动化的重要遥信信息。断路器QF的位置信号通过其辅助触点引出，QF触点是在断路器的操动机构中与断路器的传动轴联动的，所以，QF触点位置与断路器位置一一对应。

2. 继电保护动作状态信息的采集

采集继电保护动作的状态信息，就是采集继电器的触点状态信息，并记录动作时间。该信息对调度员处理故障及事后的事故分析有很重要的意义。

3. 事故总信号的采集

变电站任一断路器发生事故跳闸，就将启动事故总信号。事故总信号用以区别正常操作与事故跳闸，对调度员监视系统运行十分重要。事故总信号的采集同样是触点位置信息的采集。

4. 其他信号的采集

当变电站采用无人值班方式运行后，还要增加包括大门开关状态等多种遥信信息。

7.2.4　实时时钟的建立

在现代电力系统中，为实现精确地控制、正确地分析事件的前因后果，时间的精确性和统一性十分重要。现代电网继电保护系统、AGC调频、负荷管理和控制、运行报表统计、事件顺序记录等均需要既精确又统一的时间。在变电站综合自动化系统中，几个断路器的跳闸顺序、继电保护动作顺序，更需要精确统一的时间来辨识，为事故分析提供正确的依据。

在变电站综合自动化系统中，重要的状态量变化均需带上时标信息，因此，必须建立实时时钟，这个时钟的分辨率应达到毫秒级。电网内实时时钟的核心问题是要求统一，即要求各变电站与调度中心之间的实时时钟相一致。从原理上讲，电网内各节点实时时钟的统一性要求胜过绝对准确性，因为直接应用的是时钟的相对一致性。

为了实现这个时间的一致性，各厂站测控系统若能接收同一授时源的时钟，一致性问题便迎刃而解了。比较而言，GPS系统时间精度高，接收方便，在变电站综合自动化系统中应用广泛。

GPS是Navigation Satellite Timing and Ranging/Global Positioning System（NAVSTAR /GPS）的简称。这个系统是美国经过了20年的研究、实验和实施，1993年7月才完成的新一代卫星导航、定位和授时系统。它由空间卫星、地面测控站和用户设备三大部分组成。在地面测控站的监控下，GPS传递的时间能与国际标准时间保持高度同步，误差仅为1～10 ns，可直接用来为电力系统的控制、保护、监控、SOE等服务。

7.3　变电站微机保护

7.3.1　微机保护的优越性

微机保护比常规的继电器型或晶体管型保护装置有不可比拟的优越性，越来越受到继电保护人员和运行人员的欢迎。其优越性表现在以下几方面。

① 灵活性强。由于微机保护装置是由软件和硬件结合来实现保护功能的,因此在很大程度上,不同原理的继电保护的硬件可以是一样的,只要运行不同的程序即可完成相应的保护功能。例如,三段式的电流保护、重合闸和后加速跳闸等功能,可以通过同一套保护装置实现,只要保护软件具备这些功能即可,这是常规继电保护很难做到的。

② 综合判断能力强。利用微机的逻辑判断能力,很容易解决常规继电保护中因考虑因素太多,用模拟电路很难实现的问题,因而可以使继电保护的动作规律更合理。

③ 性能稳定,可靠性高。微机保护的功能主要取决于算法和判据,对于同类型的保护装置,只要程序相同,其保护性能必然一致,性能稳定。晶体管型的继电器的元器件受温度影响大,机械式的继电器运动机构可能失灵,触点性能不良。而微机保护采用了大规模集成电路,器件性能稳定,元件数目、连接线等都大大减少,因而可靠性高。

④ 微机保护利用微机的记忆功能,可明显改善保护性能、提高保护的灵敏性。例如,由微机软件实现的功率方向元件,可消除电压死区,同时有利于新原理保护的实现。

⑤ 微机保护利用微机的智能特性,可实现故障自诊断、自闭锁和自恢复。这是常规保护装置所不能比拟的。

⑥ 体积小、功能全。由软件可实现多种保护功能,可大大简化装置的硬件结构,可以在事故后打印出各种有用数据。例如,故障前后电压、电流采样值,故障点距离,保护的动作过程和出口时间等。

⑦ 运行维护工作量小,现场调试方便。可在线修改或检查保护定值,不必停电校验定值。

7.3.2　微机保护的硬件系统

微机继电保护装置硬件主要包括数据采集系统(如电流、电压等模拟量输入变换、低通滤波回路、采样保持及多路开关切换、模数转换系统等)、进行数据处理、逻辑判断及保护算法的数字核心部件(如 CPU、存储器、实时时钟、WATCHDOG 等)、数字量输入、输出通道以及人机接口(如键盘、数码显示或液晶显示器)。典型的微机继电保护装置的硬件系统结构如图 7-1 所示。

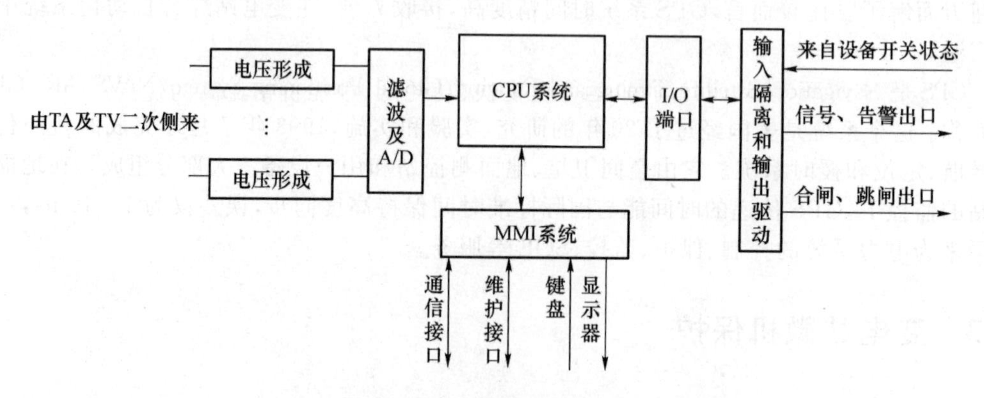

图 7-1　微机继电保护装置的硬件系统结构框图

1. 数据采集系统

微机继电保护数据采集系统包括电压形成、模拟滤波、模/数转换等模块。其信号处理流程如图 7-2 所示。

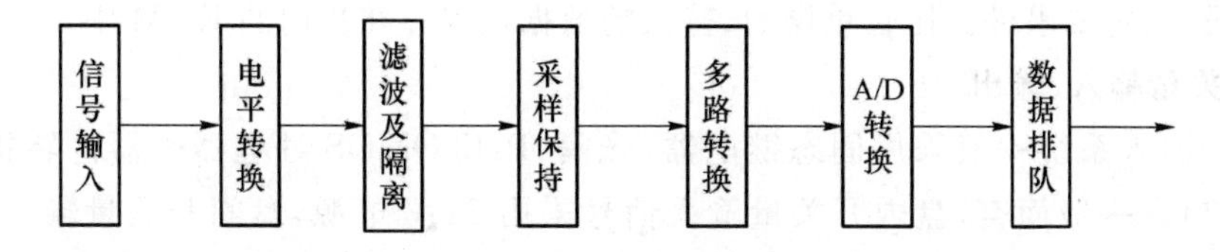

图 7-2　数据采集系统流程图

① 电压形成单元。数据采集主要有交流电压 U、交流电流 I、有功功率 P、无功功率 Q 以及变压器油温 T 等，其中 U、I、P、Q 可以从变电站二次回路中取得信号，这些电量或非电量利用变送器转换成电压信号。

② 模拟滤波单元。包括有源滤波和无源滤波两种。一般采用无源两级 RC 滤波器构成，使数据采集系统满足采样定律，限制输入信号中的高频信号进入系统。

③ 模/数转换单元。微机保护的模/数转换系统一般采用压频转换（VFC）及逐次逼近式 A/D。由于 VFC 具有抗干扰能力强，同 CPU 接口简单而容易实现多 CPU 共享 VFC 等优点，在我国的微机保护领域得到广泛应用，并成为主流产品。VFC 适用于涉及工频量保护原理的保护装置，在真实反映输入信号中的高频分量的场合下，逐次逼近式 A/D 就成为首选。当今各种逐次逼近式的 A/D 器件不断推出，且价格适中，如带有同步采样器，具有并行/串行输出接口的快速的 14 bit、16 bit 的 A/D 器件，它们可以满足各种保护装置的要求。

2. 数字处理系统

微机保护装置是以中央处理器（CPU）为核心，根据数据采集系统采集到的电力系统的实时数据，按照给定算法来检测电力系统是否发生故障以及故障性质、范围等，并由此做出是否需要跳闸或报警等判断的一种安全装置。微机保护原理是由计算程序来实现的，CPU 是计算机系统自动工作的指挥中枢，计算机程序的运行依赖于 CPU 来实现。因此，CPU 的性能好坏在很大程度上决定了计算机系统性能的优劣。

① 微处理器 CPU。采用数据总线为 8、16、32 位等的单片机、工控机以及 DSP 系统。单片机通过大规模集成电路技术将 CPU、ROM、RAM 和 I/O 接口电路封装在一块芯片中，因此，具有可靠性高、接口设计简易、运行速度快、功耗低、性能价格比高的优点。使用单片机的微机保护具有较强的针对性，系统结构紧凑，整体性能和可靠性高，但通用性、可扩展性相对较差。DSP 的突出特点是计算能力强、精度高、总线速度快、吞吐量大，尤其是采用专用硬件实现定点和浮点加乘（矩阵）运算，速度非常快。将数字信号处理器应用于微机继电保护，极大地缩短了数字滤波、滤序和傅里叶变换算法的计算时间，不但可以完成数据采集、信号处理的功能，还可以完成以往主要由 CPU 完成的运算功能，甚至完成独立的继电保护功能。利用 Intel 体系在个人计算机领域的优势，很多器件厂家都在 386/486 的基础上，通过集成外围器件和接口，推出了一系列与个人计算机软硬件兼容的嵌入式处理器，例如，Intel 386EX、AMD386/486E 等。由于可利用个人计算机丰富的开发手段、应用软件和电路设计技术，很多工控机厂家纷纷在其基础上开发出 ISA、STD、PC/104 等工控机。

② 存储器(MEM)。程序存储器可分为电擦除可编程只读存储器(EEPROM)、紫外线擦除可编程只读存储(EPROM)、非易失性随机存储器(NVRAM)、静态存储器(SRAM)、闪速存储器(FLASH)等。其中 EEPROM 存放定值,EPROM、FLASH 存放程序,NVRAM 存放故障报文、重要事件。比较重要的、持久的数据应保存在片内的 RAM 中。

3. 开关量输入、输出

开关量输入系统一般采用固态继电器、光隔、PHTOMOS 继电器等器件转接,实现与5 V系统接口。一般而言,盘内开关量输入信号采用 24 V 电源,盘间开关量输入信号采用220/110 V 电源。计算机系统输出回路经光隔器件,转换为 24 V 信号,驱动继电器,实现操作。国外也有通过 5 V 电源、驱动继电器的。典型的开关量输入、输出回路如图 7-3 所示。

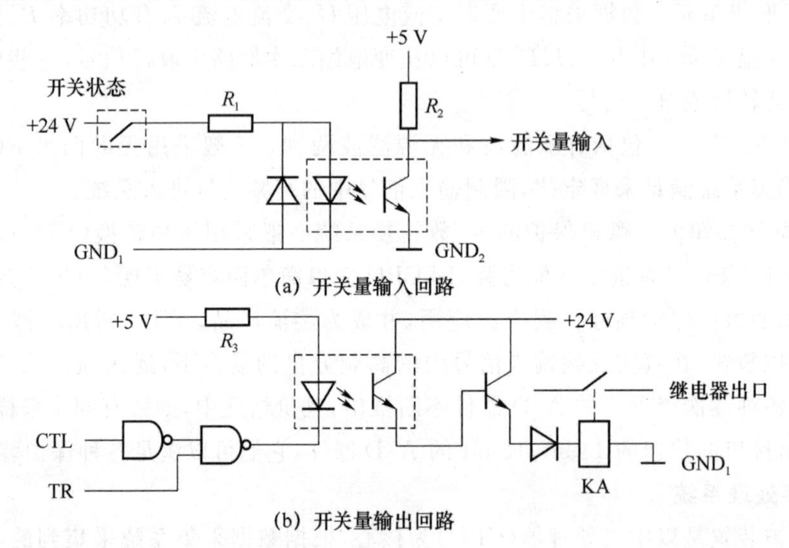

图 7-3 开关量输入、输出回路

4. 人机交互系统

人机交互系统包括键盘、显示器等,现在一般采用液晶显示器,也有的采用数码管显示。键盘多少及布置因厂家而宜。前面板包括:

- 可以由用户自定义画面的大液晶屏人机界面;
- 可以由用户自定义的告警信号显示灯 LED;
- 可以由用户自定义用途的 F 功能键;
- 光隔离的串行接口;
- 就地、远方选择按钮;
- 就地操作键。

5. 通信接口

微机保护装置的通信接口包括:维护口、监控系统采用接口、录波系统接口等。采用 RS485 总线、Profibus 网、CAN 网、LON 网、以太网及双网光纤通信模式,以满足各种变电站对通信的要求。满足各种通信:IEC870-5-103、PROFIBUS-FMS/DP、MODBUS-RTU、DNP3.0、IEC61850 以太网等。微机继电保护对通信系统的要求是:快速、支持点对点平等通信、突发方式的信息传输。物理结构有:星形网、环形网、总线网、支持多主机等。

6. 电源

可以采用开关稳压电源或DC/DC电源模块。提供数字系统，5 V、24 V、+/-15 V电源。国内微机保护装置电源5 V地采用“浮地技术”，而国外装置的5 V地一般直接接大地。有些系统采用多组24 V电源。

7.3.3 微机保护的软件算法

1. 软件系统要实现的功能

现代微机继电保护装置软件系统需要完成以下功能。

① 保护功能。具有完整的电流、电压、频率、过负荷、启动电流监测以及其他各种各样必要的保护功能，并可以根据实际应用的需要任意选取和组合。各个保护功能和保护段完全独立，可以独立地整定。

② 测量功能。包括相电流、零序电流、线电压、相电压、零序电压、频率、有功和无功测量以及电能和功率因数测量。

③ 控制功能。包括断路器和隔离开关的“就地”和“远方”控制，一次设备的分合控制，可调节设备的状态控制，自动重合闸的投、退等。

④ 状态监测。包括操作计数、气体压力监测、断路器跳合闸、电气老化监测、断路器运行时间记录、辅助电压监视等。

⑤ 功能模块。功能模块具有独立的输入、输出接口。在参数化时，采用图形化方式进行，简单有效；具有强大的PLC功能；可简化接线要求，是高效的编程工具。

⑥ 事件记录。功能包括独立的事件生成、用户定义事件、事件过滤，事件分辨率为1 ms，可以记录最近多个事件。

⑦ 故障录波。采集故障前、故障时刻及跳闸后相关的电流、电压，相关的开关量信号、事件等信息，采用COMTRADE规约为记录格式，供继电保护装置事故分析。

⑧ 通信功能。前面板串行通信口（维护口）用于整定及参数化，背板通信口用于与系统通信。微机继电保护装置软件系统应该围绕着上述功能实施。保护软件包括涉及继电保护算法的功能软件、人机交互软件、通信软件、系统管理软件、后台分析软件等，这些软件可以采用汇编语言编程，也可采用C语言等高级语言编程。但从系统的设计、升级、移植、维护等方面考虑，采用C语言可能是发展趋势。

2. 微机保护算法

微机保护装置根据由数据采集系统提供的输入电气量得到的离散的、量化的采样数据进行分析、运算和判断，以实现各种继电保护功能。微机保护算法可分为以下两种。

① 根据输入电气量的若干个采样值通过一定的数学式或方程式计算出保护所反映的量值，然后与定值进行比较，以实现特定的保护功能。

② 利用微机强大的数据处理、逻辑判断能力，实现常规保护无法实现的功能。

微机保护装置不管采用何种算法，其核心均为计算出可表征被保护对象运行及动作的特征的物理量，如电压、电流等模拟量的有效值和相位、各序分量、各次谐波分量的幅值及相位等，根据这些量构成各种继电保护功能。

微机保护的算法往往和数字滤波器联系在一起。有些算法本身都具有滤波功能,有些算法必须配一定的数字滤波算法一起工作。数字滤波器具有滤波精度高、可靠性高、灵活性高,以及便于时分复用等优点,在微机保护装置中得到广泛采用。

(1) 正弦函数模型的算法

假设输入信号均是纯正弦信号,既不包括非周期分量也不含高频信号。利用正弦函数的一些特性,从采样值中计算出电压、电流的幅值、相位以及功率和测量阻抗值。正弦函数模型的算法包括:最大值算法、半周积分算法、Mann-Morrison算法(导数算法)、Prda-70算法(二阶导数算法)、采样值积算法(两采样值积算法、三采样值积算法)等。这些算法在微机保护发展初期大量采用,其特点是:计算量小、数据窗短、精度不是很高,且信号不能存在谐波或非周期分量。

(2) 周期函数模型的算法

当信号是周期函数时,它可以分解为一个函数序列之和,或者是一个级数。采用某一正交函数组作为样品函数,将该正交样品函数组与待分析的时变函数进行相应的积分变换,根据周期函数正交特性,可求出与样品函数频率相同分量的实部、虚部的系数。进而求出待分析时变函数中该次谐波分量的模值和相位。

采用傅里叶级数(正弦、余弦函数)为正交样品函数构成傅氏算法,采用沃尔什函数为正交样品函数构成沃尔什算法。目前使用最广泛的算法是傅氏算法,包括全波傅氏算法、半周傅氏算法。采用周期函数模型时要注意克服衰减非周期分量的影响,傅氏算法的数据窗为一基频周期。当输入信号为周期性信号时,采用该算法可准确求出信号中的基频分量。傅氏算法原理简单、计算精度高,在微机保护中得到广泛应用,主要问题是数据窗较长,会降低保护的动作速度。

(3) 随机模型的算法

当输入信号包含衰减直流分量时,如果事先根据系统运行情况推测出输入信号的成分,可以通过拟合或待定系数方法,求得各种信号成分的系数。随机模型的算法包括狭窄带通滤波加纯正弦模型算法、最小二乘法算法、最佳线性估计(卡尔曼滤波算法)等。这些算法需要大量的数学计算及数值分析的相关知识,且对硬件要求较高。

7.3.4 微机保护的功能编号

继电器保护装置涉及电力生产的发电、输电、配电等几个环节提供的解决方案。其中发电厂系统涉及发电机保护、变压器保护、母线保护、输电线路保护等,输电系统涉及变压器保护、母线保护、输电线路保护、电抗器保护、电容器保护等,配电系统涉及变压器保护、母线保护、电容器保护、馈线保护、电抗器保护、备用电源自动投入装置、电压无功控制装置等。针对不同的保护功能,ANSI/IEEE Standard C37.2定义了保护功能对应的功能编号。常用保护功能编号如表7-2所示。

表 7-2　常用保护功能编号

编　号	功　能	编　号	功　能
14	闭锁转子保护	21	相间距离保护
21N	接地距离保护	21FL	故障定位
24	过激磁保护	25	同步、同期检查
27	低电压保护	27/59/81	U/f 保护
32	功率方向	32F	前向功率
32R	逆功率保护	37	欠电流/低功率保护
40	失磁保护	46	负荷不平衡、负序过电流
47	相序电压	48	非全相，闭锁转子保护
49	热过负荷保护	49R	转子热保护
49S	定子热保护	50	无时限过流保护
50N	零序无时限过流保护	50BF	断路器失灵
50GN	零速及低速设备	51	时限过流，相间保护
51N	时限过流，接地保护	51V	时限过流，电压控制
59	过电压保护	59N	残压(零序)电压接地保护
59GN	定子接地保护	64R	转子接地保护
67	方向过流保护	67N	接地方向过流保护
67G	定子接地故障方向过流保护	68/78	失步保护
74TC	跳闸回路监视	78	失步保护
79	自动重合闸	81	频率保护
85	载波接口/远方跳闸	86	连锁功能
87G	发电机差动保护	87T	变压器差动保护
87BB	母线差动保护	87M	电动机差动保护
87L	线路差动保护	87N	零序差动保护

7.3.5　微机保护器的应用

随着微机保护器的价格越来越低、性能越来越好，微机保护器深受电力用户的喜爱。微机保护器的生产厂家很多，有进口的，也有国内生产的。图 7-4 为国外厂家的几种微机保护器。本小节介绍国外某公司的 SPAC300 系列微机保护器的应用。

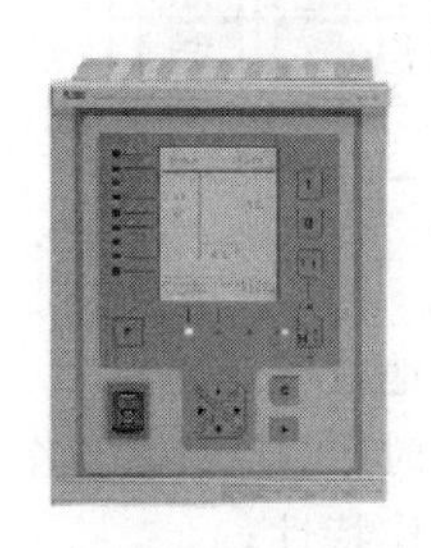

(a) ABB的REF54X系列

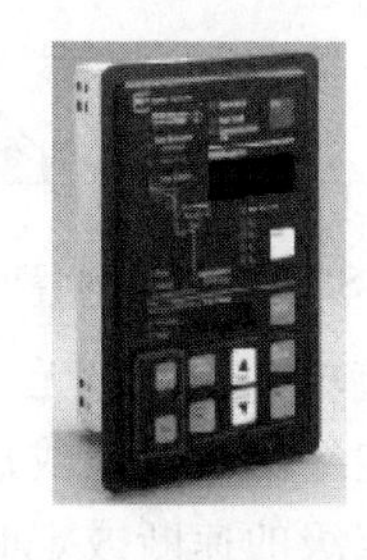

(b) EATON的DT3000

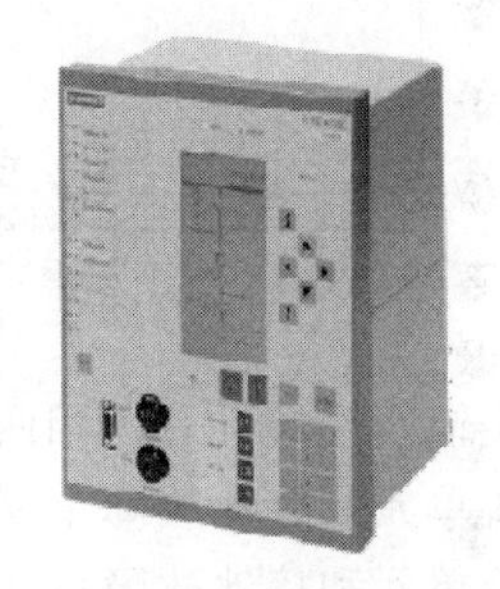

(c) SIEMENS的7SJ63X系列

图 7-4　微机保护器

1. 功能及外观图

SPAC300系列保护器应用于供配电中的馈线,它的正面图和背面图分别如图7-5和图7-6所示。SPAC300系列保护器的硬件采用模块化结构,硬件模块有:保护继电器模块(如SPCJ4D29、SPCJ4D34等)、控制模块(如SPTO 1D6、SPTO 1D5等)、开关量输入/输出模块(如SPTR 2B17、SPTR 2B18等)、电源模块(如SPGU 240A1等)、母板及外壳。SPAC300系列保护器集保护、控制、测量功能于一体。SPAC300系列保护器中,SPAC317C/SPAC315C的功能和特点体现在以下几点:

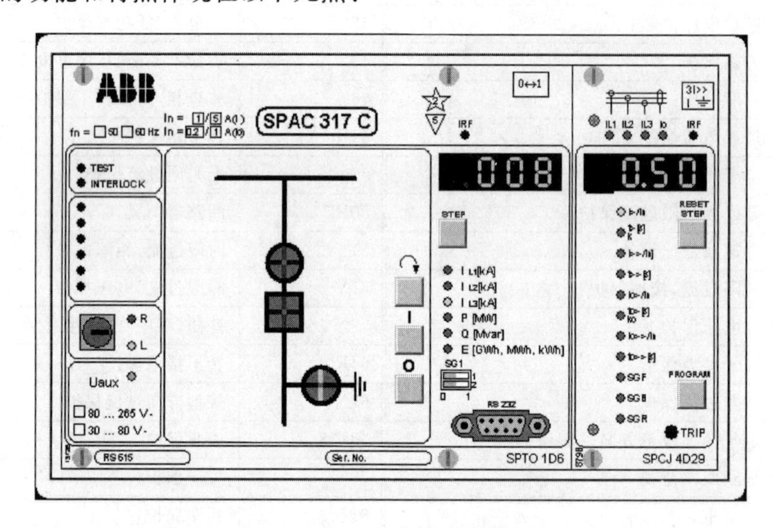

图7-5　SPAC300系列正面图

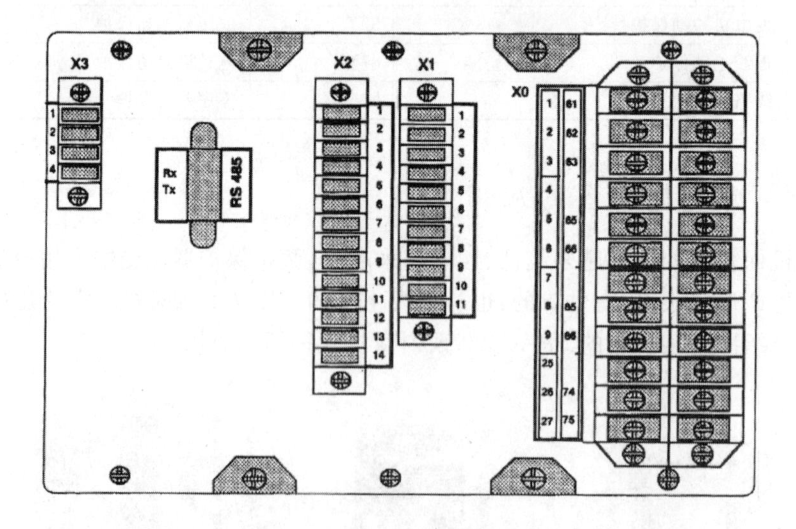

图7-6　SPAC300系列背面图

① 整个馈线终端具有三相两级过流单元和两级无方向接地故障单元;

② 过流单元和接地故障单元低整定级的定时限或最小反时限(IDMT)工作特性;

③ 过流单元和接地故障单元高整定级的速断或定时限工作特性;

④ 受电电流输入电路的连续监视;

⑤ 断路器跳闸电路的连续监测;

⑥ 防止非允许开关操作的用户可配置馈线级的连锁系统；

⑦ 三个操作对象的就地及远方状态指示；

⑧ 进行一个操作对象的全部就地/远方控制的模件；

⑨ 增加断路器操作安全性的双极断路器控制；

⑩ 表示所选断路器/隔离开关组态的事先设计好的模拟大图库；

⑪ 相电流、电能量、有功功率、无功功率的测量及显示；

⑫ 馈线与变电站级和电网控制级系统连接的串行接口；

⑬ 系统最大可靠性和利用率的连续自监。

2. SPAC317C/SPAC315C 应用原理图及接线说明

和传统的继电保护相比，由于 SPAC317C/SPAC315C 综合了保护、控制、测量于一体，所以微机保护器 SPAC317C/SPAC315C 应用时，无论安装、接线，还是调试，都非常简捷方便。SPAC317C/SPAC315C 应用原理图及接线如图 7-7 所示。其接线端子含义见表 7-3。

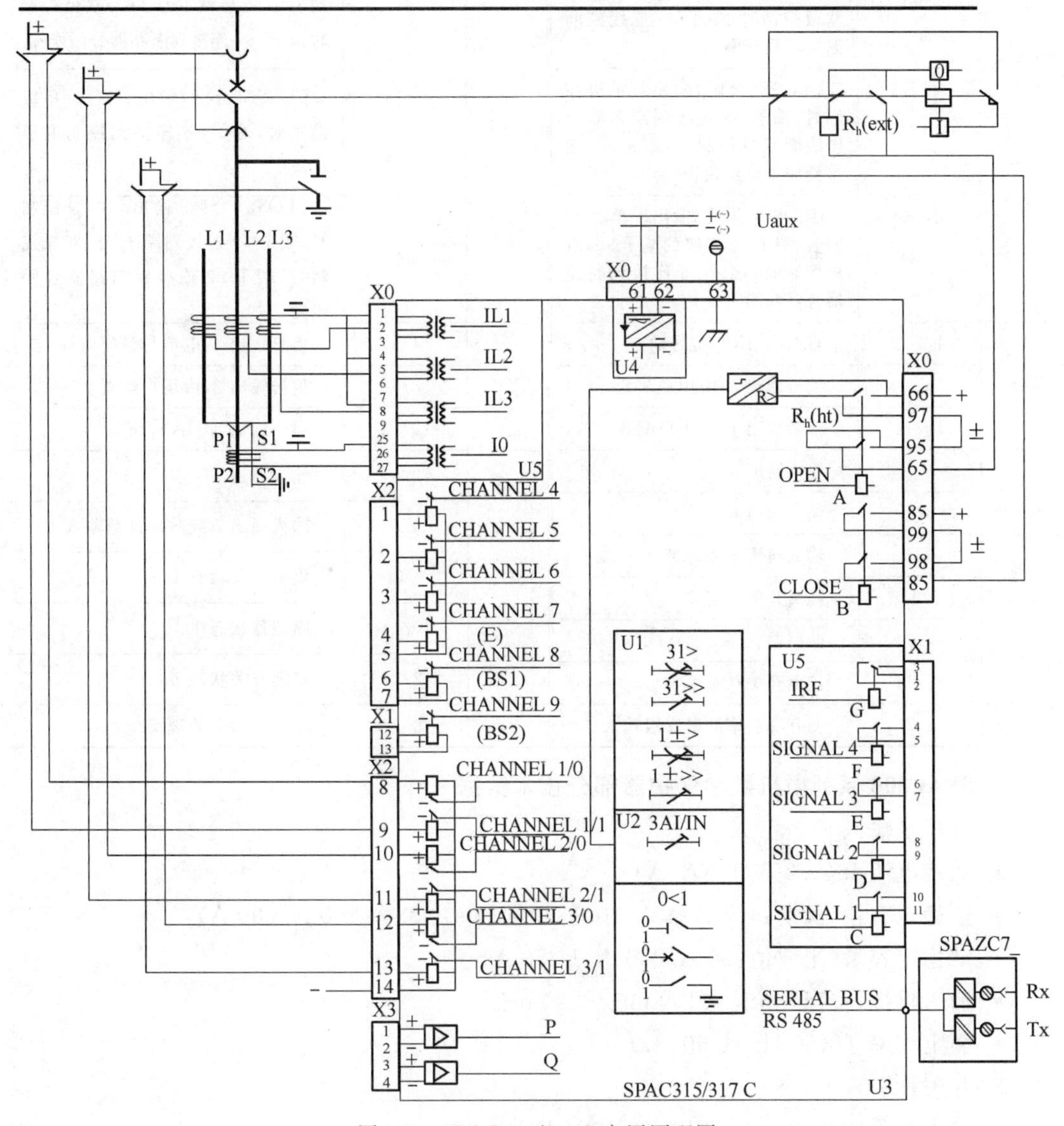

图 7-7　SPAC315/317C 应用原理图

表 7-3　SPAC317/315C 接线端子表

端　子	端子编号	含　义	端　子	端子编号	含　义
X0	1/2	相电流 I_{L1},5 A	X0	7/9	相电流 I_{L13},1 A
	1/3	相电流 I_{L1},1 A		25/26	中性线电流 I_0,5 A
	4/5	相电流 I_{L2},5 A		25/27	中性线电流 I_0,1 A
	4/6	相电流 I_{L2},1 A		61/65	辅助电源
	7/8	相电流 I_{L3},5 A		63	设备接地端子
	65	OPEN(分闸)输出。单极控制时,端子65连接至断路器分闸线圈。双极控制时,端子65连接至控制电压负极		66	OPEN(分闸)输出。双极/单极控制时,端66连接至控制电压正极
	96	OPEN(分闸)输出。单级控制时,端子96连接到端子97。双极控制时,端子96连接到断路器分闸线圈		97	OPEN(分闸)输出。单级控制时,端子97连接到端子96。双极控制时,端子97连接到断路器分闸线圈
	85	CLOSE(合闸)输出。单级控制时,端子85连接到断路器合闸线圈双极控制时,端子85连接到控制电压负极		86	CLOSE(合闸)输出。双极/单级控制时,端子86连接到控制电压正极
	98	CLOSE(合闸)输出。单级控制时,端子98连接到端子99,双极控制时,端子96连接到断路器合闸线圈		99	CLOSE(合闸)输出。单级控制时,端子99连接到端子98,双极控制时,端子99连接到断路器合闸线圈
X1	1/2/3	自监测(IRF)信号输出	X1	4/5	信号输出4,电流与跳闸监视
	6/7	信号输出3,由用户配置		8/9	信号输出2,由用户配置
	10/11	信号输出1,由用户配置		12/13	输出通道,CHANNEL 9
X2	1/5	输入通道4	X2	2/5	输入通道5
	3/5	输入通道6		4/5	输入通道7或脉冲计数输入
	6/7	输入通道8或外部闭锁输入		8/14	隔离开关状态1
	9/14	隔离开关状态2		10/14	断路器状态1
	11/14	断路器状态2		12/14	接地开关状态1
	13/14	接地开关状态2			
X3	1/2	测有功功率的毫安级输入	X3	3/4	测无功功率的毫安级输入

3. SPAC300 系列微机数字保护器部分技术数据

① 模拟量输入

- 额定电流 In(0.2 A/1 A/5 A)
- 热稳定容量(长期:1.5 A/4 A/20 A;短期(1 s):20 A/100 A/500 A)
- 动稳定容量(半波值:50 A/250 A/1 250 A)
- 输入阻抗(<750 mΩ/<100 mΩ/<20 mΩ)
- 额定频率 f_N(50 Hz 或 60 Hz)

② 开关量输入

- 输入电压(80～265 V DC/30～80 V DC)

- 激活时电流消耗(<2 mA)

③ 电能量脉冲计数输入

- 最大控制频率(25 Hz)
- 输入电压(80～265 V DC/30～80 V DC)
- 激活时电流消耗(<2 mA)

④ mA 输入

- 电流输入(－20～20 mA)

⑤ 合/分闸输出触点

- 额定电压(250 V AC/DC)
- 持续载流(5 A)
- 0.5 s 可承载电流(30 A)
- 3 s 可承载电流(15 A)
- 控制脉冲长度(0.1～100 s)

⑥ 信号输出触点

- 额定电压(250 V AC/DC)
- 持续载流(2 A)
- 0.5 s 可承载电流(10 A)
- 3 s 可承载电流(8 A)

⑦ 辅助电源电压

- 交流(80～265 V)/直流(80～265 V)/直流(18～80 V)

4. 参数整定

SPAC300 系列微机数字保护器的参数整定可有两个方法，第一种方法就是通过面板按钮来修改参数；第二种方法就是利用前面板通信口，通过电脑进行在线或离线修改保护器的参数。注意，保护器的控制逻辑编程只能通过电脑编程才能完成。现在简要介绍第一种方法的参数整定过程。

主菜单与子菜单的寄存器包含了所有要整定的参数。可以通过按“PROGRAM”按钮进入主菜单或子菜单，直至整个读数开始闪烁，这个值表示改变之前的整定值。按“PROGRAM”按钮依编程顺序向前移动一步，首先最右边的数字开始闪烁，其他数字显示是稳定的。闪烁的数字可用“STEP”按钮来修改，按“PROGRAM”按钮使闪烁的标志在数字之间移动，在每个位置再用“STEP”按钮进行整定。所有数位都整定好之后，把小数点移到正确位置(即最后整定位置)，到达最后位置时整个显示都闪烁，这时表明数据已准备好可以存储。同时按“STEP”与“PROGRAM”按钮，将数据储存到存储器中。在新的整定值未被储存之前就退出整定方式，则新的整定值不起作用，以前的整定值仍然有效。另外任何试图把整定值设定在允许限值以外时，结果将是把新的整定值取消保留以前的整定值。按“PROGRAM”按钮直到显示器上绿色数字停止闪烁，就可从整定方式返回到主菜单或进入另一子菜单。整定参数的菜单结构如图 7-8 所示。

随着高性能中央处理器的不断出现，微机保护器也不断得到更新换代。新的微机保护

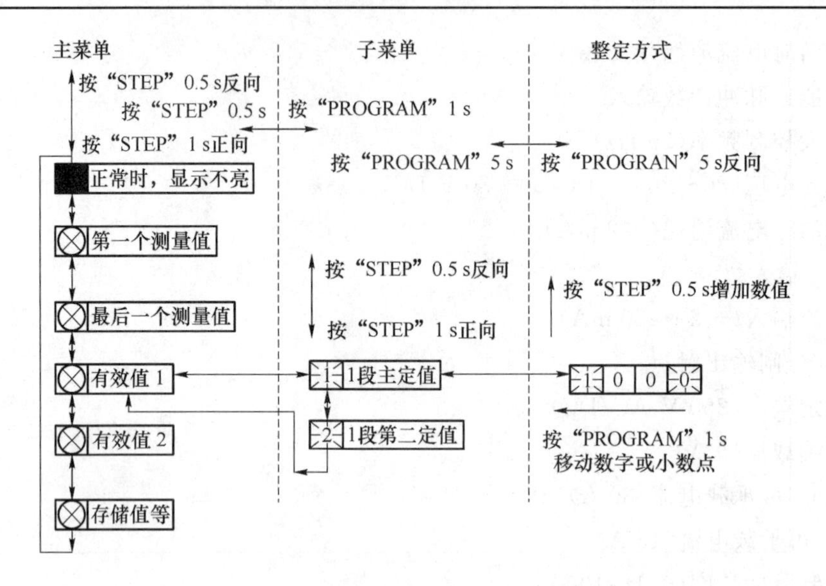

图 7-8　整定参数的菜单结构图

器功能更完善，运行速度更快，线路功能更强大。针对工业企业的变电站和配电站，全球知名的 ABB 公司推出新系列的微机保护器，即 Relion® 系列家族保护器产品。Relion ® 产品家族为 IEC 应用和 ANSI 应用中电力系统的保护、控制、测量和监视提供了完善的产品系列。该产品的设计完整地体现了 IEC 61850 标准的核心价值，确保了产品的互操作性，是面向未来的解决方案。

Relion 产品线齐全，到目前为止，提供 Relion 670 系列、Relion 650 系列、Relion 630 系列、Relion 620 系列、Relion 615 系列、Relion 610 系列以及 Relion 605 系列微机保护产品。有了这些不同的产品系列微机保护器后，针对电力系统和工业配网中的不同电压等级下的保护对象，微机保护器为技术人员提供了更完善的保护方案。由于有丰富的产品线为基础，可以提供量身订制的综合保护与控制方案。Relion® 系列产品的外观如图 7-9 所示。

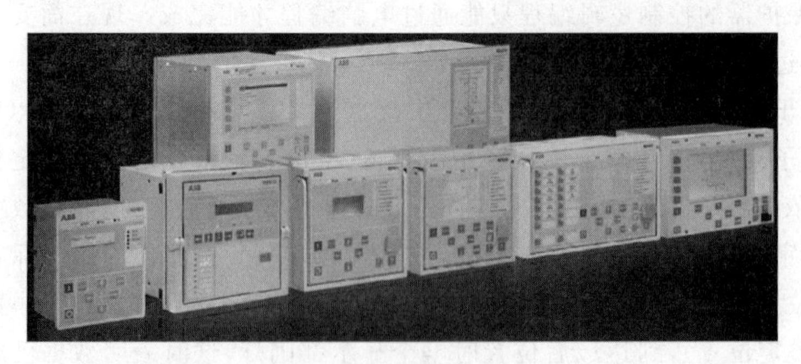

图 7-9　Relion® 系列产品外观示意图

670 系列——发电、输电网中应用的综合智能设备。

650 系列——次级输电网中应用的综合智能设备。

630 系列——功能齐全、应用广泛的保护测控装置。

615 系列——配网中提供各种应用标准配置的保护测控装置。

605 系列——专为环网柜设计的自供电继电器。

以上新的微机保护系列产品的应用必须使用保护和控制管理器 PCM600 工具进行组态，在任何电压等级下，PCM600 工具为所有 Relion® 保护测控装置应用的整个生命周期提供全面功能。

7.4　变电站综合自动化系统

7.4.1　变电站综合自动化系统的结构

变电站综合自动化系统以全微机化的新型二次设备代替常规的电磁式设备，尽可能做到硬件资源共享，以不同的软件模块实现常规硬件才能完成的功能，用计算机局部通信网络替代大量信号电缆的连接，使变电站的自动化程度大大提高，实现了无人值班或准无人值班，占地面积大为减少，设计及维护工作得以减少，增加了变电站运行的安全性和可靠性。变电站综合自动化系统的结构有多种模式，如传统改造式、集中组屏式、分层分布式、集中分散结合式、完全分散式。变电站综合自动化系统的结构经过不断的发展和改进，这些模式中，完全分散式应是最先进的。完全分散式变电站综合自动化系统的结构是指以变压器、断路器、母线等一次主设备为安装单位，将保护、控制、输入/输出、闭锁等单元就地分散安装在一次主设备的开关屏（或柜）上。安装在主控制室内的主控单元通过现场总线与这些分散的单元进行通信，主控单元通过网络与监控主机联系。完全分散式变电站综合自动化系统的结构如图 7-10 所示。完全分散式变电站综合自动化系统的主要特点如下：

- 系统部件完全按主设备分散安装；
- 节约控制室面积；
- 节约二次电缆；
- 综合性能强。

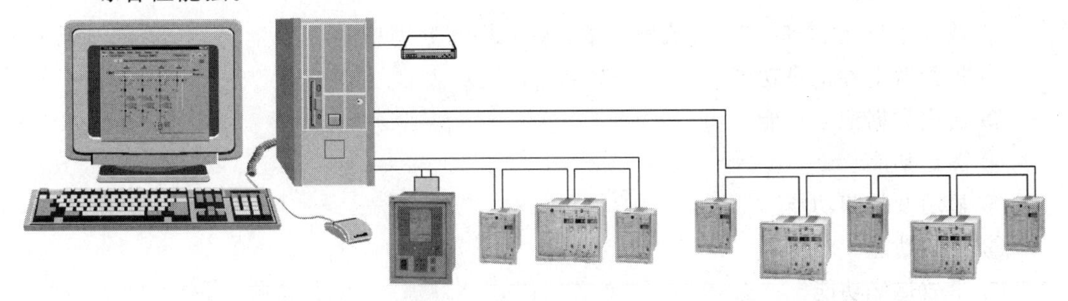

图 7-10　完全分散式变电站综合自动化系统的结构图

7.4.2　变电站综合自动化系统的软件

变电站综合自动化系统必须配置监控计算机（也称后台机），根据系统大小或设计要求，变电站综合自动化系统可以配置一台或多台监控计算机，监控计算机须安装相应监控软件（或组态软件、SCADA 软件），通过工程师编程组态，变电站综合自动化系统才能运行。监控软件的窗口示意图如图 7-11 所示。变电站综合自动化系统的监控软件应完成以下主要功能。

图 7-11　变电站综合自动化系统监控软件组态示意图

(1) 组态功能

① 系统配置组态功能

② 图形组态功能

③ 数据库组态功能

④ 基于 IEC1131 标准的 PLC 控制功能组态

(2) 监视功能

① 数据采集(状态量、交/直流模拟量、脉冲量)与处理功能

② 报警及事件记录功能

③ 历史数据记录功能

④ 图形功能

⑤ 显示及打印功能

⑥ 报表功能

⑦ 事故追忆功能

(3) 控制功能

① 支持多个远方调度控制中心的选择控制功能

② 控制室计算机监控系统的当地控制功能

③ 间隔层设备的当地控制功能

④ 同期检测与同期合闸功能

⑤ 基于 IEC1131 组态的自动控制功能

⑥ 基于 IEC1131 组态的全站逻辑闭锁功能

⑦ 电压无功自动调节功能

(4) 保护功能

① 线路、馈线保护功能

② 变压器、电抗器保护功能

③ 电动机保护功能

④ 发电机保护功能

⑤ 电容器保护功能

(5) 通信功能

① 具有多个支持多种介质及多种网络的通信接口(RS232、RS422、RS485、CAN、LONWORKS、以太网、电力载波、电缆、无线、光缆等)

② 与测控单元的高速数据网络通信功能

③ 与多种微机保护的数据网络通信功能

④ 与多种智能设备的数据网络通信(微机直流系统、智能电度表、智能消防报警、GPS等)功能

(6) 高级应用功能

① 电压无功自动控制功能

② 嵌入式微机五防功能

③ 小电流接地选线功能

④ 操作票及防误闭锁功能

⑤ 系统诊断与自恢复功能

⑥ 远程监视与维护功能

7.4.3 变电站综合自动化系统的技术指标

判断一套变电站综合自动化系统的性能高低,需要相应的技术指标来衡量,这些指标包括系统响应速度、系统容量、系统操作的正确率等。具体衡量变电站综合自动化系统的主要技术指标说明如下。

① 模拟量综合误差大小,用百分数表示。

② 开关量正确动作率,用百分数表示。

③ 脉冲量精度,用脉冲个数表示。

④ 画面切换的响应时间,用时间(秒)表示。

⑤ 报警响应时间,用时间(秒)表示。

⑥ 系统平均无故障时间间隔(MTBF),用小时表示。

⑦ 系统可用率,用百分数表示。

⑧ 系统寿命,用年表示。

⑨ 系统的通信误码率,用10的负多少次方表示。

⑩ 系统通信协议,用多少规约表示。

⑪ 事件顺序记录(SOE)的分辨率,用多少毫秒表示。

⑫ 系统容量:

- 模拟量,用多少点表示;
- 开关量,用多少点表示;

- 脉冲量,用多少点表示;
- 遥控量,用多少点表示;
- 历史数据,用多少天表示。

7.4.4 变电站综合自动化系统的运行与维护

变电站综合自动化系统是确保电网安全、稳定、优质、经济运行的重要手段。因此,必须认真做好该系统的运行和维护管理工作。

1. 系统运行的巡检

① 巡视运行中的设备和各种信号灯的工况。

② 检查运行中的设备自检信息和报告信息,如有不正常应及时报告主管人员进行处理。

③ 对设备进行采样值检查。

④ 检查通信系统工作是否正常,如微机保护CPU与管理单元通信是否正常,前置机与后台机通信是否正常,检查遥测、遥信、遥控、遥调操作是否正常等。

⑤ 检查各设备电源指示灯及工作电源是否正常。

⑥ 检查设备的连接片切除手柄是否在正确位置。

⑦ 对不间断电源(UPS)进行自动切换检查。

2. 综合自动化系统的注意事项

(1) 微机装置使用注意事项

① 使用每一种新设备前要详细地阅读其说明书,清楚地了解其工作原理及工作性能,确认无问题后再投入使用。

② 整个变电站接地系统应遵循电力系统运行要求。

- 屏体、柜体、计算机外壳、打印机外壳、UPS外壳等的所有二次设备接地端应可靠接地。
- 二次设备接地电阻一般要求小于4 Ω。

③ 在腐蚀性气体浓度较大的环境中,应将二次设备与腐蚀性气体可靠地进行隔离,以免损坏设备。

④ 在温差较大及湿度较大的环境中,应做好控制温度及湿度的工作,以保证设备的正常运行。

⑤ 配备精度适中的多功能测试表,它可以在调试和维护过程中方便地测试二次设备的输入电压、电流、功率、相角、TA的极性和相序、TV的极性和相序等。

⑥ 对于直流屏、五防系统、小电流接地系统、综合无功调压、小谐装置等设备,要求采用部颁CDT规约进行通信。对于电能表通信要求采用全国电能表统一标准规约。

⑦ 所有的通信系统之间的连线及弱信号远传(温度、湿度、烟雾报警、直流传感器等)均要求采用双芯或多芯屏蔽电缆,以免影响测量的精度、系统数据的正常传输以及控制命令的正常下发。

⑧ 替换硬件或检查运行硬件故障时,必须对相应线路采取有效的安全措施,以免引起误动作。

⑨ 带插件的芯片需可靠安装,防止接触不良引起插件工作不正常,如程序芯片

EPROM 及部分存储器。

⑩ 断开直流电源后才允许插、拔插件。

⑪ 插、拔芯片应注意方向。

⑫ 如有元件损坏等原因需使用烙铁时应使用内热式带接地线的烙铁。

(2) 后台机使用注意事项

后台机是完成整个系统监测和控制的重要环节。为了保证整个系统的正常运行，对后台机的运行提出以下基本要求。

① 严禁直接断电。对于 Windows 操作系统，关闭系统有严格的操作顺序，若直接断电，则有可能造成计算机硬件部分损坏、系统文件或其他文件丢失。

② 严禁随意删除或移动文件。Windows 操作系统各文件及文件夹都有特定的位置，若随意删除或移动文件，则会造成系统不能启动或运行变得不稳定。

③ 严禁使用盗版光盘或来历不明的软件。盗版光盘或来历不明的软件通常都带有计算机病毒，病毒也会造成计算机硬件部分损坏、系统文件或其他文件丢失，使系统无法正常运行。

④ 严禁带电插拔计算机主机所有外围设备插头。如果不断电插拔计算机主机外围设备插头，就会造成设备接口电路损坏，使系统无法运行。

⑤ 计算机主机机壳、显示器外壳、打印机外壳必须可靠接地。

3. 变电站综合自动化系统的维护

变电站综合自动化系统在运行中不可避免地会出现故障。因此，必须加强技术管理，同时还应合理、科学地做好维护与检修工作。

(1) 系统分析法

变电站综合自动化系统是一个涉及多种专业技术的复杂的集成系统。要正确地分析和判断系统的行为，应对自动化系统有一个清晰的了解，包括系统的组成、每个子系统作用原理、每个子系统的主要设备组成、每台设备的功能等。利用系统的相关性和综合性原理，分析判断自动化系统的故障的方法即为系统分析法。系统分析法实际上是一种逻辑推断法。若了解了系统中各部分的功能，就可判断系统某部分失效将给系统带来的后果，反之亦然。

(2) 排除法

简单地说，排除法就是“非此即彼”的判断方法。因为自动化系统较为复杂，而且它还与变电站的一、二次设备有关联，因而应先用排除法判断究竟是自动化设备还是相关联的其他设备故障。如操作员在对某台断路器进行遥控操作时，屏幕显示遥控返校正确但始终未能反映该断路器变位。对于这种情况，可先利用系统分析法，先检查该断路器在当地操作合分闸时其位置触点是否正确，如果断路器无论在合闸或分闸时，其位置触点状态始终不变，则证明问题出在位置触点上，而自动化系统无问题；如位置触点状态正确且相关电缆完好，则可以认为问题出在遥信方面。此例是对于自动化系统中自动化设备与相关设备以及自动化设备内部的排除判断法。

(3) 电源检查法

一般来说，自动化系统运行一段时间以后就进入稳定期，设备本身发生故障的情况会比较少。当设备表现为故障时，首先应检查电源电压是否正常。如熔断器熔断、线路连接片接触不良等都会造成工作电源不正常，因而导致设备故障。这种方法适应于通过分析法、排除法已确定故障出在哪台设备后应用。

(4) 信号追踪法

自动化系统是靠数据通信来完成其功能的,而数据通信是看不见、摸不着的,但可以借助示波器、毫伏表等设备检测出来。通过示波器、毫伏表追踪信号是否正常,也是判断故障点的一种有效方法。

(5) 换件法

自动化系统应该是连续工作的,如发生故障应尽快恢复。为做到这点,应配备适当数量的备品备件,以应急用。如通过上述方法已找到故障设备,而这些设备一般都很复杂,一时无法修复,如有备品备件则可直接换用,先恢复系统的正常运行,然后再设法恢复故障设备。

思考题和习题

7-1　变电站综合自动化有哪些优点?

7-2　变电站综合自动化的发展经过了哪些阶段?

7-3　变电站综合自动化中模拟的采集有哪些方法,并简要说明。

7-4　试说明微机保护器的硬件。

7-5　微机保护器都有哪些算法?

7-6　变电站综合自动化系统硬件结构有哪些模式?

7-7　变电站综合自动化系统应具备哪些主要功能?

7-8　如何评价变电站综合自动化系统的性能高低?

7-9　使用变电站综合自动化系统过程中应注意哪些事项?

7-10　如何维护变电站综合自动化系统?

第8章　防雷、接地与安全用电

防雷、接地与安全用电在发电、供电以及用电单位中处于极其重要的地位，是保证电网安全、可靠运行及生产和生活用电的重要部分，关系到生产和人民生命财产的安全问题，因此研究防雷、接地与安全用电的技术具有非常重要的意义。

本章重点讲述雷电形成的原理、防雷技术及其发展、接地技术以及安全用电的问题。

8.1　过电压与防雷

电力系统在运行过程中，由于某种原因会出现超过正常工作要求的高电压，从而对电气设备的绝缘造成损害，这种电压称为过电压。为防止过电压现象的产生，有必要研究过电压产生的原因及规律，并采取相应的限制措施，对电气设备加以有效的防护，以防止设备的绝缘遭到破坏，保证电力系统的正常运行。

8.1.1　雷电形成的原理与过电压的危害

过电压按其产生的原因不同，可以分为内部过电压和外部过电压两大类。

1. 内部过电压

由于电力系统中的开关操作出现故障或其他原因而使系统内部能量发生转化或线路参数发生变化而引起的过电压称为内部过电压，其能量来源于系统内部，数值基本上是和电网的工频电压成正比的。内部过电压从总体上可以分为3种：操作过电压、电弧接地过电压、谐振过电压。

(1) 操作过电压

操作过电压是指切断空载线路或空载变压器引起的过电压。空载线路属于容性负荷，线路电流过零时，线路上的电压为最大值。当断路器切断空载电路时，其触头的分离可能在电源相位角为任何值时发生，如果此时的电流不为零，触头之间就会产生电弧，出现反复重燃，引发强烈的电磁振荡，从而使线路上产生较高的过电压，有可能引起系统内的绝缘弱点闪络，使绝缘薄弱部位击穿，甚至使断路器的触头烧毁，导致设备无法正常运行。空载变压器属于感性负荷，在断路器切断其激磁电流后，电感中的磁场能转化为电场能，从而产生过电压。

(2) 电弧接地过电压

在中性点不接地系统中发生单相电弧接地时，由于系统中存在电感和电容，可能引起线路局部振荡，使接地电弧交替熄灭与重燃，从而产生过电压，这种过电压称为电弧接地过电压，其电压幅值一般不超过相电压的3.5倍。

(3) 谐振过电压

电力系统的电路参数(R、L、C)组合不当，会在系统中引起谐振，由此而产生的过电压称为谐振过电压，其值一般不超过相电压的2.5倍，最大时可达3.5倍。

根据理论分析及大量的运行经验数据表明,内部过电压的幅值在大多数的情况下都不会超过电网工频相电压的 6 倍(相当于线电压的 3.5 倍),只要对电气设备的绝缘强度预先进行合理的考虑和设计,在运行期间加强定期检查和耐压试验,及时地排除绝缘弱点,可以有效地防止内部过电压的产生。

2. 外部过电压

外部过电压又称大气过电压或雷击过电压,是指电力系统的电气设备和地面构筑物遭受直接雷击或雷电感应而引起的过电压,其能量来源于系统外部。外部过电压在电力系统中形成的雷电冲击波,其电压幅值可达几百千伏,电流幅值可达几百千安,无论是电压值还是电流值都远远地大于供电系统的正常值,对电力系统的危害极大,必须采取有效措施加以防护。外部过电压按雷击的形式不同有如下 3 种基本类型:直接雷击过电压、雷电感应过电压、球形雷引起的过电压。

(1) 直接雷击过电压

直接雷击过电压是带电的云层直接与大地上的某一电力网或设备之间发生迅猛的放电现象而形成的强大过电压。电力设备受到直接雷击的作用时,强大的雷电流通过这些设备导入大地,产生破坏性极大的热效应和力效应,同时还伴有电磁效应和闪络放电。

雷电压的幅值很难测量,而雷电流幅值及其增长变化速度(雷电流陡度)是可能测量的,掌握了这两个参数就能够计算和分析防雷设备的保护性能,验算加到电气设备绝缘上的过电压值是否超过容许限度。雷电流的幅值与雷云中的电荷量及雷电放电通道的阻抗有关。大多数情况下,雷电流是在 1～4 μs 极短的时间内增长到幅值的,这一段时间内的电流波形叫作波头,而雷电流从幅值开始衰减下降部分的波形叫作波尾,这段时间规定为从波幅值衰减到其 1/2 值时所经历的时间,一般延续数十微秒。包括波头波尾的雷电流波形可用来衡量雷击强度,如图 8-1 所示,按波头增长变化规律可分为:斜角波头,如图(a)所示;指数函数波头,如图(b)所示;半余弦波头,如图(c)所示。波头形状有时会影响到设计的结果,对于一般线路防雷设计而言,采用斜角波头作为设计依据已能保证足够的安全性,并可大大简化计算过程。

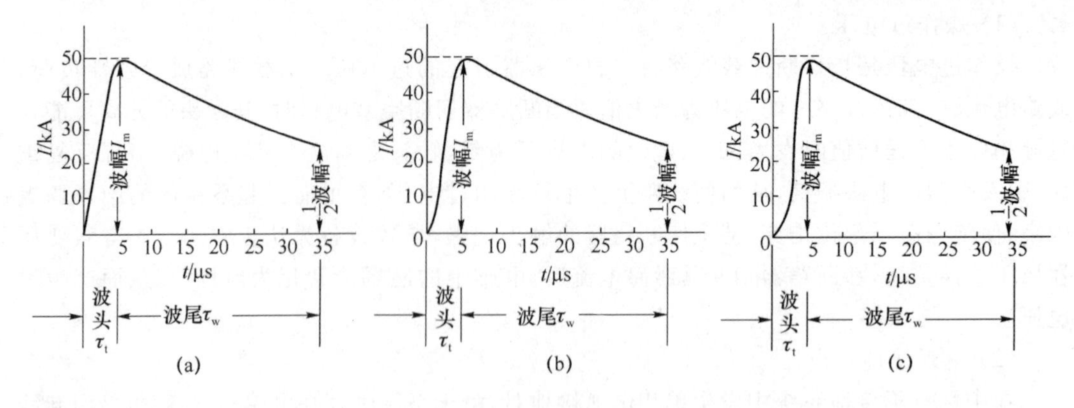

图 8-1　雷电流波形

从以上叙述可以看出,对于电气设备来说,雷电流陡度越大,产生的过电压越高,对绝缘的破坏越严重,因此在采取保护措施时,应尽量降低雷电流的陡度及其幅值。

(2) 雷电感应过电压

当送电线路附近发生对地雷击时,由于静电感应或电磁感应,在架空线的三相导线上或电力设备上往往会出现很高的感应过电压，其幅值可高达 300～400 kV。这种雷电感应过电压在网络导线上流动，可能对送电线路造成很大的破坏性，如果沿着线路侵入变电站或厂房内的电气设备，则破坏性更大，必须采取有效措施加以防范。感应过电压的形成如图 8-2 所示。

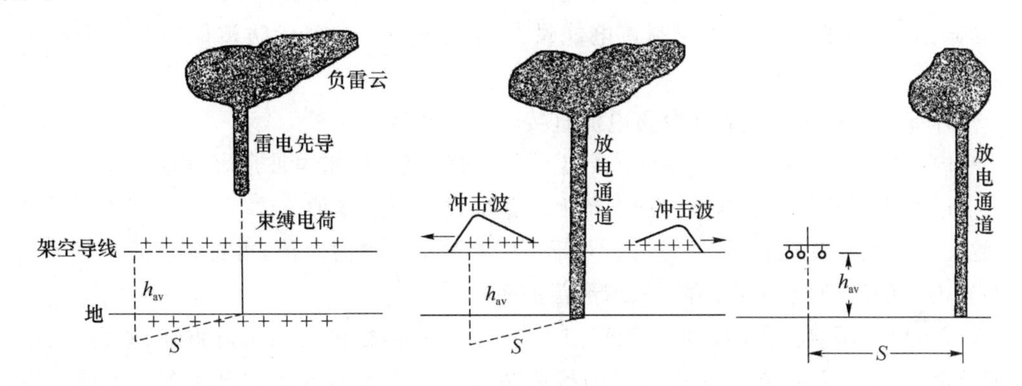

图 8-2　感应过电压的形成

从图 8-2 中可以看出，在雷云放电初始阶段，雷电先导通道中充满着与雷云同极性的电荷并逐渐地向地面发展，如果地面附近有送电线路通过，则雷云及其雷电先导通道中的电荷所形成的电场对导线发生静电感应，逐渐在导线上充以大量与雷云异极性的束缚电荷 Q，由于线路对地电容 C 的存在，线路上就建立了一个雷电感应电压 $U_{gy}=Q/C$。当雷云对附近地面放电时，由于强烈放电产生的电磁效应使感应电压 U_{gy} 瞬间达到很高幅值，而雷云放电后，线路上的束缚电荷变为自由电荷，并以电磁波的速度向线路两侧冲击流动，从而形成感应过电压冲击波。

感应过电压的幅值 U_{gy} 与主放电电流 I_m 成正比，而与雷击地面点和线路的垂直距离 S 成反比。雷击地面点离导线越近，则导线上的感应过电压就越大；如果距离太近时，就会发生雷云直接对线路放电。此时导线上呈现的不是感应过电压，而是直击雷电压，因此在计算感应过电压时，按照相关的规定，雷击地面点距导线的垂直距离至少等于或大于 65 m。另外，导线的悬挂平均高度 h_{av} 也会影响到 U_{gy} 的大小，因为即使是同样的雷云电荷，当导线离地面越近时，对地电容较大，感应过电压就越小；当导线离地面越高时，对地电容较小，感应过电压就越大。实测结果证明，当距离大于 65 m 时，感应过电压幅值可按下式近似计算：

$$U_{gy}=25I_m h_{av}/S. \tag{8-1}$$

前面已经提到，雷电感应过电压既可在网络导线上流动，也可能沿着线路侵入变电站或厂房内的电气设备，危害极大。据统计，这种雷电冲击波侵入造成的事故约占电力系统雷害的 50%以上，尤其是在南方一些地区。因此在防雷设计时，应采取措施把最大波陡度限制在规定值内，以确保生产和设备的安全。

(3) 球形雷引起的过电压

球形雷是一种特殊的雷电现象，一般是以橙色、红色或似红色火焰的发光球体(也有带黄色、绿色、蓝色或紫色的)，直径一般约为 10～20 cm，最大的直径可达 1 m，存在的时间较短，约为百分之几秒至几分钟，多为 3～5 s，其下降时，有时无声，有时伴有“嘶嘶”的声音，一旦遇到物体或电气设备时会产生燃烧或爆炸，主要是沿建筑物的孔洞或开着的门窗进入室内，有的由烟囱或通气管道进入楼房，多数沿带电体消失。

8.1.2　接闪器防雷

由于雷电对电力系统的安全运行危害性大,因此研究防雷技术意义重大。总的来说,防雷的基本途径就是要提供一条雷电流对地泻放的合理的阻抗路径,而不能让其随机性地选择放电通道,简单地说就是要控制雷电能量的泻放与转换。现代防雷保护基本上有三道防线:

- 外部保护——将绝大部分雷电流直接引入大地泻放;
- 内部保护——防止沿电源线或数据线、信号线侵入的雷电波危害设备;
- 过电压保护——限制被保护设备上的雷电过电压的幅值。

这三道防线相互配合,缺一不可。对于不同类型的雷电过电压,可将雷电防护分为三种类型:直击雷的防护、感应雷的防护、球形雷的防护。

本节主要介绍直击雷的防护。到目前为止,防护直击雷都是采用避雷针、避雷线、避雷带、避雷网作为接闪器,然后通过良好的接地装置迅速而安全地将雷电流泻入大地。避雷针、避雷线、避雷带、避雷网作为防护直击雷的装置,基本原理及结构是相同的,下面以避雷针为例,详细介绍避雷的原理、性能及避雷范围。

1. 避雷针

避雷针主要由接闪器、支持构架、引下线和接地体 4 部分组成。

(1) 接闪器

接闪器是指避雷针顶端的镀锌圆钢或避雷线的全部镀锌钢绞线,专门用于接受雷云闪络放电。避雷针的接闪器采用 1～2 m 长的直径大于 20 mm 的圆钢或直径大于 25 mm 的钢管,而避雷线则采用截面大于 35 mm^2 的钢绞线。

(2) 支持构架

支持构架是将接闪器装设于一定高度的支持物上。在变电站或易爆的厂房,应采用独立的支持构架;而一般厂房和烟囱等,避雷针可直接装设于保护物上。

(3) 引下线

引下线作为接闪器和接地体之间的连线,将接闪器上的雷电流安全地引入接地体。引下线一般采用经过防腐处理的直径 8 mm 以上的圆钢或截面大于 12 mm×4 mm 的扁钢,经最短路径接入地下,每隔 1.5 m 左右加以固定,以防损坏。

(4) 接地体

接地体即接地装置,是埋入地下土壤中的接地极的总称,其作用是将雷电流泻入大地。接地体常用多根长 2.5 m、50 mm×50 mm×50 mm 的角钢打入地下,其效果和作用常用冲击电阻的大小来表示,电阻值越小越好,独立的避雷针或避雷线的冲击电阻应不大于 10 Ω。

避雷针的防雷作用是它能对雷电场产生一个附加电场,使雷电场发生畸变,把雷电从保护物上方引向自己并安全地将雷电流通过接地体泻入大地,因此其引雷性能、泻流性能和保护范围是至关重要的。

避雷针在距地面一定高度时将雷电引向自身,使被保护物免于遭受雷击,这种现象称为截击效应;而雷电先导从低于这一高度的侧面袭击时,避雷针起不到保护的作用,这称为对被保护物的侧击;对于高架避雷针,其引雷能力较强,但当侧方袭来的下行雷电先导被避雷针引近而未能在针端接闪时，会出现雷电击中附近地面的情况，使得高架避雷针附近的地面落雷的密度较大，该地面称为散击区，因此不主张用高架避雷针保护建筑物，而采用屋顶短针和避雷带防雷。

避雷针的保护范围就是能防护直击雷的空间范围，其大小与避雷针的高度有关。由于绝大多数的雷云都在离地面 300 m 以上，所以避雷针的保护范围不受雷云高度变化的影响。下面介绍确定保护范围的计算方法。

(1) 单支避雷针的保护范围

单支避雷针的保护范围是以避雷针为轴的折线圆锥体，如图 8-3 所示。

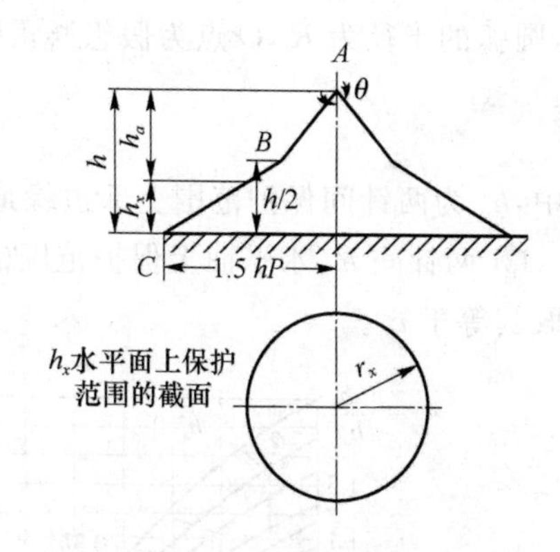

图 8-3　单支避雷针的保护范围

折线的确定方法是：A 点为避雷针顶点，B 点是高度及与避雷针距离都等于避雷针高度一半的一点，C 点则是地平面上距离避雷针为其高度 1.5 倍的一点，联结 ABC 即为保护范围的折线。避雷针在地面上的保护半径应按下式计算：

$$r=1.5hP, \tag{8-2}$$

式中，r 为保护半径(m)；h 为避雷针或避雷线的高度(m)，当 $h>120$ m 时，可取其等于 120 m；P 为高度影响系数，当 $h\leqslant 30$ m，$P=1$；30 m$<h\leqslant 120$ m，$P=\frac{5.5}{\sqrt{h}}$；$h>120$ m，$P=0.5$。

如果被保护物的高度为 h_x 时，则在 h_x 水平面上的保护半径 r_x 可按下面的公式计算：

当 $h_x\geqslant 0.5h$ 时，
$$r_x=(h-h_x)P=h_aP, \tag{8-3}$$

当 $h_x\leqslant 0.5h$ 时，
$$r_x=(1.5h-2h_x)P, \tag{8-4}$$

式中，r_x 避雷针或避雷线在 h_x 水平面上的保护范围(m)；h_x 为被保护物的高度(m)；h_a 为避雷针的有效高度(m)。

被保护物的高度是指最高点的高度，被保护物必须完全处在折线椎体内才能确保安全。

(2) 两支等高避雷针的保护范围

保护范围很大时，若用单支避雷针保护，则需架设很高，投资大，施工困难，此时应采用多支矮针进行联合保护，在技术经济上更为合理，如图 8-4 所示。

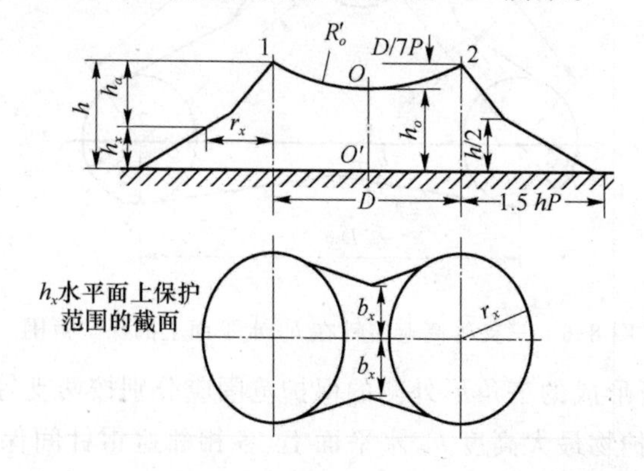

图 8-4　高度为 h 的两支等高避雷针的保护范围

采用两支等高避雷针进行联合保护，按下面方法进行两针联合保护范围验算。

① 两针外侧的保护范围按单支避雷针确定。

② 两针之间的保护范围应按通过两针顶点及保护范围上部边缘最低点 O 的圆弧来确定，圆弧的半径为 R_o'，O 点为假想避雷针的顶点，其高度应按下式计算：

$$h_o=h-\frac{D}{7P},\tag{8-5}$$

式中，h_o 为两针间保护范围上部边缘最低点高度(m)；D 为两避雷针间的距离(m)。

③ 两针间 h_x 水平面上保护范围的一侧最小宽度 b_x 应按图 8-5 确定，当 b_x 大于 r_x 时，应取其等于 r_x。

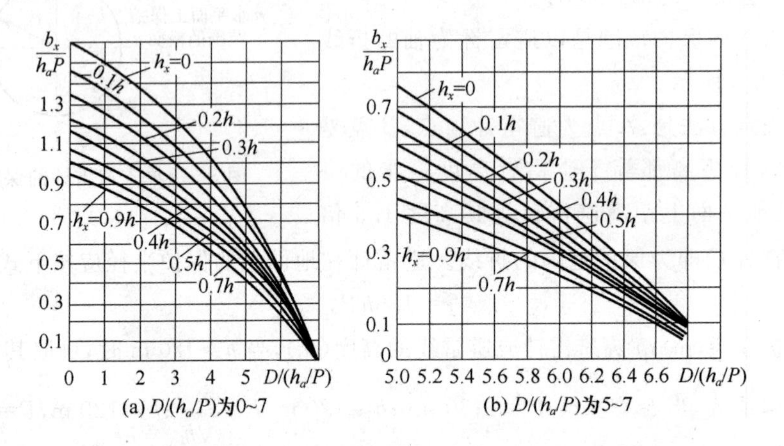

图 8-5　两等高避雷针之间保护范围的 b_x 与 D/h_aP 的关系

④ 两针间距离与针高之比 $\frac{D}{h}$ 不宜大于 5。

(3) 多支等高避雷针的保护范围

占地范围较大的变电站或厂房经常需装多支避雷针进行联合保护，三支等高避雷针的保护范围如图 8-6 所示。

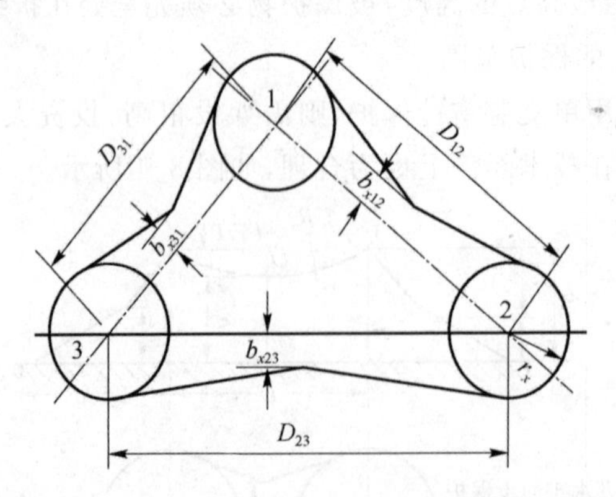

图 8-6　三支等高避雷针在 h_x 水平面上的保护范围

三支等高避雷针所形成的三角形外侧的保护范围应分别按两支等高避雷针的方法进行计算，在三角形内被保护物最大高度 h_x 水平面上，各相邻避雷针间保护范围的一侧最小宽

度 $b_x \geqslant 0$ 时，则全部面积受到可靠保护。

四支等高避雷针的保护范围如图 8-7 所示。

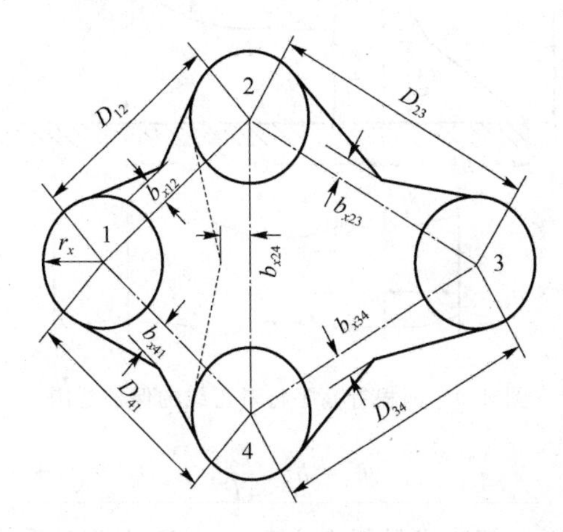

图 8-7　四支等高避雷针在 h_x 水平面上的保护范围

四支及多支的等高避雷针所形成的四角形或多角形，只需将其分成两个或多个三角形，然后按上述方法进行计算，则全部面积均能受到可靠保护。

2. 避雷线

(1) 单根避雷线在 h_x 水平面上每一侧保护范围的宽度如图 8-8 所示，当 h 不大于 30 m 时，θ 为 25°，具体计算方法如下：

① 当 $h_x \geqslant 0.5h$ 时，每侧保护范围的宽度 $r_x = 0.47(h - h_x)P$；　(8-6)

② 当 $h_x \leqslant 0.5h$ 时，每侧保护范围的宽度 $r_x = (h - 1.53h_x)P$。　(8-7)

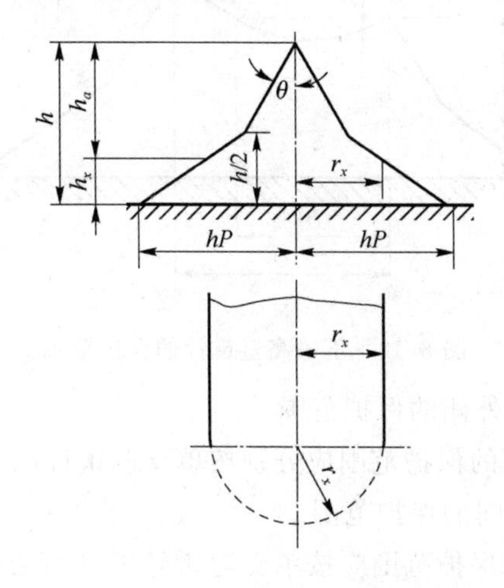

图 8-8　单根避雷线的保护范围

(2) 两根等高平行避雷线的保护范围如图 8-9 所示。

两线外侧的保护范围按单根避雷线的计算方法确定。

两线之间的各横截面保护范围应按通过两线及保护范围边缘最低点 O 的圆弧来确定，圆弧的高度应按下式计算：

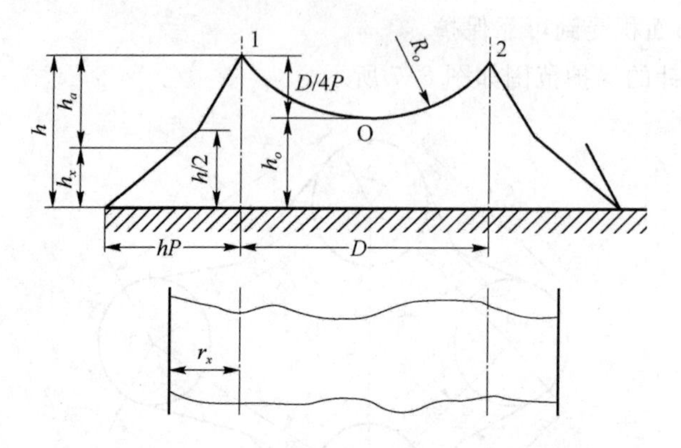

图 8-9 两根等高平行避雷线的保护范围

$$h_o = h - \frac{D}{4P}, \tag{8-8}$$

式中,h_o 为两线间保护范围上部边缘最低点高度(m);D 为两避雷线间的距离(m)。

两线端部的外侧保护范围按单根避雷线保护范围确定,两线间端部保护最小宽度 b_x 应按下述方法确定:

① 当 $h_x \geqslant 0.5h$ 时,每侧保护范围的宽度 $b_x = 0.47(h_o - h_x)P$; (8-9)

② 当 $h_x \leqslant 0.5h$ 时,每侧保护范围的宽度 $b_x = (h_o - 1.53h_x)P$。 (8-10)

3. 不等高避雷针避雷线的保护范围

不等高避雷针保护范围如图 8-10 所示。

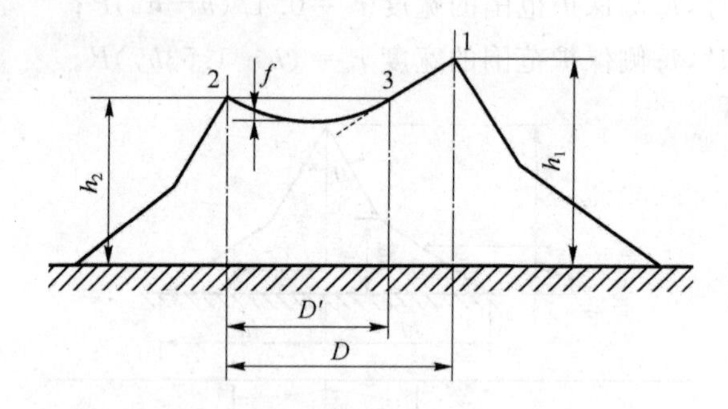

图 8-10 不等高避雷针的保护范围

(1) 两支不等高避雷针外侧的保护范围

两支不等高避雷针外侧的保护范围应分别按单支避雷针的计算方法确定。

(2) 两支不等高避雷针间的保护范围

两支不等高避雷针间的保护范围应按单支避雷针的计算方法,先确定较高避雷针 1 的保护范围,然后由较低避雷针 2 的顶点,做水平线与较高避雷针相交于点 3,取交点 3 处避雷针的计算方法确定避雷针 2 和 3 之间的保护范围。通过避雷针 2、3 顶点及保护范围上部边缘最低点的圆弧,其弓高按下式计算:

$$f = D'/7P, \tag{8-11}$$

其中,f 为圆弧的弓高(m);D' 为避雷针 2 和等效避雷针 3 间的距离(m)。

(3) 对于多支不等高避雷针所形成的多角形,各相邻两避雷针的外侧保护范围应按两支不等高避雷针的计算方法确定；三支不等高避雷针，在三角形内被保护物最大高度水平面上，各相邻避雷针间保护范围一侧最小宽度大于等于零时，全部面积可受到保护；四支及以上不等高避雷针所形成的多角形，其内侧保护范围可仿照等高避雷针的方法确定。

(4) 两支不等高避雷线各横截面的保护范围

可仿照两支不等高避雷针的方法进行计算。

(5) 相互靠近的避雷针和避雷线的联合保护范围

联合保护范围可按下列方法确定：

① 避雷针和避雷线的外侧保护范围可分别按单针和单线的保护范围确定；

② 内侧保护范围可以将不等高针、线视为等高的针、线，再将等高针、线视为等高避雷线计算。

8.1.3　避雷器、浪涌保护器防过电压

电力系统的线路在遭受雷击或发生雷电感应后，如果雷电冲击波由线路侵入变电站，过电压超过了这些电气设备绝缘的耐压值，则绝缘将被击穿损坏，造成事故，严重时可能无法继续供电，后果极其严重，必须采取有效措施对雷电冲击波加以防范。防止雷电冲击波的有效装置是避雷器和浪涌保护器。

1. 避雷器

避雷器作为保护设备，并联在电气设备上，如图 8-11 所示，其放电电压低于电气设备绝缘的耐压值；当过电压侵袭时，首先使其立即对地放电，从而使被保护设备的绝缘免受过电压的破坏。当过电压消失后，避雷器又能自动恢复到起始状态。根据放电后在恢复原态过程中熄弧方法的不同，避雷器主要分为管型避雷器、阀型避雷器和氧化物避雷器。

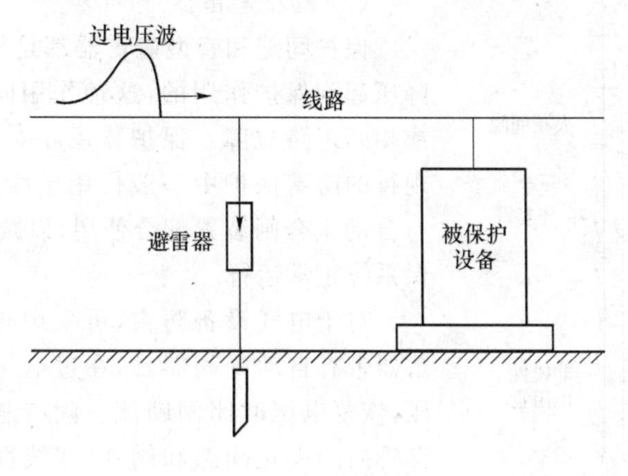

图 8-11　避雷器的连接

(1) 管型避雷器

管型避雷器是以气体放电为基本原理，又称排气式避雷器，是一种具有较高灭弧能力的保护间隙，结构如图 8-12 所示。

管型避雷器主要由产气管、内部间隙和外部间隙三部分组成。产气管一般用纤维或有机玻璃等制成，其内部棒形电极用接地支座和螺母固定，另一端环形电极上有管口，经外部

火花间隙与导线相连,外部间隙是保证正常时使避雷器与网路导线隔离,用以避免纤维管受潮漏电,外部间隙可根据网路额定电压而进行调节。

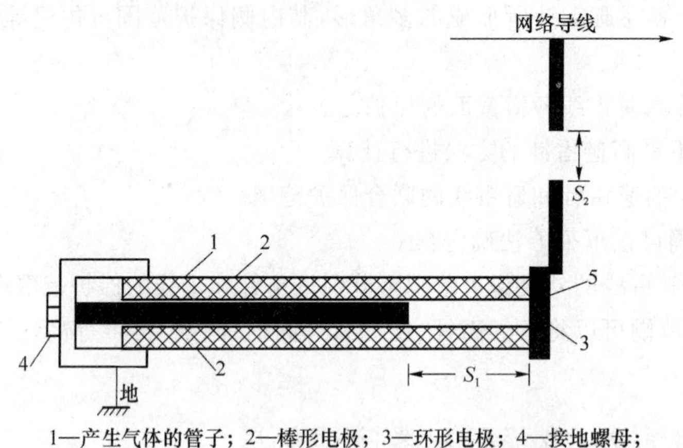

1—产生气体的管子; 2—棒形电极; 3—环形电极; 4—接地螺母;
5—喷弧管口; S_1—内部火花间隙; S_2—外部火花间隙

图 8-12 管型避雷器结构示意图

当沿线路侵入的雷电波幅值超过管型避雷器的击穿电压时,内外间隙同时放电,雷电流经过避雷器泻入地下,随后经过的是电网的工频续流(相当于对地短路电流),其值也较大。在内间隙的放电电弧使管内温度迅速升高,使管内壁纤维质分解出大量高压气体,由环形电极端的开口孔喷出,形成强烈的纵吹作用,使电弧在电流第一次过零时就能熄灭,全部熄弧过程仅为 0.01 s。

管型避雷器残压小且简单经济,但动作时有气体喷出,残压波形陡峭,对敏感电气设备的保护能力不强,一般用于室外线路,如变电站进线线路的过电压保护。

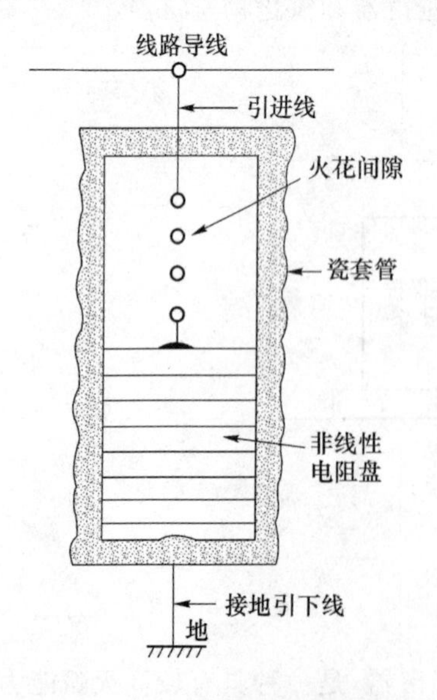

图 8-13 阀型避雷器结构示意图

(2) 阀型避雷器

保护间隙和管型避雷器都是靠间隙击穿接地放电降压起到保护作用的,这种作用同时会造成接地故障或相间短路故障。保护作用相对来说是不完善的,在现行的防雷保护中一般仅用于线路防雷,并尽可能地与自动重合闸装置配合使用,以减少线路停电事故,确保系统正常运行。

对于电气设备防雷,可采用阀型避雷器。阀型避雷器带有自动闸阀器具,在过电压下自动开闸泻流降压,恢复电压时闭闸断流。阀型避雷器由装在密封瓷套管内的火花间隙和阀片(非线性电阻片)串联组成,在瓷套管上端有接线端子与网路导线相连,下端通过接地引线与接地体相连,结构如图 8-13 所示。

火花间隙根据网路额定电压的高低,采用由铜片冲制而成的若干个单间隙叠合而成,中间夹垫一个云母垫圈。这种结构可以使放电电压的分散性小并获得较为平缓的放电伏秒特性。阀片用金刚砂细粒(70%)、水玻璃(20%)和石墨(10%)在高温下烧制而成,呈圆饼状。这种阀片具有良好的非线性特性及较高的通流能力，其电阻不是常数，其值随通过的电流的大小而改变，通过的电流大时，阻值很小；通过的电流小时，阻值很大，因此在通过较大雷电流后不会使残压升高，且对工频续流加以限制，有利于火花间隙切断工频续流。高压阀型避雷器中增加火花间隙，目的是为了将长弧分割为多段短弧，以加速电弧的熄灭。

当雷电冲击波侵入时，过电压使火花间隙击穿放电，雷电流通过阀片迅速泻入大地，随后的工频续流较小，阀片呈现很大电阻，使火花间隙的电弧容易熄灭，从而切断工频续流，保证线路恢复正常运行。雷电流流过阀片电阻时会形成电压降(残压)，残压仍作用于被保护设备，因此设备绝缘耐压值应高于残压值，否则设备绝缘会被击穿。

阀型避雷器除上面介绍的普通型外，还有一种磁吹型，其内部附加磁吹装置来加速火花间隙电弧的熄灭，可进一步降低残压，一般用于保护重要的设备或绝缘较弱的设备。

(3) 氧化物避雷器

氧化物避雷器又称压敏避雷器，是一种新型的避雷器，它利用金属氧化物对电压敏感特性来吸收交、直流电路中雷电过电压和操作过电压，以保护电力、电子器件的装置。其发展和使用在很长一段时间内主要用于超高压电网，价格下降后才逐步用于较低电压电网。

这种避雷器的阀片是由氧化锌或氧化铋等金属氧化物高温烧结而成，具有比较理想的伏安特性。在工频电压下，它呈现极大电阻，能迅速有效地抑制工频续流，而无须火花间隙熄灭工频续流电弧；在过电压时，其电阻又变得很小，可以很好地泻放雷电流。总之此种避雷器具有许多优点，如无间隙、无续流、体积小、重量轻、通流容量大、优异的非线性伏安特性和设备所受过电压可以降低等，具有很好的发展前途，可能取代现有的各类阀型避雷器。

(4) 浪涌保护器

对系统设备而言，电源线路和信号线路是雷电袭击产生过电压并进行传导的两条主要通道，因此防雷器分为电源系统防雷器和信号系统防雷器。根据不同区域和使用特点可将防雷器分为多种类型，下面介绍用于直流电源的浪涌保护器。

此类保护器专门用于 12 V、24 V 等直流电源系统的过电压保护，它可以将保护电压等级保持在 60 V 以下。浪涌电压抑制器件基本上可以分为两大类型：一种类型为撬棒器件，另一种类型为钳位保护器。撬棒器件的主要特点是器件击穿后的残压很低，不仅有利于浪涌电压的迅速泻放，也使功耗大大降低。器件的漏电流小和极间电容量小，使得对线路的影响很小。常用的撬棒器件包括气体放电管、气隙型浪涌保护器和硅双向对称开关等。钳位保护器件在击穿后，其两端电压维持在击穿电压上不再上升，以钳位的方式起到保护作用。常用的钳位保护器有二极管型保护器件和氧化锌压敏电阻等。

8.1.4　架空线的防雷保护

架空送电线路大多地处旷野，遭受雷击的概率较高。据不完全统计，电力系统的雷害事故约 60%发生在线路上，架空线路受到直接雷击或线路附近落雷时，导线上会因电磁感应而产生过电压，这个电压往往高出线路电压多倍，使线路绝缘遭到破坏而引起事故。当雷击线路时，巨大的雷电流在线路对地阻抗上产生很高的电位差，导致线路绝缘闪络，不但危害线路本身的安全，而且雷电会沿着导线迅速传到变电站，若变电站内防雷措施不到位，则会造成站内设备严重损坏，因此必须重视对架空线路的防雷保护。

在进行防雷设计时，可根据线路的重要性、雷电活动的强弱和频度、线路的电压等级、负荷性质、系统运行方式、地形地貌特点和土壤电阻率等综合情况，通过技术经济比较，采用合理的防雷方式。架设避雷线是线路防雷保护的最基本和最有效的措施。

1. 3～10 kV 线路防雷

3～10 kV 架空配电线路的绝缘水平较低,通常只有一个针式绝缘子,避雷线的作用较小,不需架设,可以采用中性点不接地的方式,利用钢筋混凝土自然接地。在这种情况下,当雷击发生单相对地闪络时,系统可不跳闸。与自动重合闸装置配合使用,可以提高供电可靠性。

在雷电活动较强,线路受雷击的机会较多的地区,可采用高一电压等级的绝缘子;也可通过继电保护参数整定,压缩线路断路器的跳闸时间或适当增加人工接地体等方法来加强防雷保护。

2. 35～66 kV 线路防雷保护

35 kV 线路一般不装设避雷线,因其耐雷水平只有 20 kA,出现雷电流的概率较大,约为 68%,因而雷击避雷线反击导线的可能性随之增大,装设避雷线提高线路的可靠性的作用较小。这种情况可采用中性点不接地的运行方式,如果线路较长,可在中性点装消弧线圈,以补偿接地点的电容电流;或采用线路自动重合闸、环网供电等方式。

在雷区活动较少的地区,66 kV 线路也不沿全线装设避雷线,以节约线路投资,可采用上述方法得到较为满意的防雷效果。

3. 110～500 kV 线路防雷保护

110 kV 线路一般沿全线架设避雷线,对于雷电活动特别强烈的地区,适宜架设双避雷线;在雷电活动轻微的地区可不沿全线架设避雷线,但应装设自动重合闸装置。

220 kV 线路应沿全线架设避雷线,在山区宜架设双避雷线。

330～500 kV 线路,绝缘水平和耐雷水平均增大,但随着线路长度的增大,线路落雷总的次数增大,线路经过山区,平均高度增大,反击和绕击率均增大。因此对于这种线路,输送的功率较大,意义重大,宜采用全线架设双避雷线。

通常来说,线路电压越高,采用避雷线的效果越好。为了起到保护作用,线路架设避雷线后,杆塔必须良好接地,另外,各级电压的线路应尽量装设自动重合闸装置。

4. 采用线路型氧化锌避雷器防雷

即使在全线架设避雷线,也不能完全排除在导线上出现过电压的可能性。安装线路避雷器可以使由于雷击所产生的过电压超过一定的幅值时动作,给雷电流提供一个地阻抗的通路,使其泻放到大地,从而限制了电压的升高,保障线路和设备的安全。

线路型氧化锌避雷器作为一种新的线路防雷技术,已得到越来越广泛的认可和应用。现有的运行经验表明,在雷电活动较为频繁、土壤电阻率高、地形复杂的地区安装此类避雷器进行防雷保护,无论在防止雷绕击导线、雷击塔顶或地线时的反击都非常有效。

应注意的是需结合雷电定位系统解决易击段、易击杆和安装相的选择,以及杆塔接地电阻、地形等因素对防雷效果的影响关系等问题,及时跟踪其应用和运行情况,总结运行经验。巡线时注意观察其外观及计数器状况,对于动作次数较多的避雷器必要时应在线路停电时进行绝缘测试。

8.1.5 变电站的防雷保护

变电站的防雷保护是一个系统工程,由三个子系统(即三道防线)组成,第一道防线的作用是防止雷直击变电站的电力设备;第二道防线是变电站进线保护段,雷击进线保护段首端时,绝大部分雷电流被引入地中,只有很小部分的雷电流会沿架空线路侵入变电站;第三道防线是将侵入变电站的雷电波降低到电气装置绝缘强度允许值以内，以确保变电站设备的安全运行。这三道防线构成一个完整的变电站防雷保护系统。

1. 变电站的直击雷的防护

变电站的设备和建筑物（如室外配电装置、较高的建筑物和构筑物、易爆易燃对象等）须加直击雷防护，主厂房主控制室和 35 kV 以下的屋内配电装置一般不需装设直击雷防护装置，而将其金属结构接地即可。变电所直击雷的保护主要采用避雷针（或线），将雷电吸引到避雷针本身上来并安全地将雷电流引入大地，从而保护了附近绝缘水平低于它的设备免遭雷击。

在装设避雷针（线）时应注意以下几方面的问题。

① 独立避雷针的设立点应避开人员经常通行的地方，距离道路 3 m 以上，否则应采取均压措施，以保证人身安全。

② 为避免雷击避雷针时，雷电波沿电线传入室内，严禁将架空照明线、电话线、广播线、无线电天线等架设在避雷针上或其下的架构上。

③ 安装在独立避雷针或装有避雷针构架上的照明灯，其电源线必须采用金属外皮电缆或将导线穿入金属管，并将电缆或金属管直接埋入地下 10 m 以上才能与 35 kV 及以下配电装置的接地网相连，或者与屋内低压配电装置相连接。

2. 变电站的进线段保护

(1) 35 kV 及以上变电站的进线段保护

对变电站进线段实施防雷保护，其目的就是使雷电过电压产生在 1～2 km 以外，利用进线段本身阻抗的限流作用，限制流经避雷器的雷电流幅值（5 kA 以下）和雷电波的陡度，形成“进线保护”。35 kV 及以上变电站的进线段保护如图 8-14 所示。

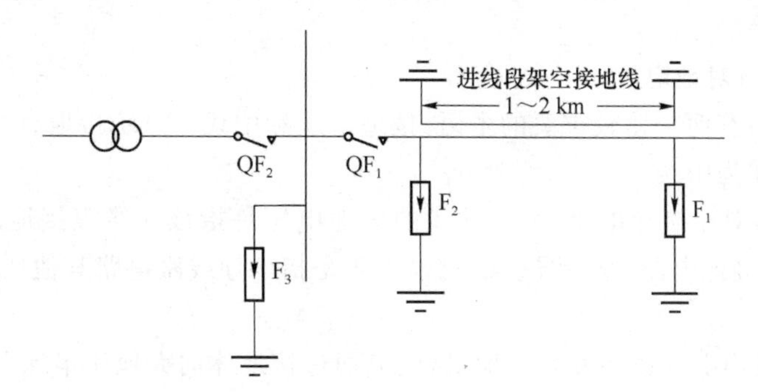

图 8-14　变电站进线保护示意图

架设避雷线的线段称为进线保护段，其长度一般为 1～2 km，具有较高的耐雷性能。避雷线的保护角应不大于 20°，以尽量减少绕击率。对于木杆或木横担线路，由于其对地绝缘较高，为了限制线路上遭受直击雷产生的高电压，可在其进线段首端装设一组管型避雷器 F_1；对于铁塔或铁横担的线路，其进线段首端可不装设避雷器。由于变电站的进线开关或断路器在雷雨季节可能处于开路状态，为防止雷电冲击波引起的折射电压使其触头相间或对地闪络而损坏触头，应在进线段末端，尽量靠近隔离开关或断路器处装设一组管型避雷器 F_2，其外间隙大小应调整为线路正常运行时不被击穿，另外阀型避雷器 F_3 装设于高压母线上，以保护主变压器及其他电气设备的绝缘。如果变电站采用两路进线且高压母线分段，则每路进线和每段母线均应按上述标准方案实施保护。

(2) 小容量变电站的简化进线保护

对于小容量变电站,可以根据变电站的重要性和雷电活动强度等情况,采取简化的进线保护。由于小容量变电站范围较小,避雷器距离变压器一般在10 m以内,故侵入波陡度允许增加。进线长度可以缩短到500～600 m,在进线段首端可装设一组避雷器,限制流入变电站阀型避雷器的雷电流。

3. 变电站对侵入波的防护

变电站对侵入波的防护主要是采用金属氧化物避雷器,避雷器的安装需根据具体情况确定。

8.2 电气接地

电气接地的主要原因可以归结于一点,就是要确保设备和人体安全:在雷击发生时,雷电流能通过接地电极入地;导线上出现浪涌时,浪涌电流能够通过接地电极入地;当高压线意外掉在架空引入线上时,短路电流也能通过接地电极流入大地。本节主要讲述有关电气接地的基本知识。

8.2.1 接地的一般概念

大地是一个导电体,在没有电流通过时它是等电位的,通常人们认为大地具有零电位。如果地面上的金属物体与大地牢固连接,在没有电流流通的情况下,金属物体与大地之间没有电位差,此时该物体具有了大地的电位——零电位,这就是接地的一般概念。简单地说,接地就是指将地面上的金属物体或电气回路中某一节点通过导体与大地相连,使该物体或节点与大地保持等电位。

1. 接地电流与对地电压

在接地系统中有两个比较重要的术语:接地电压和中线。系统接地有一个中性点,连接到中性点的导线即为中线。

① 对地电压:对于接地电路,某一导线的对地电压是指该导线跟接地点或已接地线之间的电压;对于未接地电路,某一导线的对地电压是指该导线跟电路其他任一导线之间的最大电压。

② 接地电流:当电气设备发生接地时,电流通过接地体向大地作半球形散开,这一电流称为接地电流。

半球形的散流面在距接地体越远处其表面积越大,散流的电流密度越小;距接地点越远处地表电位越低,电位和距离成双曲线函数关系,如图8-15所示。

在距接地点20 m左右的地方,地表电位已趋近于零,这个电位为零的地方称为电气上的“地”。

2. 接触电压和跨步电压

① 接触电压:电气设备的外壳一般都和接地体相连,在正常情况下和大地同为零电位。当设备发生接地故障时,有接地电流入地,并在接地体周围地表形成对地电位分布,此时如果人触及设备外壳,则人所接触的两点之间的电位差称为接触电压。

② 跨步电压:电气设备发生接地故障时,如果人在接地体20 m范围内走动,由于两脚之间有0.8 m左右距离而引起的电位差,称为跨步电压。接触电压和跨步电压如图8-16

所示。

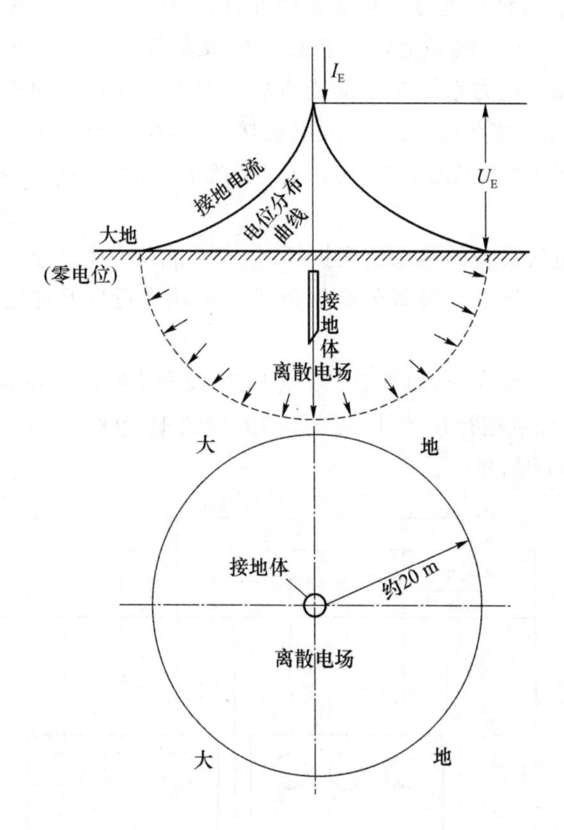

图 8-15　接地电流、对地电压及接地电流电位分布曲线

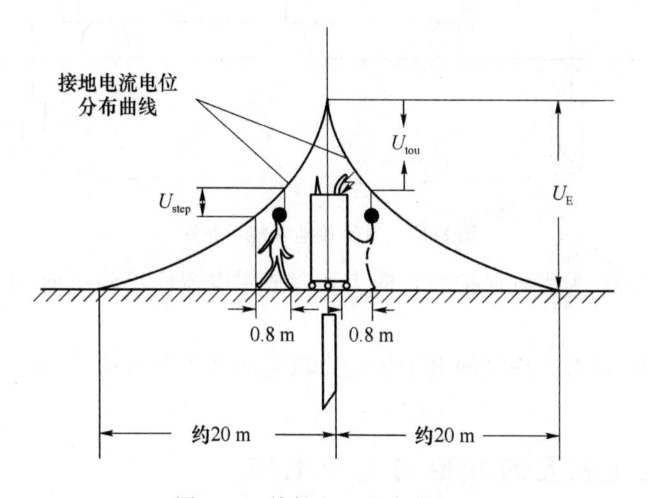

图 8-16　接触电压和跨步电压

从图 8-16 中可以看出，对地电位分布越陡，接触电压和跨步电压越大。为了将接触电压和跨步电压限制在安全电压范围之内，通常采取降低接地电阻，打入接地均压网和埋设均压带等措施，以降低电位分布曲线的陡度。

3. 工作接地、保护接地和重复接地

电力系统和电气设备的接地按其作用的不同可分为：工作接地、保护接地、重复接地、防雷接地和防静电接地。每种接地方式布置是否规范、合理,不仅对变电站内的人身和设备安全造成影响,也可能对整个电网安全运行带来危害,接地设计是非常重要的。

① 工作接地:为保证电力系统在正常或事故情况下可靠运行而进行的接地,称为工作接地。工作接地可分为中性点直接接地(大电流接地)和中性点不接或经特殊装置(如消弧线圈)接地(小电流接地)。变电站的工作接地主要指主变压器中性点和站用变压器低压侧中性点的接地。

② 保护接地:当电气设备的绝缘出现损坏时,有可能使设备的金属外壳带电,为保障人身安全,防止触电事故而将电气设备的金属外壳与大地进行良好的电气连接,称为保护接地,代号为 PE。

③ 重复接地:在 TN 系统中,如果 PE 线或 PEN 线发生断线现象时,就会存在一定的危险,因此除了在电源中性点进行接地外,还要在 PE 线或 PEN 线上的一处或多处再次接地,称为重复接地,如图 8-17 所示。

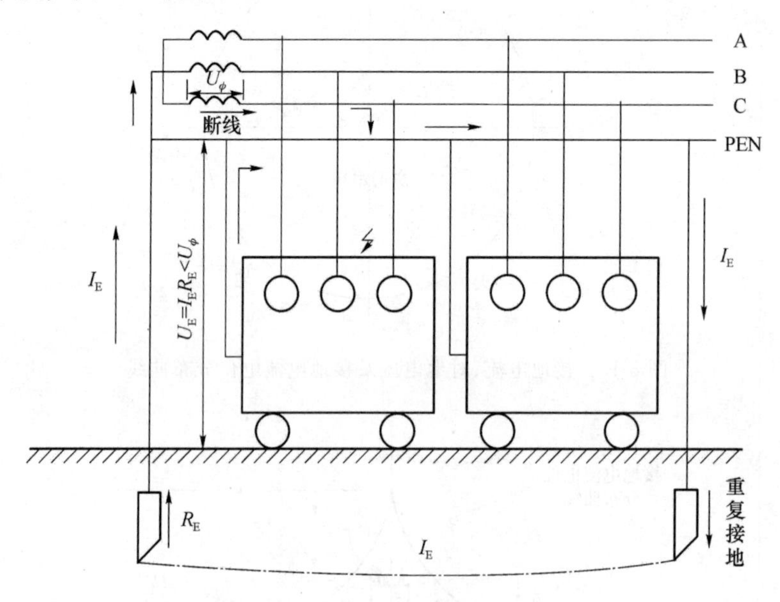

图 8-17　重复接地功能示意图

④ 防雷保护接地:为雷电保护装置向大地泻放雷电流而设的接地,也可归结到保护接地中。

⑤ 防静电接地:针对一些抗静电干扰能力较差的装置而言的,以防外界的干扰使装置发生误动作。

8.2.2　电气装置的接地与接地电阻

在电力系统中,为保证电气设备的正常工作或防止人身触电,而将电气设备的某一点或多点与接地装置连接起来,称为电气接地。电气装置的接地按其作用可分为三类:保护接地、工作接地和防雷接地。电气接地装置的主要性能参数之一为接地电阻。

大地是一个导电体而并非理想导体,它具有一定的电阻率,如果有电流通过,则大地就不再保持等电位,被强制流进大地的电流是经过接地导体注入的,进入大地的电流以电流场的形式四处扩散。当接地点有电流流入大地时,该点相对于远处零电位点来说,将具有确定

的电位升高，通常把接地点处的电压 U_m 与接地电流 I 的比值，定义为该点的接地电阻，即

$$R=U_m/I,\tag{8-12}$$

从式中可以看出，当接地电流 I 为定值时，接地电阻 R 越小，则电压 U_m 越低，反之则越高，此时地面上的接地物体也具有电压 U_m，不利于电气设备的绝缘以及人身安全，因此要力求降低接地电阻。

8.2.3　接地电阻的计算与测量

1. 接地电阻的计算

接地电阻是接地装置的主要参数，它与土壤的电阻率、密实度、含水率、温度、化学物质的含量，以及接地装置的构造、面积、埋设深度等因素有关，一般可分为以下 3 部分。

- 接地极自身电阻：工程中使用的接地极都是利用金属制成的，其电阻值很低，一般忽略不计。
- 接地极与土壤间的接触电阻：其值占接地电阻的 20%～60%。
- 接地极周围土壤的电流流散电阻：该值与土壤的电阻率有关。

由此可见，接地电阻主要由接触电阻和流散电阻构成。有关接地电阻在许多教科书与工具书中的计算公式各不相同，有些还是经验公式。本节主要介绍以下几种计算方法。

(1) 传统接地网接地电阻的计算公式

$$R=0.5\times\frac{\rho}{\sqrt{S}},\tag{8-13}$$

$$R=\frac{\rho}{2\pi L}\ln\frac{4L}{D},\tag{8-14}$$

$$R=\frac{\rho}{2\pi L}\left(\ln\frac{L^2}{dH}+A\right),\tag{8-15}$$

式中，ρ 为土壤电阻率（Ω・m）；d 为钢材等效直径（m）；S 为接地网面积（m^2）；H 为埋设深度（m）；L 为接地极长度（m）；A 为形状系数。

(2) 任意形状复合接地网接地电阻的计算

电力行业标准《交流电气装置的接地设计规范》推荐任意形状复合接地网接地电阻通用计算公式为

$$R_n=\alpha_1 R_e,\tag{8-16}$$

$$\alpha_1=\left(3\ln\frac{L_0}{\sqrt{3}}-0.2\right)\frac{\sqrt{S}}{L_0},\tag{8-17}$$

$$R_e=0.213\frac{\rho}{\sqrt{S}}(1+B)+\frac{\rho}{2\pi L}\left(\ln\frac{S}{9hd}-5B\right),\tag{8-18}$$

$$B=\frac{1}{1+4.6h/\sqrt{S}},\tag{8-19}$$

式中，R_n 为任意形状边缘闭合接地网的接地电阻（Ω）；R_e 为等值（即等面积、等水平接地极总长度）方形接地网的接地电阻（Ω）；S 为接地网的总面积（m^2）；ρ 为土壤电阻率（Ω・m）；d 为水平接地极的直径或等效直径（m）；h 为水平接地极的埋设深度（m）；L_0 为接地网的外缘边线总长度；L 为水平接地极的总长度（m）。

(3) 任意形状复合接地网接地电阻通用计算公式

在式(8-16)的基础上,从物理概念出发,引入修正系数,并应用计算机数值模拟归纳出任意形状复合接地网接地电阻通用计算公式:

$$R_{nc}=\alpha_1 R_{ec}, \tag{8-20}$$

$$\alpha_1=\left(3\ln\frac{L_0}{\sqrt{3}}-0.2\right)\frac{\sqrt{S}}{L}, \tag{8-21}$$

$$R_{ec}=0.213\frac{\rho}{\sqrt{3+0.3L}}(1+B)+\frac{k\rho}{2\pi L}\left(\ln\frac{S}{9hd}-5B\right), \tag{8-22}$$

$$B=\frac{L}{L+4.6h/\sqrt{S}}, \tag{8-23}$$

式中,R_{nc}为任意形状边缘闭合的复合接地网的接地电阻(Ω);R_{ec}为等值(即等面积、等水平接地极总长度)方形接地网的接地电阻(Ω);L 为接地极的总长度(m);$L=L_s+L_c$,L_s 为水平接地极的总长度(m),L_c 为垂直接地极的总长度(m);k 为 L_s 对 L 的比值。其他符号与式(8-16)含义相同。

当 $L_c=0$,即水平接地网时,则有 $L=L_s$,$k=1$,式(8-20)可简化为式(8-16)。严格地讲,L 的表达式应为

$$L=L_s+\sigma_i L_{ci}+\sigma_p L_{cp}, \tag{8-24}$$

式中 L_{ci}和 L_{cp}分别为接地网内部和外边缘线上的垂直接地极总长度;σ_i 和 σ_p 为相应的电流密度系数。这里取1,即假设内、外部垂直接地极的电流密度相同。

(4) 直流电场的接地计算公式

由于工业企业生产中绝大部分是工频交流电,若大地中为工频电流流散,在计算接地体附近的电流时,由于感应电势引起的电压降与电阻压降相比较,可以忽略不计,故接地阻抗可视为一纯电阻,工频电流的接地计算可以用直流的接地计算来代替。根据静电比拟法,直流电场的接地计算可以通过相应条件下静电场的电容计算来获得。

由高斯定理,穿过任一闭合表面的电位移矢量等于包围在此表面所包围的空间内的电荷,即:

$$\Phi_S \overline{D}\mathrm{d}S=\Phi_S\varepsilon\,\overline{E}=Q. \tag{8-25}$$

又欧姆定律的微分形式为

$$\Phi_S\,\overline{\delta}\mathrm{d}S=\Phi_S\,\frac{1}{\rho}\overline{E}\mathrm{d}S=I. \tag{8-26}$$

由电阻和电容的定义知:

$$R=\frac{U}{I}, \tag{8-27}$$

$$C=\frac{Q}{U}. \tag{8-28}$$

综合以上各式可得:

$$R=\frac{1}{C}\frac{\Phi_S\varepsilon\,\overline{E}\mathrm{d}S}{\Phi_S\,\frac{1}{\rho}\overline{E}\mathrm{d}S}. \tag{8-29}$$

当地电阻各向同性时，式(8-29)可简化为

$$R=\frac{\varepsilon\rho}{C},\tag{8-30}$$

式中，R 为接地体的接地电阻(Ω)；C 为接地体的电容(F)；ρ 为土壤电阻率(Ω·m)；$\varepsilon=\varepsilon_r\frac{1}{4\pi\times9\times10^9}$为土壤的介电系数(F/m)；$\varepsilon_r$ 为土壤的相对介电系数。

由此可见，接地体的接地电阻和它的电容成反比，和土壤的电阻率、介电系数成正比。这种传导电流和位移电流在地中分布的相似性，使得接地电阻的计算较为简便。

2. 接地电阻的测量

按照《电力设备接地设计技术规程》(SDJ8-79)附录六的规定，发电厂和变电所接地网接地电阻的测量可采用以下两种方法：直线布置法和三角形布置法。

8.2.4　接地装置的布置与安装

接地系统的设计是工程建设中较为关键的技术环节，其中接地装置是接地系统的重要组成部分，其性能包括稳定性、可靠性、寿命周期和接地电阻等。接地电阻是接地装置的重要指标之一，接地电阻越小，落雷后的高电位时间就越短，疏散雷电流的效果越好，危险越小，保护的对象越安全，因此对于接地装置而言，应力求降低接地电阻。

另外接地装置的布置和尺寸直接影响接地系统的性能。接地装置由接地体和接地线两部分组成，接地体(或接地极)是指埋入地中并直接与土壤接触的金属导体，接地线是指接地体与被接地设备之间的连接导体。

接地体按敷设方式不同，可分为水平接地体和垂直接地体，工程中一般将两者组合形成接地网，其常见的组合形式如下。

① 线形接地装置：由若干垂直接地体和一条或多条水平(不闭合)接地体组成。

② 环形接地装置：由若干垂直接地体和水平闭合环路接地体组成。例如，在工程中利用基础护坡桩或护坡锚杆内钢筋作为接地装置等。

③ 网状接地装置：由若干垂直接地体和水平闭合网格接地体组成。例如，工程中利用独立柱基础及地梁内钢筋作为接地装置和利用建筑物基础内钢筋作为接地装置等。

工程实践证明，网状接地装置和环形接地装置的接地性能优于线形接地装置。网状接地装置和环形接地装置多采用建筑物基础作为接地体，可以节省金属材料，减少人工接地体的土方开挖及回填的工程量，而且基础内的钢筋有混凝土的保护，具有使用寿命长、维修量少等特点。

8.2.5　低压配电系统的接地保护与等电位联结

按照 IEC60364 规定，接地系统一般由两个字母组成，需要时可加后续字母说明。具体含义见表 8-1。

表 8-1 接地系统符号说明

	第1个字母 (电源中性点对地关系)	第2个字母 (电气设备外壳与大地的关系)	后续字母 (中性线与保护线的关系)
T	直接接地	独立电源接地点的直接接地	
I	不接地或通过阻抗接地		
N		直接与电源系统接地点或与该引出的导体相连	
C			中性线 N 与保护线 PE 合二为一
S			中性线 N 与保护线 PE 分开
C-S			在电源侧为 PEN 线,从某一点分开为中性线 N 和保护线 PE

保护接地总的类型可以分为以下三类。

(1) IT 系统

这种方法是将设备金属外壳经各自的 PE 线分别直接接地,多适用于企业高压系统或中性点不接地的低压三相三线制系统,如图 8-18 所示。当电气设备的某相绝缘损坏时外壳会带电,同时由于线路与大地存在绝缘电阻和对地电容,人体若触及设备外壳,则电流就会经过人体形成通路,造成触电事故的发生,如图 8-18(a)所示。采用 IT 系统后,接地电流会沿着人体和接地装置两条通路流过,由于人体电阻(正常情况下)比接地体电阻大数百倍,所以流经人体的电流很小,确保了人身安全,如图 8-18(b)所示。

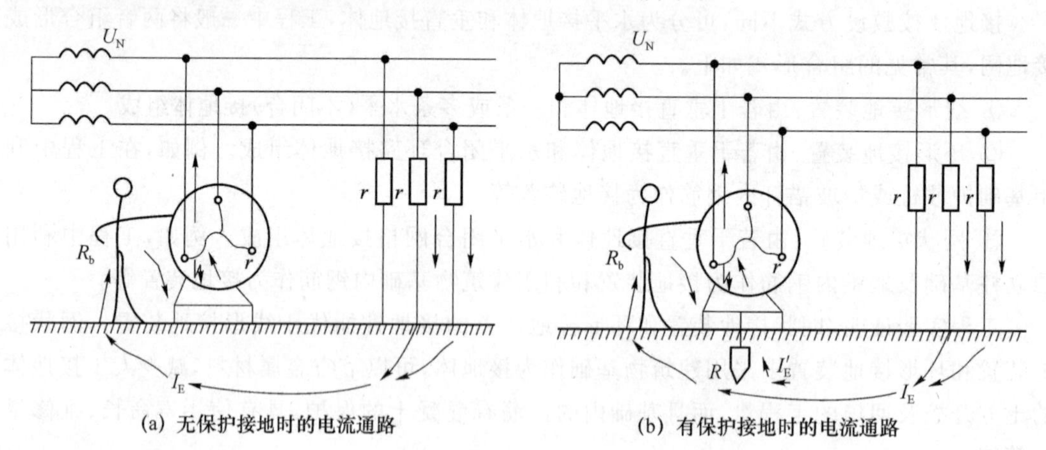

图 8-18 IT 系统保护接地功能示意图

(2) TN 系统

在中性点直接接地的低压三相四线制系统中,将电气设备正常情况下不带电的金属外壳与中性线相连接,称为 TN 系统。TN-C 系统如图 8-19 所示,也被称为三相四线系统,其中性线 N 和保护线 PE 合为一根 PEN 线,电气设备的金属外壳与 PEN 线连接,所用材料少,降低设备的初期投资费用,发生接地短路故障时,故障电流较大,但只要开关保护装置选择适当,完全可以满足系统可靠性要求,在我国运用较为普遍;TN-S 系统如图 8-20 所示,其中性线N和保护线PE除在变压器中性点共同接地外，两线不再有任何的电气连接，所有设备外壳均与公共PE线相连，与TN-C系统相比，所用材料多，投资较大，但设备间无电磁干扰，且N线断线不影响PE线上设备防触电要求，安全可靠性高；TN-C-S系统如图8-21所示，其前部为TN-C系统，后部为TN-S系统，因而兼有两者的优点，适用于配电系统末端环境较差或有数据处理设备的场所，如工矿企业的供电。

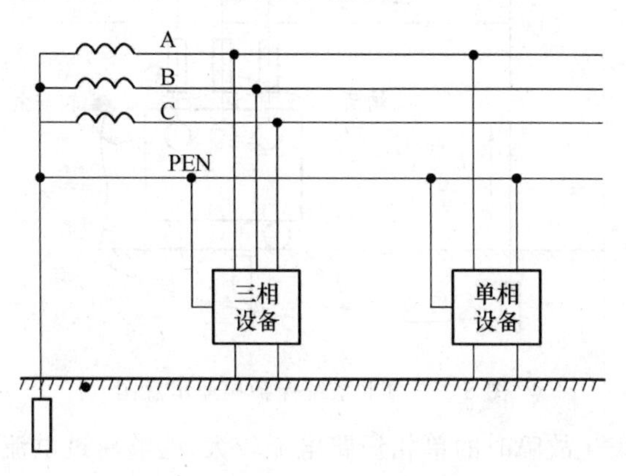

图8-19　TN-C系统示意图

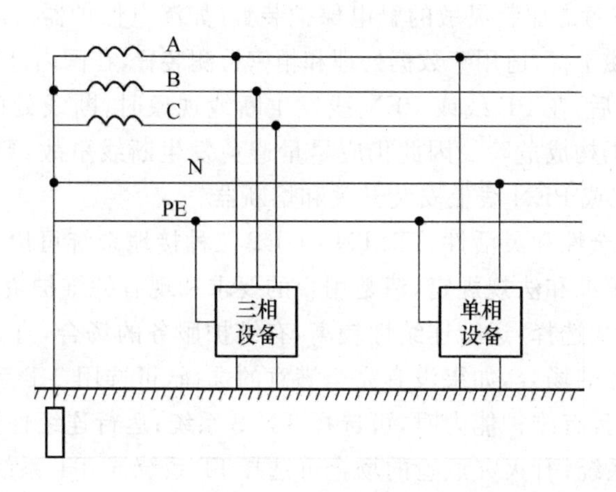

图8-20　TN-S系统

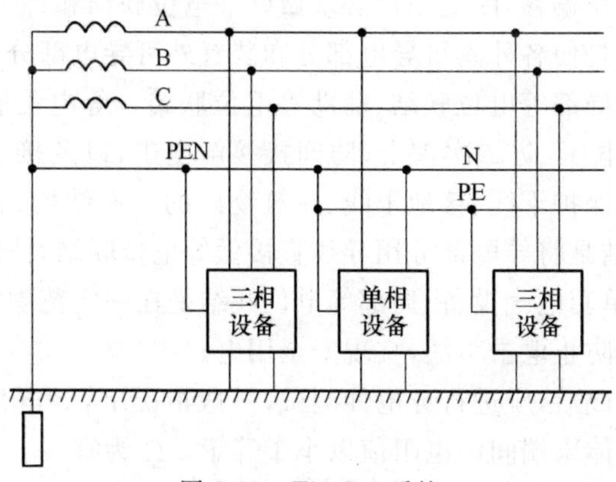

图8-21　TN-C-S系统

(3) TT系统

在中性点直接接地的低压三相四线制系统中,将电气设备正常情况下不带电的金属外壳经各自的PE线分别直接接地,称为TT系统,如图8-22所示。

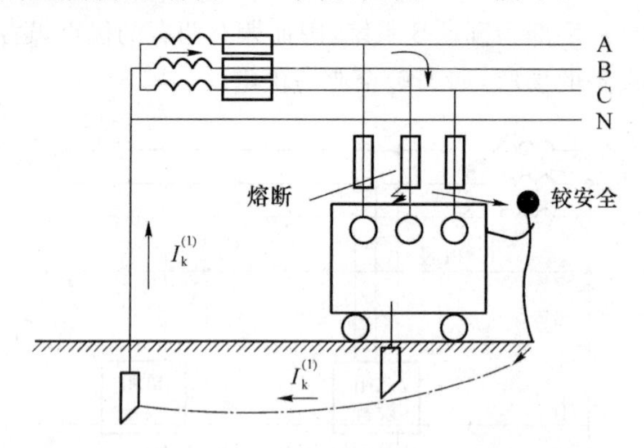

图8-22　TT系统保护接地示意图

采用TT系统后,发生故障时的单相短路电流较大,能够使过电流保护装置动作,迅速切除故障设备,减小触电危险。在这种系统中,如果设备发生漏电且漏电流较小,不足以使过电流保护装置动作时,应考虑加装灵敏的触电保护装置(如漏电保护器),以保障人身安全。TT系统的PE线间无电磁干扰,适用于数据处理和精密检测装置,在国内外应用较为广泛。

在进行重复接地后,在PE线或PEN线发生断线现象时,断线处的设备外壳对地电压下降很多,但对人体仍构成危险。因此仍应尽量避免发生断线事故,要确保安装质量,注意检测,不允许在PE线或PEN线上安装开关和熔断器。

为保证最大的安全性和灵活性,IT、TN和TT三种接地系统可以应用在同一供电电网中,但必须遵守当地标准和法规规定,清楚用户的要求和现有的维护资源。

通常按照如下方式选择:运行连续性较高,有维护服务的场合,宜选用IT系统;运行连续性较高,无维护服务的场合,如果没有完全满意的选择,可选用TT系统或TN系统;运行连续性要求不重要并且有维护能力时,可选择TN-S系统;运行连续性要求较低无维护服务的场合,可选择TT系统;有火灾危险的场合可选择IT系统或TT系统。

在TN-C系统中,中性线也是保护线不能断开。由于负载电流不平衡和绝缘故障电流,会产生危险的中性点电压偏移,因此用户必须做好等电位联结和每个区域的接地。

所谓的等电位联结是使各外露可导电部分和装置外可导电部分电位基本相等的电气联结,分为总等电位联结、局部等电位联结、辅助等电位联结。等电位联结是内部防雷措施的一部分,能够降低接触电压,防二次雷击,防间接接触电击,以及接地故障引起的爆炸和火灾。总等电位联结是将保护干线、接地干线、建筑物内的金属结构、金属管道及接地引线互相连通;辅助等电位联结是将导电部分用导线直接做等电位联结,使故障接触电压降到接触电压限值以下,常用于单套电气设备;局部等电位联结是在一定范围内做多个辅助等电位联结。等电位联结可有效防止电击事故,实现安全用电。

等电位联结安装完成后,应进行导电性测试,一般情况下,等电位联结端子板与等电位联结的金属管道等金属体末端间的电阻值以小于等于5 Ω为宜。

8.3　安全用电

所谓安全用电，是指在保证人身及设备安全的前提下，正确地使用电力设备以及为此目的而采取的科学措施和手段。

8.3.1　安全电流、安全电压及其他相关因素

① 安全电流：当电流通过人体时，电流的大小不同，人体的感受和受害程度也不同。例如，通过人体的电流为 1 mA 时，人即有麻电的感觉；20 mA 时人即麻痹难受几乎不能自己摆脱，特别是手触电，使肌肉收缩反而握紧带电物体，有发生灼伤的可能；50 mA 时人的呼吸器官发生麻痹，有发生伤亡的危险。对于 50 Hz 的交流电流而言，其强度在 15～20 mA 以下，一般可被认为是安全电流值。

安全电流值与人体电阻、触电时间和电流路径有直接的关系。如触电时间长可导致皮肤角质层迅速变质，接触电阻变小，电流就会增大，有生命危险。

② 安全电压：一般情况下，36 V 以下的电压为安全电压。随着人体所处的环境不同，安全电压值也不同，如人体大部分浸于水中，安全电压为 2.5 V 以下；人体显著淋湿的情况下，安全电压为 25 V 以下。

③ 人体电阻：一般人体的总电阻在 10～100 kΩ 范围内，而人体内组织的电阻仅为 600～800 Ω，由此可见人体的电阻主要是皮肤的电阻，而皮肤电阻又决定于皮肤干燥程度，人体出汗或沾上水和导电物质，电阻值将会下降。另外电阻值也与接触面积和接触压力有关。

④ 电流频率：交流电频率在 28～300 Hz 的电流对人体的损害最大，极易引起心室纤维性颤动；20 000 Hz 以上的交流电对人体影响较小，故可以做理疗之用。日常采用的交流电频率为 50 Hz，从设计电器设备的角度考虑是比较合理的，然而 50 Hz 的电流对人体损害却是严重的。

⑤ 电流路径：人体触电部位不同，电流流过人体的路径也不同，流经心脏和中枢神经的触电事故最严重。

8.3.2　电气安全的防护措施

电气安全的防护措施应包括两个方面的内容：一是技术上所采取的措施；二是为了保证安全用电和供电的可靠性在组织上所采取的各种措施，它包括各种制度的建立、组织管理等一系列内容。

技术措施包括以下几点。

① 对于电气系统要采取保护接地或保护接零，设置必要的漏电保护器。

② 电气设备的设置：配电系统应实行分级配电，动力配电与照明配电实行分别设置，严禁一个开关电器直接控制两台及以上的用电设备，注意配电箱与电源的距离，配电箱等要安装在干燥、通风及常温场所。

③ 电气设备的安装：箱体安装要端正、牢固；电器配件安装在相应的绝缘板上；导线压头牢固可靠，排列整齐。总之安装要符合相应的工艺标准。

④ 电气设备的防护：在建工程不得在高、低压线路下施工；各种架具的外侧边缘与外电

架空线路的边线之间必须保持安全距离;如果达不到最小安全距离时,必须采取保护措施,并悬挂警示标示牌。

8.3.3 安全操作规程

在供用电工作中,必须特别注意电气安全,否则可能造成事故的发生,对于操作人员应加强技术培训、普及安全用电知识,展开以预防为主的反事故演习。各类用电人员应该做到:

① 掌握安全用电基本知识和所用设备性能;

② 使用设备前必须按规定穿戴和配备好相应的劳动保护用品;

③ 使用设备前检查电气装置和保护设施是否完好,严禁设备“带病”运转;

④ 停用的设备必须拉闸断电,锁好开关箱,并加以警示;

⑤ 负责保护所用设备的负荷线、保护零线和开关箱;若发现问题,及时报告解决;

⑥ 搬迁或移动用电设备,必须先切断电源并做妥善处理后方可进行;

⑦ 检查维修设备时,必须分闸断电、验电,并悬挂警示标示牌,严禁带电作业;

⑧ 在低压线路上带电工作时,应设专人监护,使用有绝缘手柄的工具,穿绝缘鞋或站于绝缘垫上;

⑨ 在高压设备和高压线路上带电工作时,必须由专业的带电作业人员承担。

8.3.4 触电急救

当发生触电事故时,应采取以下措施。

① 迅速为触电人员解脱电源,立即关掉电源开关或用绝缘体切断电源。如可用带绝缘护套的钢丝钳剪断电线,剪时分别剪断火线和零线,同时剪断火线和零线会造成短路。

② 发现触电人员呼吸或心跳停止时,要立即进行抢救,做人工呼吸和人工心脏按压来维持血液循环,同时送医院抢救,不能打强心针。

思考题和习题

8-1 电力系统中有哪些过电压?试述其产生原因及防护方法。

8-2 避雷针和避雷线有何作用?其保护范围如何确定?

8-3 在设计避雷针时如何防止反击现象?

8-4 某冶炼厂的烟囱高110 m,顶端直径为5 m,如果在其上安装一支高3 m的避雷针(在顶端的任何一边),试验算其保护效能是否满足技术要求。如不满足,设计出正确方案。

8-5 试述各类避雷器的结构、原理及相互间的区别。

8-6 试说明保护接地的原理与用途。

8-7 试分析重复接地的原理及其必要性。

8-8 接触电压和跨步电压是如何形成的?

8-9 试述对安全用电的认识。

第9章　电力安全

在企业供配电系统正常运行过程中，一旦发生异常事故，轻则造成经济上的损失，重则危及设备和人身的安全。因此，应严格按照各项安全规章制度、操作规程进行，以保证运行人员的人身安全及设备安全。同时，运行维护也至关重要。

9.1　倒闸操作

在变电所中，按照负荷的变化和检修的要求，经常要发生电气设备停运、投运、改变运行方式等，这些任务的完成，都是通过开关的接通或开断、换接来实现的。将电气设备由一种状态转换到另一种状态所进行的操作，称为倒闸操作。变电所中的倒闸操作，是一项严肃的任务，必须按照 DL 408—91《电业安全工作规程》的要求，认真地加以执行，若违反操作规程可能酿成重大事故。

1. 电业安全工作规程关于倒闸操作的有关规定

由于倒闸操作直接关系到输、配电线路，以及系统中的设备能否安全和正确地运行，而且直接关系到操作和监护人员的生命安全，因此，在《电业安全工作规程》中，对倒闸操作做出如下规定。

① 倒闸操作应使用倒闸操作票。倒闸操作人员应根据值班调度员的操作命令，填写倒闸操作票。操作命令应清楚明确，受令人应将命令内容向发令人复诵，核对无误。事故处理可根据值班调度员的命令进行操作，可不填写操作票。

② 倒闸操作前，应按操作票顺序与模拟图板核对相符。操作前后应检查核对现场设备名称、编号和开关刀闸断合位置。操作完成后，受令人应立即报告发令人。

③ 操作中发生疑问时，不准擅自更改操作票，必须向值班调度人员报告，弄清楚后再进行操作。

④ 倒闸操作应有两人进行，一人操作，一人监护。操作机械传动的开关或刀闸时，应戴绝缘手套。没有机械传动的开关、刀闸和跌落保险，应使用合格的绝缘棒进行操作。雨天操作应使用具有防雨罩的绝缘棒。凡登杆进行倒闸操作，操作人员应戴安全帽，并使用安全带，操作柱上断路器时，应注意防止开关爆炸伤人。

⑤ 配电变压器更换跌落保险熔丝的工作，应先将低压和高压刀闸拉开，摘挂跌落保险管时，必须使用绝缘棒，并有专人监护，其他人员不得触及设备。

⑥ 雷电时，严禁进行倒闸操作和更换保险丝工作。

⑦ 当发生严重危及人身安全的情况时，可不等待命令，即拉开电源开关，但事后应立即报告领导。

2. 操作票制度

操作票制度是保证倒闸操作正确、顺利进行的组织措施，是保证操作人员的安全、防止误操作必不可少的程序。

(1) 操作票的填写

① 填写操作票上的操作项目时,必须填写被操作开关设备的双重名称,即设备的名称和编号。拆装接地线要写明具体地点和地线编号。

② 操作票要填写清楚,严禁并项(例如验电和挂地线不得合并在一起填写)、添项以及用勾画的方法颠倒顺序。

③ 操作票填写字迹要工整、清楚,不得任意涂改。如有错字、漏字需要修改时,必须保证清晰,每页修改字数不宜太多,如超过3个字以上最好重新填写。

④ 下列检查内容应列入操作项目(另起一行填写)。

- 拉、合刀闸前,检查开关的实际开、合位置。操作中拉、合开关或刀闸前,检查实际开、合位置(如在操作地点已能明显看清隔离刀闸的实际开、合位置时,可不再列入操作项目),对于在操作前已拉、合的刀闸,在操作中需要检查实际开、合位置者,应列入操作项目。
- 并、解列时,检查负荷分配。设备检修后,合闸送电前,检查送电范围内的接地刀闸是否确已拉开,接地线是否确已拆除。

⑤ 填写操作票时,应使用以下规定的术语:

- 开关、刀闸和熔断器的切、合用"拉开""合上"表示;
- 检查开关、刀闸的运行状态用"检查在开位""检查在合位"表示;
- 拆、装接地线用"拆除接地线""挂接地线"表示,并须详细注明拆、装接地线的具体位置及接地线的编组号;
- 检查负荷分配用"指示正确"表示;
- 继电保护回路压板的切换用"启用""停用"表示;
- 验电用"验电确无电压"表示。

⑥ 操作票的"操作任务"栏内应填写通过倒闸操作所引起的运行方式的变化,例如"1#变压器停运"或"2#变压器投运"等。对操作结束后的检修作业任务,在"操作任务"栏内可填写,也可不填写,填写文字要简洁。

⑦ 一个操作任务应填写一份操作票。对连续进行的停送电操作应分开填写两份操作票。

(2) 操作票的管理

操作票由上级主管部门(或变电站技术负责人)预先用打号机统一编号。填写错误作废的或未执行的,要盖"作废"章,已执行的盖"已执行"章。《电业安全工作规程》规定,用过的操作票要保存3个月。对于平时操作次数较少的变电站,保存时间可延长,例如保存一年。也有按一定的操作次数来规定保存期的。

变电站站长每周对操作票要检查一次,值班人员在安全活动时对操作票要互相检查,发现的问题和提出的改进意见应记入《安全活动记录簿》内。

为了检查操作票执行情况,应每季度将操作票装订在一起,并附上一张《操作票合格率统计单》。在统计单上要填写操作执行人员姓名、每个操作人员总计操作项数,其中包括执行正确的项数和不正确的项数，并要算出合格率填入统计单，以供上级部门检查和本单位作为安全考核之用。

3. 倒闸操作的实施

(1) 线路停电作业的安全技术措施

线路停电作业前，应做好下列停电措施，以确保操作的安全。

① 断开变电所线路的开关和刀闸。

② 断开需要操作线路的各端开关、刀闸和保险。

③ 断开危及该线路停电作业，且不能采取安全措施的交叉跨越、平行和同杆线路的开关和刀闸。

④ 应检查断开的开关、刀闸是否确在断开位置；将开关、刀闸的操动机构加锁，跌落保险的保险管应摘下；在开关或刀闸的操动机构上悬挂“线路有人操作，禁止合闸”的标示牌。

(2) 挂接地线前的验电

① 在停电线路工作地段接地线前，要先进行验电，证明线路确无电压，再挂接地线。验电要用合格的验电器，35 kV 以上的线路，可用合格的绝缘杆或专用的绝缘绳验电，验电时绝缘棒的验电部分应逐渐接近导线，听其有无放电声音，以确定线路是否无电。验电时应戴绝缘手套，并有专人监护。

② 线路验电应逐相进行，联络用的开关或刀闸检修时应在两侧验电。

③ 同杆架设的多层电力线路进行验电时，先验低压线路，后验高压线路，先验下层线路，后验上层线路。

(3) 挂接地线

① 验明线路确无电压后，应立即在工作地段两端挂接地线，凡有可能送到停电线路的分支线也要挂接地线。若有感应电压反映在停电线路上时，应加挂接地线。

② 同杆架设的多层电力线路挂接地线时，应先挂低压线路，后挂高压线路，先挂下层线路，后挂上层线路。

③ 挂接地线时，应先接接地端，后接导线端，接地线连接要可靠，不准缠绕。拆地线时的程序与此相反。装、拆接地线时，应使用绝缘棒或戴绝缘手套，人体不准触碰接地线。若杆塔无接地引下线时，可采用临时接地棒，其在地面下深度不得小于 0.6 m。

④ 接地线应有接地和短路导线构成的成套接地线，成套接地线必须用多股软铜线组成，截面不得小于 25 mm^2。如利用铁塔接地时，允许每相个别接地，但铁塔与接地线连接部分应清除油漆，接触良好。

⑤ 严禁使用其他导线作接地线和短路线。

(4) 线路停电、投入的一般要求

线路停电的操作顺序应是：断开开关、线路侧刀闸、母线侧刀闸，断开可能向该线路反送电的电压互感器刀闸。

线路投入的操作顺序与停电操作顺序相反。

(5) 变压器停运和投运操作的一般要求

变压器的停运和投运操作的一般要求如下：

① 在 110 kV 及以上中性点直接接地系统中投运和停运变压器时,操作前,中性点须先接地,操作完毕后再予以断开;

② 倒换变压器时,应检查投入的变压器确已带上负荷后,才允许退出需要停运的变压器;

③ 变压器停运时,应先断开负荷侧,后断开电源侧;

④ 主变压器再投入运行时,应选择在保护完备和励磁涌流较小的电源侧通电。

9.2 变配电所的操作规程与运行维护

9.2.1 变配电所的操作规程

为了确保供配电系统运行安全、防止误操作,应按操作规程进行各项操作。

1. 变配电所的送电操作

变配电所送电时,一般应从电源侧的开关合起,依次合到负荷侧开关。按这种程序操作,可使开关的闭合电流减至最小,比较安全,万一某部分存在故障,也容易发现。但是在高压断路器-隔离开关电路及低压断路器-刀开关电路中,送电时一定要按照:母线侧隔离开关或刀开关→线路侧隔离开关或刀开关→高压或低压断路器的顺序依次操作。

如果变配电所是事故停电后恢复送电的操作,则视开关类型的不同而采取不同的操作程序。

① 如果电源进线是装设的高压断路器,则高压母线发生短路故障时,断路器自动跳闸。在故障消除后,直接合上断路器即可恢复送电。

② 如果电源进线是装设的高压负荷开关,则在故障消除并更换了熔断器的熔管后,可合上负荷开关来恢复送电。

③ 如果电源进线装设的是高压隔离开关-熔断器,则在故障消除并更换了熔断器的熔管后,先断开所有出线开关,然后合上隔离开关,最后合上所有出线开关才能恢复送电。

④ 如果电源进线装设的是跌开式熔断器(不是负荷型的),其送电操作程序与装设的隔离开关相同;如果装设的是负荷型跌开式熔断器,则其送电操作程序与装设的负荷开关相同。

2. 变配电所的停电操作

变配电所停电时,一般应从负荷侧的开关拉起,依次拉到电源侧的开关。依这种程序操作,可使开关的开断电流减至最小,比较安全。但是在高压断路器-隔离开关电路及低压断路器-刀开关电路中,停电时,一定要按照:高低压断路器→线路侧隔离开关或刀开关→母线侧隔离开关或刀开关的顺序依次操作。

线路或设备停电以后,为了安全,一般规定要在主开关操作手柄上悬挂“禁止合闸,有人工作”之类的标示牌。如果有线路或设备检修时,应在电源侧(如有可能两端来电时,应在其两侧)安装临时接地线。安装接地线时,应先接接地端,后接线路端;而拆除接地线时,操作程序恰好相反。

9.2.2　变配电所的运行维护

变压器及配电装置是变配电所中重要的电气设备，为此，应定期进行运行维护。

1. 电力变压器的运行维护

电力变压器是变电所内最关键的设备，做好变压器的运行维护工作十分重要。

(1) 对电力变压器进行运行维护的要求

在有人值班的变电所内，应根据控制盘或开关柜上的仪表信号来监视变压器的运行情况，并每小时抄表一次。如果变压器在过负荷下运行，则至少每半小时抄表一次。安装在变压器上的温度计，应于巡视时检视和记录。

无人值班的变电所，应于每次定期巡视时，记录变压器的电压、电流和上层油温。

变压器应定期进行外部检查。有人值班的变电所，每天应至少检查一次，每周进行一次夜间检查。无人值班的变电所，变压器容量大于 315 kV · A 的，每月至少检查一次；容量在 315 kV · A 及以下的，可两月检查一次。根据现场的具体情况，特别是在气候骤变时，应适当增加检查次数。

(2) 巡视项目

对电力变压器需进行如下巡视项目。

① 检查变压器的音响是否正常。变压器的正常音响应是均匀的嗡嗡声，如果其音响较平常(正常)时沉重，说明变压器过负荷；如果音响尖锐，说明电源电压过高。

② 检查油温是否超过允许值。油浸变压器上层油温一般不应超过 85 ℃，最高不应超过 95 ℃。油温过高，可能是变压器过负荷引起，也可能是变压器内部故障的原因。

③ 检查油枕及瓦斯继电器的油位和油色，检查各密封处有无渗油和漏油现象。油面过高，可能是冷却装置运行不正常或变压器内部故障等所引起。油面过低，可能有渗油漏油现象。变压器油正常时应为透明略带浅黄色。如果油色变深变暗，则说明油质变坏。

④ 检查瓷套管是否清洁，有无破损裂纹和放电痕迹；检查高低压接头的螺栓是否紧固，有无接触不良和发热现象。

⑤ 检查防爆膜是否完整无损；检查吸湿器是否畅通，硅胶是否吸湿饱和。

⑥ 检查接地装置是否完好。

⑦ 检查冷却、通风装置是否正常。

⑧ 检查变压器及其周围有无其他影响其安全运行的异物(如易燃易爆和腐蚀性物品等)和异常现象。

在巡视中发现的异常情况，应记入专用记录簿内，重要情况应及时汇报上级，请示处理。

2. 配电装置的运行维护

配电装置应定期进行巡视检查，以便及时发现运行中出现的设备缺陷和故障，例如导体连接的接头发热、绝缘瓷瓶闪络或破损、油断路器漏油等，并设法采取措施予以消除。

在有人值班的变配电所内，配电装置应每班或每天进行一次外部检查。在无人值班的变配电所内，配电装置应至少每月检查一次。如遇短路引起开关跳闸或其他特殊情况(如雷击后)，应对设备进行特别检查。

对配电装置应进行如下巡视项目。

① 由母线及接头的外观或其温度指示装置(如变色漆、示温蜡)的指示,检查母线及接头的发热温度是否超过允许值。

② 开关电器中所装的绝缘油的颜色和油位是否正常,有无渗漏油现象,油位指示器有无破损。

③ 绝缘瓷瓶是否脏污、破损,有无放电痕迹。

④ 电缆及其接头有无漏油及其他异常现象。

⑤ 熔断器的熔体是否熔断,熔断器有无破损和放电痕迹。

⑥ 二次系统的设备(如仪表、继电器等)的工作是否正常。

⑦ 接地装置及 PE 线、PEN 线的连接处有无松脱或断线的情况。

⑧ 整个配电装置的运行状态是否符合当时的运行要求。停电检修部分有没有在其电源侧断开的开关操作手柄处悬挂“禁止合闸,有人工作”之类的标示牌,有没有装设必要的临时接地线。

⑨ 高低压配电室的通风、照明及安全防火装置是否正常。

⑩ 配电装置本身和周围有无影响其安全运行的异物(如易燃、易爆和腐蚀性物品等)和异常现象。

在巡视中发现的异常情况,应记入专用记录簿内,重要情况应及时汇报上级,请示处理。

例 9-1 某变电所电气接线如图 9-1 所示。正常情况下两台变压器分列运行(400 低压断路器及其两侧的隔离开关 4001、4002 均处于断开位置)。现 1 号变压器因故障需停电检修,要求 0.4 kV 低压母线不得停电,试填写相应的操作票。

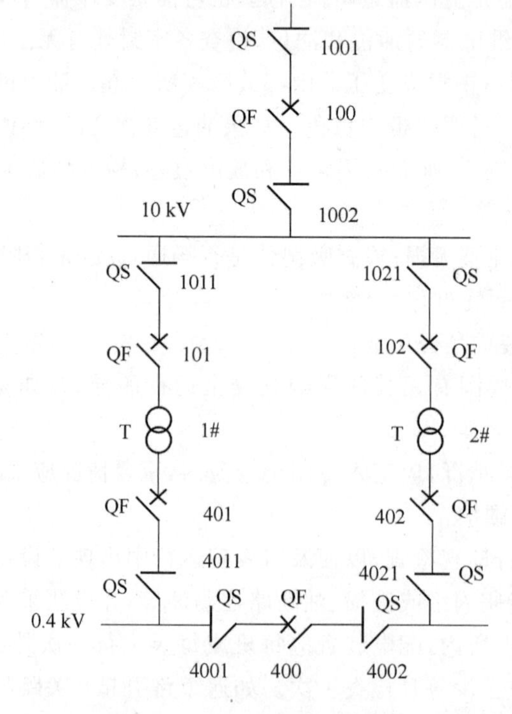

图 9-1 变电所电气接线图

变电所倒闸操作票

操作任务(目的):1 号变压器停电检修　　编号:________

发令人:________受令人:________

发令时间:____年____月____日____时____分

操作日期:____年____月____日　开始操作时间:____时____分

操作顺序:　　操作终了时间:____时____分

已执行(√)	顺序	操作项目
	1	检查 400 断路器确在断开位置
	2	合上 4001、4002 隔离开关,检查确在合闸位置
	3	合上 400 断路器,检查确在合闸位置
	4	拉开 401 断路器,检查确在断开位置
	5	拉开 101 断路器,检查确在断开位置
	6	取下 101 断路器合闸熔断器
	7	拉开 4011 隔离开关,检查确在断开位置
	8	拉开 1011 隔离开关,检查确在断开位置
	9	在 1 号变压器高压侧和 101 断路器之间验明确无电压后,装设 1 号接地线 1 组
	10	在 1 号变压器低压侧和 401 断路器之间验明确无电压后,装设 2 号接地线 1 组
	11	在 101、401 断路器把手上,分别挂上“禁止合闸,有人工作”标示牌
	12	在 1 号变压器处,悬挂“在此工作”标示牌

监护人:________　　操作人:________

思考题和习题

9-1　什么是倒闸操作及操作票制度?

9-2　在《电业安全工作规程》中,对倒闸操作有哪些规定?

9-3　如何进行电力线路的倒闸操作工作?

9-4　线路停电作业有哪些安全技术措施?

9-5　验电和挂接地线应注意哪些事项?

9-6　线路停电、投入的一般要求是什么?

9-7　变压器停运、投运的一般要求是什么?

9-8　电力变压器的巡视项目有哪些?

9-9　配电装置的巡视项目有哪些?

9-10　倒闸操作时,断路器和隔离开关的操作顺序有什么要求?为什么?

参考文献

[1] 杨岳.供配电系统[M].北京:科学出版社,2007.
[2] 王玉华,赵志英.工厂供配电[M].北京:中国林业出版社,2006.
[3] 孙成宝,刘福义.低压电力实用技术[M].北京:中国水利水电出版社,2007.
[4] 翁双安.供配电工程设计指导[M].北京:机械工业出版社,2008.
[5] 隋振有,宋立新.配电实用技术[M].北京:中国电力出版社,2006.
[6] 柳春生.现代供配电系统实用与新技术问答[M].北京:机械工业出版社,2008.
[7] 刘相元,刘卫国.现代供电技术[M].北京:机械工业出版社,2006.
[8] 刘介才.供电工程师手册[M].北京:机械工业出版社,1998.
[9] 刘介才.工厂供电[M].北京:机械工业出版社,2006.
[10] 同济大学电气工程系编.工厂供电[M].北京:中国建筑工业出版社,2008.
[11] 孙成宝,苑薇薇.配电技术手册[M].北京:中国电力出版社,2005.
[12] 周文俊.电气设备实用手册[M].北京:中国水利水电出版社,1999.
[13] 唐志平.供配电技术[M].北京:电子工业出版社,2005.
[14] 张惠刚.变电站综合自动化与系统[M].北京:中国电力出版社,2004.
[15] 杨奇逊,黄少锋.微机型继电保护基础[M].北京:中国电力出版社,2005.
[16] 张举.微机型继电保护原理[M].北京:中国水利水电出版社,2004.
[17] 丁毓山,南俊星.微机保护与综合自动化系统[M].北京:中国水利水电出版社,2002.
[18] 耿毅.工业企业供电[M].北京:冶金工业出版社,1985.
[19] 黄纯华,葛少云.工厂供电[M].天津:天津大学出版社,2001.
[20] 苏文成.工厂供电[M].3版.北京:机械工业出版社,2005.
[21] 刘学军.工厂供电[M].北京:中国电力出版社,2007.
[22] 吴薛红,濮天伟,廖德利.防雷与接地技术[M].北京:化学工业出版社,2008.
[23] 沈培坤,刘顺喜.防雷与接地装置[M].北京:化学工业出版社,2006.
[24] 周志敏,周纪海,纪爱华.电气电子系统防雷接地实用技术[M].北京:电子工业出版社,2005.
[25] 江日洪,张兵,罗晓宇.发、变电站防雷保护及应用实例[M].北京:中国电力出版社,2005.
[26] Ralph Morrison.接地与屏蔽技术[M].北京:机械工业出版社,2006.
[27] 苑文叔,薛士杰.电力工程与工厂供电[M].西安:西安交通大学出版社,2002.
[28] 周瀛,李鸿儒.工业企业供电[M].北京:冶金工业出版社,2004.
[29] ABB自动化设备公司.SPAC馈线终端用户手册及技术说明[P].2005.
[30] 国家电网公司.国家电网公司电力安全工作规程(电力线路部分)(试行)[M].北京:中国电力出版社,2005.
[31] 国家电网公司.国家电网公司电力安全工作规程(变电站和发电厂电气部分)(试行)[M].北京:中国电力出版社,2005.
[32] 翁双安.供电工程[M].2版.北京:机械工业出版社,2012.